mathe.delta

Bayern

Herausgegeben von Anne Brendel und Martina Schmidt-Kessel

unter Mitwirkung von Franz Eisentraut

mathe.delta 12 – Bayern

Bearbeitet von Dieter Bergmann, Anne Brendel, Christoph Dürr,
Christoph Kastner und Martina Schmidt-Kessel

Zu diesem Lehrwerk sind erhältlich:
- **Trainingsband 12** (ISBN 978-3-661-63042-7)
- **Lösungsband 12** (ISBN 978-3-661-63035-9)
- Digitales Lehrermaterial **click & teach 12** (Einzellizenz WEB-Bestell-Nr. 630381)
  Weitere Lizenzformen (Einzellizenz flex, Kollegiumslizenz) und Materialien
  unter www.ccbuchner.de.

Dieser Titel ist auch als digitale Ausgabe unter www.ccbuchner.de erhältlich.

Die enthaltenen Links verweisen auf digitale Inhalte, die der Verlag bei verlagsseitigen Angeboten in eigener Verantwortung zur Verfügung stellt. Links auf Angebote Dritter wurden nach den gleichen Qualitätskriterien wie die verlagsseitigen Angebote ausgewählt und bei Erstellung des Lernmittels sorgfältig geprüft. Für spätere Änderungen der verknüpften Inhalte kann keine Verantwortung übernommen werden.
Um diese Materialien zu verwenden, wird im Suchfeld auf www.ccbuchner.de/medien der jeweils angegebene Mediencode eingegeben oder der QR-Code gescannt.

An keiner Stelle im Schülerbuch dürfen Eintragungen vorgenommen werden.

1. Auflage, 1. Druck 2024
Alle Drucke dieser Auflage sind, weil untereinander unverändert, nebeneinander benutzbar.

Dieses Werk folgt der reformierten Rechtschreibung und Zeichensetzung. Ausnahmen bilden Texte, bei denen künstlerische, philologische oder lizenzrechtliche Gründe einer Änderung entgegenstehen.

© 2024 C.C.Buchner Verlag, Bamberg

Layout und Satz: tiff.any GmbH & Co. KG, Berlin
Umschlag: tiff.any GmbH & Co. KG, Berlin
Druck und Bindung: Firmengruppe Appl, aprinta Druck, Wemding

www.ccbuchner.de

ISBN 978-3-661-**63032**-8

- passende GeoGebra-Dateien
- Aufgaben: üben, anwenden und vernetzen lassen

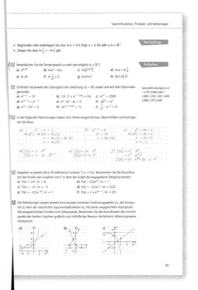

Alles im Blick
- Grundwissen des Kapitels

Am Ziel
- Kompetenzzuwachs sichern
- Lösungen im Anhang

Auf dem Weg zum Abitur
- Aufgaben zur Vorbereitung auf das Abitur
- Lösungen über Mediencodes

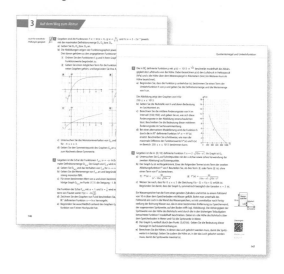

mathe.de

Mathematik für das Gymna

Bayern

C.C.Buchner

Mit mathe.delta 12 *kompetent* unterrichten – Konzeption des Lehrwerks **5**

1 Stammfunktion, Produkt- und Kettenregel

2 Zufallsgrößen, Binomialverteilung, Signifikanztest

3 Quotientenregel und Umkehrfunktion

4 Grundlagen der Koordinatengeometrie

A Anhang

mathe.delta ermöglicht einen kompetenzorientierten Mathematikunterricht. Die klare Strukturierung des Buchs sowie Seitenkategorien mit differenzierten und motivierenden Lernangeboten unterstützen dabei die konsequente Umsetzung des LehrplanPLUS.

Jedes Kapitel ist in mehrere Untereinheiten gegliedert. Die folgenden Ausführungen erläutern die didaktischen Intentionen der einzelnen Strukturelemente und unterstützen Sie als Lehrkraft bei Ihrem Unterricht mit mathe.delta.

Startklar

- **Startklar** ist ein Eingangstest zur Wiederholung und Aktivierung des für das jeweilige Kapitel benötigten Vorwissens. Die erforderlichen Kompetenzen sind aufgeführt.
- Die Lösungen der Aufgaben im Anhang ermöglichen den Schülerinnen und Schülern eine selbstständige Überprüfung ihrer Fähigkeiten.
- Anhand der Kompetenzentabelle können die Schülerinnen und Schüler bei Bedarf das vorausgesetzte Grundwissen mithilfe des angegebenen Mediencodes abrufen.

Auftaktseite

- Die **Auftaktseite** bietet zum **Einstieg** einfache Impulsfragen zur kognitiven Aktivierung in einem für die Schülerinnen und Schüler lebensnahen und motivierenden Kontext.
- Der **Ausblick** fasst die wichtigsten neu in diesem Kapitel erworbenen oder weiterentwickelten Kompetenzen für Schülerinnen und Schüler verständlich zusammen.

Unterkapitel

- Jedes Unterkapitel beginnt mit einem motivierenden **Einstiegsbeispiel** mit Arbeitsaufträgen („**Entdecken**"). Diese Einstiegsbeispiele bieten den Schülerinnen und Schülern einen selbstständig-entdeckenden Zugang zu den Inhalten des Unterkapitels.
- An das Einstiegsbeispiel schließt sich die Gliederungseinheit **Verstehen** an. Sie besteht aus einer kurzen **Hinführung**, den verbindlichen **Lerninhalten** sowie zugehörigen **Musterbeispielen** und ggf. **Begründungen**.
- Die **Lerninhalte** selbst sind kompakt und für Schülerinnen und Schüler gut verständlich und leicht auffindbar im Merkkasten dargestellt. Diese Inhalte werden ihrer allgemeinen Gültigkeit entsprechend absichtlich ohne Bezug zum Einstiegsbeispiel formuliert.
- Die anschließenden **Beispiele** greifen konsequent alle mathematischen Kompetenzen auf und unterstützen das Verständnis durch ausführlich dargestellte Musterlösungen.
- Die Gliederungseinheit **Nachgefragt** regt zur Reflexion über die neuen Lerninhalte und zum Weiterdenken an. Die Kompetenzen Argumentieren, Begründen und Kommunizieren werden dabei in besonderem Maße gefördert, und es werden Verständnislücken geschlossen.
- Jedes Unterkapitel enthält ein reichhaltiges Angebot an kompetenzorientierten **Aufgaben**. Die Aufgaben sind nach Schwierigkeitsgrad aufsteigend geordnet und die Aufgabennummern entsprechend farblich gekennzeichnet (grün: üben; blau: anwenden; rot: vernetzen).
- Das Aufgabenangebot eröffnet der Lehrkraft die Möglichkeit einer gezielten Auswahl.
- Methoden und Werkzeuge sowie vertiefende Anwendungs- und Alltagsbezüge werden in Kästen (z. B. „Methode", „Alltag") behandelt.

Trainingsrunde

- Die **Trainingsrunde** bietet weiteres Übungsmaterial und vertieft die im jeweiligen Kapitel gelernten Inhalte.
- Der erste Teil, die **Trainingsrunde differenziert**, stellt paralleldifferenzierte Aufgaben zum jeweiligen Kapitel bereit: in der linken Spalte entsprechend Anforderungsbereich I, in der rechten Spalte Anforderungsbereich II. Dies ermöglicht es den Schülerinnen und Schülern, ihren individuellen Kenntnissen entsprechend auf unterschiedlichen Niveaustufen zu üben.
- Die anschließende **Trainingsrunde kreuz und quer** bietet dann vermischte Aufgaben zum Kapitel auf allen drei Niveaustufen.

Alles im Blick

- Die Seiten **Alles im Blick** am Ende jedes Kapitels fassen das Grundwissen des Kapitels mit einschlägigen kurzen Beispielen kompakt zusammen.

Am Ziel

- Der doppelseitige Abschlusstest **Am Ziel** besteht aus **Aufgaben zur Einzelarbeit** und **Aufgaben für Lernpartner**.
- Die Aufgaben für Lernpartner eignen sich in besonderem Maße zur Förderung der Kompetenzen Argumentieren, Begründen und Kommunizieren.
- Die Lösungen der Aufgaben im Anhang ermöglichen den Schülerinnen und Schülern eine selbstständige Überprüfung ihrer Ergebnisse.
- Anhand der Hilfen in der Kompetenzentabelle können die Schülerinnen und Schüler bei Bedarf im Kapitel gezielt nachschlagen.

Auf dem Weg zum Abitur

- Die Doppelseite **Auf dem Weg zum Abitur** enthält abiturähnliche Aufgaben und auch Abituraufgaben. Die Aufgaben orientieren sich am Inhalt des jeweiligen Kapitels. Die Lösungen dieser Aufgaben sind über Mediencodes abrufbar.
- Die ersten Aufgaben auf diesen Seiten sind häufig auch zur Vorbereitung auf die mündliche Abiturprüfung geeignet.

Erläuterungen der im Buch verwendeten Symbole

Symbol	Erläuterung
Grundwissen	Mit dem angegebenen Medien- bzw. QR-Code auf jeder Startklar-Seite kann das für das jeweilige Kapitel vorausgesetzte und in der Tabelle aufgeführte Vorwissen abgerufen und auch für die Bearbeitung der Aufgaben auf dieser Seite genutzt werden.
Historische Ecke	Mit dem angegebenen Medien- bzw. QR-Code auf jeder Kapitel-Auftaktseite können historische Informationen zu Mathematikerinnen und Mathematikern, deren Arbeiten einen Bezug zum jeweiligen Kapitel haben, abgerufen werden. Damit erhalten die Schülerinnen und Schüler Einblicke in kulturelle Leistungen, die Grundlage für zahlreiche Fortschritte in unterschiedlichen Wissenschaften und Anwendungsbereichen waren.
	Aufgaben, die sich besonders gut für Partner- oder Gruppenarbeit eignen. Dennoch belassen auch diese Aufgabenstellungen der Lehrkraft die Möglichkeit, frei über die methodischen Vorgehensweisen zu entscheiden und auch solche Aufgaben z. B. als Hausaufgaben zu stellen.
	Aufgaben, die sich in besonderer Weise auch für die Bearbeitung mit einem Computerprogramm, z. B. einem Tabellenkalkulationsprogramm, einer dynamischen Geometriesoftware (DGS) bzw. einer dynamischen Mathematiksoftware (DMS) eignen. Über die Art und den Einsatz der Software entscheidet die Lehrkraft.
	Zu Beispielen und Aufgaben mit dieser GeoGebra-Kennzeichnung stehen unter dem Mediencode 63032-99 bzw. unter dem QR-Code GeoGebra-Dateien zum Download bereit.
	Aufgaben, die ohne Taschenrechner bearbeitet werden sollen. Ihre Einbeziehung bereits in den laufenden Unterricht dient dem kontinuierlichen Training der Rechenfertigkeiten im Hinblick auf eine nachhaltige Vorbereitung auf die Anforderungen im hilfsmittelfreien Teil der Abiturprüfung.
Abituraufgabe	Bei den so gekennzeichneten Aufgaben handelt es sich um Original-Abituraufgaben oder um Teile solcher Aufgaben. Ihre Einbeziehung bereits in den laufenden Unterricht stellt eine fundierte und nachhaltige Vorbereitung auf die Anforderungen in der Abiturprüfung – schriftlich oder mündlich – sicher. Der Ursprung dieser Aufgaben wird im Quellenverzeichnis auf Seite 220 angegeben.
Vertiefung **Werkzeug**	Die blauen Kästen bieten ihrer jeweiligen Kennzeichnung entsprechend weitere zum jeweiligen Unterkapitel passende Inhalte.

Grundwissen

Mediencode
63032-01

Aufgabe	Ich kann schon …
1, 2	… ganzrationale Funktionen ableiten und ihr Monotonie- und Krümmungsverhalten untersuchen.
3	… aus dem Graphen einer Funktion auf Eigenschaften ihrer Ableitung schließen.
5	… Exponentialgleichungen lösen und mit Logarithmen rechnen.
4, 7	… Exponentialfunktionen sowie Sinus- und Kosinusfunktionen auf charakteristische Eigenschaften untersuchen.
6	… realitätsbezogene Aufgabenstellungen mithilfe geeigneter Funktionen modellieren.

1 Begründen Sie, dass die Bedingung $f'(x_0) = 0$ notwendig, aber nicht hinreichend für das Vorliegen eines Extrempunkts an der Stelle x_0 einer differenzierbaren Funktion f ist.

2 Untersuchen Sie den Graphen G_f der Funktion $f: x \mapsto f(x)$, $D_f = \mathbb{R}$, jeweils auf Monotonie, Extrem- und Wendestellen. Geben Sie das Krümmungsverhalten von G_f an. Zeichnen Sie G_f zur Kontrolle mithilfe einer DMS.

a) $f(x) = \frac{1}{2}x^4 + \frac{2}{3}x^3 - 2x^2$ **b)** $f(x) = \frac{3}{4}x^4 - 2x^3$ **c)** $f(x) = \frac{1}{12}x^4 - \frac{2}{9}x^3 - \frac{1}{2}x^2$ **d)** $f(x) = \frac{1}{3}x^3 - 3x^2 + 8x - 4$

3 Die Abbildung zeigt den Graphen einer zweimal differenzierbaren Funktion f. Begründen oder widerlegen Sie jeweils die Aussage.

a) Die Funktion f' besitzt mindestens drei Nullstellen.
b) Der Graph von f' hat die x-Achse als waagrechte Asymptote.
c) Der Graph von f' verläuft durch den Ursprung.
d) Die Funktion f'' hat eine Nullstelle im Intervall $]2; +\infty[$.

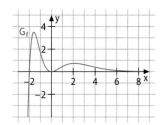

4 Der Graph einer in $\mathbb{R}$ definierten Exponentialfunktion $f_{a,b}: x \mapsto b \cdot a^x$, $a \in \mathbb{R}^+\backslash\{1\}$, $b \in \mathbb{R}$, verläuft durch die Punkte P und Q. Bestimmen Sie jeweils die Werte der Parameter a und b und beschreiben Sie das Monotonieverhalten des Funktionsgraphen sowie sein Verhalten für betragsgroße Werte von x.

a) $P(-1|1,5)$, $Q(3|24)$ **b)** $P\left(-2\left|\frac{1}{3}\right.\right)$, $Q(2|27)$ **c)** $P\left(-3\left|-\frac{1}{2}\right.\right)$, $Q(1|-8)$ **d)** $P(-4|4)$, $Q\left(-1\left|\frac{1}{2}\right.\right)$

5 Lösen Sie jeweils die Gleichung.

a) $\log_5 125 = x$ **b)** $\log_x 512 = 3$ **c)** $3 \cdot 2^{x+1} = 48$ **d)** $5^{2x} - 4 \cdot 5^x = 0$

6 Die Intensität des Lichts in einem See nimmt mit zunehmender Wassertiefe ab. An der Wasseroberfläche beträgt die Lichtintensität 100 %. Pro Meter Tiefe wird das Licht jeweils um 40 % schwächer.

a) Bestimmen Sie einen Term der Funktion f, die die Lichtintensität in Abhängigkeit von der Wassertiefe (in Metern) beschreibt, und zeichnen Sie den zugehörigen Funktionsgraphen.
b) Ermitteln Sie zeichnerisch und rechnerisch die Wassertiefe, in der die Lichtintensität nur noch [1] die Hälfte [2] ein Viertel der an der Wasseroberfläche vorhandenen beträgt.

7 Beschreiben Sie, wie der Graph G_f der Funktion $f: x \mapsto f(x)$, $D_f = \mathbb{R}$, aus dem Graphen von $g: x \mapsto \sin x$, $D_g = \mathbb{R}$, hervorgeht. Skizzieren Sie G_f für $-\pi \leq x \leq 3\pi$ und kontrollieren Sie Ihr Ergebnis in einer DMS.

a) $f(x) = -2\sin\left(x + \frac{\pi}{3}\right) + 1$ **b)** $f(x) = 3\cos x - 2$ **c)** $f(x) = 4\sin(-2x) + 1$

Stammfunktion, Produkt- und Kettenregel

1

CO₂ in der Atmosphäre

CO₂ in der Atmosphäre (Graph: ppmv über Jahr 2000–2300)

Veränderung der Lufttemperatur an der Oberfläche (Graph: °C über Jahr 2000–2300)

Einstieg

Die langfristige Durchschnittstemperatur auf der Erde steigt mit zunehmender CO_2-Konzentration in der Atmosphäre an. Modellrechnungen zeigen die Auswirkung einer erhöhten CO_2-Konzentration auf die Temperatur.

- Geben Sie mögliche Ursachen für die globale Temperaturerhöhung an.

Die Abbildungen zeigen die Graphen einiger Modellierungen.

- Beurteilen Sie anhand der Abbildung die Erreichbarkeit des 1,5 °C-Ziels des Klimaabkommens von Paris.
- Erläutern Sie, was gegen die Beschreibung der Graphen mit ganzrationalen Funktionen spricht.
- Bestimmen Sie graphisch näherungsweise denjenigen Zeitpunkt, zu dem die Temperaturerhöhung am stärksten ansteigt. Beschreiben Sie, wie man diesen Zeitpunkt rechnerisch ermitteln könnte.

Ausblick

In diesem Kapitel werden ganzrationale Funktionen mit Parametern und weitere Funktionstypen mithilfe der Methoden der Differentialrechnung untersucht. Dazu wird das Repertoire der Ableitungsregeln erweitert.

So können vielfältige Problemstellungen aus verschiedenen Sachkontexten untersucht werden.

Historische Ecke

Mediencode 63032-02

Die Freiwurflinie beim Basketball ist 4,025 m vom Mittelpunkt des Korbrings entfernt, der 3,05 m über dem Boden hängt. Die Flugbahn des Balls kann mithilfe einer Funktion $f_a : x \mapsto ax^2 + x + 2,4$, $a \in \mathbb{R}$, $D_f = [0; 4,025]$ modelliert werden (x: horizontaler Abstand des Balls vom Mittelpunkt des Korbrings in Meter; f(x): Höhe des Balls über dem Boden in Meter).

- Begründen Sie, dass durch f_a alle Würfe modelliert werden, bei denen der Abwurfpunkt im Punkt (0|2,4) liegt und der Ball unter einem Winkel von 45° abgeworfen wird.
- Zeichnen Sie mithilfe einer DMS die zu $a = -0,5; -0,3; -0,1; 0,1; 0,3$ gehörenden Graphen von f_a und begründen Sie, dass im Sachzusammenhang a negativ sein muss.
- Bestimmen Sie näherungsweise einen Wert von a, so dass im Modell der Ball durch die Mitte des Rings fliegt. Beschreiben Sie, wie dieser Wert berechnet werden kann.

Verstehen

Der Term einer Funktion kann neben der Variablen noch von dieser unabhängige **Parameter** enthalten und beschreibt dann mehrere Kurven gleichzeitig.

$f_n : x \mapsto x^n$, $n \in \mathbb{N}$, $D_{f_n} = \mathbb{R}$, ist eine Funktionenschar.

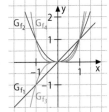

> Enthält ein Funktionsterm neben der Variablen (mindestens) einen Parameter, so wird dadurch eine Menge von Funktionen festgelegt; diese bezeichnet man als **Funktionenschar**.
>
> Häufig haben die Funktionen einer Schar gemeinsame Eigenschaften, die man mit den bekannten Strategien untersuchen kann. Dabei werden die Parameter wie Zahlen behandelt.

Beispiele

I. Untersuchen Sie mithilfe eines Schiebereglers in einer DMS die Graphen G_{f_a} der in $\mathbb{R}$ definierten Funktionenschar f_a mit $f_a(x) = x^3 - ax^2$, $a \in \mathbb{R}^+$, hinsichtlich der angegebenen Eigenschaft in Abhängigkeit von a und begründen Sie Ihre Vermutung rechnerisch.

a) Nullstellen von f_a b) Lage und Art der Extrempunkte von G_{f_a}

Lösung:

a) **Vermutung:** Die Funktionen f_a haben genau zwei Nullstellen $x_1 = 0$ und $x_2 = a$.
   Begründung: Setzen Sie den Funktionsterm gleich null und klammern Sie die Variable aus: $f_a(x) = 0 \Leftrightarrow x^3 - ax^2 = 0 \Leftrightarrow x^2 \cdot (x - a) = 0 \Rightarrow x_1 = 0; x_2 = a$

Strategiewissen

Nullstellen und Extrempunkte einer Funktionenschar bestimmen

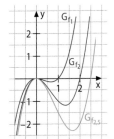

b) **Vermutung:** Der Graph G_{f_a} besitzt einen Hochpunkt im Ursprung und einen Tiefpunkt $T(x_T | f_a(x_T))$ mit $0 < x_T < a$.
   Begründung:

   1 Leiten Sie f_a nach der Variablen x ab: $f_a'(x) = 3x^2 - 2ax$; $f_a''(x) = 6x - 2a$

   2 Lösen Sie die Gleichung $f_a'(x) = 0$ nach der Variablen x auf:
   $x \cdot (3x - 2a) = 0 \Rightarrow x_1 = 0; x_2 = \frac{2}{3}a$

   3 Überprüfen Sie die hinreichende Bedingung für einen Extrempunkt mit der 2. Ableitung und berechnen Sie die Funktionswerte, ggf. in Abhängigkeit von a:
   $f_a''(0) = -2a < 0$, da $a > 0$ ist; $f_a''\left(\frac{2}{3}a\right) = 6 \cdot \frac{2}{3}a - 2a = 2a > 0$, da $a > 0$ ist.

   $f_a(0) = 0$; $f_a\left(\frac{2}{3}a\right) = \left(\frac{2}{3}a\right)^3 - a \cdot \left(\frac{2}{3}a\right)^2 = -\frac{4}{27}a^3$

   Der Ursprung ist Hochpunkt des Graphen G_{f_a}. G_{f_a} hat den Tiefpunkt $T_a\left(\frac{2}{3}a \middle| -\frac{4}{27}a^3\right)$.

II. Gegeben ist die in $\mathbb{R}$ definierte Schar der Funktionen $f_{a,b}: x \mapsto \frac{1}{a}x^4 + x^2 + b$ mit $a \in \mathbb{R}\backslash\{0\}$, $b \in \mathbb{R}$. Begründen Sie jeweils die Aussage.

a) Die Funktion $g: x \mapsto -3x^4 + x^2 + 2$, $D_g = \mathbb{R}$, ist eine Funktion der Schar.

b) Wenn $a > 0$ gilt, dann ist der Graph $G_{f_{a,b}}$ von $f_{a,b}$ streng monoton fallend im Intervall $]-\infty; 0]$ und streng monoton steigend im Intervall $[0; +\infty[$.

c) Für $a < 0$ hat $G_{f_{a,b}}$ genau drei Punkte mit waagrechter Tangente.

Lösung:

a) Für $a = -\frac{1}{3}$ und $b = 2$ gilt $f_{-\frac{1}{3}, 2}(x) = -3x^4 + x^2 + 2 = g(x)$.

b) Ableitung: $f'_{a,b}(x) = \frac{4}{a}x^3 + 2x = 2x\left(\frac{2}{a}x^2 + 1\right)$. Für $a > 0$ gilt $\frac{2}{a}x^2 + 1 > 0$ für alle x.

Daher gilt: $f'_{a,b}(x) < 0$ für $x < 0$ bzw. $f'_{a,b}(x) > 0$ für $x > 0$.

Wegen der Stetigkeit von f_a ist für $a > 0$ der Graph $G_{f_{a,b}}$ streng monoton fallend in $]-\infty; 0]$ und streng monoton steigend in $[0; +\infty[$.

c) Die Gleichung $2x\left(\frac{2}{a}x^2 + 1\right) = 0$ hat unabhängig von a die Lösung $x_1 = 0$.

$\frac{2}{a}x^2 + 1 = 0 \Leftrightarrow x^2 = -\frac{a}{2}$ hat für $a < 0$ die Lösungen $x_{2/3} = \pm\sqrt{-\frac{a}{2}}$.

Daher hat die Funktion $f'_{a,b}$ für negative a genau drei Nullstellen, der Graph $G_{f_{a,b}}$ also genau drei Stellen mit waagrechter Tangente.

 III. Für jede reelle Zahl a ist die in $\mathbb{R}$ definierte Funktion f_a mit $f_a(x) = x^2 - ax + 1$ gegeben; ihr Graph ist die Parabel P_a.

a) Zeigen Sie rechnerisch, dass alle Parabeln P_a ...

   A den Punkt $P(0|1)$ enthalten.   **B** den Scheitel $S_a\left(\frac{a}{2}\Big|1 - \frac{a^2}{4}\right)$ haben.

b) Untersuchen Sie mithilfe einer DMS die Lage des Scheitels S_a in Abhängigkeit von a und weisen Sie rechnerisch nach, dass alle Scheitel S_a auf dem Graphen der in $\mathbb{R}$ definierten Funktion h mit $h(x) = 1 - x^2$ liegen.

Lösung:

a) **A** Es gilt $f_a(0) = 0^2 - a \cdot 0 + 1 = 1 \Rightarrow P(0|1) \in G_{f_a}$ unabhängig von a.

Erinnern Sie sich an die Scheitelform der Parabelgleichung.

   B Es gilt $x^2 - ax + 1 = \left(x^2 - ax + \left(\frac{a}{2}\right)^2\right) - \left(\frac{a}{2}\right)^2 + 1 = \left(x - \frac{a}{2}\right)^2 + 1 - \frac{a^2}{4}$.

Also hat die Parabel P_a den Scheitel $S_a\left(\frac{a}{2}\Big|1 - \frac{a^2}{4}\right)$.

b) **1** Zeichnen Sie die Parabeln P_a mithilfe einer DMS und eines Schiebereglers.

   2 Zeichnen Sie den Scheitel S_a ein und lassen Sie seine Spur zeichnen.

   3 Setzen Sie die x-Koordinate des Scheitelpunkts in die Funktion h ein und prüfen Sie, ob man als Ergebnis die y-Koordinate erhält:

$h(x_{S_a}) = h\left(\frac{a}{2}\right) = 1 - \left(\frac{a}{2}\right)^2 = 1 - \frac{a^2}{4} = y_{S_a}$

für alle $a \in \mathbb{R}$. Jeder Scheitel S_a liegt also auf dem Graphen G_h.

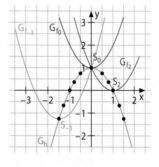

Strategiewissen
Darstellen der Extrempunkte einer Schar mithilfe einer DMS

> **Nachgefragt**

- Begründen oder widerlegen Sie: Bei der Betrachtung einer Funktionenschar liefern zwei unterschiedliche Parameterwerte immer auch zwei unterschiedliche Funktionsterme.

- Begründen oder widerlegen Sie: Jede Gerade im Koordinatensystem ist Graph einer in $\mathbb{R}$ definierten Funktion $f_{m,t}$ mit $f_{m,t}(x) = mx + t$ mit reellen Parametern m und t.

1 Überprüfen Sie, ob die angegebenen Funktionsterme zu der in $\mathbb{R}$ definierten Schar $f_a: x \mapsto (a^2 + 1)x^2 + \frac{12}{a}x + 2a + 3$, $a \in \mathbb{R}\backslash\{0\}$, gehören, und geben Sie gegebenenfalls den Wert des Parameters a an.

a) $g(x) = 5x^2 - 6x - 1$ **b)** $h(x) = 10x^2 + 4x + 10$ **c)** $k(x) = 2x^2 + 6x + 5$

2 Gegeben ist die in $\mathbb{R}$ definierte Funktionenschar f_a mit $f_a(x) = \frac{1}{3}x^3 + \frac{1}{a}x^2 + ax$, $a \in \mathbb{R}\backslash\{0\}$.

a) Zeigen Sie, dass alle Graphen von f_a durch den Ursprung verlaufen.

b) Bestimmen Sie diejenigen Werte von a, für die …

  1 der Punkt $P(-2\,|\,2)$ auf dem Graphen von f_a liegt.

  2 die Graphen von f_a Punkte mit waagrechten Tangenten besitzen.

  3 die Graphen von f_a im Punkt $P_a(1\,|\,f_a(1))$ die Steigung 4 besitzen.

c) Zeigen Sie, dass alle Graphen von f_a genau einen Punkt mit der Krümmung null haben, und berechnen Sie dessen Koordinaten in Abhängigkeit von a.

d) Überprüfen Sie Ihre Ergebnisse mithilfe einer DMS.

3 Gegeben ist die in $\mathbb{R}$ definierte Funktionenschar $f_a: x \mapsto \left(\frac{x}{4}\right)^2 (2x^2 - ax + 2a)$, $a \in \mathbb{R}$; ihr Graph ist G_{f_a}.

a) Zeichnen Sie G_{f_a} mithilfe einer DMS und ermitteln Sie durch geeignetes Probieren näherungsweise Werte für a, so dass G_{f_a} die angegebene Eigenschaft besitzt.

  1 G_{f_a} ist achsensymmetrisch bezüglich der y-Achse.

  2 G_{f_a} besitzt genau einen Extremwert.

  3 G_{f_a} besitzt Wendepunkte und a ist größer 0.

  4 G_{f_a} verläuft durch alle vier Quadranten.

  5 G_{f_a} hat einen Tiefpunkt im Ursprung und einen im vierten Quadranten.

b) Bestätigen Sie Ihre Angaben aus Teilaufgabe a) **1** bis **3** rechnerisch.

4 **a)** Gegeben ist die in $\mathbb{R}$ definierte Funktionenschar $f_k: x \mapsto kx^4 - 2kx$, $k \in \mathbb{R}\backslash\{0\}$; ihr Graph ist G_{f_k}. Untersuchen Sie G_{f_k} **1** graphisch und **2** rechnerisch auf Monotonie.

b) Es gibt eine Gerade, auf der alle Extrempunkte der Graphen der Schar liegen. Bestimmen Sie eine Gleichung dieser Gerade.

c) Bestimmen Sie das Krümmungsverhalten von G_{f_k} in Abhängigkeit von k und kontrollieren Sie Ihr Ergebnis mithilfe einer DMS.

d) Weisen Sie nach, dass der Ursprung auf jedem Graphen G_{f_k} liegt, und bestimmen Sie eine Gleichung der Tangente an G_{f_k} im Ursprung in Abhängigkeit von k.

5 Gegeben ist die in $\mathbb{R}$ definierte Schar der Funktionen $f_t: x \mapsto -\frac{1}{2t}x^4 + x^2$, $t \in \mathbb{R}^+$; ihr Graph ist G_{f_t}.

a) Bestimmen Sie die Koordinaten der Wendepunkte von G_{f_t} in Abhängigkeit von t.

b) Belegen Sie **1** grafisch mithilfe einer DMS und **2** rechnerisch, dass die Wendepunkte W_t jedes Graphen G_{f_t} auf dem Graphen der Funktion $h: x \mapsto \frac{5}{6}x^2$, $D_h = \mathbb{R}$, liegen. Begründen Sie, dass nicht jeder Punkt von G_h Wendepunkt eines Graphen G_{f_t} ist.

c) Zum Hochwasserschutz ist ein Kanal mit einer Tiefe von mindestens 4 m geplant. Der Böschungswinkel darf nicht größer als 60° sein. Der Querschnitt des Kanals wird durch eine Funktion der Schar f_t (x, f_t(x) in Metern) modelliert. Beurteilen Sie (ggf. auch mithilfe einer DMS), ob das Modell den Anforderungen genügt.

6 Das Diagramm zeigt Steuerkurven einer Heizung. Sie bestimmen jeweils, auf welche Vorlauftemperatur das Wasser in Abhängigkeit von der Außentemperatur erwärmt wird. Die Hausbewohner können an der Heizung eine bestimmte Steuerlinie festlegen und dabei ihre Steigung verändern (durchgezogene Linien), sie aber auch parallel verschieben (gestrichelte Linien).

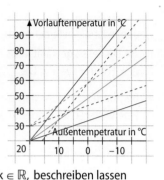

Die Vorlauftemperatur ist die Temperatur, auf die das Kesselwasser erwärmt wird. Vorlauftemperaturen über 100 °C müssen vermieden werden, daher flacht die Heizkurve in der Realität ab.

a) Die Achsen sind ungewöhnlich skaliert. Zeigen Sie, dass sich die durchgezogenen Steuerlinien durch die in $\mathbb{R}$ definierte Funktionenschar $f_k: x \mapsto kx + 20 - 20k$, $k \in \mathbb{R}$, beschreiben lassen (x: Außentemperatur in °C; $f_k(x)$: Vorlauftemperatur in °C).

b) Bestimmen Sie rechnerisch den gemeinsamen Punkt aller Graphen von f_k.

c) Die Hausbewohner empfinden es als zu warm in der Wohnung, wenn es draußen sehr kalt wird. Begründen Sie, wie der Parameter k angepasst werden sollte.

d) Bei einer Außentemperatur von – 10 °C sollte die Vorlauftemperatur 60 °C betragen. Berechnen Sie, welchen Wert des Parameters k die Hausbewohner wählen müssen.

e) Fügen Sie der Schar einen weiteren Parameter t hinzu, so dass damit auch die gestrichelten Geraden beschrieben werden können. Erläutern Sie die Bedeutung des Parameters t im Sachzusammenhang.

7 Gegeben ist die in $\mathbb{R}$ definierte Funktionenschar $f_t: x \mapsto \frac{4}{9}t^2x^3 + tx^2 + x$, $t \in \mathbb{R}\backslash\{0\}$; ihr Graph ist G_{f_t}.

a) Zeichnen Sie Graphen von f_t mithilfe einer DMS.

b) Zeigen Sie rechnerisch, dass sich alle Graphen G_{f_t} im Ursprung berühren, und geben Sie eine Gleichung der gemeinsamen Tangente an.

c) Die Menge aller Punkte, in denen jeweils einer der Graphen die Steigung 1 hat, liegt auf einer Geraden. Bestimmen Sie eine Gleichung dieser Geraden.

d) Jeder Graph G_{f_t} besitzt eine Wendetangente. Weisen Sie nach, dass diese Wendetangenten zueinander parallel sind.

e) Ermitteln Sie, welche Beziehung zwischen zwei Parameterwerten t_1 und t_2 bestehen muss, damit die zugehörigen Graphen nur den Ursprung gemeinsam haben.

8 Wird beim Kugelstoßen die Kugel schräg abgeworfen, so bewegt sie sich (ohne Berücksichtigung der Luftreibung) auf einer Bahn, die durch einen Graphen einer in $\mathbb{R}^+$ definierten Funktion $f_{a,b,c}: x \mapsto \frac{\sqrt{1-a^2}}{a}x - \frac{5}{a^2b^2}x^2 + c$ mit $a \in \;]0; 1[$ und $b, c \in \mathbb{R}^+$ beschrieben werden kann (x: horizontaler Abstand der Kugel zum Abwurfpunkt in Meter; f(x): Höhe der Kugel in Meter).

a) Zeichnen Sie mithilfe einer DMS Graphen $G_{f_{a,b,c}}$.

b) Geben Sie die Bedeutung des Parameters c im Sachkontext an. Der Parameter b beschreibt die Geschwindigkeit der Kugel im Moment des Abwurfs. Recherchieren Sie realistische Werte für den Parameter b.

c) Überprüfen Sie durch gezieltes Probieren mithilfe der DMS, dass der Abwurfwinkel im Modell nur vom Wert des Parameters a abhängt, und weisen Sie dies rechnerisch nach.

d) Es gilt $a = \cos\varphi$, wobei φ der Abwurfwinkel ist. Bestimmen Sie graphisch für verschiedene Abwurfgeschwindigkeiten den optimalen Abwurfwinkel.

Gegeben ist die in $\mathbb{R}$ definierte Funktion $f: x \mapsto \frac{1}{2}x^2$. Die Funktion F ($D_F = D_f$) sei so gewählt, dass f ihre Ableitung darstellt; es gilt also $F'(x) = f(x)$ für alle $x \in D_f$.

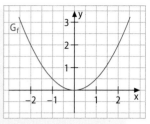

- Begründen Sie, dass der Graph G_F von F an der Stelle $x_0 = 0$ eine waagrechte Tangente, aber keinen Extrempunkt besitzt.

- Skizzieren Sie einen möglichen Graphen G_F. Vergleichen Sie ihn mit dem einer Mitschülerin oder eines Mitschülers und erläutern Sie Gemeinsamkeiten und Unterschiede.

Mithilfe der Eigenschaften der Ableitung F' einer Funktion F kann man auf Eigenschaften der Funktion F selbst schließen.

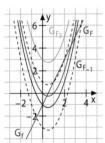

$F_0(x) = x^2 - x$
$F_0'(x) = 2x - 1 = f(x)$
$F_3(x) = x^2 - x + 3$
$F_3'(x) = 2x - 1 = f(x)$
$F_{-1}(x) = x^2 - x - 1$
$F_{-1}'(x) = 2x - 1 = f(x)$

> Die differenzierbare Funktion $F: x \mapsto F(x)$ heißt **Stammfunktion** von $f: x \mapsto f(x)$, wenn für alle $x \in D_F = D_f$ gilt: $\mathbf{F'(x) = f(x)}$.
>
> Ist F eine Stammfunktion von f, dann ist jede Funktion der Schar $F_c: x \mapsto F(x) + c$, $c \in \mathbb{R}$, ebenfalls eine Stammfunktion von f.
>
> Für eine Potenzfunktion $\mathbf{f: x \mapsto x^n, n \in \mathbb{N}}$, ist F mit $\mathbf{F(x) = \frac{1}{n+1}x^{n+1}}$ eine Stammfunktion von f.

Begründungen

I. a) Begründen Sie: Wenn $F: x \mapsto F(x)$ eine Stammfunktion von $f: x \mapsto f(x)$ ist, dann ist $F_c: x \mapsto F(x) + c$, $c \in \mathbb{R}$, ebenfalls eine Stammfunktion von f ($D_F = D_{F_c} = D_f$).
   b) Interpretieren Sie das Ergebnis aus Teilaufgabe a) geometrisch.
   Lösung:
   a) Es gilt nach der Summenregel $F_c'(x) = [F(x) + c]' = F'(x) + 0 = f(x)$ für alle $x \in D_F$. Also ist F_c eine Stammfunktion von f.
   b) Der Graph von F_c geht aus dem Graphen von F durch Verschiebung um c Einheiten in y-Richtung hervor. Die Graphen G_F und G_{F_c} haben daher an jeder Stelle $x \in D_f = D_F$ dieselbe Steigung; F und F_c haben somit die gleiche Ableitungsfunktion f.

II. Begründen Sie, dass für jedes $n \in \mathbb{N}$ die Funktion $F: x \mapsto \frac{1}{n+1}x^{n+1}$ eine Stammfunktion von $f: x \mapsto x^n$ ($D_F = D_f = \mathbb{R}$) ist.
   Lösung:
   Mithilfe der Potenz- und Faktorregel gilt: $F'(x) = \frac{1}{n+1} \cdot (n+1) \cdot x^{(n+1)-1} = x^n = f(x)$.

Beispiele

 I. Entscheiden und begründen Sie, für welchen Graphen A bis C der Graph 1 der Graph einer zugehörigen Stammfunktion ist.

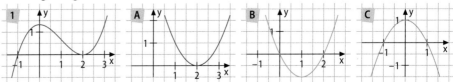

Lösung:

Die Graphen aus $\boxed{\text{A}}$ und $\boxed{\text{C}}$ verlaufen nicht durch den Ursprung, so dass der Graph einer zugehörigen Stammfunktion an der Stelle null keine waagrechte Tangente besitzt. Dies steht im Widerspruch zu $\boxed{\text{1}}$. Somit zeigt $\boxed{\text{B}}$ den zugehörigen Graphen.

II. Gegeben ist die in $\mathbb{R}$ definierte Funktion $f: x \mapsto x^4 + 3x - 4$.

    a) Zeigen Sie, dass die in $\mathbb{R}$ definierte Funktion F mit $F(x) = \frac{1}{5}x^5 + \frac{3}{2}x^2 - 4x - 3$ eine Stammfunktion von f ist.

    b) Geben Sie einen Term einer weiteren Stammfunktion G von f an und beschreiben Sie, wie der Graph von G aus dem Graphen von F hervorgeht.

Lösung:

    a) Leiten Sie die Funktion F ab und formen Sie den Term $F'(x)$ zu $f(x)$ um:

$$F'(x) = \frac{1}{5} \cdot 5x^4 + \frac{3}{2} \cdot 2x - 4 = x^4 + 3x - 4 = f(x) \text{ für alle } x \in \mathbb{R}$$

Strategiewissen
Nachweis einer Stammfunktion

    b) Beispiel: $G(x) = \frac{1}{5}x^5 + \frac{3}{2}x^2 - 4x + 1$. Der Graph G_G entsteht aus dem Graphen von F durch Verschiebung um eine Einheit in positive y-Richtung.

III. Bestimmen Sie einen Term derjenigen Stammfunktion F von $f: x \mapsto \frac{1}{2}x^3 - 5$, $D_f = \mathbb{R}$, deren Graph durch den Punkt $P(2\,|\,1)$ verläuft.

Lösung:

    $\boxed{\text{1}}$ Bestimmen Sie einen Term aller Stammfunktionen F_c:

$$F_c(x) = \frac{1}{2} \cdot \frac{1}{3+1}x^{3+1} - 5 \cdot \frac{1}{0+1} \cdot x^{0+1} + c = \frac{1}{8}x^4 - 5x + c, \; c \in \mathbb{R}$$

Strategiewissen
Bestimmen einer Stammfunktion

    $\boxed{\text{2}}$ Setzen Sie die Koordinaten von P ein und lösen Sie nach c auf:

$$F_c(2) = 1 \Leftrightarrow \frac{1}{8} \cdot 2^4 - 5 \cdot 2 + c = 1 \Leftrightarrow c - 8 = 1 \Rightarrow c = 9$$

    $\boxed{\text{3}}$ Geben Sie einen Term der Funktion an: $F(x) = \frac{1}{8}x^4 - 5x + 9$

Nachgefragt

- Begründen oder widerlegen Sie: Bildet man die Differenz der Terme zweier Stammfunktionen derselben Funktion, so ist das Ergebnis eine Konstante.

- Begründen oder widerlegen Sie: Eine lineare (bzw. quadratische) Funktion f besitzt eine Stammfunktion, die keine Nullstelle hat.

Aufgaben

$\boxed{\text{1}}$ Abbildung $\boxed{\text{1}}$ zeigt den Graphen G_f einer ganzrationalen Funktion f zweiten Grades. Genau zwei der Abbildungen $\boxed{\text{A}}$ bis $\boxed{\text{C}}$ zeigen jeweils den Graphen einer Stammfunktion von f. Geben Sie begründet an, welche Abbildungen dies sind.

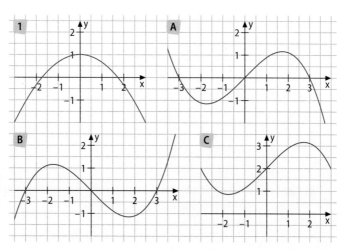

2 Bestimmen Sie jeweils Terme dreier verschiedener Stammfunktionen der Funktion f.

a) $f(x) = -\frac{1}{3}x^3 + \frac{5}{2}x^2 - 2x + 1$

b) $f(x) = 4(x+3)^2 - 2$

c) $f(x) = (x^2 - 1)(x^2 + 1) - x^4$

d) $f(x) = 1 - \frac{1}{4}x^3 - \frac{2}{3}x^2$

 3 Gegeben sind jeweils die in $\mathbb{R}$ definierte Funktion $f: x \mapsto f(x)$ und ein Punkt P.

1 $f(x) = \frac{1}{5}x^3 - \frac{5}{2}x$; $P(2 \mid 0{,}2)$

2 $f(x) = 10x^4 + 4x^3 - 6x^2 - 1$; $P(1 \mid 3)$

3 $f(x) = 3x^3 - 2x^2 + 1$; $P(-1 \mid 1)$

4 $f(x) = 3\sqrt{2}\,x^2 - \frac{1}{\sqrt{2}}$; $P(\sqrt{2} \mid 3)$

a) Bestimmen Sie einen Term derjenigen Stammfunktion F von f, deren Graph durch den Punkt P verläuft.

b) Entscheiden und begründen Sie, ob es Stammfunktionen von f gibt, die keine Null-stellen besitzen.

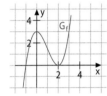

4 **a)** Die Abbildung zeigt den Graphen G_f einer Funktion f. Geben Sie an, welche Aussagen über eine Stammfunktion F von f sich daraus im Hinblick auf Monotonie, Extrem- und Wendestellen ergeben. Begründen Sie diese.

b) Es gilt $F(0) = 2$. Skizzieren Sie mithilfe der bisherigen Ergebnisse den Graphen von F.

5 Die Abbildung **I** zeigt die Graphen G_1 bis G_5 von fünf Funktionen. Die Abbildung **II** zeigt die Graphen von jeweils der zugehörigen Stammfunktion, deren Graph durch den Punkt $P(1 \mid 1)$ verläuft. Ordnen Sie die Graphen G_A bis G_E jeweils begründet zu.

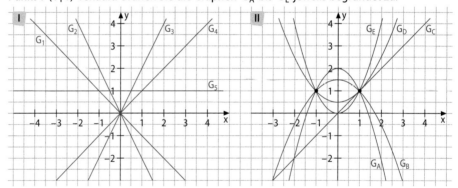

Abituraufgabe

 6 Die Abbildung zeigt den Graphen G_f einer Funktion f.

a) Eine der Abbildungen **A** bis **C** zeigt den Graphen der ers-ten Ableitungsfunktion von f. Geben Sie diesen Graphen an. Begründen Sie, warum keiner der beiden anderen Graphen zur Ableitungsfunktion von f gehört.

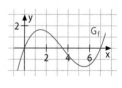

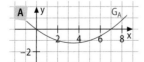

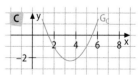

b) Die Funktion F ist eine Stammfunktion von f. Beschreiben und begründen Sie das Monotonieverhalten von F im Intervall $[1; 3]$.

7 Begründen oder widerlegen Sie jeweils die Aussage.
a) Bestimmt man einen Term der Ableitung f′ einer Funktion f und zu f′ dann einen Term einer Stammfunktion, so erhält man wieder f.
b) Bestimmt man zu einer Funktion f einen Term einer Stammfunktion F und dann einen Term der Ableitung von F, so erhält man wieder f.

8 Die Abbildung zeigt den Graphen einer Funktion f. Begründen oder widerlegen Sie jeweils die Aussage über eine beliebige Stammfunktion F bzw. die Ableitung f′ von f.
a) Der Graph von F hat an der Stelle $x_0 = -2$ einen Tiefpunkt.
b) Der Graph von f′ ist für $-3 \leq x \leq -2$ streng monoton steigend.
c) Der Graph von F hat im Intervall $[-3; 6]$ genau zwei Wendepunkte.
d) Es gilt $f''(-2) + f'(-2) > 0$.
e) Der Graph von F verläuft im Schnittpunkt mit der y-Achse steiler als die Winkelhalbierende des I. und III. Quadranten.
f) Es gilt $F(0) > F(5)$.

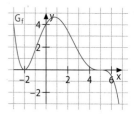

9 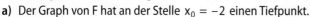 **a)** Gegeben ist die Schar von Funktionen f_a mit $f_a(x) = a \cdot (x^3 + 6x^2 + 12x + 8)$; $x \in \mathbb{R}$, $a \in \mathbb{R}\backslash\{0\}$. Zeigen Sie, dass die Funktion F mit $F(x) = \frac{1}{2}x^4 + 4x^3 + 12x^2 + 16x + 11$, $D_F = \mathbb{R}$, für $a = 2$ eine Stammfunktion von f_a ist.
b) Es gibt Stammfunktionen von f_a, die nur negative Funktionswerte annehmen. Begründen Sie, für welche Werte von a dies gilt. Nutzen Sie dafür geeignete Skizzen.

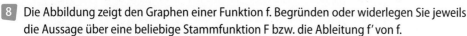
Abituraufgabe

10 Bestimmen Sie jeweils einen Term einer Stammfunktion der in $\mathbb{R}$ definierten Funktionenschar. Beschreiben Sie Ihr Vorgehen.
a) $f_t: x \mapsto tx^2 - \frac{x}{t}$, $t > 0$
b) $f_a: t \mapsto ta^2 - ta$, $a \in \mathbb{R}$
c) $f_t: a \mapsto ta^2 - ta$, $t \in \mathbb{R}$
d) $f_a: x \mapsto a + x$, $a \in \mathbb{R}$
e) $f_k: t \mapsto tk^2 + tk - kt^3$, $k \in \mathbb{R}$
f) $f_t: k \mapsto tk^2 + tk - kt^3$, $t \in \mathbb{R}$

11 Die Abbildung zeigt jeweils den Graphen G_f einer Funktion f. Erstellen Sie eine Monotonie- und eine Krümmungstabelle für eine Stammfunktion F von f und begründen Sie Ihr Vorgehen. Skizzieren Sie zwei Graphen von Stammfunktionen der Funktion f.

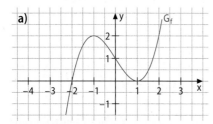

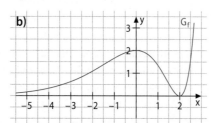

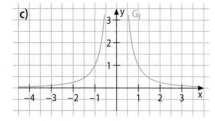

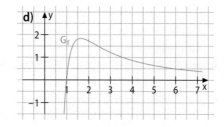

12 Die Abbildung zeigt jeweils den Graphen einer Funktion f.

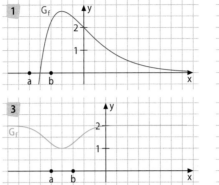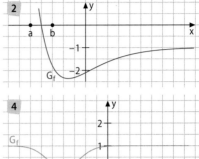

a) Beschreiben Sie für $a \le x \le b$ den Verlauf des Graphen einer Stammfunktion von f.

b) Übertragen Sie den Graphen von f jeweils möglichst genau in Ihr Heft und skizzieren Sie in dasselbe Koordinatensystem den Graphen einer Stammfunktion von f im gesamten dargestellten Bereich.

13 Gegeben ist die Schar der Funktionen $f_{a,b}: x \mapsto a(x-b)^2 + a$ mit $a, b \in \mathbb{R}$, $a \ne 0$, $D_{f_{a,b}} = \mathbb{R}$.

a) Geben Sie Werte für die Parameter a und b an, so dass der Graph $G_{f_{a,b}}$ ...

1 den Hochpunkt $H(2|-1)$ besitzt.

2 auf ganz $\mathbb{R}$ linksgekrümmt ist.

3 achsensymmetrisch bezüglich der y-Achse ist.

b) Begründen oder widerlegen Sie jeweils die Aussage.

1 Kein Graph der Schar besitzt im Punkt $(-1|-3)$ einen Tiefpunkt.

2 Der Graph einer Stammfunktion $F_{a,b}$ von $f_{a,b}$ besitzt keine Stelle mit waagrechter Tangente.

3 Der Graph einer Stammfunktion $F_{a,b}$ von $f_{a,b}$ ist im Intervall $]-\infty; b[$ rechtsgekrümmt.

c) Kontrollieren Sie Ihre Ergebnisse aus den vorherigen Teilaufgaben mit einer DMS.

14 Gegeben ist eine differenzierbare Funktion f, von der keine ihrer Stammfunktionen bekannt ist. Beschreiben und begründen Sie, wie Sie den Graphen G_F einer beliebigen Stammfunktion F von f jeweils untersuchen können auf ...

a) Stellen, an denen G_F die Steigung 1 hat.

b) Stellen, an denen G_F einen Terrassenpunkt besitzt.

c) Achsensymmetrie bezüglich der y-Achse.

15 a) Gegeben ist die in $\mathbb{R}$ definierte Funktionenschar $f_a: x \mapsto a$, $a \in \mathbb{R}^+$. Der Graph von f_a und die Gerade $x = u$, $u \in \mathbb{R}^+$, schließen zusammen mit den Koordinatenachsen eine Fläche mit dem Inhalt $A_a(u)$ ein. Bestimmen Sie einen Term für den Flächeninhalt in Abhängigkeit von u.

b) Bearbeiten Sie Teilaufgabe a) für die Funktionenscharen $g_m: x \mapsto mx$, $m \in \mathbb{R}^+$, und $h_{m,t}: x \mapsto mx + t$, $m, t \in \mathbb{R}^+$.

c) Vergleichen Sie jeweils den Funktionsterm $f_a(x)$ (bzw. $g_m(x)$ bzw. $h_{m,t}(x)$) mit den Termen für den Flächeninhalt $A_a(u)$ (bzw. $A_m(u)$ bzw. $A_{m,t}(u)$).

Graphen von Stammfunktionen zeichnerisch ermitteln

Für das Differenzieren, also das Bestimmen eines Terms der Ableitungsfunktion einer differenzierbaren Funktion f, gibt es relativ einfache Regeln. Neben den bereits bekannten Regeln folgen weitere in den Kapiteln 1.4, 1.5 und 3.1. Für das Bilden einer Stammfunktion ist die Lage anders: Bei vielen Funktionen f lässt sich kein Stammfunktionsterm F (x) angeben. Es gibt jedoch Möglichkeiten, auch in einem solchen Fall einen Näherungsgraphen G_{F*} einer Stammfunktion F von f zu finden, z. B. mithilfe des sogenannten Isoklinenverfahrens.

Das **Isoklinenverfahren** dient der Ermittlung eines Näherungsgraphen G_{F*} für diejenige Stammfunktion F von f, deren Graph durch einen vorgegebenen Punkt $P_0(x_0|y_0)$ verläuft sowie der Gewinnung einer Übersicht über die Gesamtheit der Graphen aller Stammfunktionen von f.
Dieses Verfahren beruht auf der Tatsache, dass die Tangenten an die Graphen aller Stammfunktionen von f in den Punkten jeder Parallelen $x = x_i$ zur y-Achse jeweils die gleiche Steigung $f(x_i)$ aufweisen. Diese Geraden $x = x_i$ heißen deshalb **Isoklinen** (griechisch: gleiche Steigung).

Beispiel:

Gegeben ist der Graph G_f der Funktion f. Zeichnen Sie zu jeder der sechs Isoklinen $x = x_0$, $x = x_1$, …, $x = x_5$ eine größere Anzahl von **Linienelementen** mit der Steigung $m_i = f(x_i) = F'(x_i)$. Ziehen Sie dann durch das von diesen Linienelementen erzeugte **Richtungsfeld** je eine möglichst glatte Kurve, die den Punkt $(0|1)$ bzw. $(0|4)$ bzw. $(0|7)$ enthält und jede der sechs Isoklinen $x = x_i$ mit der zugehörigen Tangentensteigung m_i quert. So erhalten Sie drei Näherungsgraphen von Stammfunktionen der Funktion f.

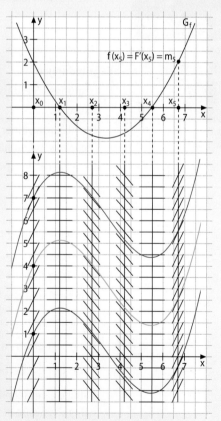

- Gegeben ist jeweils eine Funktion f. Skizzieren Sie mithilfe des Isoklinenverfahrens einen Näherungsgraphen derjenigen Stammfunktion F, deren Graph durch den Punkt $P_0(1|0)$ verläuft.

  1 $f: x \mapsto \dfrac{2}{x}$, $D_f = \mathbb{R}^+$

  2 $f: x \mapsto \sqrt{x}$, $D_f = \mathbb{R}^+$

- In einer Wetterkarte sind die Windrichtungen eingetragen; sie ergeben zusammen ein Richtungsfeld. Beschreiben Sie, wie man daraus (unter der Annahme, dass die Richtungspfeile zeitlich konstant sind) die Bahn eines Heißluftballons zeichnen kann, der von der Stelle P_0 aus aufsteigt.

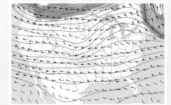

*Beispiel für eine Wetterkarte mit einge-
zeichneten Windverhältnissen*

Entdecken

- Gegeben ist die Schar der in $\mathbb{R}$ definierten Funktionen $f_a \colon x \mapsto a^x$, $a \in \mathbb{R}^+$.
  Zeichnen Sie mit einer DMS den Graphen G_{f_a} von f_a sowie den Graphen von f_a'.
  Variieren Sie den Parameter a und vergleichen Sie jeweils den Verlauf beider Graphen.
- Ergänzen Sie die Zeichnung um die Tangente t_a an G_{f_a} im Punkt $P(0\,|\,1)$. Bestimmen Sie näherungsweise den Wert des Parameters a, für den die gezeichnete Tangente die Steigung 1 besitzt und beschreiben Sie Ihre Beobachtung.

Verstehen

Diejenige Exponentialfunktion, die mit ihrer Wachstumsgeschwindigkeit übereinstimmt, ist in der Mathematik und in vielen Anwendungsbereichen von großer Bedeutung.

e ist eine irrationale Zahl.

*Leonhard Euler
(1707–1783)*

*Mediencode
63032-03*

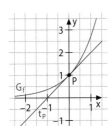

Unter allen Exponentialfunktionen mit dem Term $f(x) = a^x$, $\in \mathbb{R}^+ \backslash \{1\}$, gibt es genau eine, die mit ihrer Ableitung übereinstimmt. Diese erhält man, wenn man die **Euler'sche Zahl $e = 2{,}71828\ldots$** als Basis wählt. Es gilt: $(e^x)' = e^x$ für alle $x \in \mathbb{R}$.
Die Funktion $f \colon x \mapsto e^x$, $D_f = \mathbb{R}$, heißt **natürliche Exponentialfunktion**.
Zudem gelten folgende wichtige Grenzwerte ($n \in \mathbb{N}$):

$$\lim_{x \to +\infty} \frac{x^n}{e^x} = 0 \qquad \text{und} \qquad \lim_{x \to -\infty} (x^n \cdot e^x) = 0$$

Begründungen

I. Begründen Sie, dass für die natürliche Exponentialfunktion f gilt: $f'(x) = f(x)$ für alle $x \in \mathbb{R}$.
    Lösung:
    Die Ableitung einer in $\mathbb{R}$ definierten Exponentialfunktion $f(x) = a^x$, $a \in \mathbb{R}^+$, an einer Stelle x_0 kann mithilfe des Differenzenquotienten bestimmt werden:

$$\frac{f(x_0 + h) - f(x_0))}{h} = \frac{a^{x_0 + h} - a^{x_0}}{h} = \frac{a^{x_0} \cdot a^h - a^{x_0}}{h} = \frac{a^{x_0} \cdot (a^h - 1)}{h} = a^{x_0} \cdot \frac{a^h - 1}{h} = f(x_0) \cdot \frac{a^h - 1}{h}$$

$$= f(x_0) \cdot \frac{a^{0+h} - a^0}{h} = f(x_0) \cdot \frac{f(0 + h) - f(0)}{h}$$

Für die Ableitung ergibt sich $f'(x_0) = f(x_0) \cdot \lim\limits_{h \to 0} \dfrac{f(0+h) - f(0)}{h}$ bzw. $f'(x_0) = f(x_0) \cdot f'(0)$.

Die Ableitung einer Exponentialfunktion ist also ein Vielfaches der Funktion selbst, wobei der Faktor $f'(0)$ die Steigung des Funktionsgraphen an der Stelle 0 ist.

Man bestimmt den Wert der Basis a nun so, dass $f'(0) = \lim\limits_{h \to 0} \dfrac{a^h - 1}{h} = 1$ gilt:

Für kleine Werte von $|h|$ ist dann $\dfrac{a^h - 1}{h} \approx 1 \;\Rightarrow\; a^h - 1 \approx h \;\Rightarrow\; a^h \approx 1 + h \;\Rightarrow\; a \approx (1 + h)^{\frac{1}{h}}$.

Für $h > 0$ ersetzt man $\frac{1}{h}$ durch n, d.h. man muss den Grenzwert $\lim\limits_{n \to +\infty} \left(1 + \dfrac{1}{n}\right)^n$ betrachten.

Mithilfe eines Tabellenkalkulationprogramms kann man näherungsweise die gesuchte Basis

$$e = \lim_{n \to \infty} \left(1 + \frac{1}{n}\right)^n = 2{,}71828\ldots \text{ ermitteln.}$$

Für die Exponentialfunktion f mit Basis e gilt also $f'(0) = 1$ und daher $f'(x) = f(x)$.

	A	B
1	n	(1+1/n)^n
2	1	=[1+1/A2]^A2
3	10	2,59374246
4	100	2,704813829
5	1000	2,716923932
6	10000	2,718145927
7	100000	2,718268237
8	1000000	2,718280469
9	10000000	2,718281694

II. Betrachtet wird für jede natürliche Zahl n die Funktion $f_n : x \mapsto \dfrac{x^n}{e^x}$, $D_{f_n} = \mathbb{R}$, und ihr Graph G_{f_n}.

a) Machen Sie den Grenzwert $\lim\limits_{x \to +\infty} \dfrac{x^n}{e^x} = 0$ plausibel.

b) Weisen Sie mithilfe des Grenzwerts aus Teilaufgabe a) nach, dass für natürliche n gilt:
$$\lim\limits_{x \to -\infty} (x^n \cdot e^x) = 0.$$

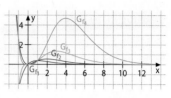

Merke: „e gewinnt."

Lösung:

a) Die Graphen G_{f_n} nähern sich für große Werte von x der x-Achse an.

Für $x \to +\infty$ gilt: $x^n \to +\infty$ und $e^x \to +\infty$.

Das Verhalten von $\dfrac{x^n}{e^x}$ im Unendlichen ($\frac{+\infty}{+\infty}$) hängt von der Wachstumsgeschwindigkeit der Terme x^n und e^x ab. Da der Term e^x für große Werte von x immer schneller wächst als der Term x^n, strebt der Quotient $\dfrac{x^n}{e^x}$ gegen 0 für $x \to +\infty$.

b) $\lim\limits_{x \to -\infty} (x^n \cdot e^x) = \lim\limits_{x \to +\infty} ((-x)^n \cdot e^{-x}) = \lim\limits_{x \to +\infty} \dfrac{(-1)^n x^n}{e^x} = (-1)^n \cdot \lim\limits_{x \to +\infty} \dfrac{x^n}{e^x} = 0$

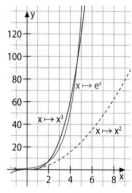

Beispiele

I. a) Gegeben ist die Funktion $f : x \mapsto e^x$, $D_f = \mathbb{R}$, und ihr Graph G_f. Begründen Sie, dass G_f auf ganz $\mathbb{R}$ streng monoton steigend und linksgekrümmt ist.

b) Untersuchen Sie das Verhalten von G_f aus Teilaufgabe a) für betragsgroße Werte von x und geben Sie die Wertemenge W_f an.

Lösung:

a) Ableitungen: $f'(x) = e^x$; $f''(x) = e^x$.

Weil $e^x > 0$ für alle $x \in \mathbb{R}$ gilt, ist sowohl $f'(x) > 0$ also auch $f''(x) > 0$ für alle $x \in \mathbb{R}$. G_f ist daher auf ganz $\mathbb{R}$ streng monoton steigend und linksgekrümmt.

b) Wie für jede Exponentialfunktion mit einer Basis $a > 1$ gilt auch für die natürliche Exponentialfunktion:
$$\lim\limits_{x \to +\infty} f(x) = +\infty \quad \text{und} \quad \lim\limits_{x \to -\infty} f(x) = 0. \text{ Es ist } W_f =]0; +\infty[.$$

II. Bestimmen Sie jeweils einen Term der ersten Ableitung der in $\mathbb{R}$ definierten Funktion $f : x \mapsto f(x)$ und nennen Sie jeweils die verwendete Regel.

a) $f(x) = 2e^x$ b) $f(x) = 2x + e^x$

Lösung:

a) Verwenden Sie die Faktorregel: $f(x) = 2 \cdot e^x \Rightarrow f'(x) = 2 \cdot e^x$.

b) Verwenden Sie die Summenregel: $f(x) = 2x + e^x \Rightarrow f'(x) = 2 + e^x$.

Strategiewissen

Ableiten von e-Funktionen

III. Beschreiben Sie zwei verschiedene Arten, wie der Graph G_f der Funktion $f : x \mapsto e^{4+x}$ aus dem Graphen G_g der Funktion $g : x \mapsto e^x$ ($D_f = D_g = \mathbb{R}$) hervorgeht.

Lösung:

1 Der Graph G_f entsteht aus dem Graphen G_g durch Verschieben um 4 Einheiten in negative x-Richtung.

2 Formen Sie den Term nach den Rechenregeln für Potenzen um: $f(x) = e^{4+x} = e^4 \cdot e^x$. Der Graph G_f entsteht aus dem Graphen G_g durch Streckung mit dem Faktor e^4 in y-Richtung.

Strategiewissen

Nutzen von Rechenregeln von Potenzen für e-Funktionen

Nachgefragt

- Weisen Sie nach, dass für die natürliche Exponentialfunktion f gilt $f(a + b) = f(a) \cdot f(b)$ für reelle Zahlen a und b.

- Begründen Sie, dass der Graph jeder in $\mathbb{R}$ definierten Funktion f_a mit $f_a(x) = a + e^x$, $a \in \mathbb{R}$, eine waagrechte Asymptote besitzt.

Aufgaben

 1 Geben Sie Eigenschaften der natürlichen Exponentialfunktion und ihres Graphen an und begründen Sie diese. Gestalten Sie ein Poster und präsentieren Sie dieses Ihren Mitschülerinnen und Mitschülern.

 2 Bestimmen Sie jeweils einen Term der ersten beiden Ableitungsfunktionen der in $\mathbb{R}$ definierten Funktion $f: x \mapsto f(x)$ sowie einen Term derjenigen Stammfunktion von f, deren Graph den Punkt P enthält.

a) $f(x) = 2e^x + 3$; $P(0|2)$ **b)** $f(x) = 1 - \frac{1}{2}e^x$; $P(0|1)$

c) $f(x) = x^3 - \frac{1}{4}e^x$; $P(0|-1)$ **d)** $f(x) = \frac{1}{2}x + ex^2 - e^x$; $P(0|0)$

3 Geben Sie das Verhalten der Graphen der Funktion $f: x \mapsto f(x)$, $D_f = \mathbb{R}$, für betragsgroße Werte von x sowie Gleichungen aller Asymptoten an.

a) $f(x) = x \cdot e^x$ **b)** $f(x) = \frac{x^2}{e^x}$ **c)** $f(x) = x \cdot e^{-x}$ **d)** $f(x) = x^2 \cdot e^x$

e) $f(x) = 10^6 - e^x$ **f)** $f(x) = x^{2024} \cdot e^x$ **g)** $f(x) = \frac{e^x}{x^2}$ **h)** $f(x) = \frac{e^x}{x^3}$

 4 Gegeben sind folgende in $\mathbb{R}$ definierte Funktionen:

1 $f(x) = e^{-x}$ **2** $f(x) = -e^x$ **3** $f(x) = e^{x-2}$

4 $f(x) = \frac{1}{2}e^x - 1$ **5** $f(x) = 2 - e^{x+3}$ **6** $f(x) = -e^{-x+1}$

Hinweis zu a): Beachten Sie, dass es auch mehr als eine Möglichkeit geben kann.

a) Zeichnen Sie jeweils den Graphen G_f sowie den Graphen G_g der Funktion $g: x \mapsto e^x$, $D_g = \mathbb{R}$, mithilfe einer DMS und geben Sie an, wie G_f aus G_g hervorgeht.

b) Geben Sie das Verhalten von G_f an den Grenzen des Definitionsbereichs, das Monotonieverhalten und die Wertemenge W_f an.

c) Bestimmen Sie bei **2** und **4** jeweils rechnerisch eine Gleichung der Tangente t_P an den Graphen G_f in seinem Schnittpunkt mit der y-Achse.

5 Die Verkaufszahlen eines neuen Modells fair produzierter Tablets in einem Geschäft lassen sich in den ersten Wochen nach Markteinführung mithilfe der Funktion $f: t \mapsto 0{,}1e^t$, $D_f = [0; 5]$, modellieren (t in Wochen ab Markteinführung; f(t) in 100 Stück).

a) Zeichnen Sie den Graphen von f mithilfe einer DMS und bestimmen Sie grafisch und rechnerisch, in welcher Woche erstmals mehr als 1000 Tablets verkauft werden.

b) Berechnen Sie **1** die durchschnittliche Zunahme der Verkaufszahlen in der 2. Woche nach Markteinführung **2** f'(4) und veranschaulichen Sie den Wert jeweils anhand des Graphen.

c) Beurteilen Sie das Modell hinsichtlich einer langfristigen Beschreibung der Verkaufszahlen.

6 Gegeben ist die Schar der Funktionen $f_{a,b}: x \mapsto a + b \cdot e^x$, $a, b \in \mathbb{R}$, $D_{f_{a,b}} = \mathbb{R}$, mit den Graphen $G_{f_{a,b}}$. Ermitteln Sie Werte für a und b jeweils so, dass die Bedingungen erfüllt sind.

a) $P(0\,|\,3) \in G_{f_{a,b}}$ und $f'_{a,b}(0) = 2$
b) $W_{f_{a,b}} = \,]{-\infty}; 0[$ und $f_{a,b}(1) = -e$
c) $\lim\limits_{x \to -\infty} f_{a,b}(x) = 4$ und $f''_{a,b}(-1) = \frac{1}{e}$
d) $W_{f_{a,b}} = \,]e; +\infty[$ und $P(0\,|\,2e) \in G_{f_{a,b}}$

7 Zeichnen Sie die Graphen G_f und G_g der Funktionen $f: x \mapsto x \cdot e^x$ und $g: x \mapsto \frac{x}{e^x}$ mithilfe einer DMS. Bestätigen Sie jeweils die angegebene Eigenschaft anhand der Graphen und weisen Sie sie rechnerisch nach.

a) Beide Funktionen haben genau eine Nullstelle.
b) An jeder Stelle $x \in \mathbb{R}$ haben $f(x)$ und $g(x)$ dasselbe Vorzeichen.
c) Die beiden Graphen liegen punktsymmetrisch zueinander.
d) Die x-Achse ist waagrechte Asymptote beider Graphen.
e) Einer der beiden Funktionsgraphen hat einen Hochpunkt bei $\left(1\,\middle|\,\frac{1}{e}\right)$, der andere hat einen Tiefpunkt.

Hinweis: Nutzen Sie zur Bestimmung der Ableitung eine DMS.

8 Ein geradliniger Straßenverlauf wird durch die Funktion $g: x \mapsto \frac{1}{2}x + \frac{2}{3}$, $D_g = \,]{-\infty}; -3]$, modelliert. An der Stelle $x = -3$ soll im Modell die Straße in eine Kurve übergehen, die mithilfe einer Funktion $k_{a,b}: x \mapsto a \cdot x + b \cdot e^x$, $D_k = \,]{-3}; 1]$, beschrieben wird.

a) Bestimmen Sie die Werte der Parameter a und b so, dass sich die Kurve nahtlos und ohne Knick an den geradlinigen Straßenverlauf anschließt.
b) In der Kurve kreuzt die Straße eine Bahnlinie. Berechnen Sie die Größe des Schnittwinkels von Straße und Bahnlinie, die im Modell durch die y-Achse beschrieben wird.
c) Weisen Sie rechnerisch nach, dass es sich um eine Linkskurve handelt, wenn die Kurve in Richtung zunehmender x-Werte durchfahren wird.
d) Die Kurve endet bei $x = 1$ und die Straße verläuft dann wieder geradlinig. Bestimmen Sie einen Term einer Funktion, die den Straßenverlauf für $x > 1$ modelliert.

9 Das Profil eines Hügels kann im Bereich $[-8; 2,5]$ mithilfe der Funktion f mit $f(x) = \frac{1}{2}x - \frac{1}{2}e^x + 5$ modelliert werden.

a) Berechnen Sie die Koordinaten des höchsten Punkts des Hügels.
b) Begründen Sie anhand des Funktionsterms, dass $f(-8) \approx 1$ gilt, und bestimmen Sie näherungsweise die Nullstelle der Funktion f.
c) Durch den Hügel soll zwischen den Stellen, die im Modell durch $x = -8$ und $x = 2,53$ beschrieben werden, ein geradliniger Tunnel gebaut werden.
  1 Berechnen Sie näherungsweise die Steigung der Straße, wenn diese ein konstantes Gefälle hat.
  2 Gesucht ist derjenige Punkt im Tunnel, der am tiefsten unter dem Hügel liegt. Beschreiben Sie, wie Sie die Koordinaten dieses Punktes im Modell bestimmen.

10 a) Zeichnen Sie den Graphen G_f der natürlichen Exponentialfunktion f mithilfe einer DMS sowie die Tangente t_P an G_f in einem beliebigen Punkt $P(p\,|\,e^p)$ auf G_f. Der Schnittpunkt von t_P mit der x-Achse und die Projektion von P auf die x-Achse begrenzen eine Strecke s, die auch als **Subtangente** bezeichnet wird. Ergänzen Sie s in der DMS.
b) Variieren Sie mithilfe einer DMS den Punkt P auf G_f und beschreiben Sie Ihre Beobachtung bezüglich der Strecke s. Weisen Sie Ihre Beobachtung rechnerisch nach.

Diesen Zusammenhang entdeckte Christiaan Huygens im 17. Jahrhundert.

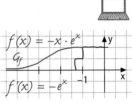

$f(x) = -x \cdot e^x$

G_f

$f'(x) = -e^x$

Wo ist der Fehler?

Um den Rathauseingang barrierefrei zu gestalten, soll eine Rampe gebaut werden, die beide Treppenstufen überwindet. Die Planer modellieren die Rampe mithilfe des Graphen G_f der Funktion $f: x \mapsto -xe^x$ im Bereich $[-5; -1]$. Rollstuhlrampen dürfen im öffentlichen Bereich eine maximale Steigung von 6 % besitzen.

- Überprüfen Sie mithilfe einer DMS, ob die Planung dies berücksichtigt. Beschreiben Sie Ihr Vorgehen.

- Erläutern Sie, dass die skizzierte Rechnung der Planer nicht korrekt sein kann und was sich für die Ableitung eines Produkts von Funktionen folgern lässt.

Produkte differenzierbarer Funktionen lassen sich nicht „faktorweise" ableiten.

Kurz:

$f = u \cdot v$

$\Rightarrow f' = u' \cdot v + u \cdot v'$

> Für Produkte differenzierbarer Funktionen gilt beim Ableiten die **Produktregel**:
>
> $f(x) = u(x) \cdot v(x) \Rightarrow \mathbf{f'(x) = u'(x) \cdot v(x) + u(x) \cdot v'(x)}$ für $x \in D_f$.

Begründung

Gegeben ist die Funktion f mit $f(x) = u(x) \cdot v(x)$, wobei die Funktionen u und v in ganz D_f differenzierbar sind. Weisen Sie die Produktregel nach.

Lösung:

Wir betrachten den Differentialquotienten an einer Stelle x_0 aus dem Inneren von D_f:

Man ergänzt den Zähler geschickt, wobei die Summe der beiden roten Terme null ergibt.

$$f'(x_0) = \lim_{h \to 0} \frac{f(x_0 + h) - f(x_0)}{h} = \lim_{h \to 0} \frac{u(x_0 + h) \cdot v(x_0 + h) - u(x_0) \cdot v(x_0)}{h}$$

$$= \lim_{h \to 0} \frac{u(x_0 + h) \cdot v(x_0 + h) - u(x_0) \cdot v(x_0 + h) + u(x_0) \cdot v(x_0 + h) - u(x_0) \cdot v(x_0)}{h}$$

$$= \lim_{h \to 0} \left[\frac{u(x_0 + h) - u(x_0)}{h} \cdot v(x_0 + h) \right] + \lim_{h \to 0} \left[u(x_0) \cdot \frac{v(x_0 + h) - v(x_0)}{h} \right]$$

$$= \lim_{h \to 0} \frac{u(x_0 + h) - u(x_0)}{h} \cdot \lim_{h \to 0} v(x_0 + h) + u(x_0) \cdot \lim_{h \to 0} \frac{v(x_0 + h) - v(x_0)}{h}$$

$$= u'(x_0) \cdot v(x_0) + u(x_0) \cdot v'(x_0)$$

Beispiele

I. Bestimmen Sie die erste Ableitung der Funktion $f: x \mapsto f(x)$, $D_f = \mathbb{R}$.

a) $f(x) = x^3 \cdot e^x$　　　　　　　**b)** $f(x) = 3x + 2x^4 \cdot e^x$

Lösung:

Strategiewissen

Anwenden der Produktregel

a) **1** Leiten Sie zunächst die beiden Faktoren getrennt ab:

　　 1. Faktor: $u(x) = x^3 \Rightarrow u'(x) = 3x^2$; 2. Faktor: $v(x) = e^x \Rightarrow v'(x) = e^x$

　　 2 Setzen Sie die Terme in die Produktregel ein, fassen Sie zusammen und klammern Sie, falls möglich, die Potenz zur Basis e aus: $f'(x) = 3x^2 \cdot e^x + x^3 \cdot e^x = x^2 e^x \cdot (3 + x)$

Strategiewissen

Analysieren der Termstruktur und Ableiten

b) **1** Bestimmen Sie die Struktur des Funktionsterms: $f(x)$ ist eine Summe, der zweite Summand ($2x^4 \cdot e^x$) ist ein Produkt.

　　 2 Verwenden Sie zunächst die Summenregel und für die Ableitung des zweiten Summanden die Produktregel:

　　 $f(x) = 3x + 2x^4 \cdot e^x \Rightarrow f'(x) = 3 + 8x^3 \cdot e^x + 2x^4 \cdot e^x$

II. Gegeben ist die in $\mathbb{R}$ definierte Funktion $f: x \mapsto x^2 \cdot e^x$; ihr Graph ist G_f.

Untersuchen Sie G_f auf Schnittpunkte mit der x-Achse sowie Monotonie und geben Sie die Koordinaten der Extrempunkte an. Ermitteln Sie die Stellen, an denen die Krümmung von G_f null beträgt. Kontrollieren Sie Ihre Ergebnisse mithilfe einer DMS.

Lösung:

Nullstellen: $f(x) = 0 \Leftrightarrow x^2 \cdot e^x = 0 \Rightarrow x = 0$ $\quad (e^x \neq 0$ für $x \in \mathbb{R})$

Ableitungen: $f'(x) = 2x \cdot e^x + x^2 \cdot e^x = xe^x \cdot (2 + x)$

$\qquad\qquad f''(x) = 2 \cdot e^x + 2x \cdot e^x + 2x \cdot e^x + x^2 \cdot e^x = e^x \cdot (x^2 + 4x + 2)$

Extremstellen: $f'(x) = 0 \Leftrightarrow xe^x \cdot (2 + x) = 0 \Rightarrow x_1 = -2; x_2 = 0$

Monotonietabelle:

Erinnerung:
Die e-Funktion hat keine
Nullstellen.

x	x < −2	$x_1 = -2$	−2 < x < 0	$x_2 = 0$	x > 0
f'(x)	$f'(-3) = 3e^{-3} > 0$ +	0 VZW von + nach −	$f'(-1) = -e^{-1} < 0$ −	0 VZW von − nach +	$f'(1) = 3e > 0$ +
G_f	↗	$H\left(-2 \mid \frac{4}{e^2}\right)$	↘	T (0 | 0)	↗

Wendestellen:

$f''(x) = 0 \Leftrightarrow \underbrace{e^x}_{\neq 0} \cdot (x^2 + 4x + 2) = 0 \Rightarrow x_{1/2} = \dfrac{-4 \pm \sqrt{4^2 - 4 \cdot 1 \cdot 2}}{2}$

$\Rightarrow x_1 = -2 - \sqrt{2}; x_2 = -2 + \sqrt{2}$ (einfache Nullstellen von f'')

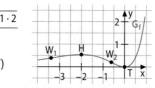

III. Die Abbildung zeigt den Graphen G_f der in $\mathbb{R}$ definierten Funktion $f: x \mapsto x^4 \cdot e^x$. Für a < 0 bilden die Punkte N (a \| 0), O (0 \| 0), P (0 \| f(a)) und Q (a \| f(a)) ein Rechteck. Es gibt genau einen Wert von a, für den der Flächeninhalt des Rechtecks maximal wird. Bestimmen Sie diesen maximalen Wert.

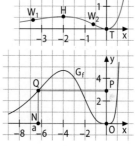

Lösung:

Weil a negativ ist, gilt für den Flächeninhalt $A(a) = -a \cdot f(a) = -a \cdot a^4 e^a = -a^5 e^a$.

Ableitung: $A'(a) = -5a^4 \cdot e^a - a^5 \cdot e^a = -a^4 e^a \cdot (5 + a)$

$A'(a) = 0 \Leftrightarrow -a^4 e^a \cdot (5 + a) = 0 \Rightarrow a = -5$ $\quad (a < 0$ und $e^a > 0$ für alle a)

Der Flächeninhalt wird für a = −5 maximal.

$A(-5) = -(-5)^5 \, e^{-5} = \dfrac{3125}{e^5} \approx 21,1 \; [\text{FE}]$

Nachgefragt

- Entscheiden und begründen Sie, ob $F(x) = x^2 \cdot e^x$ der Term einer Stammfunktion von $f: x \mapsto 2x \cdot e^x$, $D_f = \mathbb{R}$, ist.

- Bestimmen Sie die Ableitung der in $\mathbb{R}$ definierten Funktion $f: x \mapsto (x + 1)(x - 2)$ mit und ohne Produktregel und vergleichen Sie.

Aufgaben

1 Berechnen Sie jeweils die erste Ableitung. Geben Sie bei jedem Schritt an, welche Ableitungsregel Sie verwenden.

Potenzregel Summenregel Faktorregel Produktregel

Beachten Sie:
$e^{x + a} = e^a e^x$
$e^{2x} = e^x e^x$

1 $f(x) = x^3 e^x$ **2** $f(x) = (x - 1) e^x$

3 $f(x) = 3x^2 e^x + x e^x$ **4** $f(x) = e^{x + 1}$

5 $f(x) = (x + e^x)^2$ **6** $f(x) = (x^2 - x - 1) e^x$

2 Bestimmen Sie jeweils die Ableitung ohne Verwendung der Produktregel und erläutern Sie Ihr Vorgehen.

1 $f_1(x) = x \cdot x$ **2** $f_2(x) = \pi \cdot x^3$ **3** $f_3(x) = (x-1)^2$ **4** $f_4(x) = x \cdot \frac{1}{x}$

3 Gegeben ist die in $\mathbb{R}$ definierte Funktion $f: x \mapsto xe^x - 1$; ihr Graph ist G_f.

a) Untersuchen Sie das Verhalten von G_f für betragsgroße Werte von x und begründen Sie, dass die Funktion f (mindestens) eine Nullstelle besitzt.

b) Ermitteln Sie Lage und Art des Extrempunkts von G_f sowie die Koordinaten seines Wendepunkts.

c) Bestimmen Sie die Größe des spitzen Winkels, den G_f mit der y-Achse einschließt.

4 Einer der abgebildeten Graphen ist der Graph der Ableitungsfunktion der Funktion $f: x \mapsto (x^2 + x) \cdot (x - 1)$, $D_f = \mathbb{R}$. Entscheiden Sie begründet, welcher der richtige Graph ist, indem Sie die drei übrigen Graphen ausschließen.

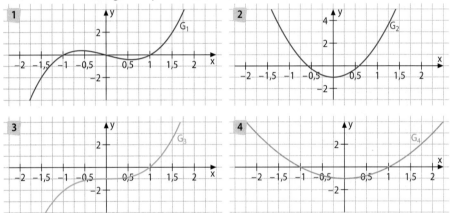

5 Gegeben sind die Funktion $f: x \mapsto \frac{e^x}{3}(e^2 - e^x)$, $D_f = \mathbb{R}$, und ihr Graph G_f.

a) Ermitteln Sie die Schnittpunkte mit den Koordinatenachsen sowie die Koordinaten des Extrempunkts von G_f.

b) Bestimmen Sie das Verhalten von G_f an den Grenzen des Definitionsbereichs und zeichnen Sie den Graphen G_f.

c) Im Intervall $[-4; 2]$ modelliert der Graph G_f den Querschnitt eines Walls, der die Anwohner einer Siedlung vor dem Lärm einer Straße schützen soll, die sich im Koordinatensystem im Bereich $x > 2$ befindet.

    1 Vergleichen Sie die mittlere Steigung des Walls zur Straße mit der dort auftretenden größten Steigung.

    2 Erläutern Sie eine Strategie zur Berechnung der größten Steigung des Walls auf der Seite, die der Siedlung zugewandt ist.

6 Gegeben ist die Funktion f mit $f(x) = x \cdot e^x$, $D_f = \mathbb{R}$.

a) Ermitteln Sie, für welchen Wert des reellen Parameters a gilt: $f'(x) = (x + a)e^x$.

b) Die Funktion $F: x \mapsto F(x)$, $D_F = \mathbb{R}$, ist eine Stammfunktion von f. Ermitteln Sie, für welchen Wert des reellen Parameters b gilt: $F(x) = (x + b)e^x$.

7 Die Abbildung zeigt den Graphen der Funktion $f: x \mapsto 1 - 4x \cdot e^x$, $D_f = \mathbb{R}$.

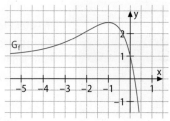

a) Zeigen Sie rechnerisch, dass die Funktion genau eine Extremstelle besitzt.

b) Der Graph einer Stammfunktion F von f verläuft durch den Koordinatenursprung. Übertragen Sie den Graphen von f möglichst genau in Ihr Heft und skizzieren Sie – nur unter Verwendung des Graphen von f – den Graphen von F sowie den Graphen der Ableitungsfunktion f' in dasselbe Koordinatensystem. Vergleichen Sie Ihre Ergebnisse im Kurs.

c) Der Graph der Funktion g mit $g(x) = f(x) - 1$ modelliert für $x \in [-5; 0]$ das Profil eines Hochwasserschutzdeichs $(x, g(x)$ in Metern).

    1 Geben Sie begründet an, welche Seite des Modells dem Wasser zugewandt ist.

    2 Bestimmen Sie die maximale Steigung des Deichs links der Deichkrone.

8 Die Abbildungen zeigen die Graphen der Funktion $f: x \mapsto x^2 \cdot e^x$, $D_f = \mathbb{R}$, ihrer Ableitungsfunktion f', einer Stammfunktion F von f und der Funktion $g: x \mapsto \dfrac{1}{f(x)}$ (jeweils mit maximaler Definitionsmenge). Ordnen Sie den Funktionen die Graphen begründet zu.

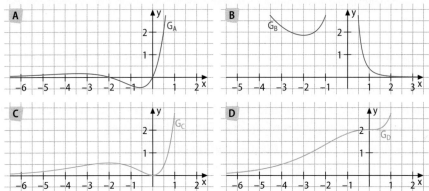

9 Gegeben sind die in $\mathbb{R}$ definierten Funktionen $f: x \mapsto x^3 \cdot e^x$ und $g: x \mapsto x^4 \cdot e^x$ mit ihren Graphen G_f und G_g.

a) Weisen Sie nach, dass beide Graphen die x-Achse nur im Ursprung O schneiden, und begründen Sie das unterschiedliche Verhalten der Graphen in einer Umgebung von O.

b) Untersuchen Sie das Verhalten der Graphen für betragsgroße Werte von x und bestimmen Sie die Koordinaten ihrer Extrempunkte. Zeichnen Sie die Graphen unter Berücksichtigung der bisherigen Ergebnisse in ein gemeinsames Koordinatensystem.

c) Berechnen Sie die Koordinaten der Schnittpunkte der beiden Graphen sowie jeweils die Größe des spitzen Schnittwinkels.

d) Die Graphen legen nahe, dass der senkrechte Abstand zwischen G_f und G_g zwischen $x = -3$ und $x = -4$ am größten ist. Zeigen Sie, dass diese Vermutung falsch ist.

10 Gegeben ist die in $\mathbb{R}$ definierte Schar der Funktionen $f_{a,b}: x \mapsto (e^x + a)(e^x + b)$, $a, b \in \mathbb{R}$.

a) Zeichnen Sie Graphen von $f_{a,b}$ mithilfe einer DMS und stellen Sie in Abhängigkeit von den Werten der Parameter eine Vermutung an über …

    1 die Asymptote.   **2** die Anzahl der Nullstellen von $f_{a,b}$.

    3 die Anzahl der Extremstellen.

b) Weisen Sie Ihre Vermutungen aus Teilaufgabe a) rechnerisch nach.

In einer Produktionsstraße wird in mehreren Schritten ein komplexes Werkstück hergestellt: Zuerst wird es ausgestanzt, dann das Ergebnis gefräst und anschließend gebogen. Dabei baut jeder Schritt auf dem Ergebnis des jeweils vorhergehenden Schritts auf. Ähnliches ist auch in der Mathematik möglich.

- Bestimmen Sie den Funktionswert $f(4)$ der in $\mathbb{R}$ definierten Funktion $f: x \mapsto e^{2x-3}$, indem Sie zunächst den Wert $v(4)$ der Funktion $v: x \mapsto 2x - 3$, $D_v = \mathbb{R}$, ermitteln und dann die Funktion $u: x \mapsto e^x$, $D_u = \mathbb{R}$, anwenden. Erklären Sie die Sprechweise: f ist eine Hintereinanderausführung von u und v.

- Geben Sie weitere Beispiele für solche Hintereinanderausführungen von Funktionen an und untersuchen Sie, ob die Reihenfolge der Ausführung eine Rolle spielt.

Neben den Verknüpfungen wie z. B. Summe oder Produkt ist es bei Funktionen auch möglich, sie hintereinander auszuführen. Dabei wird der Funktionswert der einen Funktion (an einer bestimmten Stelle) in die andere eingesetzt. Man spricht hierbei von einer **Verkettung** von Funktionen.

$u \circ v$ liest man „u verkettet mit v" oder auch „u nach v".

> Beim **Verketten** der Funktionen u und v entsteht eine neue Funktion $\mathbf{f = u \circ v}$, deren Funktionsterm $\mathbf{f(x) = u(v(x))}$ aus ineinander geschachtelten Termen besteht. v heißt **innere Funktion**, u heißt **äußere Funktion**.
>
> Ist die Funktion v an der Stelle x_0 und die Funktion u an der Stelle $v(x_0)$ differenzierbar, so gilt für die Ableitung der Funktion f an der Stelle x_0 die **Kettenregel**:
>
> $$f'(x_0) = u'(v(x_0)) \cdot v'(x_0)$$

Das Multiplizieren mit der Ableitung der inneren Funktion heißt auch „Nachdifferenzieren".

Kurz: Ableitung der äußeren Funktion mal Ableitung der inneren Funktion

Begründung

Begründen Sie, dass für die Ableitung der Funktion $f = u \circ v$ gilt: $f'(x) = u'(v(x)) \cdot v'(x)$.

Lösung:

Man betrachtet den Differenzenquotienten an einer Stelle $x_0 \in D_f$

$$\frac{f(x_0 + h) - f(x_0)}{h} = \frac{u(v(x_0 + h)) - u(v(x_0))}{h} = \frac{u(v(x_0 + h)) - u(v(x_0))}{v(x_0 + h) - v(x_0)} \cdot \frac{v(x_0 + h) - v(x_0)}{h}$$

und schreibt $v(x_0 + h) = v(x_0) + k$ bzw. $v(x_0 + h) - v(x_0) = k$. Für $h \to 0$ gilt wegen der Stetigkeit der Funktion v an der Stelle x_0 auch $k \to 0$. Für $v(x_0)$ schreibt man kurz v_0. Damit lässt sich der Differenzenquotient von f umformen zu

$$\frac{f(x_0 + h) - f(x_0)}{h} = \frac{u(v_0 + k) - u(v_0)}{k} \cdot \frac{v(x_0 + h) - v(x_0)}{h}.$$

Der Grenzübergang $h \to 0$ (und damit auch $k \to 0$) ergibt

$$f'(x_0) = \lim_{k \to 0} \frac{u(v_0 + k) - u(v_0)}{k} \cdot \lim_{h \to 0} \frac{v(x_0 + h) - v(x_0)}{h} = u'(v_0) \cdot v'(x_0) = u'(v(x_0)) \cdot v'(x_0).$$

Beispiele

I. **a)** Gegeben sind die in $\mathbb{R}$ definierten Funktionen $u: x \mapsto 2 + 3x$ und $v: x \mapsto \frac{1}{1 + x^2}$. Bilden Sie jeweils einen Term der Verkettung **A** $u \circ v$ und **B** $v \circ u$. Beschreiben Sie Ihr Vorgehen.

b) Die Funktion $f: x \mapsto e^{x^2 - 1}$, $D_f = \mathbb{R}$, kann als Verkettung $u \circ v$ zweier Funktionen u und v aufgefasst werden. Geben Sie geeignete Funktionsterme an.

Lösung:

a) Schreiben Sie den Term der Verkettung $u \circ v$ als $u(v(x))$ und setzen Sie den Term von v in den Term von u ein:

Strategiewissen
Verketten von Funktionen

$\boxed{A}$ $u(x) = 2 + 3 \cdot x$ und $u(v(x)) = u\left(\dfrac{1}{1+x^2}\right) = 2 + 3 \cdot \dfrac{1}{1+x^2} = 2 + \dfrac{3}{1+x^2}$

$\boxed{B}$ $v(x) = \dfrac{1}{1+x^2}$ und $v(u(x)) = v(2 + 3x) = \dfrac{1}{1+(2+3x)^2}$

b) Sinnvoll ist z. B. die Zerlegung: $f(x) = e^{x^2 - 1}$ mit $v(x) = x^2 - 1$ und $u(x) = e^x$.

Die Lösung ist nicht eindeutig.

II. Gegeben sind die Graphen zweier in $\mathbb{R}$ definierter Funktionen u und v. Betrachtet wird nun die Funktion $f = u \circ v$. Bestimmen Sie anhand der Graphen den Funktionswert $f(-3)$ sowie die Ableitung $f'(-3)$.

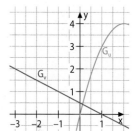

Lösung:

$\boxed{1}$ Ermitteln Sie am Graphen G_v den Funktionswert $v(-3)$: $v(-3) = 2$

$\boxed{2}$ Wechseln Sie zum Graphen G_u und markieren Sie an der x-Achse die Stelle $v(-3)$.

$\boxed{3}$ Ermitteln Sie am Graphen G_u den Funktionswert $u(v(-3)) = f(-3)$:
$f(-3) = u(2) = 4$

Strategiewissen
Graphisches Bestimmen von Funktionswerten verketteter Funktionen

$\boxed{4}$ Bestimmen Sie die Ableitung durch $f'(-3) = u'(v(-3)) \cdot v'(-3)$:
Da $u'(2) = u'(v(-3)) = 0$ gilt, ist $f'(-3) = 0$.

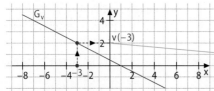
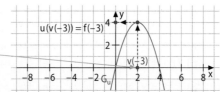

III. Bestimmen Sie jeweils die Ableitung der in $\mathbb{R}$ definierten Funktion $f: x \mapsto f(x)$ und beschreiben Sie Ihr Vorgehen.

a) $f(x) = (1 + 4x^2)^3$
b) $f(x) = e^{2x}$

Lösung:

$\boxed{1}$ Schreiben Sie den Funktionsterm $f(x) = u(v(x))$ als Verkettung der Funktionen u und v und leiten Sie die Funktionen u und v ab:

Strategiewissen
Anwenden der Kettenregel

a) innere Funktion:
$v(x) = 1 + 4x^2 \implies v'(x) = 8x$
äußere Funktion:
$u(x) = x^3 \implies u'(x) = 3x^2$

b) innere Funktion:
$v(x) = 2x \implies v'(x) = 2$
äußere Funktion:
$u(x) = e^x \implies u'(x) = e^x$

$\boxed{2}$ Wenden Sie die Kettenregel an. Setzen Sie dabei den Term $v(x)$ in $u'(x)$ ein und multiplizieren Sie mit $v'(x)$:

Denken Sie ans Nach-differenzieren.

a) $f'(x) = u'(v(x)) \cdot v'(x)$
$= u'(1 + 4x^2) \cdot v'(x)$
$= 3 \cdot (1 + 4x^2)^2 \cdot 8x$
$= 24x \cdot (1 + 4x^2)^2$

b) $f'(x) = u'(v(x)) \cdot v'(x)$
$= u'(2x) \cdot v'(x)$
$= e^{2x} \cdot 2$
$= 2e^{2x}$

Nachgefragt

- Begründen Sie, dass die Verkettung zweier Funktionen i. Allg. nicht kommutativ ist.
- Gegeben ist eine differenzierbare Funktion f mit $f(x) = f(-x)$ für alle $x \in D_f$. Leiten Sie beide Seiten der Gleichung ab und interpretieren Sie das Ergebnis geometrisch.

Aufgaben

1 Gegeben sind die Terme $u(x)$ und $v(x)$ jeweils mit maximaler Definitionsmenge. Bilden Sie die Verkettungen $f(x) = u(v(x))$ und $g(x) = v(u(x))$ und geben Sie die maximale Definitionsmenge D_f bzw. D_g an.

a) $u(x) = \frac{1}{x}$; $v(x) = 2x + 4$ **b)** $u(x) = e^x$; $v(x) = (x+1)^2$ **c)** $u(x) = e^x$; $v(x) = x - 1$

d) $u(x) = \frac{1}{x^2}$; $v(x) = 1 - 3x$ **e)** $u(x) = \frac{1}{x}$; $v(x) = e^x$ **f)** $u(x) = 2x^2 = v(x)$

2 Zeichnen Sie die Graphen der Funktionen u und v mit $D_u = D_{max,u}$ und $D_v = D_{max,v}$ (mit einer DMS) und bestimmen Sie grafisch den Funktionswert $f(x_0) = u(v(x_0))$.

1 $u(x) = x^4$; $v(x) = x - 1$; $x_0 = 2$ **2** $u(x) = e^x$; $v(x) = 2x - 1$; $x_0 = 0$
3 $u(x) = \frac{1}{x}$; $v(x) = e^x$; $x_0 = -1$ **4** $u(x) = x^2$; $v(x) = 3 - e^x$; $x_0 = -1$

3 Die in $\mathbb{R}$ definierte Funktion $f: x \mapsto f(x)$ kann jeweils als Ergebnis der Verkettung $u \circ v$ zweier Funktionen u und v aufgefasst werden. Geben Sie geeignete Funktionen u und v an und bestimmen Sie die Ableitung von f.

a) $f(x) = (x + e^x)^3$ **b)** $f(x) = (1 + 3x^2)^2$ **c)** $f(x) = e^{2x}$ **d)** $f(x) = e^{-3x}$
e) $f(x) = (1 - x^4)^2$ **f)** $f(x) = 1 - e^{-x}$ **g)** $f(x) = 6e^{1-5x}$ **h)** $f(x) = e^{x+1}$

4 Ermitteln Sie die Ableitung der Funktion $f: x \mapsto f(x)$ und beschreiben Sie Ihr Vorgehen.

a) $f(x) = x^2 \cdot e^{x-1}$ **b)** $f(x) = (x^2 + 1) \cdot e^x$ **c)** $f(x) = e^2 \cdot x^2$
d) $f(x) = x \cdot e^{x^2}$ **e)** $f(x) = x^3 \cdot e^{0,5x}$ **f)** $f(x) = (x + e^x)^2$
g) $f(x) = x \cdot e^{-\frac{1}{2}x^2}$ **h)** $f(x) = \frac{x^2}{e^2}$ **i)** $f(x) = x^2 \cdot e^{4x+1}$

5 Gegeben ist die Funktion $f: x \mapsto 5x \cdot e^{-x^2}$, $D_f = \mathbb{R}$; ihr Graph ist G_f.
a) Untersuchen Sie G_f auf Symmetrie bezüglich des Koordinatensystems, Schnittpunkte mit den Koordinatenachsen und Extrempunkte.
b) Ermitteln Sie die Koordinaten des Punktes, in dem G_f die größte Steigung aufweist.
c) Geben Sie das Verhalten von G_f für betragsgroße Werte von x an.
d) Zeichnen Sie G_f mithilfe einer DMS und kontrollieren Sie Ihre Ergebnisse.

6 Die Funktion $f: t \mapsto t^2 \cdot e^{-0,3t}$, $D_f = [0; 20]$, modelliert die an einem Grenzübergang ankommende Anzahl an Fahrzeugen (t in Stunden; f(t) in 100 pro Stunde). Der Grenzposten ist personell so ausgestattet, dass stündlich 300 Fahrzeuge die Grenze passieren können.
a) Bestimmen Sie den Zeitpunkt, ab dem **1** sich ein Stau an der Grenze bildet **2** die Lage sich am Grenzübergang wieder zu entspannen beginnt.
b) Entwickeln Sie eigene Aufgabenstellungen in diesem Sachkontext und lösen Sie diese. Präsentieren Sie Ihre Ergebnisse in einer Kleingruppe.

7 Bekommt ein Patient ein Medikament gespritzt, reichert es sich zunächst im Blut an und wird dann abgebaut. Die Funktion k mit $k(t) = 4t^3 \cdot e^{-t}$ beschreibt die Konzentration k(t) des Medikaments (in mg/ℓ) im Blut zur Zeit t (in Stunden nach Medikamentengabe).
a) Bestimmen Sie den Zeitpunkt der höchsten Konzentration des Medikaments im Blut.
b) Berechnen Sie den Zeitpunkt der stärksten Zunahme der Konzentration.
c) Zeichnen Sie den Graphen G_k mithilfe einer DMS und kontrollieren Sie Ihre Ergebnisse.

8 Die Abbildung zeigt die Graphen zweier in $\mathbb{R}$ definierten Funktionen u und v. Die Funktion f ist gegeben durch $f(x) = u(v(x))$. Bestimmen Sie eine Gleichung der Tangente an den Graphen von f im Punkt $(-2\,|\,f(-2))$.

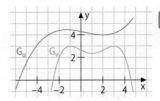

9 Die Wassermenge (in Hektolitern) in einem Becken hängt von der Zeit t (in Minuten) ab und kann durch die Funktion f mit $f(t) = 10 - 5(t^2 + 2t + 2)\,e^{-t}$, $D_f = \mathbb{R}^+$, modelliert werden.

a) Ermitteln Sie einen Term der Ableitungsfunktion f′ und zeichnen Sie die Graphen von f und f′ mithilfe einer DMS.

b) Bestimmen Sie die angegebene Größe jeweils rechnerisch und interpretieren Sie Ihr Ergebnis anhand der Graphen aus Teilaufgabe a):

   1 Zeitpunkt des stärksten Wasserzuflusses

   2 Wassermenge, die in den ersten drei Minuten in das Becken fließt

c) Ermitteln Sie näherungsweise graphisch und rechnerisch den Zeitpunkt, ab dem der Wasserzufluss wieder geringer als 0,1 hℓ/min ist.

d) Bestimmen Sie, welches Fassungsvermögen das Becken mindestens haben muss, damit es auch nach beliebig langer Zeit nicht überläuft.

10 a) Bestimmen Sie jeweils die erste und die zweite Ableitung der in $\mathbb{R}$ definierten Funktionen f mit $f(x) = \frac{1}{2} \cdot (e^x + e^{-x})$ und g mit $g(x) = \frac{1}{2} \cdot (e^x - e^{-x})$. Fassen Sie Ihre Beobachtung in Gleichungen zusammen.

b) Zeichnen Sie die Graphen der beiden Funktionen mithilfe einer DMS.

c) Der Graph von f lässt sich für betragsmäßig kleine Werte von x durch eine ganzrationale Funktion f_1 annähern. Geben Sie einen möglichen Funktionsterm $f_1(x)$ an.

d) Bestimmen Sie den Wert der Differenz $(f(x))^2 - (g(x))^2$ und beschreiben Sie Ihre Beobachtung.

e) Recherchieren Sie zu den hyperbolischen Funktionen und dem Begriff der „Katenoide" und präsentieren Sie Ihre Ergebnisse in Ihrem Kurs.

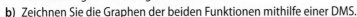

11 Beim Bau einer Hängebrücke wird vor dem Einhängen der Fahrbahn zunächst das Tragseil gebaut, das dann frei zwischen den Auflagepunkten hängt und durch den Graphen einer Funktion der in $\mathbb{R}$ definierten Schar $f_a: x \mapsto \frac{a}{2}\left(e^{\frac{x}{a}} + e^{-\frac{x}{a}}\right)$, $a \in \mathbb{R}^+$, modelliert werden kann.

*Der Graph G_{f_a} wird auch als **Kettenlinie** bezeichnet.*

a) Zeichnen Sie den Graphen G_{f_a} mithilfe einer DMS und beschreiben Sie in Worten die Wirkung des Parameters a auf den Funktionsgraphen.

b) Für einen geeigneten Wert des Parameters a kann die Höhe des Tragseils der Golden Gate Bridge über der Wasseroberfläche mithilfe der Funktion g_a mit $g_a(x) = f_a(x) - 1320$ modelliert werden. Der tiefste Punkt des Seils befindet sich etwa 80 Meter über der Wasseroberfläche. Berechnen Sie die Höhe der beiden Pylone über der Wasseroberfläche, wenn die Brücke eine Spannweite von 1280 m hat.

c) Wird eine lineare Last eingehängt (z. B. die Fahrbahn), so verformt sich das Seil zu einer Parabel. Geben Sie die Gleichung einer Parabel p (x) an, die an den beiden Pylonen und am tiefsten Punkt der Golden Gate Bridge mit der Kettenlinie übereinstimmt.

Unter der Spannweite der Brücke versteht man den Abstand der beiden Pylonen.

Der Ingenieur Gordon Moore sagte 1975 als Faustregel voraus, dass sich die Anzahl der Schaltelemente in elektronischen Schaltungen alle zwei Jahre verdoppeln werde.

■ Zeigen Sie, dass sich die Verdopplung innerhalb von zwei Jahren gut mithilfe der Funktion $a(t) = a_0 \cdot e^{0,35t}$ (t: Zeit in Jahren ab 1975) modellieren lässt. Geben Sie eine anschauliche Bedeutung von a_0 an.

■ 1989 kam der erste Prozessor mit etwa einer Million Schaltelemente auf den Markt. Ermitteln Sie nach diesem Modell die Anzahl der Schaltelemente im Jahr 2025.

■ Bestimmen Sie, wann sich die Anzahl gegenüber 1975 verhundertfacht hat.

Exponentialgleichungen lassen sich häufig mithilfe des Logarithmus lösen.

Auch für den natürlichen Logarithmus gilt die Rechenregel ($a \in \mathbb{R}^+$, $r \in \mathbb{R}$): $\ln a^r = r \cdot \ln a$.

Der Logarithmus zur Basis e wird **natürlicher Logarithmus** (logarithmus naturalis) genannt und mit ln abgekürzt: $\ln x = \log_e x$.

Es gilt somit für $a \in \mathbb{R}^+$: $e^x = a \Leftrightarrow x = \ln a$

Wichtige Zusammenhänge:

1 $e^{\ln x} = x$ ($x \in \mathbb{R}^+$) **2** $\ln e^x = x$ ($x \in \mathbb{R}$) **3** $\ln 1 = 0$ **4** $\ln e = 1$

Beispiele

I. Bestimmen Sie die Lösung der Gleichungen ($G = \mathbb{R}$) mithilfe des natürlichen Logarithmus und berechnen Sie dann den Wert auf zwei Nachkommastellen genau.

a) $2e^x - 1 = 5$ b) $e^{2x} = 7$ c) $e^{x^2+1} = e^{2x}$ d) $(1 + e^x)^2 = 4$

Lösung:

Strategiewissen
Lösen einer Exponentialgleichung

a) **1** Formen Sie die Gleichung so um, dass auf einer Seite nur die Potenz zur Basis e steht: $2e^x - 1 = 5 \Rightarrow e^x = 3$

2 Logarithmieren Sie auf beiden Seiten und berücksichtigen Sie, dass $\ln e^x = x$ gilt: $\ln e^x = \ln 3 \Rightarrow x = \ln 3 \approx 1,10$

b) $e^{2x} = 7 \Leftrightarrow 2x = \ln 7 \Rightarrow x = \frac{1}{2} \cdot \ln 7 \approx 0,97$

c) $e^{x^2+1} = e^{2x} \Leftrightarrow x^2 + 1 = 2x \Leftrightarrow x^2 - 2x + 1 = 0 \Leftrightarrow (x-1)^2 = 0 \Rightarrow x = 1$

Erinnerung: $e^x > 0$ für alle $x \in \mathbb{R}$

d) $(1 + e^x)^2 = 4 \Rightarrow 1 + e^x = \pm 2 \Rightarrow 1 + e^{x_1} = 2 \Rightarrow e^{x_1} = 1 \Rightarrow x_1 = 0$; oder $1 + e^{x_2} = -2 \Rightarrow e^{x_2} = -1$. Die Gleichung hat keine Lösung. Daher ist $x = 0$ die einzige Lösung der Gleichung.

Ω: Ohm
K: Kelvin

II. Ein Heißleiter ist ein elektronisches Bauteil, dessen elektrischer Widerstand R (in Ohm) von der Temperatur T (in Kelvin) abhängt. Für einen bestimmten Typ eines Heißleiters kann der Zusammenhang näherungsweise durch die Gleichung $R(T) = e^{\frac{5000 - 5T}{2T}}$ beschrieben werden. Bestimmen Sie die Temperatur (in °C), wenn ein Widerstand von 400 Ω gemessen wird.

0 K entspricht −273,15 °C.

Lösung:

$400 = e^{\frac{5000 - 5T}{2T}} \Rightarrow \ln 400 = \frac{5000 - 5T}{2T} \Rightarrow 2T \cdot \ln 400 = 5000 - 5T$

$\Leftrightarrow T \cdot (5 + 2\ln 400) = 5000 \Rightarrow T = \frac{5000}{5 + 2\ln 400} \approx 294$ [K]

$294 - 273,15 = 20,85$. Die Temperatur beträgt etwa 21 °C.

Nachgefragt

- Begründen oder widerlegen Sie: Aus $\ln a = \ln b$ folgt $a = b$ für alle $a, b \in \mathbb{R}^+$.
- Zeigen Sie, dass $\ln \frac{1}{2} = -\ln 2$ gilt.

Aufgaben

 1 Vereinfachen Sie die Terme jeweils so weit wie möglich ($a \in \mathbb{R}^+$).

a) $e^{\ln 10}$ 　　b) $\ln e^2 - \ln e$ 　　c) $\ln\left[e^{\ln(e^2)}\right]$ 　　d) $\ln a + \ln \frac{1}{a}$

e) $\ln \sqrt{e}$ 　　f) $\ln \frac{1}{e^4} + 2$ 　　g) $\ln(\ln e^2)$ 　　h) $[\ln(\sqrt{a})]^2$

2 Ermitteln Sie jeweils die Lösung(en) der Gleichung ($G = \mathbb{R}$) exakt und auf drei Dezimalen gerundet.

a) $e^{x+1} = 10$ 　　b) $1{,}8 \cdot (1 + e^{1 - 1{,}5x}) = 3{,}6$ 　　c) $e^{x^2} = 2500$

d) $e^{3x-4} = e^{1-x}$ 　　e) $e^x \cdot (e^x - e) = 0$ 　　f) $\sqrt{e^x} = e^2$

g) $e^{2x} - 5e^x = 0$ 　　h) $3e^{2x + \ln(4)} = 12$ 　　i) $\frac{1}{e^x} - e^{-2} = 0$

Gerundete Lösungen zu 2:
−2,797; 0,000; 0,667;
1,000; 1,250; 1,303; 1,609;
2,000; 2,797; 4,000

 3 In die folgenden Rechnungen haben sich Fehler eingeschlichen. Beschreiben und korrigieren Sie diese.

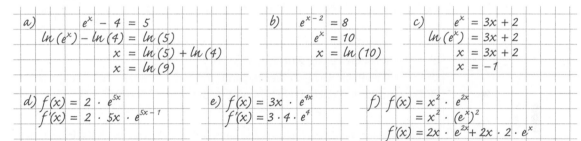

4 Gegeben ist jeweils die in $\mathbb{R}$ definierte Funktion $f: x \mapsto f(x)$. Bestimmen Sie die Koordinaten des Punkts des Graphen von f, in dem der Graph die angegebene Steigung besitzt.

a) $f(x) = 2e^x$; $m = 8$ 　　　　b) $f(x) = 0{,}5e^{2x}$; $m = 1$

c) $f(x) = -e^x$; $m = -3$ 　　　　d) $f(x) = -0{,}5e^{-x}$; $m = 0{,}25$

e) $f(x) = -0{,}5e^{-2x}$; $m = 1$ 　　f) $f(x) = 2 + e^{2x-1}$; $m = 0{,}5$

5 Die Abbildungen zeigen jeweils eine Gerade und einen Funktionsgraphen G_f, der kongruent zu dem der natürlichen Exponentialfunktion ist, mit seiner waagrechten Asymptote. Die eingezeichneten Punkte sind Gitterpunkte. Bestimmen Sie die Koordinaten des Schnittpunkts der beiden Graphen grafisch und mithilfe des Newton-Verfahrens näherungsweise rechnerisch.

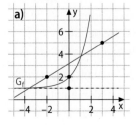 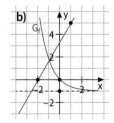 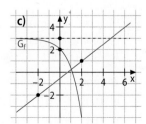

6 Gegeben ist jeweils die in $\mathbb{R}$ definierte Funktion $f: x \mapsto f(x)$; ihr Graph ist G_f. Untersuchen Sie G_f auf gemeinsame Punkte mit den Koordinatenachsen, Extrem- und Wendepunkte und den Verlauf für betragsgroße Werte von x. Zeichnen Sie G_f mithilfe einer DMS.

a) $f(x) = e^x \cdot (e^x - 2)$ **b)** $f(x) = (2x + 1) \cdot e^x$ **c)** $f(x) = (2 - e^x)^2$

Abituraufgabe **7** Gegeben ist die in $\mathbb{R}$ definierte Funktion f mit $f(x) = 0{,}5\,e^{-2x} + 1$.

a) Beschreiben Sie, wie der Graph von f aus dem der Funktion $f^*: x \mapsto e^x$, $x \in \mathbb{R}$, entsteht, und geben Sie Eigenschaften der Funktion f und ihres Graphen an.

b) Begründen Sie ohne Rechnung, dass f keine Nullstelle besitzt.

c) Die Tangente an den Graphen von f im Punkt $S(0\,|\,f(0))$ begrenzt mit den beiden Koordinatenachsen ein Dreieck. Weisen Sie nach, dass dieses Dreieck gleichschenklig ist.

8 Gegeben ist für jede reelle Zahl k die Funktion f_k mit $f_k(x) = x \cdot e^{kx}$, $D_{f_k} = \mathbb{R}$.

a) Bestimmen Sie den Wert des Parameters k so, dass der Punkt $P(1\,|\,e^4)$ (bzw. $Q(2\,|\,2)$) auf dem Graphen von f_k liegt.

b) Untersuchen Sie, ob einer der Graphen der Schar bei $x_0 = 3$ eine Extremstelle hat.

9 Gegeben ist die in $\mathbb{R}$ definierte Funktionenschar $f_{a,b}: x \mapsto a \cdot e^{bx}$, $a, b \in \mathbb{R}$; ihr Graph ist $G_{f_{a,b}}$. Bestimmen Sie jeweils Werte für die Parameter a und b so, dass $G_{f_{a,b}}$ die angegebenen Eigenschaften hat, und beschreiben Sie Ihr Vorgehen.

a) $G_{f_{a,b}}$ enthält die Punkte $A(0\,|\,2)$ und $B(1\,|\,4)$.

b) $G_{f_{a,b}}$ hat im Punkt $C(1\,|\,-2)$ die Steigung -1.

c) $G_{f_{a,b}}$ enthält die Punkte $D(-2\,|\,6)$ und $E(1\,|\,3)$.

 10 Die Entwicklung der Fallzahlen während einer Grippewelle kann mithilfe der in $\mathbb{R}$ definierten Funktionenschar $f_k: t \mapsto \dfrac{10}{1 + 10 \cdot e^{-kt}}$ mit $k > 0$ modelliert werden (t: Zeit in Wochen ab Auftreten der Grippe; $f_k(t)$: Infizierte in 1000 Personen). Die dargestellten Graphen der Schar gehören zu zwei verschiedenen Gemeinden $\boxed{A}$ und $\boxed{B}$. Die Graphen haben beide die waagrechte Asymptote $y = b$ und verlaufen durch den Punkt $P(0\,|\,a)$.

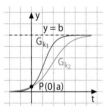

a) Beschreiben Sie Gemeinsamkeiten und Unterschiede des Verlaufs der Grippewelle in den beiden Gemeinden.

b) Geben Sie die Werte von a und b an und beschreiben Sie Ihr Vorgehen.

c) Jeder Graph von f_k besitzt einen Wendepunkt $(t_{w_k}\,|\,f_k(t_{w_k}))$. Interpretieren Sie die Bedeutung dieses Punktes im Sachkontext.

d) Tragen Sie jeweils das richtige Zeichen < oder > ein und begründen Sie Ihre Entscheidung anhand der Graphen. Interpretieren Sie die Ungleichungen im Sachkontext.

$\boxed{1}$ $f'_{k_1}(t_{w_1})$ ▦ $f'_{k_2}(t_{w_2})$ $\qquad$ $\boxed{2}$ $f_{k_1}(1)$ ▦ $f_{k_2}(1)$ $\qquad$ $\boxed{3}$ k_1 ▦ k_2

11 Gegeben sind jeweils die in $\mathbb{R}$ definierten Funktionen $f: x \mapsto f(x)$ und $g: x \mapsto g(x)$. Bestimmen Sie, für welche Werte von x die Differenz $f(x) - g(x)$ kleiner ist …

$\boxed{1}$ als 0,1. $\qquad$ $\boxed{2}$ als 0,01. $\qquad$ $\boxed{3}$ als ε mit $\varepsilon \in \mathbb{R}^+$.

Zeichnen Sie die Graphen von f und g und interpretieren Sie Ihr Ergebnis geometrisch.

a) $f(x) = e^x$; $g(x) = 0$ $\qquad\qquad$ **b)** $f(x) = a + e^{-x^2}$; $g(x) = a$ mit $a \in \mathbb{R}$

c) $f(x) = x + e^{-x}$; $g(x) = x$ $\qquad$ **d)** $f(x) = \dfrac{2x^2}{x^2 + 1}$; $g(x) = 2$

12 Zeichnen Sie die Graphen G_f und G_g der Funktionen $f: x \mapsto e^x$ und $g: x \mapsto e^{0,5x}$ ($D_f = D_g = \mathbb{R}$). Die Gerade h mit der Gleichung $x = a$, $a \in \mathbb{R}^+$, schneidet G_f im Punkt P und G_g im Punkt A; G_f und G_g schneiden einander im Punkt I. Ermitteln Sie zunächst den Flächeninhalt des Dreiecks PIA in Abhängigkeit von a und dann den Umfang U_{PIA} für $a = 2$. Berechnen Sie die Größe des größten Innenwinkels des Dreiecks PIA für $a = 2$.

13 Der Graph der in $\mathbb{R}$ definierten Funktion $f: x \mapsto x^2 \cdot e^{2-x}$ ist G_f.

  a) Begründen Sie ohne Rechnung, dass der Ursprung ein Tiefpunkt von G_f ist. Geben Sie das Verhalten von G_f für betragsgroße Werte von x an.

  b) Untersuchen Sie das Monotonie- und das Krümmungsverhalten von G_f und ermitteln Sie die Koordinaten der Extrem- und Wendepunkte von G_f. Zeichnen Sie G_f und kontrollieren Sie Ihre Ergebnisse mithilfe einer DMS.

  c) Die Punkte $O(0|0)$, $P(u|0)$ und $T(u|f(u))$ mit $u > 0$ sind die Eckpunkte des Dreiecks TOP. Ermitteln Sie, für welchen Wert des Parameters u der Flächeninhalt $A(u)$ des Dreiecks TOP maximal wird, und geben Sie den maximalen Flächeninhalt sowie den Grenzwert $\lim\limits_{u \to +\infty} A(u)$ an.

14 a) Lösen Sie die Gleichung **1** und vergleichen Sie die Struktur der beiden Gleichungen **1** und **2**. Lösen Sie dann Gleichung **2** analog zu Ihrem Vorgehen bei Gleichung **1** und beschreiben Sie Ihr Vorgehen.

  1 $x^4 + 3x^2 - 4 = 0$ **2** $(e^x)^2 + 3e^x - 4 = 0$

  b) Lösen Sie die Gleichung jeweils mit Ihrer in Teilaufgabe a) angewandten Strategie.

  1 $e^{2x} - 5e^x + 4 = 0$ **2** $e^{3x} + 3e^{2x} - 4e^x = 0$ **3** $e^x + e^{-x} = 4$

  4 $e^{2x} - e^{x+2} + 3 = 0$ **5** $e^x + \dfrac{9}{e^x} = 6$ **6** $\sqrt{e^x} - \dfrac{e^3}{e^x} = 0$

15 Gegeben sind die in $\mathbb{R}$ definierten Funktionen $f: x \mapsto e^{0,5x}$ und $g: x \mapsto 4 - 3e^{-0,5x}$ mit ihren Graphen G_f bzw. G_g.

  a) Zeichnen Sie G_f und G_g mithilfe einer DMS und bestimmen Sie rechnerisch die Koordinaten der Achsenschnittpunkte von G_f und G_g sowie die Koordinaten der Punkte A und B ($x_A > x_B$), in denen G_f und G_g einander schneiden.

  b) Die Gerade s mit der Gleichung $x = a$ ($0 < a < \ln 9$) schneidet G_f im Punkt S und G_g im Punkt T. Ermitteln Sie, für welchen Wert von a die Länge der Strecke $\overline{ST}$ maximal ist.

16 Gegeben ist für jedes $m \in \mathbb{R}$ und $s \in \mathbb{R}^+$ die Funktion $f_{m,s}$ mit $f_{m,s}(x) = \dfrac{1}{\sqrt{2\pi \cdot s}} \cdot e^{-\frac{(x-m)^2}{2s^2}}$.

Die „Gauß'sche Glockenkurve" spielt vor allem in der Stochastik eine wichtige Rolle. Sie war früher auf 10-DM-Scheinen abgebildet.

  a) Zeichnen Sie den Graphen von $f_{m,s}$ mithilfe einer DMS und erklären Sie, warum sich für den Graphen der Name „Glockenkurve" eingebürgert hat.

Mediencode 63032-04

  b) Beschreiben Sie den Einfluss der Parameter m und s auf den Graphen.

  c) Berechnen Sie die Grenzwerte an den Rändern des Definitionsbereichs sowie die Extremstelle.

  d) Wichtig ist der Begriff der Halbwertsbreite. Das ist der waagrechte Abstand der beiden Stellen des Graphen, an denen der Funktionswert halb so groß ist wie der des Extremwerts. Berechnen Sie diese Halbwertsbreite in Abhängigkeit von m und s.

Aussagen wie die nebenstehende gab es 2020/21 oft in den Medien. Sie bezogen sich auf die Corona-Pandemie. Von September bis November 2020 ließ sich die Zahl der Infizierten durch die Funktion B mit $B(t) = B_0 \cdot 1{,}14^t$ (t: Zeit in Wochen) modellieren.

- Ermitteln Sie, in welchem Zeitraum sich die Anzahl der Infizierten im Herbst 2020 verdoppelte.

- Weisen Sie nach, dass der Term B(t) äquivalent ist zum Term $B_0 \cdot e^{t \cdot \ln 1{,}14}$.

„Wir müssen verhindern, dass es zu einem exponentiellen Anstieg der Neuinfektionen kommt".

„Wir sind bereits in einer exponentiellen Phase, wie man an den täglichen Zahlen sieht."

Viele Wachstums- und Abklingvorgänge lassen sich durch Exponentialfunktionen modellieren. Man führt Funktionen des exponentiellen Wachstums dabei häufig auf Exponentialfunktionen zur Basis e zurück, um sie mithilfe der Differentialrechnung einfach untersuchen zu können.

Im Term $b \cdot a^x$ ist b der Anfangsbestand $(b \in \mathbb{R}^+)$.

a nennt man Wachstumsfaktor.

Für jede in $\mathbb{R}$ definierte Exponentialfunktion $f: x \mapsto a^x$, $a \in \mathbb{R}^+\backslash\{1\}$, gilt: $\mathbf{f(x) = e^{x \cdot \ln a}}$.

Die Funktion f beschreibt für …

1 $\mathbf{a > 1}$, d.h. $\ln a > 0$, ein **exponentielles Wachstum**.

2 $\mathbf{0 < a < 1}$, d.h. $\ln a < 0$, einen **exponentiellen Abklingvorgang**.

Begründung

Begründen Sie, dass für jedes $a \in \mathbb{R}^+\backslash\{1\}$ die Terme a^x und $e^{x \cdot \ln a}$ äquivalent sind.

Lösung:

Es gilt für jede Zahl $a \in \mathbb{R}^+\backslash\{1\}$: $e^{\ln a} = a$. Mithilfe der Potenzgesetze folgt $a^x = (e^{\ln a})^x = e^{x \cdot \ln a}$.

Beispiele

I. Geben Sie den Funktionsterm von $f: x \mapsto f(x)$, $D_f = \mathbb{R}$, jeweils mit der Basis e an.

a) $f(x) = 2^x$ **b)** $f(x) = \left(\frac{1}{4}\right)^x$ **c)** $f(x) = 3^{x+4}$

Lösung:

Strategiewissen
Zurückführen beliebiger Exponentialfunktionen auf die natürliche Exponentialfunktion

Schreiben Sie die Basis a als Potenz zur Basis e mit $a = e^{\ln a}$ und formen Sie den Term mithilfe der Rechenregeln für Potenzen um:

a) $f(x) = 2^x = (e^{\ln 2})^x$
$\quad = e^{x \cdot \ln 2}$

b) $f(x) = \left(\frac{1}{4}\right)^x$
$\quad = \left(e^{\ln \frac{1}{4}}\right)^x = \left(e^{\ln 4^{-1}}\right)^x$
$\quad = (e^{-\ln 4})^x = e^{-x \cdot \ln 4}$

c) $f(x) = 3^{x+4}$
$\quad = 3^x \cdot 3^4 = 81 \cdot (e^{\ln 3})^x$
$\quad = 81 \cdot e^{x \cdot \ln 3}$

II. Bestimmen Sie die Ableitung der Funktion $f: x \mapsto f(x)$, $D_f = \mathbb{R}$.

a) $f(x) = 3^x$ **b)** $f(x) = 5 \cdot \left(\frac{1}{2}\right)^x$

Lösung:

Strategiewissen
Ableiten von beliebigen Exponentialfunktionen

Schreiben Sie den Funktionsterm mithilfe einer Potenz mit Basis e und leiten Sie mit der Kettenregel ab:

a) $f(x) = 3^x = e^{x \cdot \ln 3}$
$f'(x) = \ln 3 \cdot e^{x \cdot \ln 3} = \ln 3 \cdot 3^x$

b) $f(x) = 5 \cdot \left(\frac{1}{2}\right)^x = 5 \cdot e^{x \cdot \ln 0{,}5} = 5 \cdot e^{-x \cdot \ln 2}$
$f'(x) = -5\ln 2 \cdot e^{-x \cdot \ln 2} = -5\ln 2 \cdot (e^{\ln 2})^{-x}$
$\qquad = -5\ln 2 \cdot \left(\frac{1}{2}\right)^x$

III. Radium 226 zerfällt mit einer Halbwertszeit T von etwa 1600 Jahren in Radon 222. Zu Beobachtungsbeginn sind 10 mg Radium 226 vorhanden.

a) Geben Sie eine Funktion $m: t \mapsto m(t)$ an, mit der sich die Masse (in mg) des verbliebenen Radiums zur Zeit t (in Jahren nach Beobachtungsbeginn) berechnen lässt.

b) Führen Sie diese Funktion auf die natürliche Exponentialfunktion zurück.

c) Berechnen Sie, nach welcher Zeit noch 10 % der Anfangsmenge vorhanden ist.

d) Bestimmen Sie $m'(0)$ und interpretieren Sie diesen Wert im Sachkontext.

Lösung:

a) Es gilt $m(t) = 10 \cdot 0{,}5^{\frac{t}{1600}}$.

b) $m(t) = 10 \cdot e^{t \cdot \frac{\ln 0{,}5}{1600}} = 10 \cdot e^{\frac{t}{1600} \cdot (-\ln 2)} = 10 \cdot e^{-\frac{t}{1600} \cdot \ln 2}$

c) Gesucht ist der Zeitpunkt, zu dem gilt: $m(t) = 1 \Leftrightarrow 10 \cdot e^{-\frac{t}{1600} \cdot \ln 2} = 1$

$\Leftrightarrow e^{-\frac{t}{1600} \cdot \ln 2} = \frac{1}{10} \Leftrightarrow -\frac{t}{1600} \cdot \ln 2 = \ln \frac{1}{10} \Leftrightarrow t = 1600 \cdot \frac{\ln 10}{\ln 2} \approx 5315 \, [a]$

Nach etwa 5312 Jahren ist noch 10 % der ursprünglichen Radiummenge vorhanden.

d) $m'(t) = 10 \cdot \left(-\frac{\ln 2}{1600}\right) \cdot e^{-\frac{t}{1600} \cdot \ln 2} = -\frac{\ln 2}{160} \cdot e^{-\frac{t}{1600} \cdot \ln 2}$ und $m'(0) = -\frac{\ln 2}{160} \approx -0{,}0043 \, [mg/a]$.

Dies bedeutet, dass zu Beobachtungsbeginn die Menge an Radium 226 mit einer momentanen Änderungsrate von etwa 4,3 µg pro Jahr abnimmt.

Halbwertszeit:
Zeitraum, in dem die Hälfte der ursprünglich vorhandenen Atome zerfällt.

Erinnerung: Allgemein gilt für einen exponentiellen Zerfall mit Halbwertszeit T:
$f(t) = f(0) \cdot 0{,}5^{\frac{t}{T}}$.

Nachgefragt

- Begründen Sie, dass $e^{\ln x} = x$ nicht für jede reelle Zahl x gilt.
- Erläutern Sie, dass exponentielles Wachstum in der Realität nie beliebig andauern kann.

Aufgaben

 1 Führen Sie den Funktionsterm jeweils auf die natürliche Exponentialfunktion zurück.

a) $f(x) = 2 \cdot 3^x$ **b)** $f(x) = -3 \cdot 2^{2x}$ **c)** $f(x) = 2^{2x} + 4^x$

d) $f(x) = 0{,}25^x$ **e)** $f(x) = -\left(\frac{1}{2}\right)^x$ **f)** $f(x) = 5 \cdot 3^{-2x}$

 2 Bestimmen Sie jeweils die Steigung des Graphen der in $\mathbb{R}$ definierten Funktion $f: x \mapsto f(x)$ an der Stelle x_0.

a) $f(x) = 2^x$; $x_0 = 3$ **b)** $f(x) = 5^x$; $x_0 = 1$ **c)** $f(x) = e^{4x}$; $x_0 = e$

d) $f(x) = 2{,}5^x$; $x_0 = 0{,}5$ **e)** $f(x) = 0{,}25^x$; $x_0 = 2{,}5$ **f)** $f(x) = \frac{1}{4} \cdot \left(\frac{1}{e}\right)^x$; $x_0 = 0$

 3 Bestimmen Sie jeweils den Wachstumsfaktor a.

Beispiel: $f(x) = e^{0{,}5x} = (e^{0{,}5})^x \Rightarrow a = e^{0{,}5} = \sqrt{e} \approx 1{,}649$

a) $f(x) = e^{2x}$ **b)** $f(x) = \frac{4}{e^{3x}}$ **c)** $f(x) = 2 \cdot e^{-0{,}5x}$ **d)** $f(x) = 3 \cdot e^{0{,}1x}$

4 Ordnen Sie jedem Funktionsterm den Graphen seiner Ableitung zu und begründen Sie.

1 $f(x) = 2^{x+1}$ **2** $f(x) = 2^{x+3}$ **3** $f(x) = x + 2^x$ **4** $f(x) = x \cdot 2^x$

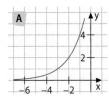 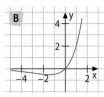 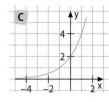 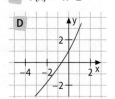

5 Für das Wachstum von Kresse wurden folgende Daten ermittelt:

Zeit (Tage)	0	1	2	3	4	7
Höhe (cm)	0,2	0,3	0,48	0,8	1,2	4,2

a) Beschreiben Sie die Höhe der Pflanzen (in cm) in Abhängigkeit von der Zeit t (in Tagen nach Beobachtungsbeginn) mithilfe eines exponentiellen Wachstums und geben Sie einen geeigneten Funktionsterm an.

b) Bestimmen Sie die mittlere Wachstumsrate der Kresse in der ersten Woche und erläutern Sie Ihr Vorgehen.

c) Bestimmen Sie die momentane Wachstumsrate der Kresse zu Beginn des zweiten Tages nach Beobachtungsbeginn anhand des Modells aus Teilaufgabe a).

6 Die mit der Zeit t (in Jahren) zunehmende Durchmesserlänge d (in Metern) einer Fichte wird durch den Funktionsterm $d(t) = \dfrac{1}{1 + e^{-0,05(t-60)}}$ beschrieben. Bestimmen Sie grafisch und rechnerisch, wann die Fichte 90 % ihrer maximalen Durchmesserlänge erreicht.

7 a) Eine Influencerin erregt in den sozialen Medien mit Kleidung, die unter fragwürdigen Bedingungen produziert wurde, zunehmend Aufmerksamkeit. Die Anzahl ihrer Fans lässt sich mithilfe der Funktion $f: t \mapsto \dfrac{10\,e^{0,5t}}{20 + e^{0,5t}}$, $D_f = \mathbb{R}_0^+$, modellieren (t in Tagen ab dem ersten Fashion-Post, f(t) in 1000 Personen). Ermitteln Sie rechnerisch, …

   1 mit wie vielen Fans die Influencerin langfristig rechnen kann.

   2 an welchem Tag der Anstieg der Anzahl der Fans am größten ist.

b) Zeichnen Sie den Graphen von f mithilfe einer DMS und kontrollieren Sie Ihre Ergebnisse aus Teilaufgabe a).

c) Erläutern Sie anhand des Modells, warum man hier umgangssprachlich davon spricht, dass etwas viral geht, und diskutieren Sie in einer Kleingruppe die schnelle Verbreitung von (teilweise gefährlichen) „Trends" und „Challenges" in sozialen Netzwerken.

8 Gegeben ist die Funktionenschar $f_a: x \mapsto (x^2 - 3) \cdot a^x$, $D_{f_a} = \mathbb{R}$, $a \in \mathbb{R}^+\backslash\{1\}$; ihr Graph ist G_{f_a}.

a) Ermitteln Sie die Koordinaten der Achsenpunkte von G_{f_a} sowie das Verhalten von G_{f_a} für betragsgroße Werte von x, ggf. mit einer DMS.

b) Untersuchen Sie G_{f_3} auf Monotonie und auf Extrempunkte. Zeichnen Sie G_{f_3} im Intervall [−4; 2]. Kontrollieren Sie Ihre Ergebnisse mithilfe einer DMS.

c) Bestimmen Sie den Wert des Parameters a so, dass die Tangente an G_{f_a} im Schnittpunkt mit der y-Achse parallel zur Geraden g: y = 5 − 3x verläuft.

d) Weisen Sie rechnerisch nach, dass der Graph der Funktion $f_{\frac{1}{a}}$ aus dem Graphen von f_a durch Spiegelung an der y-Achse hervorgeht.

Es liegt eine exponentielle Abnahme vor.

9 a) Eine Bratpfanne kühlt bei einer Raumtemperatur von 24 °C in einer Minute von 120 °C auf 105 °C ab. Modellieren Sie den Abkühlvorgang mit einer geeigneten Funktion f. Nutzen Sie ggf. eine DMS.

b) Ermitteln Sie mithilfe Ihres Modells aus Teilaufgabe a), in welcher Zeitspanne sich die Pfanne von 105 °C auf 40 °C abkühlt.

c) Beurteilen Sie die Qualität Ihres Modells und besprechen Sie Ihre Ergebnisse in einer Kleingruppe.

10 In einem Labor wird 30 Wochen lang das Wachstum von Liebstöckelsetzlingen untersucht. Die Tabelle zeigt einen Teil des Messprotokolls für die (mittlere) Höhe der Pflanzen in Abhängigkeit von der Zeit.

x (in Wochen)	0	5	10	12	15	20	25	30
Höhe h (in cm)	3,0	20,0						

Die (mittlere) Höhe der Pflanzen (in cm) wird durch eine Funktion $h: x \mapsto \dfrac{180}{1 + k e^{-ax}}$, $D_h = [0; 30]$, beschrieben.

a) Ermitteln Sie die Werte der Parameter k und a. Übertragen Sie die Tabelle in Ihre Unterlagen und ergänzen Sie sie dort. Zeichnen Sie den Graphen von h.

b) Berechnen Sie, zu welchem Zeitpunkt die mittlere Höhe der Pflanzen 50 cm (1 m) beträgt.

c) Ermitteln Sie die zu erwartende (mittlere) maximale Höhe der Pflanzen.

d) Weisen Sie rechnerisch nach, dass die Wachstumsgeschwindigkeit der Pflanzen zu keinem Zeitpunkt (exakt) null beträgt. Diskutieren Sie mit einem Mitschüler oder einer Mitschülerin die Grenzen des verwendeten Modells.

e) Erläutern Sie, was die Lösung der Gleichung $h''(x) = 0$ im Sachkontext bedeutet.

 11 Landflucht ist ein globales Phänomen unserer Zeit. Derzeit leben in Deutschland 77 % der Menschen in Städten oder Ballungsräumen und nur 15 % in Dörfern mit weniger als 5000 Einwohnern. So wächst auch München im Jahr 2023 mit rund 1,5 Mio. Einwohnern jährlich um rund 0,5 %.

a) Skizzieren Sie den Graphen der diesem Bevölkerungswachstum zugrundeliegenden Funktion f und geben Sie einen Funktionsterm von f an.

b) Erläutern Sie die Bedeutung der Ableitung der Funktion f im Sachkontext.

c) Von „Megacities" spricht man ab einer Bevölkerungszahl von 10 Mio. Einwohnern. Bestimmen Sie, ab welchem Jahr München nach dem zugrundeliegenden Modell eine Megacity wäre. Diskutieren Sie die Grenzen des vorgegebenen Wachstumsmodells.

d) Recherchieren Sie die aktuelle Bevölkerungsentwicklung in München sowie Gründe für diese Entwicklung. Präsentieren Sie Ihre Ergebnisse in einer Kleingruppe.

 12 Die Anzahl der Kinder, die eine Frau im Laufe ihres Lebens durchschnittlich zur Welt bringt, wird durch eine sogenannte Geburtenziffer angegeben, die jedes Jahr statistisch ermittelt wird. Die Funktion $g: x \mapsto 2x \cdot e^{-0,5x^2} + 1,4$ beschreibt für $x \geq 0$ modellhaft die zeitliche Entwicklung der Geburtenziffer in einem europäischen Land. Dabei ist x die seit dem Jahr 1995 vergangene Zeit in Jahrzehnten und $g(x)$ die Geburtenziffer. Damit die Bevölkerungszahl in diesem Land langfristig näherungsweise konstant bleibt, ist dort eine Geburtenziffer von ungefähr 2,1 erforderlich.

a) Zeichnen Sie den Graphen von g (mithilfe einer DMS), beschreiben Sie, welche künftige Entwicklung der Bevölkerungszahl auf der Grundlage des Modells zu erwarten ist, und begründen Sie diese.

b) Im betrachteten Zeitraum gibt es ein Jahr, in dem die Geburtenziffer am stärksten abnimmt. Geben Sie mithilfe Ihrer Abbildung einen Näherungswert für dieses Jahr an. Beschreiben Sie, wie man im Rahmen des Modells rechnerisch nachweisen kann, dass die Abnahme der Geburtenziffer von diesem Jahr an kontinuierlich schwächer wird.

13 In der Landwirtschaft werden zur Schädlingsbekämpfung häufig Pestizide eingesetzt. Die Abbildung zeigt die zeitliche Entwicklung des Bestands einer Schädlingspopulation, die man mit Pestiziden einzudämmen versuchte.

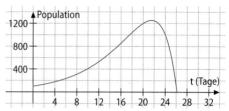

a) Beschreiben Sie den Verlauf des Graphen in Bezug auf den Sachkontext. Geben Sie an, wann ungefähr mit dem Einsatz des Schädlingsbekämpfungsmittels begonnen wurde.

b) Begründen Sie ohne Rechnung, dass von den angegebenen Termen $f_3(t)$ die Situation am besten beschreibt. Geben Sie einen zum Sachkontext passenden Definitionsbereich der Funktion f_3 begründet an und zeichnen Sie den Graphen von f_3 in Ihrem Heft.

$$f_1(t) = t^2 \cdot (0{,}2t - 4)^2 + 100 \qquad f_2(t) = 100 \cdot e^{0{,}1t} \qquad f_3(t) = 100 \cdot e^{0{,}15t} - 2e^{0{,}3t}$$

c) Bestimmen Sie anhand Ihrer Zeichnung $f_3'(6)$ und beschreiben Sie seine Bedeutung im Sachzusammenhang.

d) Bestimmen Sie rechnerisch die maximale Population der Schädlinge.

e) Ermitteln Sie den Punkt des Graphen von f_3 mit der größten Steigung. Interpretieren Sie Ihr Ergebnis im Sachzusammenhang.

f) Weisen Sie nach, dass der Term $f_3(t)$ äquivalent zum Term $2 \cdot e^{0{,}3t} \cdot (50e^{-0{,}15t} - 1)$ ist, und bestimmen Sie dann, zu welchem Zeitpunkt kein Schädling mehr vorhanden war.

g) Zeichnen Sie den Graphen der Funktion $g: t \mapsto 100 \cdot 1{,}35^{0{,}5t} - 2 \cdot 1{,}35^t$ in dasselbe Koodinatensystem. Vergleichen Sie die Graphen in Bezug auf den Sachkontext und geben Sie an, welche Vorteile eine Modellierung mithilfe der Funktion f_3 bietet.

h) Diskutieren Sie in einer Kleingruppe über den Einsatz von Pestiziden und stellen Sie Ihre Ergebnisse auf einem Poster dar.

14 Gegeben ist die in $\mathbb{R}$ definierte Funktionenschar $f_{a,b}: x \mapsto b \cdot a^x$, $a \in \mathbb{R}^+\backslash\{1\}$, $b \in \mathbb{R}$.

a) Bestimmen Sie einen Term der Ableitung von $f_{a,b}$.

b) Bestimmen Sie rechnerisch die Werte der Parameter a und b so, dass der Graph von $f_{a,b}$ im Punkt $P(0|3)$ die Steigung 6 besitzt. Kontrollieren Sie Ihr Ergebnis mit einer DMS.

Eine solche Gleichung bezeichnet man als Differentialgleichung.

15 a) Weisen Sie nach, dass die in $\mathbb{R}$ definierte Funktion $f: t \mapsto 5e^{2t}$ die Gleichung $f'(t) = 2 \cdot f(t)$ für alle $t \in \mathbb{R}$ erfüllt.

b) Mithilfe der Funktion f kann ein exponentielles Wachstum beschrieben werden. Interpretieren Sie die angegebene Gleichung im Hinblick auf ihre Bedeutung für die Änderungsrate dieses Wachstums.

Solche Wachstums-vorgänge werden als logistisches Wachstum bezeichnet.

c) In der Realität ist ein länger anhaltendes exponentielles Wachstum aufgrund fehlender Ressourcen in der Regel nicht möglich, die betrachtete Größe nähert sich dann einer Sättigungsgrenze an. Solche Wachstumsvorgänge können mit einer Funktion der Schar

$$f_{a,S,k}: t \mapsto \frac{a \cdot S}{a + (S - a) \cdot e^{-Skt}}$$ modellieren werden. Untersuchen Sie die Graphen der Schar

$f_{a,S,k}$ mithilfe einer DMS und geben Sie die Bedeutung der Parameter für das modellierte Wachstum an. Nennen Sie Beispiele für Größen, die sich mit diesem Wachstumsmodell beschreiben lassen.

Schreiben Sie den Nenner als Potenz $(a + (S - a) \cdot e^{-Skt})^{-1}$.

d) Weisen Sie nach, dass alle Funktionen der Schar aus Teilaufgabe c) die Gleichung $f'(t) = k \cdot f(t) \cdot [S - f(t)]$ für alle $x \in \mathbb{R}$ erfüllen, und interpretieren Sie diese Gleichung für das Wachstum.

16 Die Höhe h (in Meter) einer Sonnenblume kann durch eine Funktion h mit
$h(t) = 0{,}015 \cdot 3^{kt}$ (t: Zeit in Wochen nach dem Pflanzen; k > 0) modelliert werden.

a) Geben Sie die Höhe der Pflanze zu Beginn der Beobachtung an.

b) Die Pflanze ist innerhalb der ersten fünf Wochen um 22 cm gewachsen. Bestimmen Sie die Höhe dieser Pflanze nach weiteren drei Wochen im Rahmen des Modells.

c) Tatsächlich wird nach Ablauf dieser drei Wochen festgestellt, dass die Pflanze nur 1,08 m hoch ist. Geben Sie mögliche Gründe dafür an.

d) Um der in Teilaufgabe c) beschriebenen Beobachtung Rechnung zu tragen, soll ab $t = 5$ der Term $h_2(t) = a + b \cdot 3^{0{,}5t}$ für die Modellierung der Pflanzenhöhe verwendet werden. Berechnen Sie a und b aus den Messwerten nach fünf und acht Wochen.

e) Überprüfen Sie, ob die Gesamtfunktion an der Stelle $t = 5$ differenzierbar ist.

> **Vertiefung**

Logarithmische Skalen

Auf einer Zahlengeraden sind die Abstände zwischen den Punkten benachbarter ganzer Zahlen gleich groß.

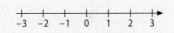

Häufig werden aber Skalen benötigt, um Daten mit starken Größenunterschieden übersichtlich darzustellen. Dafür kann man sogenannte logarithmische Skalen verwenden.

- Erläutern Sie die Darstellung der erdgeschichtlichen Daten in der Abbildung, insbesondere im Hinblick auf die Skalierung der Zeitachse.

Bei logarithmischen Skalen sind die Abstände zwischen den Punkten benachbarter Zehnerpotenzen stets gleich groß.

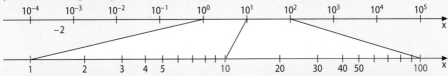

Ein halblogarithmisches Koordinatensystem hat genau eine logarithmisch geteilte Achse.

- Zeichnen Sie in ein Koordinatensystem, dessen x-Achse eine lineare und dessen y-Achse eine logarithmische Skala hat, die Graphen der folgenden in $\mathbb{R}$ definierten Funktionen.
$f_1: x \mapsto 10^x$ $\qquad$ $f_2: x \mapsto 0{,}1^x$ $\qquad$ $f_3: x \mapsto 2 \cdot 10^x$ $\qquad$ $f_4: x \mapsto 3 \cdot 0{,}1^x$
Begründen Sie Ihre Beobachtung, indem Sie die Funktionsgleichung jeweils zur Basis 10 logarithmieren.

- Erklären Sie, warum eine logarithmische Skala nicht bei null beginnen kann.

Gebräuchlich sind die Richter-Skala sowie die Dezibel-Skala, beides logarithmische Skalen.

- Recherchieren Sie, in welchen Zusammenhängen diese Skalen verwendet werden. Präsentieren Sie Ihre Ergebnisse in Ihrem Kurs.

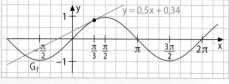

- Zeichnen Sie den Graphen der Sinusfunktion mithilfe einer DMS und eine Tangente an den Funktionsgraphen.

- Erstellen Sie eine Tabelle, in die Sie zu den x-Werten $0; \frac{\pi}{6}; \frac{\pi}{3}; \frac{\pi}{2}; \dots$ jeweils die zugehörige Tangentensteigung eintragen. Zeichnen Sie mithilfe der Wertetabelle einen neuen Graphen.

- Formulieren Sie eine Vermutung, um welche Funktion es sich dabei handeln könnte.

- Ermitteln Sie analog den Graphen der Ableitung der Kosinusfunktion.

Verstehen   Die Ableitungen der Sinus- und Kosinusfunktion können näherungsweise graphisch bestimmt werden. Dabei ergeben sich enge Zusammenhänge.

> Die Sinus- und die Kosinusfunktion sind auf ganz $\mathbb{R}$ differenzierbar und für ihre Ableitungen gilt ($x \in \mathbb{R}$):
>
> $$(\sin x)' = \cos x \quad \text{bzw.} \quad (\cos x)' = -\sin x$$
>
> Die Menge aller Stammfunktionen der in $\mathbb{R}$ definierten Funktion
> - $f: x \mapsto \sin x$ hat den Term $F_c(x) = -\cos x + c, c \in \mathbb{R}$.
> - $g: x \mapsto \cos x$ hat den Term $G_c(x) = \sin x + c, c \in \mathbb{R}$.

Beispiele

I. Bestimmen Sie jeweils die erste Ableitung der in $\mathbb{R}$ definierten Funktion $f: x \mapsto f(x)$.

    a) $f(x) = \sin(2x)$ **b)** $f(x) = 2x + \cos(4x)$ **c)** $f(x) = x^2 \cdot \sin x$

    Lösungen:

Strategiewissen

Anwenden der Ableitungsregeln auf trigonometrische Funktionen

    a) Schreiben Sie den Funktionsterm $f(x)$ als Verkettung einer äußeren Funktion u und einer inneren Funktion v und leiten Sie diese mithilfe der Kettenregel ab:
        $u(x) = \sin x \implies u'(x) = \cos x; v(x) = 2x \implies v'(x) = 2$
        $\implies f'(x) = \cos(2x) \cdot 2 = 2 \cdot \cos(2x)$

    b) Leiten Sie den Term mithilfe der Summen- und der Kettenregel ab:
        $f'(x) = 2 - \sin(4x) \cdot 4 = 2 - 4 \cdot \sin(4x)$

    c) Schreiben Sie den Funktionsterm $f(x)$ als Produkt zweier Funktionen u und v und leiten Sie dieses mithilfe der Produktregel ab:
        $u(x) = x^2 \implies u'(x) = 2x; v(x) = \sin x \implies v'(x) = \cos x; f'(x) = 2x \cdot \sin x + x^2 \cdot \cos x$

II. Geben Sie jeweils Terme aller Stammfunktionen der in $\mathbb{R}$ definierten Funktion $f: x \mapsto f(x)$ an und zeigen Sie rechnerisch, dass Ihre Angabe richtig ist.

    a) $f(x) = 3x^2 + \sin x$ **b)** $f(x) = \cos(3x)$ **c)** $f(x) = \sin(x + 1) + \cos\left(\frac{1}{2}x\right)$

    Lösung:

    a) $F(x) = x^3 - \cos x + c, c \in \mathbb{R}$, da $F'(x) = 3x^2 - (-\sin x) = f(x)$ gilt.

    b) $F(x) = \frac{1}{3} \cdot \sin(3x) + c, c \in \mathbb{R}$, da $F'(x) = \frac{1}{3} \cdot \cos(3x) \cdot 3 = \cos(3x) = f(x)$ gilt.

    c) $F(x) = -\cos(x + 1) + 2 \cdot \sin\left(\frac{1}{2}x\right) + c, c \in \mathbb{R}$, da
        $F'(x) = -(-\sin(x + 1) \cdot 1) + 2\left(\cos\left(\frac{1}{2}x\right) \cdot \frac{1}{2}\right) = \sin(x + 1) + \cos\left(\frac{1}{2}x\right) = f(x)$ gilt.

III. Wird eine Schaukel um eine Strecke s_0 ausgelenkt und losgelassen, so beginnt sie zu schwingen. Ist s_0 klein im Verhältnis zur Seillänge, kann die Auslenkung der Schaukel aus der Senkrechten näherungsweise mithilfe einer Funktion $s: t \mapsto s_0 \cdot \cos(k \cdot t)$ für $t \geq 0$ modelliert werden. Dabei ist k eine Konstante, die von der Seillänge und dem Ort abhängt, sowie t die Zeit in Sekunden nach Loslassen der Schaukel.

a) Ermitteln Sie den Maximalwert der ersten Ableitung der Funktion s und interpretieren Sie das Ergebnis im Sachzusammenhang.

b) Zeigen Sie, dass $s''(t) = -k^2 \cdot s(t)$ für alle $t \geq 0$ gilt.

Lösung:

a) Es gilt $s'(t) = s_0 \cdot [-\sin(kt)] \cdot k = -s_0 k \cdot \sin(kt)$. Da die Sinusfunktion nur Werte im Intervall $[-1; 1]$ annimmt, ist s' maximal, wenn $\sin(kt) = -1$ gilt. Der Maximalwert von s' beträgt also $s_0 \cdot k$. Dies ist die größte Geschwindigkeit der Schaukel.

b) Es gilt $s''(t) = -s_0 k \cdot \cos(kt) \cdot k = -s_0 k^2 \cdot \cos(kt) = -k^2 \cdot s(t)$.

Nachgefragt

- Begründen Sie: Die 2024-te Ableitung der Sinusfunktion ist die Sinusfunktion.
- Begründen Sie: Die Ableitung der Kosinusfunktion hat unendlich viele Nullstellen.

Aufgaben

1 Bestimmen Sie jeweils die erste Ableitung der in $\mathbb{R}$ definierten Funktion $f: x \mapsto f(x)$ und beschreiben Sie Ihr Vorgehen.

a) $f(x) = \cos(x - 3)$ **b)** $f(x) = \sin(x^2)$ **c)** $f(x) = \sin x \cdot \cos x$

d) $f(x) = (\cos x)^2$ **e)** $f(x) = \cos(ax + b)$, $a, b \in \mathbb{R}$ **f)** $f(x) = (\sin x)^2 + (\cos x)^2$

g) $f(x) = x^3 + x^2 \cdot \sin\left(\frac{3}{2}\pi\right) + x \cdot \cos \pi + \sin \frac{\pi}{4}$ **h)** $f(x) = [1 - \sin(2x)]^2$

2 Geben Sie jeweils einen Term einer Stammfunktion der in $\mathbb{R}$ definierten Funktion $f: x \mapsto f(x)$ an und machen Sie die Probe.

a) $f(x) = \sin(2x)$ **b)** $f(x) = \cos \frac{x}{\pi}$ **c)** $f(x) = 3x + \cos x$

d) $f(x) = 10 \sin\left(\frac{\pi}{4}x\right)$ **e)** $f(x) = 2x^2 + \sin(-x)$ **f)** $f(x) = e^{3x} - \cos(3x)$

3 Gegeben ist die Funktion $f: x \mapsto f(x)$ mit Definitionsmenge D_f und Graph G_f.

a) Bestimmen Sie die Extrempunkte von G_f.

b) Bestimmen Sie die Punkte von G_f, an denen die Tangente an G_f die Steigung 1 besitzt.

c) Zeichnen Sie G_f mithilfe eines Funktionsplotters und kontrollieren Sie Ihre Ergebnisse.

x-Koordinaten der Extrempunkte zu 3:
$-\frac{3\pi}{2}$; $-\frac{7\pi}{12}$; $-\frac{\pi}{2}$; $-\frac{\pi}{12}$; 0; $\frac{5\pi}{12}$; $\frac{\pi}{2}$; $\frac{7\pi}{12}$; $\frac{11\pi}{12}$; $\frac{3\pi}{2}$

  1 $f(x) = \sin x$; $D_f = {]{-1{,}6\pi}; 1{,}6\pi[}$ **2** $f(x) = \cos(2x)$; $D_f = {]{-2}; 2[}$

  3 $f(x) = \sin\left(2x + \frac{\pi}{2}\right)$, $D_f = {]0; \pi[}$ **4** $f(x) = 0{,}5\cos(2x)$; $D_f = {]0; \pi[}$

4 Geben Sie an, in welchen Punkten der Graph der Funktion f mit $f(x) = \sin x$, $D_f = {]{-2\pi}; 2\pi[}$, dieselbe Steigung hat wie ...

a) die Winkelhalbierende des I. und III. (des II. und IV.) Quadranten.

b) die x-Achse.   **c)** die Gerade g mit $y = 0{,}5x + 2$.

5 **a)** Begründen Sie, dass **1** $\cos x = \sin\left(\frac{\pi}{2} - x\right)$ **2** $\sin x = \cos\left(\frac{\pi}{2} - x\right)$ für alle $x \in \mathbb{R}$ gilt.

b) Weisen Sie die Ableitungsregel für die Kosinusfunktion nach, indem Sie die Gleichung **1** aus Teilaufgabe a) ableiten.

Benutzen Sie die Ableitungsregel für die Sinusfunktion.

6 Die Abbildungen **1** bis **3** zeigen Graphen von Sinusfunktionen, die Abbildungen **A** bis **C** die zugehörigen Graphen der Ableitungsfunktionen. Ordnen Sie jeweils Funktion und Ableitungsfunktion einander zu und geben Sie Terme für die Funktion und ihre Ableitungsfunktion an. Kontrollieren Sie Ihre Ergebnisse mithilfe einer DMS.

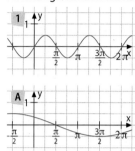
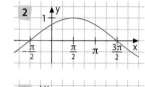
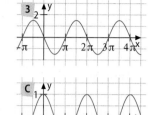

 7 Die durchschnittliche Tageslänge (in Stunden) in Deutschland, also die Zeit zwischen Sonnenaufgang und Sonnenuntergang, kann näherungsweise durch die Funktion

Hinweis: Es wird kein Schaltjahr betrachtet.

$f: x \mapsto 4{,}4 \cdot \sin\left[\frac{2\pi}{365}(x-81)\right] + 12{,}2; \ D_f = [1; 365]$, modelliert werden. Hierbei bedeutet $f(x)$ die durchschnittliche Tageslänge am x-ten Tag des Jahres in Stunden.

a) Bestimmen Sie die Periodenlänge von f und erläutern Sie diese im Sachzusammenhang.

b) Zeichnen Sie den Graphen von f mithilfe einer DMS.

c) Ermitteln Sie die größte und die kleinste Tageslänge sowie das zugehörige Datum.

d) Ermitteln Sie graphisch und rechnerisch die durchschnittliche Tageslänge am Frühlingsanfang (21. März), am Sommeranfang (21. Juni), am Herbstanfang (23. September) und am Winteranfang (21. Dezember).

8 Der Blutdruck $B(t)$ (in mmHg) einer Sprinterin kann im Ruhezustand (Puls: 60) näherungsweise durch den Term $B_1(t) = 100 + 20 \sin(2\pi t)$ und nach einer Trainingsbelastung (Puls: 120) näherungsweise durch den Term $B_2(t) = 135 + 55 \sin(4\pi t)$ (t: Zeit in Sekunden) beschrieben werden.

Die Einheit mmHg (Millimeter Quecksilbersäule) wird bei der Angabe von Druckverhältnissen benutzt, z. B. bei Blutdruckwerten.
1 mmHg ist der Druck, den eine Quecksilbersäule von 1 mm Höhe ausübt.

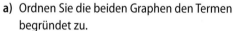

a) Ordnen Sie die beiden Graphen den Termen begründet zu.

b) Geben Sie jeweils Beispiele für Zeitpunkte an, zu denen der Blutdruck besonders stark zunimmt (bzw. abnimmt).

c) Diskutieren Sie in einer Kleingruppe die Ursachen und Gefahren von Bluthochdruck.

9 Weisen Sie nach, dass die Funktion $F: x \mapsto 1 + x + \sin x \cdot \cos x$ eine Stammfunktion der Funktion f mit $f(x) = 2 \cdot (\cos x)^2$ ist $(D_F = D_f = \mathbb{R})$.

10 Gegeben ist die Schar der in $\mathbb{R}$ definierten Funktionen $f_{a,k}: x \mapsto a \cdot \cos(kx)$, $a, k \in \mathbb{R}\backslash\{0\}$. Weisen Sie rechnerisch nach, dass die Wendepunkte eines Graphen der Schar genau seine Schnittpunkte mit der x-Achse sind.

11 Vorgelegt ist die Funktion $f: x \mapsto x \cdot \sin x$, $D_f = [-6,5; 6,5]$; ihr Graph ist G_f.
a) Begründen Sie, dass G_f achsensymmetrisch bezüglich der y-Achse ist.
b) Bestimmen Sie die Nullstellen von f und zeichnen Sie G_f mithilfe einer DMS.
c) Die Tangenten t_P und t_Q an G_f in den Graphenpunkten $P(p|0)$ mit $-6 < p < 0$ bzw. $Q(q|0)$ mit $0 < q < 6$ schneiden einander im Punkt S. Berechnen Sie die Größen der Innenwinkel und den Flächeninhalt des Dreiecks PQS.

12 Die Grafik zeigt den prognostizierten Temperaturverlauf für eine Sommerwoche. Die Tageshöchsttemperatur wird jeweils um 15 Uhr erreicht.

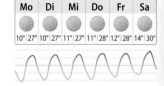

a) Beschreiben Sie den Verlauf des Graphen im Sachzusammenhang.
b) Modellieren Sie den Temperaturverlauf mit einer geeigneten Funktion f und beschreiben Sie Ihr Vorgehen.
c) Ermitteln Sie, wann die Temperatur im Modell am stärksten steigt (fällt).

13 Gegeben sind die drei Funktionen f, g und h mit $f(x) = x$, $g(x) = \sin x$ und $h(x) = f(x) + g(x)$ (jeweils mit Definitionsmenge $D = [-2\pi; 2\pi]$).
a) Zeichnen Sie ihre Graphen G_f, G_g und G_h mithilfe einer DMS.
b) Weisen Sie nach, dass G_f und G_g einander im Ursprung berühren.
c) Die Tangenten an G_g und G_h im Ursprung bilden miteinander einen spitzen Winkel der Größe φ. Erläutern Sie zunächst eine Strategie, wie man die Größe φ berechnen kann, und zeigen Sie dann, dass $\varphi < 20°$ gilt.

14 Gegeben ist die Funktion $f: x \mapsto \sqrt{2} \cdot \sin x$, $D_f = \left]-\frac{\pi}{12}; \frac{13\pi}{12}\right[$ und ihr Graph G_f.
a) Ermitteln Sie die Schnittpunkte von G_f mit den Koordinatenachsen.
b) Bestimmen Sie die Extrem- und Wendepunkte von G_f und skizzieren Sie G_f.
c) G_f hat mit der Parabel P mit der Gleichung $y = -\frac{4}{\pi^2}x(x - \pi)$ zwei Punkte gemeinsam.

Geben Sie die Koordinaten dieser beiden Punkte A und B an und untersuchen Sie, ob G_f und P sich in diesen beiden Punkten berühren.

d) Bestimmen Sie die Werte der Parameter a und b so, dass die Funktion F mit dem Funktionsterm $F(x) = a\cos x + b$, $D_F = D_f$, eine Stammfunktion der Funktion f ist und ihr Graph durch den Ursprung verläuft.

In der Analysis ist ein Berührpunkt ein gemeinsamer Punkt von zwei Graphen, an dem beide Graphen dieselbe Tangentensteigung haben.

15 Gegeben sind die in $\mathbb{R}$ definierten Funktionen $f: x \mapsto 2 + \cos x$ und $g: x \mapsto (\sin x)^2$; ihre Graphen sind G_f bzw. G_g.
a) Zeichnen Sie die Graphen G_f und G_g im Intervall $[0; \pi]$.
b) Zeigen Sie, dass die Funktion $F: x \mapsto 2x + \sin x + 3$ eine Stammfunktion der Funktion f und die Funktion $G: x \mapsto \frac{1}{2}x - \frac{1}{2}\sin x \cdot \cos x + \frac{1}{2}$ eine Stammfunktion der Funktion g ist $(D_F = D_G = \mathbb{R})$.
c) Die Gerade $k: x = a$, $a \in]0; \pi[$, schneidet G_f im Punkt P und G_g im Punkt Q.
1 Zeigen Sie, dass für die Länge d der Strecke $\overline{PQ}$ stets $d(a) = f(a) - g(a)$ gilt.
2 Ermitteln Sie den Wert a^* des Parameters a so, dass die Länge der Strecke $\overline{PQ}$ minimal ist, und berechnen Sie $d(a^*)$.
3 Weisen Sie nach, dass für $a = a^*$ die Tangente an G_f im Punkt P parallel zur Tangente an G_g im Punkt Q ist.

16 Gegeben sind die Funktionen $f: x \mapsto \sin x$ und $g: x \mapsto |\sin x|$ $(D_f = D_g =]{-}2\pi; 2\pi[)$ mit ihren Graphen G_f und G_g.

a) Zeichnen Sie G_f und G_g mithilfe einer DMS.

b) G_g hat an der Stelle $x_0 = 0$ eine Spitze. Erklären Sie, was dies für die Ableitung der Funktion g an der Stelle x_0 bedeutet, und geben Sie weitere Stellen $x \in D_g$ mit dieser Eigenschaft an.

c) Bestimmen Sie die Größe des Winkels φ, den die beiden „Halbtangenten" an G_g im Punkt $O\,(0\,|\,0)$ miteinander einschließen.

17 Gegeben ist die Schar der in $\mathbb{R}$ definierten Funktionen $f_k: x \mapsto 1 + \sin(kx)$, $k \in \mathbb{R}$.

a) Ermitteln Sie für $k = 2$ die Schnittpunkte mit den Koordinatenachsen sowie die Extrempunkte des Graphen von f_2 im Intervall $[-\pi; \pi]$ und zeichnen Sie G_{f_2}.

b) Bestimmen Sie diejenigen Werte k^* des Parameters k, für die die Tangenten t_A und t_B in den Graphenpunkten $A\,(0\,|\,1)$ und $B\!\left(\dfrac{\pi}{k^*}\,\middle|\,1\right)$ aufeinander senkrecht stehen.

18 Gegeben ist die in $\mathbb{R}$ definierte Funktion $f: x \mapsto \sin x - 2$. Es gibt Tangenten an den Graphen von f, die mit den Koordinatenachsen ein gleichschenkliges Dreieck einschließen. Ermitteln Sie die zugehörigen Berührpunkte und beschreiben Sie Ihr Vorgehen.

 **19** Am Elbufer in Hamburg wird der Wasserstand gemessen, der sich durch Ebbe und Flut regelmäßig ändert. Mithilfe der Funktion $f: t \mapsto 1{,}5 \sin\!\left[\dfrac{\pi}{5}(t - 5)\right] + 1{,}5$ lässt sich der Wasserstand im Tagesverlauf modellieren. Dabei ist t die Zeit in Stunden und $f(t)$ der Wasserstand in Meter zum Zeitpunkt t.

a) Geben Sie den Wasserstand zum Zeitpunkt $t = 0$ an und skizzieren Sie den Graphen G_f.

b) Weisen Sie rechnerisch das Monotonieverhalten des Graphen von f zum Zeitpunkt $t = 0$ nach und interpretieren Sie das Ergebnis im Sachkontext.

c) Einer der abgebildeten Graphen gehört zur Ableitung der Funktion f. Geben Sie diesen an und begründen Sie.

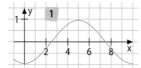 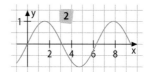 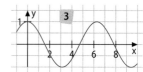

d) Berechnen Sie, zu welchem Zeitpunkt der Wasserstand sein Maximum bzw. sein Minimum erreicht und wie hoch das Wasser dann jeweils ist.

20 Vorgelegt sind die Funktionen $f_1: x \mapsto 3 \sin x$ und $f_2: x \mapsto \sqrt{3} \cos x$, $D_{f_1} = D_{f_2} =]{-}\pi; 2\pi[$.

a) Zeichnen Sie zunächst die Graphen der Funktionen f_1 und f_2 und dann den Graphen G_f der Funktion f mit $f(x) = f_1(x) + f_2(x)$, $D_f =]{-}\pi; 2\pi[$.

b) Ermitteln Sie die Schnittpunkte mit den Koordinatenachsen und die Extrempunkte von G_f.

c) Weisen Sie nach, dass $F: x \mapsto -3 \cos x + \sqrt{3} \sin x$, $D_F =]{-}\pi; 2\pi[$ eine Stammfunktion von f ist und dass für die Funktionsterme von F und f die Gleichung $F(x) = f\!\left(x - \dfrac{\pi}{2}\right)$ für alle $x \in D_f$ gilt. Interpretieren Sie den Zusammenhang geometrisch.

Hinweis:

Aus $3 \sin x + \sqrt{3} \cos x = 0$ folgt $\tan x = -\dfrac{1}{3}\sqrt{3}$ für $\cos x \neq 0$.

21 Bestimmen Sie jeweils durch Überlegen den größten und den kleinsten Wert der in $\mathbb{R}$ definierten Funktion $f: x \mapsto f(x)$ und erläutern Sie Ihre Überlegungen.

a) $f(x) = e^{\sin x + 1}$ b) $f(x) = e^{2\cos x - 1}$ c) $f(x) = e^{-\cos(x + 1)}$

 22 Gegeben sind die in $\mathbb{R}$ definierten Funktionen u und v mit $u(x) = \sin x$ und $v(x) = e^x$ sowie ihre in $\mathbb{R}$ definierten Verkettungen $f = u \circ v$ und $g = v \circ u$.

a) Geben Sie die Funktionsterme $f(x)$ und $g(x)$ an und zeichnen Sie die Graphen G_f und G_g mithilfe einer DMS.

b) Bestätigen Sie folgende Aussagen anhand der Terme oder durch Rechnung:

    1 g hat keine Nullstellen und f hat keine negativen Nullstellen.

    2 Es gilt $W_f = [-1; 1]$ und $W_g = \left[\frac{1}{e}; e\right]$.

    3 f hat keine negativen Extremstellen.

c) Begründen Sie, dass die Funktion g periodisch mit Periodenlänge $p = 2\pi$ ist, und ermitteln Sie rechnerisch Lage und Art der Extrempunkte von G_g.

d) Ermitteln Sie Lage und Art der beiden am weitesten links liegenden Extrempunkte von G_f.

e) Zeichnen Sie in einem weiteren Koordinatensystem den Graphen G_h der in $\mathbb{R}$ definierten Funktion h mit $h(x) = f(x) \cdot g(x)$. Der Graph legt die Vermutung nahe, dass die Funktion h keine negativen Extremstellen besitzt. Zeigen Sie durch Rechnung, dass diese Vermutung falsch ist.

> **Physik**

Mathematische Beschreibung von Schwingungen

Unter Schwingungen versteht man periodische zeitliche Schwankungen von Größen. Beispiele für Schwingungen findet man z. B. in der Mechanik, Elektrotechnik oder Wirtschaft.

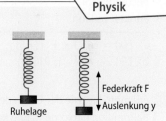
Federkraft F
Auslenkung y
Ruhelage

- Geben Sie Beispiele für Schwingungen aus unterschiedlichen Gebieten an.

Vielfach lassen sich Schwingungen mithilfe von Sinus- bzw. Kosinusfunktionen modellieren. Wir betrachten ein Federpendel aus einer Feder (Federkonstante D) und einem Massestück (Masse m). Lenkt man das Massestück aus der Ruhelage aus, so wirkt eine Kraft auf das Massestück, die es in Richtung zur Ruhelage hin beschleunigt. Für die am Massestück angreifende Kraft $F(t)$ gilt: $F(t) = m \cdot a(t) = -D \cdot s(t)$, wobei $a(t) = s''(t)$ die Beschleunigung des Massestücks ist.

Daraus ergibt sich die sogenannte Schwingungsgleichung: $s''(t) = -\frac{D}{m} \cdot s(t)$.

- Zeigen Sie, dass die Funktion s mit $s(t) = A \cdot \sin(\omega t)$ für einen geeigneten Wert von ω eine Lösung der Schwingungsgleichung ist. Geben Sie den passenden Wert von ω in Abhängigkeit von D und m an.

Im Gegensatz zum oben beschriebenen Modell ist eine Schwingung in der Realität gedämpft, d. h. ihre Amplitude nimmt mit der Zeit ab. Eine solche Schwingung kann mithilfe einer Funktion $f_{\omega, k}: t \mapsto e^{-kt} \cdot \sin(\omega t)$, $\omega, k > 0$, modelliert werden.

- Untersuchen Sie mithilfe einer DMS die Wirkung der Parameter ω und k auf den Funktionsgraphen und beschreiben Sie deren anschauliche Bedeutung im Sachzusammenhang.

Zu 1.1 **1** Gegeben ist die in $\mathbb{R}$ definierte Schar ganzrationaler Funktionen f_k mit $f_k(x) = x^3 + (1+k) \cdot x^2 - k \cdot x$ mit $k \in \mathbb{R}$.

Begründen Sie, dass der Graph von f_{-1} punktsymmetrisch bezüglich des Ursprungs ist.

Bestimmen Sie denjenigen Wert von k, so dass der zugehörige Graph die Wendestelle $x = 2$ besitzt.

2 Gegeben ist die in $\mathbb{R}$ definierte Funktionenschar $f_a : x \mapsto -x^3 + ax$ mit $a \in \mathbb{R}^+$.

a) Überprüfen Sie die Graphen der Scharfunktionen auf Symmetrie bezüglich des Koordinatensystems.

b) Ermitteln Sie den Wert von a, für den die Scharfunktion eine Extremstelle bei $x = 1$ besitzt.

c) Weisen Sie rechnerisch nach, dass alle Scharfunktionen einen Wendepunkt im Ursprung haben.

a) Bestimmen Sie die Nullstellen von f_a.

b) Bestimmen Sie die Koordinaten der Hochpunkte H_a der Graphen von f_a in Abhängigkeit von a.

c) Weisen Sie rechnerisch nach, dass alle Hochpunkte H_a auf dem Graphen der in $\mathbb{R}^+$ definierten Funktion g mit $g(x) = 2x^3$ liegen.

Zu 1.2 **3** Die Abbildung zeigt den Graphen der Ableitungsfunktion f' einer ganzrationalen Funktion f. Entscheiden und begründen Sie jeweils, ob die Aussage wahr oder falsch ist.

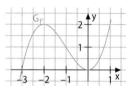

a) Der Graph von f hat bei $x = -3$ einen Tiefpunkt.

b) Es gilt $f(-2) < f(-1)$.

a) Der Grad der Funktion f ist mindestens vier.

b) Es gilt $f''(-2) + f'(-2) < 1$.

4 Bestimmen Sie jeweils einen Term derjenigen Stammfunktion F der Funktion $f: x \mapsto f(x)$, $D_f = \mathbb{R}$, die durch den Punkt P verläuft.

a) $f(x) = 6x^2 + x$; $P(1 \mid 7,5)$

b) $f(x) = -4x^3 - 1$; $P(0 \mid 1)$

a) $f(x) = 3x + \sqrt{3}$; $P(\sqrt{3} \mid 7,5)$

b) $f(x) = 4x^4 + \frac{4}{3}x^3 - \frac{1}{2}x^2$; $P(1,5 \mid 4)$

Zu 1.3 **5** Erläutern Sie, wie der Graph der in $\mathbb{R}$ definierten Funktion $f: x \mapsto f(x)$ aus dem Graphen der natürlichen Exponentialfunktion hervorgeht, und kontrollieren Sie Ihr Ergebnis mithilfe einer DMS.

a) $f(x) = e^x - 3$ b) $f(x) = -\frac{1}{4}e^x$

c) $f(x) = e^{x-1}$ d) $f(x) = 3 + e^{-x}$

a) $f(x) = 3 + e^{-x}$ b) $f(x) = \frac{1}{2}e^{x+2}$

c) $f(x) = \left(\frac{1}{e}\right)^x - e^2$ d) $f(x) = 3 - e^{1-x}$

6 Der Höhenverlauf einer Straße kann mithilfe der Funktion $h: x \mapsto -\frac{1}{100}x^2 + \frac{1}{50}e^x + 2$ im Bereich $D_h = [-3; 2,5]$ modelliert werden (x in km; h(x) in 100 m).

a) Bestimmen Sie den Höhenunterschied, den die Straße im modellierten Bereich überwindet.

b) Ermitteln Sie die Größe des Steigungswinkels an der Stelle $x_0 = 1$ im Modell.

a) Weisen Sie nach, dass die Straße im modellierten Bereich in Richtung steigender x-Werte ansteigt.

b) Berechnen Sie die Stelle im Modell, an der die Straße die geringste Steigung besitzt, und geben Sie diese an.

Zu 1.4 **7** Bestimmen Sie jeweils einen Term der Ableitung der in $\mathbb{R}$ definierten Funktion $f: x \mapsto f(x)$ und beschreiben Sie Ihr Vorgehen.

a) $f(x) = x + x \cdot e^x$

b) $f(x) = x^3 \cdot e^x + \frac{e^x}{4}$

a) $f_a(x) = ax + x^2 \cdot e^x$, $a \in \mathbb{R}$

b) $f_a(x) = (x^2 + ax) \cdot e^x$, $a \in \mathbb{R}$

Zu 1.5 **8** Bestimmen Sie jeweils eine Gleichung der Tangente an den Graphen der in $\mathbb{R}$ definierten Funktion $f: x \mapsto f(x)$ im Punkt $P(p \mid f(p))$.

a) $f(x) = e^{2x-4}$; $p = 2$

b) $f(x) = e^{1-0,5x}$; $p = 2$

c) $f(x) = e^{x^2-1}$; $p = -1$

a) $f(x) = \dfrac{e^{2x}}{e}$; $p = \dfrac{1}{2}$

b) $f(x) = (x + e^x)^2$; $p = 0$

c) $f(x) = x \cdot e^{x^2-1}$; $p = -1$

9 Die Abbildung zeigt den Graphen G_f einer in $\mathbb{R}$ definierten Funktion f. Für die Ableitung einer Funktion g gilt: $g'(x) = e^{f(x)}$.

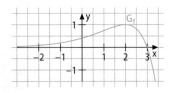

Begründen Sie, dass die Funktion g keine Extremstellen besitzt.

Ermitteln Sie die Wendestelle des Graphen von g.

Zu 1.6 **10** Vereinfachen Sie den Term jeweils so weit wie möglich.

a) $\ln(e^{2x+1}) + \ln(e^{-x})$

b) $e^{\ln(a)+3} + \ln(e^{-3})$

a) $\ln(2x^2) + \ln(e^{-2x}) - \ln x$

b) $\ln(x+3)^2 - \ln(x^2) - \ln(e^3)$

11 Bestimmen Sie jeweils die Lösungsmenge der Gleichung ($G = \mathbb{R}$).

a) $e^{2x-1} = 4$

b) $e^x \cdot (x^2 - 4) = 0$

a) $e^{x^2-9} = 1$

b) $(e^{2x^2+5} + 3)(x - 3) = 0$

12 Gegeben ist die Funktion $f: x \mapsto 4x - e^{2x}$, $D_f = \mathbb{R}$. Bestimmen Sie den x-Wert des Punkts des Graphen von f, an dem eine waagrechte Tangente vorliegt.

Gegeben ist die Funktion $f: x \mapsto x^2 - e^{-x}$, $D_f = \mathbb{R}$. Bestimmen Sie den x-Wert des Punkts des Graphen von f, an dem die Krümmung null beträgt.

Zu 1.7 **13** Eine Kolonie von 1000 Bakterien der Sorte A verdoppelt sich unter Laborbedingungen jeweils in 36 Stunden.

Ermitteln Sie, …

1 wie viele Bakterien nach einer Woche vorhanden sind.

2 in welcher Zeit sich die Anzahl der Bakterien verzehnfacht hat.

Nach neuntägigem Wachstum werden die Bedingungen so verändert, dass sich die Anzahl der Bakterien täglich halbiert. Berechnen Sie, nach wie vielen Tagen nach Beobachtungsbeginn die ursprüngliche Anzahl von 1000 Bakterien wieder erreicht wird.

Zu 1.8 **14** Bestimmen Sie jeweils einen Term der ersten Ableitung.

1 $f(x) = x \cdot \sin(2x)$ **2** $f(x) = (x + 3\cos x)^2$

Berechnen Sie denjenigen Hochpunkt des Graphen der Funktion für $f: x \mapsto e^{-x} \cdot \sin x$, $D_f = \mathbb{R}^+$, mit dem größten y-Wert und begründen Sie Ihr Vorgehen.

15 Gegeben ist die Funktion $f: x \mapsto f(x)$ mit der Definitionsmenge D_f. Bestimmen Sie die Koordinaten aller Punkte des Graphen von f, an denen eine horizontale Tangente vorliegt. Kontrollieren Sie Ihre Ergebnisse mithilfe einer DMS.

a) $f(x) = 2 + \sin(4x)$; $D_f = \,]-\pi; 2\pi[$

b) $f(x) = \cos(2x) - 1$; $D_f = \,]0; 2\pi[$

a) $f(x) = \sin x - \cos x$; $D_f = \left]\dfrac{\pi}{2}; \pi\right[$

b) $f(x) = \sin x - 2\cos x$; $D_f = \,]-\pi; \pi[$

16 Die Graphen der Schar ganzrationaler Funktionen dritten Grades berühren die x-Achse im Punkt $O(0|0)$. Jeder Graph der Schar besitzt die Extremstelle $x_0 = -2$. Untersuchen Sie, ob alle Graphen der Schar den Punkt $P(-3|0)$ gemeinsam haben.

17 Die Abbildung zeigt die Graphen einer Funktion f sowie ihrer Ableitung f' und einer zugehörigen Stammfunktion F. Ordnen Sie die Graphen den Funktionen begründet zu.

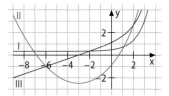

18 Die Abbildung zeigt den Graphen einer Stammfunktion F zu einer Funktion f. Entscheiden und begründen Sie jeweils, ob die Aussage wahr oder falsch ist.
a) Es gilt $f(1) = F(1)$.
b) f' besitzt im Intervall $[-1; 1]$ eine Nullstelle.
c) Es gilt $f(F(-2)) > 0$.

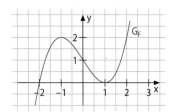

19 Gegeben sind die Graphen von vier Funktionen, jeweils mit sämtlichen Asymptoten. Drei dieser Graphen gehören zu den Funktionenscharen f_a, g_b und h_c mit $f_a(x) = \frac{-2x}{x+a}$, $g_b(x) = -2 + b \cdot e^{-0,5x}$ und $h_c(x) = cx^2 - x$. Ordnen Sie den Funktionen jeweils den passenden Graphen begründet zu und bestimmen Sie die Werte der Parameter a und b.

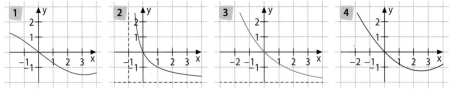

20 Die Anzahl der Bakterien in einer Kultur zur Zeit t (in Stunden) kann mithilfe der Funktion $f_1 : t \mapsto e^{0,1t}$ modelliert werden. Wenn der Wert e^3 erreicht ist, werden die Bedingungen geändert und die Anzahl wird mithilfe einer Funktion $f_2 : t \mapsto t^2 e^{-at}$ mit $a \in \mathbb{R}^+$ beschrieben.
a) Bestimmen Sie, wann diese Änderung erfolgt, sowie den passenden Wert von a.
b) Begründen Sie anhand des Terms $f_2(t)$, dass die Kultur ausstirbt.

21 Gegeben ist die Funktion $g : x \mapsto (4x - 2) \cdot e^{2x}$, $D_g = \mathbb{R}$.
a) Untersuchen Sie g auf Nullstellen, Extrem- und Wendestellen und bestimmen Sie eine Gleichung der Wendetangente t_W.
b) Vorgelegt ist die in $\mathbb{R}$ definierte Funktionenschar $f_a : x \mapsto (2ax - 2) \cdot e^{ax}$, $a \in \mathbb{R}\backslash\{0\}$.
   1 Zeigen Sie, dass g sowie die Funktion h mit $h(x) = (-4x - 2) \cdot e^{-2x}$, $D_h = \mathbb{R}$, Funktionen der Schar sind. Geben Sie die zugehörigen Parameterwerte an.
   2 Der Graph jeder Funktion der Schar besitzt genau einen Wendepunkt $W_a\left(-\frac{1}{a}\middle|f_a\left(-\frac{1}{a}\right)\right)$. Zeigen Sie, dass alle Wendepunkte auf einer Parallelen p zur x-Achse liegen, und geben Sie eine Gleichung von p an.
   3 Die Wendetangente jedes Graphen der Schar schließt mit den Koordinatenachsen ein Dreieck ein. Für bestimmte Werte von a ist dieses Dreieck gleichschenklig. Beschreiben Sie einen Weg, um diese Werte von a rechnerisch zu ermitteln.

22 Vorgelegt ist für $a, b \in \mathbb{R}$ die Funktion $f_{a,b}: x \mapsto \dfrac{a + \sin x}{b + \cos x}$, $D_{f_{a,b}} = D_{max}$.

a) Geben Sie an, für welche Werte des Parameters b die Funktion f überall in $\mathbb{R}$ definiert ist.

b) Ermitteln Sie, für welche Werte des Parameters a mit $a^2 + b^2 \neq 1$ die Funktion f Nullstellen besitzt.

c) Die Abbildungen zeigen Graphen der Funktionenschar mit $a, b \in \{-2; -1; 1; 2\}$. Bestimmen Sie zu jeder der vier Abbildungen den passenden Funktionsterm und geben Sie eine Begründung an.

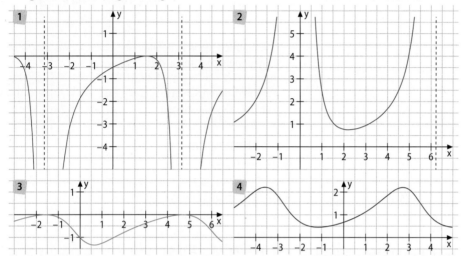

23 Der nach der Zeit t (in Sekunden) zurückgelegte Weg s eines Körpers, der in einer Flüssigkeit nach unten sinkt, kann für $t \geq 0$ modellhaft mithilfe der Funktion
$s_a: t \mapsto \dfrac{10}{a^2}(at + e^{-at})$, $a \in \mathbb{R}$, beschrieben werden.

a) Zeichnen Sie den Graphen von s_a mithilfe einer DMS.

b) Beschreiben Sie die Bedeutung des Parameters a im Sachkontext.

c) Zeigen Sie durch Rechnung, dass für $t \to +\infty$ die Funktion f_a durch die Funktion $g_a: t \mapsto \dfrac{10}{a}t$ angenähert werden kann.

d) Berechnen Sie den Grenzwert der Geschwindigkeit $v_a(t) = s_a{}'(t)$ für $t \to +\infty$. Erklären Sie das Ergebnis im Sachzusammenhang.

e) Beschreiben Sie den Zusammenhang der Ergebnisse der Teilaufgaben c) und d).

24 Der Höhenwinkel α der Sonne in Grad im Laufe des 21. Dezember kann für einen Ort auf dem 50. Breitengrad durch die Funktion α mit $\alpha(t) = -40 \cdot \cos\left(\dfrac{\pi}{12}t\right) - 23$ modelliert werden. Dabei ist t die seit Mitternacht vergangene Zeit in Stunden.

Als Höhenwinkel α bezeichnet man den Winkel zwischen dem Horizont und der Sonne.

a) Zeichnen Sie den Graphen von α mithilfe einer DMS.

b) Erklären Sie, wie der Faktor $\dfrac{\pi}{12}$ zustande kommt.

c) Berechnen Sie, wann an diesem Datum im Modell die Sonne auf- bzw. untergeht.

d) Die so genannte bürgerliche Abenddämmerung beginnt, wenn die Sonne am Horizont steht, und sie endet, wenn sie 6° unter dem Horizont steht. Beschreiben Sie, wie Sie anhand des Graphen näherungsweise die Länge der Abenddämmerung an diesem Tag ermitteln können.

e) Am Nordkap muss der Wert 40° durch 19° ersetzt werden. Begründen Sie, warum die Nacht dort 24 Stunden lang ist, es aber dennoch eine bürgerliche Dämmerung gibt.

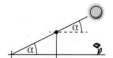

Steht die Sonne über dem Horizont, so sagt man „Es ist Tag.", sonst: „Es ist Nacht."

Scharen ganzrationaler Funktionen

Enthält ein Funktionsterm neben der Variablen (mindestens) einen Parameter, so wird dadurch eine Menge von Funktionen festgelegt; diese bezeichnet man als **Funktionenschar**. Häufig haben die Funktionen einer Schar gemeinsame Eigenschaften, die man mit den bekannten Strategien untersuchen kann. Dabei werden die Parameter wie Zahlen behandelt.

Die Zuordnung $f_n: x \mapsto x^n$, $n \in \mathbb{N}$, $D_{f_n} = \mathbb{R}$, legt eine Funktionenschar fest.

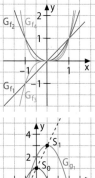

Die Graphen der in $\mathbb{R}$ definierten Funktionenschar mit $a \in \mathbb{R}$
$g_a: x \mapsto -(x-a)^2 + 2a + 1$ sind Parabeln, deren Scheitel $S_a(a \mid 2a+1)$ auf einer Geraden liegen:
$x = a$, $y = 2a + 1$

Geradengleichung: $y = 2x + 1$

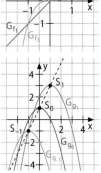

Stammfunktionen

Die differenzierbare Funktion $F: x \mapsto F(x)$ ist eine **Stammfunktion** von $f: x \mapsto f(x)$, wenn für alle $x \in D_F = D_f$ gilt:
$F'(x) = f(x)$.

Ist F eine Stammfunktion von f, dann ist jede Funktion der Schar $F_c: x \mapsto F(x) + c$, $c \in \mathbb{R}$, ebenfalls eine Stammfunktion von f.

Für eine Potenzfunktion $f: x \mapsto x^n$, $n \in \mathbb{N}$, ist F mit
$F(x) = \frac{1}{n+1} x^{n+1}$ eine Stammfunktion von f.

Die in $\mathbb{R}$ definierte Funktion
$f: x \mapsto 2x - 1$ besitzt die Stammfunktion $F: x \mapsto x^2 - x$, da
$F'(x) = 2x - 1 = f(x)$ gilt.
$F_0(x) = x^2 - x$
$\Rightarrow F_0'(x) = 2x - 1 = f(x)$
$F_3(x) = x^2 - x + 3$
$\Rightarrow F_3'(x) = 2x - 1 = f(x)$
$F_{-1}(x) = x^2 - x - 1$
$\Rightarrow F_{-1}'(x) = 2x - 1 = f(x)$

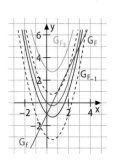

Die Graphen von weiteren Stammfunktionen zur selben Funktion f gehen durch Verschiebung des Graphen von F entlang der y-Achse hervor.

Die natürliche Exponentialfunktion

Die Exponentialfunktion $f: x \mapsto e^x$, $x \in \mathbb{R}$, deren Basis die **Euler'sche Zahl $e = 2,71828\dots$** ist, heißt **natürliche Exponentialfunktion**.
Sie stimmt mit ihrer Ableitungsfunktion überein, d. h. es gilt $f'(x) = f(x)$ für alle $x \in \mathbb{R}$.
Es gelten folgende Grenzwerte ($n \in \mathbb{N}$);

$$\lim_{x \to +\infty} \frac{x^n}{e^x} = 0 \qquad \text{und} \qquad \lim_{x \to -\infty} (x^n \cdot e^x) = 0$$

Eigenschaften:
- $f(0) = 1$
- $f'(0) = 1$ und $t_p: y = x + 1$
- G_f ist streng monoton steigend.
- $W_f = \mathbb{R}^+$
- Die x-Achse ist waagrechte Asymptote für $x \to -\infty$.

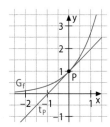

Die Produktregel

Für Produkte differenzierbarer Funktionen gilt beim Ableiten die **Produktregel**: $f(x) = u(x) \cdot v(x)$.
$\Rightarrow f'(x) = u'(x) \cdot v(x) + u(x) \cdot v'(x)$ für $x \in D_f$.

$f(x) = x^2 \cdot e^x$
$u(x) = x^2 \Rightarrow u'(x) = 2x$; $v(x) = e^x \Rightarrow v'(x) = e^x$
$f'(x) = 2x \cdot e^x + x^2 \cdot e^x = x \cdot e^x \cdot (2 + x)$

Die Kettenregel

Beim **Verketten** der Funktionen u und v entsteht eine neue Funktion $f = u \circ v$, deren Funktionsterm $f(x) = u(v(x))$ aus ineinander geschachtelten Termen besteht.
v heißt **innere Funktion**, u heißt **äußere Funktion**.
Ist die Funktion v an der Stelle x_0 und die Funktion u an der Stelle $v(x_0)$ differenzierbar, so gilt für die Ableitung der Funktion f an der Stelle x_0 die **Kettenregel**:
$$f'(x_0) = u'(v(x_0)) \cdot v'(x_0)$$

$u(x) = \dfrac{1}{x-7}$ und $v(x) = 3x + 5$

$u(v(x)) = u(3x+5) = \dfrac{1}{3x+5-7} = \dfrac{1}{3x-2}$

$f(x) = e^{x^2+1}$
äußere Funktion: $u(x) = e^x \Rightarrow u'(x) = e^x$
innere Funktion: $v(x) = x^2 + 1 \Rightarrow v'(x) = 2x$
$f'(x) = u'(v(x)) \cdot v'(x) = u'(x^2+1) \cdot 2x = e^{x^2+1} \cdot 2x$

Exponentialgleichungen und natürlicher Logarithmus

Der Logarithmus zur Basis e wird **natürlicher Logarithmus** (logarithmus naturalis) genannt und mit ln abgekürzt, also:
$\ln x = \log_e x$.
Es gilt somit für $a \in \mathbb{R}^+$: $e^x = a \Leftrightarrow x = \ln a$.
Wichtige Zusammenhänge:

1 $\quad e^{\ln x} = x \; (x \in \mathbb{R}^+)$ **2** $\quad \ln e^x = x \; (x \in \mathbb{R})$

3 $\quad \ln 1 = 0$ **4** $\quad \ln e = 1$

5 $\quad \ln x^r = r \cdot \ln x \; (x \in \mathbb{R}^+, r \in \mathbb{R})$

Lösen durch Exponentenvergleich:
$e^{1-2x} = e^{-x^2} \Rightarrow 1 - 2x = -x^2 \Rightarrow x^2 - 2x + 1 = 0$
$\Leftrightarrow (x-1)^2 = 0 \Rightarrow x = 1$

Lösen durch Logarithmieren:
$e^{3x} = 8 \Rightarrow 3x = \ln 8 \Rightarrow x = \frac{1}{3} \ln 2^3 = \ln 2$

$(e^x - 1)^2 = 9 \Rightarrow e^x - 1 = \pm 3$
$e^{x_1} - 1 = 3 \Rightarrow e^{x_1} = 4 \Rightarrow x_1 = \ln 4;$
$e^{x_2} - 1 = -3 \Rightarrow e^{x_2} = -2$
Diese Gleichung hat keine Lösung.
Daher ist $x = \ln 4$ die einzige Lösung der Gleichung.

Wachstums- und Abklingvorgänge

Für eine beliebige in $\mathbb{R}$ definierte Exponentialfunktion
$f: x \mapsto a^x$, $a \in \mathbb{R}^+ \backslash \{1\}$, gilt:
$f(x) = e^{x \cdot \ln a}$.
Die Funktion f beschreibt …

- für $a > 1$, d.h. $\ln a > 0$ ein exponentielles Wachstum.
- für $0 < a < 1$, d.h. $\ln a < 0$ einen exponentiellen Abklingvorgang.

$f(x) = 3^x = e^{\ln 3^x} = e^{x \cdot \ln 3}$

$g(x) = \left(\dfrac{1}{2}\right)^x = 2^{-x} = e^{\ln 2^{-x}} = e^{-x \cdot \ln 2}$

Im Januar 2022 kostete eine Tafel einer bestimmten Schokolade 2,10 €. Die Verbraucherpreise steigen jährlich um 8 %.
Zu erwartende Entwicklung des Schokoladenpreises
(t: Zeit in Jahren; f(t) in €):
$f(t) = 2,1 \cdot 1,08^t = 2,1 \cdot e^{\ln 1,08^t} = 2,1 \cdot e^{t \cdot \ln 1,08}$

Sinus- und Kosinusfunktion

Die Sinus- und die Kosinusfunktion sind auf ganz $\mathbb{R}$ differenzierbar und für ihre Ableitungen gilt ($x \in \mathbb{R}$):
$(\sin x)' = \cos x \qquad$ bzw. $\qquad (\cos x)' = -\sin x$

Die Menge aller Stammfunktionen der in $\mathbb{R}$ definierten Funktion …

- $f: x \mapsto \sin x$ hat den Term $F_c(x) = -\cos x + c, c \in \mathbb{R}$.
- $g: x \mapsto \cos x$ hat den Term $G_c(x) = \sin x + c, c \in \mathbb{R}$.

$f(x) = 3 \sin\left(\dfrac{\pi}{2}x\right) \Rightarrow f'(x) = 3 \cos\left(\dfrac{\pi}{2}x\right) \cdot \dfrac{\pi}{2} = \dfrac{3\pi}{2} \cos\left(\dfrac{\pi}{2}\right)$

$g(x) = x^2 \cdot \cos(4x)$
$\Rightarrow g'(x) = 2x \cdot \cos(4x) - x^2 \cdot \sin(4x) \cdot 4$
$\qquad\quad = 2x \cdot \cos(4x) - 4x^2 \cdot \sin(4x)$

$h(x) = \sin(3x) \Rightarrow H(x) = -\dfrac{1}{3} \cos(3x) + c, c \in \mathbb{R}$

Aufgaben zur Einzelarbeit

☺ Das kann ich!   😐 Das kann ich fast!   ☹ Das kann ich noch nicht!

Überprüfen Sie Ihre Fähigkeiten und Kompetenzen. Bearbeiten Sie dazu die folgenden Aufgaben und bewerten Sie Ihre Lösungen mit einem Smiley.

1   Gegeben ist die in $\mathbb{R}$ definierte Funktion $f_a(x) = ax^2 + \frac{1}{a}$ mit $a \in \mathbb{R}\backslash\{0\}$.
   a) Berechnen Sie die Lage und Art der Extrempunkte des Graphen von f_a.
   b) Bestimmen Sie einen Term derjenigen Stammfunktion von f_a, deren Wendepunkt im Ursprung liegt.

2   Die Abbildung zeigt den Graphen einer Funktion f und einer Stammfunktion F. Entscheiden und begründen Sie, welcher der Graphen G_A und G_B zur Funktion f gehört.

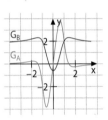

3   Beschreiben Sie jeweils, wie der Graph der Funktion $f: x \mapsto f(x)$, $D_f = \mathbb{R}$, aus dem Graphen der natürlichen Exponentialfunktion hervorgeht.
   a) $f(x) = -3e^{x-2}$ **b)** $f(x) = e^{-2x} - 4$

4   Bestimmen Sie jeweils eine Gleichung der Tangente an den Graphen der Funktion $f: x \mapsto f(x)$, $D_f = \mathbb{R}$, im Punkt $P(1\,|\,f(1))$.
   a) $f(x) = (1-x) \cdot e^x$ **b)** $f(x) = x^2 \cdot e^x$

5   Ordnen Sie jeweils dem Term $f(x)$ einen passenden Stammfunktionsterm $F(x)$ begründet zu.
   1 $f(x) = 2e^{2x} - 2e^{-2x}$ **2** $f(x) = 1 - \frac{1}{e^x}$
   3 $f(x) = e^2 \cdot e^x$ **4** $f(x) = 3x^2 + e^{3x}$
   A $F(x) = (e^x + e^{-x})^2$ **B** $F(x) = e^{x+2}$
   C $F(x) = x^3 + \frac{1}{3}e^{3x}$ **D** $F(x) = x + e^{-x}$

6   Vereinfachen Sie jeden der Terme möglichst weitgehend.
   a) $\ln(\ln e)$ **b)** $[\ln(e^2)]^2 + 2\ln e$
   c) $\ln(e^2) + \ln\frac{1}{e^2} - e^{\ln 2}$ **d)** $\ln\frac{1}{3} - \ln e^3 - \ln 3$

7   Gegeben ist die Funktion $f: x \mapsto xe^{-x^2}$, $D_f = \mathbb{R}$.
   a) Untersuchen Sie den Graphen G_f auf Symmetrie, Schnittpunkte mit den Koordinatenachsen und sein Verhalten für $x \to +\infty$.
   b) Bestimmen Sie die Koordinaten der Extrem- und Wendepunkte von G_f.

8   Jod 133 ist radioaktiv und besitzt eine Halbwertszeit von etwa 20,8 Stunden.
   a) Beschreiben Sie den Zerfall von 10 mg Jod 133 durch einen Term mit einer Potenz zur Basis e.
   b) Ermitteln Sie rechnerisch, ab welchem Zeitpunkt weniger als 1 Promille der Anfangsmenge vorhanden ist.

9   Die Höhe einer Pflanze (in Zentimeter) hängt von der Zeit t ab (t ≥ 0 in Tagen) und kann durch die Funktion $f: t \mapsto -(t^2 + 20t + 200)\,e^{-0,1t} + 200$ beschrieben werden.
   a) Bestimmen Sie denjenigen Zeitpunkt, zu dem die Pflanze den größten Wachstumsschub hat.
   b) Ermitteln Sie, wie hoch die Pflanze höchstens werden kann. Beschreiben Sie Ihr Vorgehen.

10   Gegeben ist die Funktion $f: x \mapsto 2 + 3\cos x$, $D_f = \mathbb{R}$.
   a) Ermitteln Sie eine Gleichung der Tangente an den Graphen von f im Punkt $\left(\frac{\pi}{2}\,\middle|\,f\left(\frac{\pi}{2}\right)\right)$ und beschreiben Sie Ihr Vorgehen.
   b) Geben Sie den Wertebereich von f an.

11   Geben Sie jeweils ohne Rechnung oder Zeichnung den größten und den kleinsten Funktionswert der Funktion $f: x \mapsto f(x)$, $D_f = \mathbb{R}$, an und beschreiben Sie Ihre Strategie.
   a) $f(x) = e^{1+\cos x}$ **b)** $f(x) = e^{2\sin x - 1}$

1 Bearbeiten Sie diese Aufgaben zuerst alleine.

2 Suchen Sie sich einen Partner oder eine Partnerin und arbeiten Sie zusammen weiter: Erklären Sie sich gegenseitig Ihre Lösungen. Korrigieren Sie fehlerhafte Antworten.

Sind folgende Behauptungen richtig oder falsch? Begründen Sie.

A Die Graphen einer Funktionenschar sind stets kongruent zueinander.

B Die Graphen der in $\mathbb{R}$ definierten Funktionenschar $f_k: x \mapsto x^3 + k$ mit $k \in \mathbb{R}$ verlaufen alle durch denselben Punkt auf der y-Achse.

C Zu jeder stetigen Funktion gibt es eine Stammfunktion, die mindestens eine Nullstelle hat.

D Es gibt Potenzfunktionen, die schneller wachsen als die natürliche Exponentialfunktion.

E Potenziert man e mit einer reellen Zahl und wendet auf das Ergebnis den natürlichen Logarithmus an, so erhält man die ursprüngliche Zahl.

F Wenn der Term einer Funktion f eine Potenz zur Basis e enthält, dann gilt:
$f'(x) = f(x)$ für alle $x \in D_f$.

G Für die in $\mathbb{R}$ definierte Funktionenschar $f_a: x \mapsto e^x + e^a$ mit $a \in \mathbb{R}$ gilt $f_a'(x) = e^x + e^a$.

H Für die in $\mathbb{R}$ definierte Funktion $f_a: x \mapsto e^x \cdot e^a$ mit $a \in \mathbb{R}$ gilt $f_a'(x) = e^x \cdot e^a$.

I Die Verkettungen der in $\mathbb{R}$ definierten Funktionen $f: x \mapsto x^2 + 1$ und $g: x \mapsto e^x - 1$ haben die Terme $k_1(x) = f(g(x)) = e^{2x}$ bzw. $k_2(x) = g(f(x)) = (e^x)^2$.

J Der Term jeder Exponentialfunktion kann mithilfe einer Potenz zur Basis e äquivalent umgeformt werden.

K Für jede Funktion, deren Term f(x) die natürliche Exponentialfunktion enthält, gilt $f(x) \rightarrow +\infty$ für $x \rightarrow +\infty$.

L Der Parameter $a \in \mathbb{R}^+$ der in $\mathbb{R}$ definierten Funktionenschar $f_a: t \mapsto a \cdot e^{t+3}$ beschreibt z. B. die Anzahl der Individuen zum Zeitpunkt 0 bei einem Wachstumsvorgang.

M Die Gleichung $x \cdot e^x = 4$ kann durch Logarithmieren einfach gelöst werden.

N Eine ganze Zahl kann nicht Lösung einer Exponentialgleichung sein.

O Für die Ableitung der Funktion $f: x \mapsto \sin x \cdot \cos x$, $D_f = \mathbb{R}$, gilt $f'(x) = -\cos x \cdot \sin x$.

P Der Term der zweiten Ableitung der in $\mathbb{R}$ definierten Funktion $f: x \mapsto \sin x$ stimmt mit f(x) überein.

Ich kann ...	Aufgaben	Hilfe
... ganzrationale Funktionen, insbesondere mit Parameter, analysieren.	1, A, B	S. 10
... Stammfunktionen ermitteln.	2, 7, C	S. 14
... mit der natürlichen Exponentialfunktion umgehen.	3, 11, D, F, G, K	S. 20
... die Produktregel und die Kettenregel beim Ableiten anwenden.	4, 5, 7, H, I	S. 24, 28
... Exponentialgleichungen lösen und den natürlichen Logarithmus anwenden.	6, E, M, N	S. 32
... Wachstums- und Abklingvorgänge modellieren.	8, 9, J, L	S. 36
... die Sinus- und die Kosinusfunktion mit Mitteln der Differentialrechnung untersuchen.	10, O, P	S. 42

Auch für mündliche Prüfungen geeignet.

1 Die Abbildung zeigt den Graphen einer in $\mathbb{R}$ definierten Funktion f. F ist eine Stammfunktion von f, f' und f'' sind die ersten beiden Ableitungsfunktionen von f. Entscheiden und begründen Sie jeweils, ob die folgenden Aussagen wahr oder falsch sind.

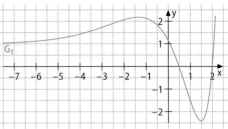

1 Der Graph von F hat bei $x = 2$ einen Tiefpunkt.

2 Es gilt $F(-2) < F(0)$.

3 Es gilt $f'(1,5) + f''(1,5) < -1$.

4 f'' hat im Intervall $]{-6}; 2[$ genau eine Nullstelle.

5 Die Graphen von F und f' haben jeweils eine waagrechte Asymptote.

2 Für jede positive reelle Zahl a ist eine in $\mathbb{R}$ definierte Funktion $f_a: x \mapsto \frac{5}{3a^3} \cdot (x - a)^2 \cdot (x + a)^2$ gegeben; ihr Graph ist G_{f_a}.

a) Geben Sie drei gemeinsame Eigenschaften der Graphen G_{f_a} an, die von a nicht beeinflusst werden.

b) Untersuchen Sie G_{f_a} auf Extrem- und Wendepunkte und geben Sie deren Koordinaten an.

c) Zeigen Sie, dass die Größe des Schnittwinkels der Wendetangenten unabhängig von a ist.

d) Zeichnen Sie den Graphen G_{f_8} mithilfe der bisherigen Ergebnisse (2 Längeneinheiten entsprechen 1 cm).

e) Für jeden Wert von a bilden die Wendepunkte, der Hochpunkt und der Koordinatenursprung ein Viereck. Stellen Sie diesen Sachverhalt für den Graphen von f_8 dar. Berechnen Sie den Flächeninhalt dieses Vierecks in Abhängigkeit von a. Untersuchen Sie, ob es einen Wert für a so gibt, dass das Viereck ein Quadrat ist.

f) Geben Sie jeweils eine Funktionsgleichung an. Der Graph von f_8 wird …

   1 an der x-Achse gespiegelt.   **2** an der y-Achse gespiegelt.

   3 so verschoben, dass das Bild des Graphen durch den Koordinatenursprung verläuft.

   4 so gestaucht, dass die Tiefpunkte erhalten bleiben und die y-Koordinate des Hochpunkts halbiert wird.

3 Gegeben ist die in $\mathbb{R}$ definierte Funktion $f: x \mapsto (1 - x^2)\, e^{-x}$. Die Abbildung zeigt den Graphen G_f von f.

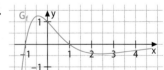

a) Weisen Sie nach, dass f genau zwei Nullstellen besitzt.

b) Bestimmen Sie rechnerisch die x-Koordinaten der beiden Extrempunkte von G_f.

c) Die in $\mathbb{R}$ definierte Funktion F ist diejenige Stammfunktion von f, deren Graph durch den Punkt $T(-1 \mid 2)$ verläuft. Begründen Sie mithilfe der Abbildung, dass der Graph von F im Punkt T einen Tiefpunkt besitzt.

d) Betrachtet wird nun die Schar der in $\mathbb{R}$ definierten Funktionen $h_k: x \mapsto (1 - kx^2)\, e^{-x}$ mit $k \in \mathbb{R}$. Der Graph von h_k wird mit G_k bezeichnet. Für $k = 1$ ergibt sich die bisher betrachtete Funktion f.

   1 Geben Sie in Abhängigkeit von k die Anzahl der Nullstellen von h_k an.

   2 Für einen bestimmten Wert von k besitzt G_k zwei Schnittpunkte mit der x-Achse, die voneinander den Abstand 4 haben. Berechnen Sie diesen Wert.

   3 Beurteilen Sie, ob es einen Wert von k gibt, so dass G_k und G_f bezüglich der x-Achse symmetrisch zueinander liegen.

4 Gegeben ist die Funktion $f: x \mapsto 1 + 7e^{-0,2x}$ mit Definitionsbereich $\mathbb{R}_0^+$; die Abbildung zeigt ihren Graphen G_f.

a) Begründen Sie, dass die Gerade mit der Gleichung $y = 1$ waagrechte Asymptote von G_f ist, und zeigen Sie rechnerisch, dass G_f streng monoton fallend ist.

Die in $\mathbb{R}_0^+$ definierte Funktion $A: x \mapsto \dfrac{8}{f(x)}$ beschreibt modellhaft die zeitliche Entwicklung des Flächeninhalts eines Algenteppichs am Ufer eines Sees. Dabei ist x die seit Beobachtungsbeginn vergangene Zeit in Tagen und $A(x)$ der Flächeninhalt in Quadratmetern.

b) Bestimmen Sie $A(0)$ sowie $\lim\limits_{x \to +\infty} A(x)$ und geben Sie jeweils die Bedeutung des Ergebnisses im Sachzusammenhang an. Begründen Sie mithilfe des Monotonieverhaltens der Funktion f, dass der Flächeninhalt des Algenteppichs im Laufe der Zeit ständig zunimmt.

c) Bestimmen Sie denjenigen Wert x_0, für den $A(x_0) = 4$ gilt, und interpretieren Sie das Ergebnis im Sachzusammenhang.

d) Nur zu einem Zeitpunkt, der im Modell durch x_0 (vgl. Teilaufgabe c) beschrieben wird, nimmt die momentane Änderungsrate des Flächeninhalts des Algenteppichs ihren größten Wert an. Geben Sie eine besondere Eigenschaft des Graphen von A im Punkt $(x_0 | A(x_0))$ an, die sich daraus folgern lässt, und begründen Sie Ihre Angabe.

e) Skizzieren Sie den Graphen der Funktion A unter Verwendung der bisherigen Ergebnisse.

5 In der Lungenfunktionsdiagnostik spielt der Begriff der Atemstromstärke eine wichtige Rolle. Im Folgenden wird die Atemstromstärke als die momentane Änderungsrate des Luftvolumens in der Lunge betrachtet, d. h.

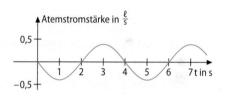

insbesondere, dass der Wert der Atemstromstärke beim Einatmen positiv ist. Für eine ruhende Testperson mit normalem Atemrhythmus wird die Atemstromstärke in Abhängigkeit von der Zeit modellhaft durch die Funktion $g: t \mapsto -\dfrac{\pi}{8} \sin\left(\dfrac{\pi}{2} t\right)$ mit Definitionsmenge $\mathbb{R}_0^+$ beschrieben. Dabei ist t die seit Beobachtungsbeginn vergangene Zeit in Sekunden und $g(t)$ die Atemstromstärke in Litern pro Sekunde. Die Abbildung zeigt den durch die Funktion g beschriebenen zeitlichen Verlauf der Atemstromstärke.

a) Berechnen Sie $g(1,5)$ und interpretieren Sie das Vorzeichen dieses Werts im Sachzusammenhang.

b) Beim Atmen ändert sich das Luftvolumen in der Lunge. Geben Sie auf der Grundlage des Modells einen Zeitpunkt an, zu dem das Luftvolumen in der Lunge der Testperson minimal ist, und machen Sie Ihre Antwort mithilfe der Abbildung plausibel.

Die Testperson benötigt für einen vollständigen Atemzyklus 4 Sekunden. Die Anzahl der Atemzyklen pro Minute wird als Atemfrequenz bezeichnet.

c) Geben Sie zunächst die Atemfrequenz der Testperson an.

d) Die Atemstromstärke eines jüngeren Menschen, dessen Atemfrequenz um 20 % höher ist als die der bisher betrachteten Testperson, soll durch eine Sinusfunktion der Form $h_{a,b}: t \mapsto a \cdot \sin(b \cdot t)$ mit $t \geq 0$ und $b > 0$ beschrieben werden. Ermitteln Sie den Wert von b.

Lösungen

Mediencode
63032-05

Grundwissen

*Mediencode
63032-06*

Aufgabe	Ich kann schon …
1, 2	… Wahrscheinlichkeiten bei mehrstufigen Zufallsexperimenten mithilfe von Baumdiagrammen und Pfadregeln bestimmen.
3, 4	… bedingte Wahrscheinlichkeiten in Sachsituationen erkennen und berechnen.
5	… mithilfe des Zählprinzips oder mit Baumdiagrammen Anzahlen von Möglichkeiten bestimmen.
6, 7	… verknüpfte Mengen in Mengendiagrammen darstellen und den Additionssatz anwenden.

 1 Abigails Trefferwahrscheinlichkeit beim Elfmeterschießen beträgt 60 %. Sie schießt dreimal hintereinander. Erstellen Sie ein vollständig beschriftetes Baumdiagramm. Ermitteln Sie die Wahrscheinlichkeit dafür, dass sie mindestens zweimal trifft.

2 Bei einem Multiple-Choice-Test ist bei jeder Frage genau eine Antwortmöglichkeit richtig. Matteo hat sich nicht vorbereitet und muss bei allen Fragen raten. Bestimmen Sie die Wahrscheinlichkeit dafür, dass …
a) er bei vier Fragen mit jeweils zwei Auswahlmöglichkeiten den Test besteht, wenn man ihn mit mindestens zwei richtigen Antworten besteht.
b) er bei zwei Fragen mit jeweils vier Auswahlmöglichkeiten den Test besteht, wenn man ihn mit mindestens einer richtigen Antwort besteht.

3 a) Es wird getestet, ob eine Person erkrankt ist. Dazu werden die Ereignisse K: „Person ist krank." und T: „Testergebnis ist positiv." betrachtet. Beschreiben Sie die folgenden Wahrscheinlichkeiten in Worten.
  1 $P_K(T)$ **2** $P_{\bar{K}}(T)$ **3** $P_T(\bar{K})$ **4** $P(K)$
b) Geben Sie an, bei welchen dieser Wahrscheinlichkeiten **1** im Sachzusammenhang möglichst kleine Werte erwünscht sind. **2** die Wahrscheinlichkeit einer Fehlentscheidung beschrieben wird.

4 In einem Betrieb sind 60 % der Belegschaft blond. Von allen Betriebsangehörigen rauchen 30 %. Unter den nicht blonden Betriebsangehörigen liegt der Anteil der Rauchenden bei 50 %. Berechnen Sie die Wahrscheinlichkeit dafür, dass eine zufällig herausgegriffene Person, die raucht, blond ist.

 5 Für ein Schulprojekt soll eine Flagge aus drei horizontalen Streifen gestaltet werden. Dafür stehen die Farben Rot, Grün, Weiß, Schwarz und Gold zur Verfügung. Bestimmen Sie die Anzahl an verschiedenen Flaggen, wenn …
a) die Flagge die Farben Rot, Grün und Weiß zeigen soll.   b) die Randfarben nicht Weiß sein dürfen.

6 Erklären Sie den Unterschied zwischen E_1: „Es tritt das Ereignis A oder das Ereignis B ein, aber nicht beide." und E_2: „Es tritt das Ereignis A oder das Ereignis B ein." Zeichnen Sie jeweils ein Mengendiagramm und geben Sie die Ereignisse in Formelschreibweise an.

7 Auf einem Volksfest kann man an einem Stand blind kleine Kunststoffenten angeln, die auf der Unterseite jeweils eine Zahl zwischen 1 und 10 tragen. Alle Zahlen kommen gleich häufig vor. Oskar angelt eine Ente.
a) Entscheiden und begründen Sie, ob für die Ereignisse E_1: „Die Zahl ist ungerade." und E_2: „Die Zahl ist durch 3 teilbar." die Gleichung $P(E_1 \cup E_2) = P(E_1) + P(E_2)$ erfüllt ist.
b) Geben Sie im Sachkontext zum Ereignis E_2 ein Ereignis E_3 an, so dass $P(E_3 \cup E_2) = P(E_3) + P(E_2)$ erfüllt ist.

Zufallsgrößen, Binomial-verteilung, Signifikanztest

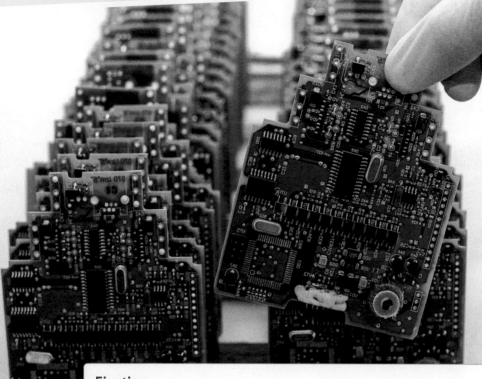

Einstieg

Eine Firma stellt elektronische Baugruppen her. Trotz sorgfältiger Überwachung des Produktionspro-zesses entsteht immer „Ausschussware". Um den Ausschussanteil zu kontrollieren und zu minimieren, wird eine Qualitätskontrolle durchgeführt.

- Recherchieren Sie, wie die Qualitätskontrolle bei einem Massenprodukt vorgenommen werden kann. Erläutern Sie in diesem Zusammenhang auch den Begriff „Stichprobe".
- Erklären Sie, warum das Entnehmen einer Stichprobe als mehrstufiges Zufallsexperiment aufgefasst werden kann.
- Für ein Produkt soll der Ausschussanteil einen bestimmten Wert nicht überschreiten. Anhand einer Stichprobe soll entschieden werden, ob dieses Ziel erreicht ist. Erläutern Sie, warum eine Entschei-dungsregel aufgrund einer Stichprobe nicht mit absoluter Sicherheit zu einer richtigen Entschei-dung führt.

Ausblick

In diesem Kapitel werden verschiedene Definitionen des Begriffs „Wahrscheinlichkeit" vor-gestellt. Mit der Binomialverteilung werden eine oft vorkommende Wahrscheinlichkeitsver-teilung und ihre Kennwerte betrachtet. Eine häufig angewendete Methode der Statistik ist der Signifikanztest, der dabei hilft, sich zwischen Hypothesen zu entscheiden.

Historische Ecke

Mediencode 63032-07

R: „Die gezogene Kugel ist rot."
G: „Die gezogene Kugel ist grün."
B: „Die gezogene Kugel ist blau."

Aus einer Urne mit verschiedenfarbigen Kugeln wird eine Kugel blind gezogen. Es gilt $P(R) = 0,2$ und $P(G) = 0,3$.

- Ermitteln Sie die Wahrscheinlichkeit $P(R \cup G)$ und erläutern Sie den Zusammenhang zwischen $P(R \cup G)$, $P(R)$ und $P(G)$.
- Stellen Sie selbst Wahrscheinlichkeitsaussagen auf und diskutieren Sie deren Gültigkeit.

Um eine Definition des Wahrscheinlichkeitsbegriffs wurde Jahrhunderte gerungen. Dabei entstanden verschiedene – meist an konkrete Situationen gebundene – Ansätze. Erst im 20. Jahrhundert fand Kolmogorov mit dem axiomatischen Wahrscheinlichkeitsbegriff einen situationsunabhängigen, allgemeingültigen Ansatz.

frequentia (lat.):
Häufigkeit

Andrei Nikolajewitsch Kolmogorov (1903 – 1987)

Ein Axiomensystem ist eine Sammlung grundlegender Eigenschaften, die nicht bewiesen werden können.

Die Wahrscheinlichkeit $P(E)$ eines Ereignisses E kann unterschiedlich definiert werden:

- **Laplace'scher Wahrscheinlichkeitsbegriff**: Wenn das Eintreten aller Ergebnisse gleich wahrscheinlich und die Ergebnismenge Ω endlich ist, gilt:

$$P(E) = \frac{|E|}{|\Omega|} = \frac{\text{Anzahl der günstigen Ergebnisse}}{\text{Anzahl der möglichen Ergebnisse}}$$

- **frequentistischer Wahrscheinlichkeitsbegriff**: $P(E)$ ist definiert als die relative Häufigkeit des Eintretens von E bei einer sehr großen Zahl von Versuchsdurchführungen.

- **subjektiver Wahrscheinlichkeitsbegriff:** $P(E)$ ist definiert als der Grad der persönlichen Überzeugung davon, dass das Ereignis E eintritt.

Axiomensystem der Wahrscheinlichkeitstheorie von Kolmogorov:

Kolmogorov definiert die Wahrscheinlichkeit $P(E)$ eines Ereignisses E als Wert einer Wahrscheinlichkeitsverteilung P, die jeder Teilmenge E (jedem Ereignis) einer (endlichen oder unendlichen) Ergebnismenge Ω eine reelle Zahl $P(E)$ zuordnet. Die Funktion P muss dabei drei Bedingungen (Axiomen) genügen:

1 $P(E) \geq 0$ (**Nichtnegativität**)

2 $P(\Omega) = 1$ (**Normiertheit**)

3 $P(E_1 \cup E_2) = P(E_1) + P(E_2)$, falls $E_1 \cap E_2 = \{ \}$ (**Additivität**)

Beispiele

I. Zeigen Sie mithilfe der Axiome von Kolmogorov, dass für jede Wahrscheinlichkeitsverteilung P gilt: $P(\{ \}) = 0$.

Lösung:

Zerlegen Sie Ω gedanklich in die zwei Teilmengen Ω und $\{ \}$. Dabei gilt $\Omega \cap \{ \} = \{ \}$. Wenden Sie dann die Axiome **2** und **3** an:

Strategiewissen
Axiome von Kolmogorov anwenden

Aus $P(\Omega) = P(\Omega \cup \{ \}) \overset{3}{=} P(\Omega) + P(\{ \})$ folgt $P(\{ \}) = P(\Omega) - P(\Omega) \overset{2}{=} 1 - 1 = 0$

Geburten von 11/2021 bis 11/2022	769 830
Geburten im Juli 2022	68 008

II. Für die Wahrscheinlichkeit, dass eine zufällig ausgewählte Person im Juli geboren ist, wird der Wert **1** $P(J) = \frac{31}{365} \approx 8,49\,\%$ bzw. **2** $P(J) = \frac{68\,008}{769\,830} \approx 8,83\,\%$ angegeben. Entscheiden Sie jeweils begründet, welcher Wahrscheinlichkeitsbegriff zugrunde gelegt wurde.

Lösung:

1 Alle Tage werden als gleich wahrscheinlich angenommen. Mit dem Laplace'schen Wahrscheinlichkeitsbegriff gilt: $P(J) = \dfrac{\text{Anzahl der Tage im Juli}}{\text{Anzahl der Tage im Jahr}} = \dfrac{31}{365} \approx 8{,}49\,\%$.

Hinweis: Schaltjahre werden nicht berücksichtigt.

2 Mithilfe des frequentistischen Wahrscheinlichkeitsbegriffs wurde die relative Häufigkeit einer Stichprobe (Geburten innerhalb von 12 Monaten) als Wert zugrundegelegt.

III. Erläutern Sie jeden der Schritte **A** bis **E** in der Herleitung des Additionssatzes mithilfe der Axiome von Kolmogorov:

Additionssatz:
$P(A \cup B)$
$= P(A) + P(B) - P(A \cap B)$

1 $\overset{A}{P(A)} = P((A \cap \overline{B}) \cup (A \cap B)) = \overset{B}{P(A \cap \overline{B}) + P(A \cap B)} \Rightarrow P(A \cap \overline{B}) = P(A) - P(A \cap B)$

2 $P(A \cup B) = \overset{C}{P((A \cap \overline{B}) \cup B)} = \overset{D}{P(A \cap \overline{B}) + P(B)} = \overset{E}{P(A) - P(A \cap B) + P(B)}$

Lösung:

A Es gilt $A = (A \cap \overline{B}) \cup (A \cap B)$.

B Da $(A \cap \overline{B}) \cap (A \cap B) = \{\ \}$ ist, kann man Axiom **3** anwenden.

C Es gilt $A \cup B = (A \cap \overline{B}) \cup B$.

D Da $(A \cap \overline{B}) \cap B = \{\ \}$ ist, kann man Axiom **3** anwenden.

E Es wird Gleichung **1** eingesetzt.

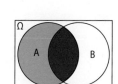

$A \cap \overline{B} \qquad A \cap B$

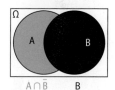

$A \cap \overline{B} \qquad B$

IV. Es gilt $\Omega = \{\omega_1; \omega_2; \omega_3; \omega_4\}$ und $P(\{\omega_1; \omega_2\}) = 0{,}35$. Bestimmen Sie die fehlenden Werte der Wahrscheinlichkeitsverteilung und begründen Sie Ihr Vorgehen.

ω_i	ω_1	ω_2	ω_3	ω_4
$P(\{\omega_i\})$	0,3		0,2	

Lösung:

1 Die Elementarereignisse sind unvereinbar, so dass Axiom **3** Anwendung finden kann:
Aus $\{\omega_1\} \cap \{\omega_2\} = \{\ \}$ folgt mit Axiom **3**: $P(\{\omega_1; \omega_2\}) = P(\{\omega_1\}) + P(\{\omega_2\})$.
Durch Lösen der Gleichung $0{,}35 = 0{,}3 + P(\{\omega_2\})$ folgt $P(\{\omega_2\}) = 0{,}05$.

Strategiewissen
Wahrscheinlichkeitsverteilungen vervollständigen

2 Den letzten fehlenden Wert einer Wahrscheinlichkeitsverteilung bestimmt man mithilfe der Normiertheit (Axiom **2**):
Mit $P(\{\omega_1\}) + P(\{\omega_2\}) + P(\{\omega_3\}) + P(\{\omega_4\}) = P(\Omega)$ folgt $P(\{\omega_4\}) = 1 - 0{,}55 = 0{,}45$.

Nachgefragt

- Erläutern Sie, welcher Wahrscheinlichkeitsbegriff bei nicht wiederholbaren Ereignissen Anwendung findet.
- Machen Sie jedes der Kolmogorov-Axiome am Beispiel eines Würfelwurfs plausibel.

Aufgaben

1 Zeigen Sie mithilfe der Axiome von Kolmogorov, dass für ein Ereignis A gilt:
  1 $P(\overline{A}) = 1 - P(A)$ 2 $P(A) \le 1$.

2 Vervollständigen Sie die Herleitung in Ihren Unterlagen und begründen Sie jeden Schritt mithilfe der Axiome von Kolmogorov. Machen Sie das Ergebnis für selbstgewählte Ereignisse A und B beim dreimaligen Münzwurf plausibel.
$P(A \cup B) = $ ▢ $=$ ▢ $\ge$ ▢

Ordnen Sie richtig zu:

$P(A \cap \overline{B}) + P(B)$
$P(B)$
$P((A \cap \overline{B}) \cup B)$

V: „Es wird die Augen-zahl 4 gewürfelt."

3 Geben Sie an, welcher Wahrscheinlichkeitsbegriff den jeweiligen Aussagen beim Werfen des abgebildeten Quaders und Würfels zugrunde liegt.

a) „Für den Würfel gilt $P(V) = \frac{1}{6} = 16,\overline{6}\,\%$."

b) „Für den Würfel gilt $P(V) = \frac{47}{250} \approx 19\,\%$, da bei 250 Würfen 47-mal die Augenzahl 4 oben lag.

c) „Für den Quader gilt $P(V) = 23\,\%$, da bei 200 Würfen 46-mal die Augenzahl 4 oben lag."

d) „Für den Quader vermute ich aufgrund der unterschiedlichen Flächengrößen, dass $P(V) = 20\,\%$ gilt."

 4 Es ist $\Omega = \{\omega_1; \omega_2; \omega_3; \omega_4\}$ sowie $E_1 = \{\omega_1; \omega_2\}$, $E_2 = \{\omega_3\}$ und $E_3 = \{\omega_4\}$.
Ferner gilt $P(E_1) = 0,2$ und $P(E_2) = 0,5 = P(E_3)$.

a) Zeigen Sie, dass P keine Wahrscheinlichkeitsverteilung ist.

b) Ändern Sie $P(E_3)$ so ab, dass eine Wahrscheinlichkeitsverteilung entsteht, und berechnen Sie dann für jedes der vier Ergebnisse ω_1, ω_2, ω_3 und ω_4 die Wahrscheinlichkeit seines Eintretens unter der Voraussetzung, dass ω_1 viermal so wahrscheinlich ist wie ω_2.

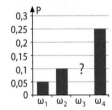

5 1000 gleichartige elektronische Bauteile werden einem vierstufigen Materialtest unterzogen und zeigen spätestens bei Erreichen der Stufe S_4 einen Defekt. Es werden die Ergebnisse ω_i:„Das Bauteil zeigt erst auf Stufe S_i einen Defekt." betrachtet.

a) Ermitteln Sie mithilfe des Diagramms, wie viele Bauteile die Teststufe S_2 ohne Schaden erreichen.

b) Berechnen Sie $P(\{\omega_3\})$ und geben Sie an, wie viele Bauteile nach der Teststufe S_3 noch übrig sind.

 6 Für die Ereignisse A, B und C gilt: $\Omega = A \cup B \cup C$ und $A \cap B = B \cap C = C \cap A = \{\ \}$.
Ferner ist $P(A) = P(B) = 3 \cdot P(C)$.

a) Berechnen Sie die Wahrscheinlichkeit für jedes der drei Ereignisse.

b) Ermitteln Sie $P(B \cup C)$.

c) Geben Sie ein Zufallsexperiment sowie die Ereignisse A, B und C an, die zur Wahrscheinlichkeitsverteilung passen.

B ⊆ A bedeutet, dass jedes Element von B in A liegt.

7 Zeigen Sie mithilfe der Axiome von Kolmogorov, dass für die Ereignisse A und B gilt: $P(B) \leq P(A)$, wenn $B \subseteq A$.

KKWs in Betrieb
1956 – 1966: 50
1966 – 1976: 200
1976 – 1986: 300
1986 – 2022: 400

Kernschmelzen:
Tschernobyl 1986: 1
Fukushima 2011: 3

8 Bei der subjektiven Abschätzung von Wahrscheinlichkeitswerten können neue Informationen zu geänderten Werten führen. Die Wahrscheinlichkeit für das sehr seltene Ereignis K:„Es tritt in einem Kernkraftwerk (KKW) während eines Jahres eine Kernschmelze auf."

kann zu einem Zeitpunkt durch $P(K) = \dfrac{\text{Anzahl der bisherigen Kernschmelzen}}{\text{Anzahl der bisherigen Betriebsjahre aller KKWs}}$

abgeschätzt werden. Für das Jahr 1986 gilt z. B. $P(K) = \dfrac{1}{10 \cdot 50 + 10 \cdot 200 + 10 \cdot 300} \approx 0,02\,\%$.

Ermitteln Sie mithilfe dieser Abschätzungsmethode die Wahrscheinlichkeiten dafür, dass es weltweit eine Kernschmelze gibt, für die Jahre 2010, 2011 und 2022. Geben Sie Ungenauigkeiten bei dieser Abschätzung an.

9 Bestimmen Sie jeweils die Werte für die Variablen in den Wahrscheinlichkeitsverteilungen.

a)

ω_i	ω_1	ω_2	ω_3	ω_4
$P(\{\omega_i\})$	0,5	a	a	0,5 a

b) Es ist $P(\{\omega_2;\omega_3\}) = 0,45$ bekannt.

ω_i	ω_1	ω_2	ω_3	ω_4
$P(\{\omega_i\})$	a	a	b	2 b

c)

ω_i	ω_1	ω_2	ω_3	ω_4
$P(\{\omega_i\})$	a	2 a	3 a	$\frac{1}{3}$

 10 Die Zufallsexperimente „Werfen einer Münze", „Werfen eines Würfels" und „Ziehen einer Spielkarte" werden häufig als Laplace-Experimente angesehen. Erläutern Sie, welche Annahmen man dabei macht und in welchen Fällen diese nicht gelten.

11 Von zwei Ereignissen E_1 und E_2 ist bekannt, dass $P(E_1) = 0,65$ und $P(\overline{E_2}) = 0,30$ ist. Veranschaulichen Sie den Sachverhalt in einer Vierfeldertafel und ermitteln Sie jeweils den größtmöglichen (kleinstmöglichen) Wert für die Wahrscheinlichkeit.

a) $P(E_1 \cap E_2)$ **b)** $P(\overline{E_1} \cap \overline{E_2})$ **c)** $P(E_1 \cup E_2)$

 12 Ein Tetraeder, dessen Flächen mit den Zahlen 1 bis 4 beschriftet sind, wird 50-mal geworfen (siehe Tabelle).

Augenzahl	1	2	3	4
Anzahl	15	18	10	7

a) Beurteilen Sie, wie groß die Wahrscheinlichkeit ist, dass mit einem solchen Tetraeder eine 4 gewürfelt wird.

b) Erläutern Sie, inwiefern in dieser Aufgabe verschiedene Wahrscheinlichkeitsbegriffe miteinander konkurrieren.

 13 **a)** Recherchieren Sie zum „Dutch-Book-Theorem" und präsentieren Sie Ihre Ergebnisse.

b) Erläutern Sie, wie das Wissen um die Axiome von Kolmogorov Menschen unterstützen kann, nicht auf ein „Dutch-Book" hereinzufallen.

14 **a)** Erläutern Sie jeweils die Gültigkeit der Aussage für endliche Mengen A und B.

     1 $|A| \leq |B|$, wenn $A \subseteq B$ **2** $|A \cup B| = |A| + |B|$, wenn $A \cap B = \{\ \}$

b) Zeigen Sie unter Verwendung der Aussagen aus Teilaufgabe a), dass die Definition der Laplace-Wahrscheinlichkeit $P(A) = \frac{|A|}{|\Omega|}$ die Axiome von Kolmogorov erfüllt.

15 **a)** Überprüfen Sie jeweils mithilfe von Mengendiagrammen die Gültigkeit der Aussage.

     1 $E_1 \cap E_2 \subseteq E_2$ **2** $E_1 \cap (E_2 \cup E_3) = (E_1 \cap E_2) \cup (E_1 \cap E_3)$

     3 $(E_1 \cap E_2) \cap (E_1 \cap E_3) = \{\ \}$, wenn $E_2 \cap E_3 = \{\ \}$ gilt.

b) Zeigen Sie mithilfe von Teilaufgabe a), dass die Definition der bedingten Wahrscheinlichkeit $P_B(A) = \frac{P(B \cap A)}{P(B)}$ für $P(B) \neq 0$ die Axiome von Kolmogorov erfüllt. Dabei darf ohne Nachweis angenommen werden, dass P eine Wahrscheinlichkeitsverteilung ist.

Beim abgebildeten Glücksrad darf man für 1 € Einsatz einmal drehen. Wird ein Geldbetrag angezeigt, so bekommt man diesen ausbezahlt, ansonsten hat man den Einsatz verloren.

- Entscheiden und begründen Sie, ob es sich lohnt, am Spiel häufiger teilzunehmen.

Bei Zufallsexperimenten interessiert man sich oftmals für Zahlenwerte, die bestimmten Ergebnissen zugeordnet sind. Beispiele hierfür sind Gewinnauszahlung bei einem Glücksspiel oder Kosten bei Schadensfällen.

Man schreibt häufig kurz p_i anstelle von $P(X = x_i)$.

cumulare (lat.): anhäufen

Nutzt man Rechtecke der Breite 1, so entspricht die Wahrscheinlichkeit der Rechteckshöhe.

Mit dem Symbol
$$\sum_{i=1}^{n} a_i = \underbrace{a_1 + a_2 + \ldots + a_n}_{n \text{ Summanden}}$$
stellt man die Summe von n Termen kompakt dar,
z. B. $\sum_{i=1}^{3} x_i \cdot p_i$
$= x_1 \cdot p_1 + x_2 \cdot p_2 + x_3 \cdot p_3$

Eine Zuordnung X, die jedem Ergebnis $\omega_i \, (i = 1, 2, \ldots, n)$ aus der Ergebnismenge Ω eines Zufallsexperiments eine reelle Zahl x_i zuordnet, heißt **Zufallsgröße X**. Zugehörige Ereignisse werden mit $X = x_i$ bezeichnet.

Die **Wahrscheinlichkeitsverteilung** der Zufallsgröße X ordnet jedem Wert x_i, den die Zufallsgröße X annehmen kann, seine Wahrscheinlichkeit $P(X = x_i)$ zu.

Die **kumulative Wahrscheinlichkeitsverteilung** ordnet jedem Wert x_i, den die Zufallsgröße X annehmen kann, die Wahrscheinlichkeit $P(X \leq x_i)$ zu.

Wahrscheinlichkeitsverteilungen gibt man meist als Tabelle an und veranschaulicht sie durch ein Diagramm, z. B. ein Säulendiagramm. In einem **Histogramm** werden die Wahrscheinlichkeiten durch Flächeninhalte von Rechtecken dargestellt.

x_i	x_1	x_2	...	x_n
$P(X = x_i)$	$P(X = x_1)$	$P(X = x_2)$	...	$P(X = x_n)$
$P(X \leq x_i)$	$P(X \leq x_1)$	$P(X \leq x_2)$	...	$P(X \leq x_n)$

Histogramm

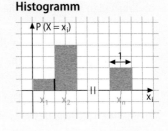

Wichtige Kennwerte einer Zufallsgröße sind …

- der **Erwartungswert** $E(X) = \mu = \sum_{i=1}^{n} x_i \cdot P(X = x_i)$.

- die **Varianz** $Var(X) = \sum_{i=1}^{n} (x_i - \mu)^2 \cdot P(X = x_i)$.

- die **Standardabweichung** $\sigma = \sqrt{Var(X)}$.

Ein Spiel heißt **fair**, wenn der Erwartungswert des Gewinns gleich null ist.

Beispiele

Der Gewinn ist die Differenz aus Auszahlung und Einsatz.
Der Erwartungswert beschreibt den mittleren Gewinn bzw. Verlust eines Spiels.

I. Bei einem Glücksspiel mit einem Spielwürfel beträgt der Einsatz 5 €. Bei einer geraden Augenzahl wird die doppelte geworfene Augenzahl in Euro ausbezahlt. Die Zufallsgröße X gibt den Gewinn in Euro an.

a) Erstellen Sie eine Tabelle der Wahrscheinlichkeitsverteilung von X und stellen Sie die kumulative Wahrscheinlichkeitsverteilung als Treppenfunktion dar.

b) Berechnen Sie den Erwartungswert und interpretieren Sie ihn im Sachkontext.

Lösung:

a) **1** Notieren Sie alle möglichen Gewinnbeträge x_i und ordnen Sie diesen dann mithilfe der Ergebnisse ω_i die zugehörigen Wahrscheinlichkeiten zu, z. B.:

Augenzahl	1, 3, 5	2	4	6
Gewinn x_i (in €)	-5	-1	3	7
$P(X = x_i)$	$\frac{1}{2}$	$\frac{1}{6}$	$\frac{1}{6}$	$\frac{1}{6}$

Strategiewissen

Wahrscheinlichkeitsverteilungen aufstellen und Kennwerte berechnen

Man verliert beim Würfeln der Augenzahlen 1, 3 und 5 den Einsatz: $x_1 = -5$ und $P(X = -5) = \frac{3}{6} = \frac{1}{2}$.

2 Zeichnen Sie die kumulative Wahrscheinlichkeitsverteilung als Treppenfunktion. Summieren Sie dabei alle Wahrscheinlichkeiten bis zum betrachteten Wert x_i. Beachten Sie die Darstellung der Sprungstellen im Graphen der Treppenfunktion.

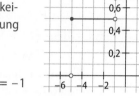

b) Setzen Sie die Tabellenwerte in die zugehörige Formel ein:

$$\mu = E(X) = \sum_{i=1}^{n} x_i \cdot P(X = x_i) = (-5) \cdot \frac{1}{2} + (-1) \cdot \frac{1}{6} + 3 \cdot \frac{1}{6} + 7 \cdot \frac{1}{6} = -1$$

Bei vielen Durchführungen macht der Spieler also im Mittel 1 € Verlust pro Spiel.

II. Gegeben sind die Notenverteilungen zweier Schulaufgaben **1** und **2** .

1

Note x_i	1	2	3	4	5	6
$P(X = x_i)$	$\frac{1}{12}$	$\frac{2}{12}$	$\frac{3}{12}$	$\frac{3}{12}$	$\frac{2}{12}$	$\frac{1}{12}$

2

Note y_i	1	2	3	4	5	6
$P(Y = y_i)$	$\frac{1}{12}$	$\frac{3}{12}$	$\frac{2}{12}$	$\frac{2}{12}$	$\frac{3}{12}$	$\frac{1}{12}$

a) Bestimmen Sie jeweils den Erwartungswert, die Varianz sowie die Standardabweichung und veranschaulichen Sie die Wahrscheinlichkeitsverteilungen grafisch.

b) Vergleichen Sie die Ergebnisse aus Teilaufgabe a).

Lösung

a) Setzen Sie die Tabellenwerte in die zugehörige Formel ein:

Strategiewissen

Kennwerte von Wahrscheinlichkeitsverteilungen berechnen

1 $E(X) = \mu = \sum_{i=1}^{6} x_i \cdot P(X = x_i) = 1 \cdot \frac{1}{12} + 2 \cdot \frac{2}{12} + 3 \cdot \frac{3}{12} + 4 \cdot \frac{3}{12} + 5 \cdot \frac{2}{12} + 6 \cdot \frac{1}{12} = 3,5$

$\text{Var}(X) = \sum_{i=1}^{6} (x_i - \mu)^2 \cdot P(X = x_i) = (1 - 3,5)^2 \cdot \frac{1}{12} + (2 - 3,5)^2 \cdot \frac{2}{12} + (3 - 3,5)^2 \cdot \frac{3}{12} +$

$(4 - 3,5)^2 \cdot \frac{3}{12} + (5 - 3,5)^2 \cdot \frac{2}{12} + (6 - 3,5)^2 \cdot \frac{1}{12} = \frac{23}{12} \approx 1,92$

$\sigma(X) = \sqrt{\text{Var}(X)} = \sqrt{\frac{23}{12}} \approx 1,38$

2 $E(Y) = 3,5$; $\text{Var}(Y) = \frac{9}{4}$ sowie $\sigma(Y) = 1,5$

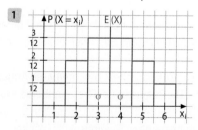
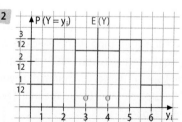

b) Beide Erwartungswerte sind gleich und in beiden Fällen ist der Erwartungswert kein Wert aus der Ergebnismenge $\Omega = \{1; 2; 3; 4; 5; 6\}$.
Allerdings gilt $\sigma(X) < \sigma(Y)$, d. h. die Werte der 1. Schulaufgabe zeigen eine geringere Streuung um den Erwartungswert, da in diesem Fall die näher an μ gelegenen Ergebnisse 3 und 4 höhere Wahrscheinlichkeiten besitzen.

Die Varianz und die Standardabweichung heißen auch Streuungsmaße.

III. Ergänzen Sie die Tabelle so, dass sie eine Wahrscheinlichkeitsverteilung darstellt.

x_i	-2	0	10	20
$P(X = x_i)$	0,125	0,250		
$P(X \leq x_i)$			0,975	

Lösung:

Strategiewissen

Wahrscheinlichkeits-verteilungen vervollständigen

Gehen Sie schrittweise vor und beachten Sie, dass $P(X \leq x_1) = P(X = x_1)$ und $P(X \leq x_4) = 1$ gilt:

$P(X \leq -2) = P(X = -2) = 0{,}125$ und
$P(X \leq 20) = 1$

x_i	-2	0	10	20
$P(X = x_i)$	0,125	0,250	0,6	0,025
$P(X \leq x_i)$	0,125	0,375	0,975	1

$P(X \leq 0) = P(X = -2) + P(X = 0) = 0{,}125 + 0{,}250 = 0{,}375$

$P(X = 10) = P(X \leq 10) - P(X \leq 0) = 0{,}975 - 0{,}375 = 0{,}6$

$P(X = 20) = P(X \leq 20) - P(X \leq 10) = 1 - 0{,}975 = 0{,}025$

IV. Bei einem Glücksspiel werden zwei Münzen geworfen. Man erhält die Anzahl der Wappen in Euro. Bestimmen Sie denjenigen Einsatz, für den das Spiel fair ist, und stellen Sie anschließend die Wahrscheinlichkeitsverteilung der Zufallsgröße X, die den Gewinn in Euro angibt, als Säulendiagramm dar.

Lösung:

Strategiewissen

Faire Spiele betrachten

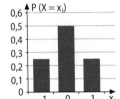

1 Wählen Sie eine Variable für den Spieleinsatz und notieren Sie die zugehörige Wahrscheinlichkeitsverteilung:

Gewinn x_i (in €)	$0 - e$	$1 - e$	$2 - e$	e: Einsatz in Euro
$P(X = x_i)$	$\frac{1}{4}$	$\frac{1}{2}$	$\frac{1}{4}$	

2 Lösen Sie die Gleichung $E(X) = 0$:

$E(X) = 0 \Leftrightarrow (0 - e) \cdot \frac{1}{4} + (1 - e) \cdot \frac{1}{2} + (2 - e) \cdot \frac{1}{4} = 0$

$\Leftrightarrow (-e) \cdot \frac{1}{4} + \frac{1}{2} - e \cdot \frac{1}{2} + \frac{1}{2} - e \cdot \frac{1}{4} = 0 \Leftrightarrow -e + 1 = 0 \Rightarrow e = 1$

Für ein faires Spiel muss ein Einsatz von 1 € verlangt werden.

Nachgefragt

- Entscheiden Sie begründet, ob der Erwartungswert einer Zufallsgröße negativ sein kann.
- Erläutern Sie, weshalb man als Streuungsmaß der Werte einer Zufallsgröße nicht den Summenwert der Abweichungen vom Erwartungswert betrachtet.

Aufgaben

1 Bestimmen Sie jeweils die Wahrscheinlichkeitsverteilung der Zufallsgröße X und berechnen Sie den Erwartungswert sowie die Standardabweichung. Beschreiben Sie die Bedeutung des Erwartungswerts im Sachkontext.
  a) Ein Laplace-Würfel wird einmal geworfen. Die Zufallsgröße X beschreibt die Augenzahl.
  b) Eine Laplace-Münze wird dreimal geworfen. Die Zufallsgröße X beschreibt die Anzahl der „Wappen".
  c) Beim Drehen eines Glücksrads gewinnt man im orangen Gewinnsektor (Winkel 4°) 100 €, sonst zahlt man 1 €. Die Zufallsgröße X beschreibt den Gewinn in Euro.

Zu Aufgabe 1 c)

2 Ein Laplace-Würfel wird einmal geworfen. Die Zufallsgröße X ist der Wert des Quadrats der geworfenen Augenanzahl. Geben Sie die Wahrscheinlichkeitsverteilung von X an, berechnen Sie den Erwartungswert sowie die Standardabweichung und interpretieren Sie diese.

3 In einer Urne sind zehn Kugeln; sechs davon sind rot, drei sind weiß und eine ist schwarz. Vor einem Spiel bezahlt Noah einen Einsatz von s €. Dann entnimmt er der Urne nacheinander ohne Zurücklegen zwei Kugeln. Für jede weiße Kugel erhält er 2 €; für jede andere erhält er nichts. Die Zufallsgröße X beschreibt den Gewinn bei diesem Spiel.

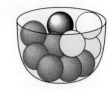

a) Zeichnen Sie ein Baumdiagramm und bestimmen Sie damit die Wahrscheinlichkeitsverteilung der Zufallsgröße X in Form einer Tabelle.

b) Berechnen Sie den Erwartungswert E(X) in Abhängigkeit von s.

c) Ermitteln Sie denjenigen Einsatz s, für den dieses Spiel fair ist.

4 Übertragen Sie die Tabelle jeweils in Ihr Heft, ergänzen Sie diese dort und zeichnen Sie den Graphen der kumulativen Wahrscheinlichkeitsverteilung.

a)

x_i	0	1	2	3
$P(X = x_i)$			$\frac{1}{2}$	
$P(X \leq x_i)$	$\frac{1}{4}$	$\frac{3}{8}$		

b) $E(X) = 6{,}5$

x_i	−10		10	100
$P(X = x_i)$	0,1	0,4		0,05
$P(X \leq x_i)$				

5 Bei einem Zufallsexperiment wird eine ideale Münze so lange geworfen, bis zum zweiten Mal Zahl (Z) oder zum zweiten Mal Wappen (W) oben liegt.

Abituraufgabe

a) Geben Sie die Ergebnismenge an und begründen Sie, dass dieses Zufallsexperiment kein Laplace-Experiment ist.

b) Die Zufallsgröße X ordnet jedem Ergebnis die Anzahl der entsprechenden Münzwürfe zu. Berechnen Sie den Erwartungswert von X.

6 Lena und Sammi unterhalten sich über folgendes Glücksspiel: „Nur 1 € Einsatz! Ziehen Sie aus 20 Losen eines. Ist es das Gewinnlos, erhalten Sie 20 €!" Erläutern Sie die unterschiedlichen Vorstellungen eines „fairen Spiels".

Das Spiel ist fair, da der Erwartungswert für den Spieler und den Veranstalter jeweils null ist.

Das Spiel ist nicht fair. Der Veranstalter hat bei jeder Durchführung ein Verlustrisiko von 20 €, aber der Spieler nur von 1 €!

7 Bei einer Tombola beträgt der Spieleinsatz 6 Euro. Die Abbildung zeigt die Wahrscheinlichkeitsverteilung der Zufallsgröße X, die die Auszahlung an die Teilnehmenden beschreibt.

a) Zeigen Sie, dass $p = \frac{1}{6}$ gilt.

b) Bei einer großen Anzahl von Durchführungen des Spiels kann erwartet werden, dass sich die Spieleinsätze und die Auszahlungen ausgleichen. Berechnen Sie den Wert von a.

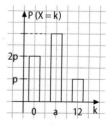

8 Die Zufallsgrößen X und Y können jeweils die Werte 1, 3 und 5 annehmen.

a) Bestimmen Sie den Erwartungswert von X, wenn $P(X = 1) = \frac{1}{3}$ und $P(X = 5) = \frac{1}{4}$ gilt.

b) Bestimmen Sie alle möglichen Werte für den Erwartungswert von Y, wenn $P(Y = 1) = \frac{1}{3}$, $P(Y = 3) \geq \frac{1}{6}$ und $P(Y = 5) \geq \frac{1}{6}$ gilt.

9 Eine Urne enthält sechs gleichartige Kugeln, von denen eine weiß, zwei rot und drei blau sind. Es wird drei Mal nacheinander je eine Kugel $\boxed{A}$ mit Zurücklegen $\boxed{B}$ ohne Zurücklegen gezogen.

a) Berechnen Sie jeweils die Wahrscheinlichkeit des Ereignisses.

   1 E_1: „Genau die zweite der gezogenen Kugeln ist rot."

   2 E_2: „Die zweite der gezogenen Kugeln ist rot."

   3 E_3: „Höchstens zwei der gezogenen Kugeln sind rot."

   4 $E_4 = E_2 \cap E_3$

b) Die Zufallsgröße X beschreibt die Anzahl der gezogenen roten Kugeln. Geben Sie jeweils die Wahrscheinlichkeitsverteilung von X an. Berechnen Sie den Erwartungswert und veranschaulichen Sie die Wahrscheinlichkeitsverteilung durch ein Histogramm.

10 Für eine Tombola wurden zwei Urnen mit verschieden beschrifteten Kugeln befüllt. Die Zufallsgröße X beschreibt den Gewinn in Euro beim Ziehen einer Kugel aus Urne $\boxed{1}$, die Zufallsgröße Y den Gewinn in Euro beim Ziehen aus Urne $\boxed{2}$.

	1	**2**	**3**	**4**	**5**	**6**
$P(X = x_i)$	0,25	0,20	0,15	0,05	0,20	0,15
$P(Y = y_i)$	0,10	0,15	0,35	0,30	0,05	0,05

a) Zeigen Sie, dass X und Y den gleichen Erwartungswert besitzen.

b) Erstellen Sie zu beiden Zufallsgrößen jeweils ein Histogramm und erläutern Sie, bei welcher Zufallsgröße die Werte stärker streuen.

Abituraufgabe **11** Gegeben sind die Zufallsgrößen X und Y:

- Ein Würfel, dessen Seiten mit den Zahlen von 1 bis 6 durchnummeriert sind, wird zweimal geworfen. X gibt die dabei erzielte Augensumme an.
- Aus einem Behälter mit 60 schwarzen und 40 weißen Kugeln wird zwölfmal nacheinander jeweils eine Kugel zufällig entnommen und wieder zurückgelegt. Y gibt die Anzahl der entnommenen schwarzen Kugeln an.

a) Begründen Sie, dass die Wahrscheinlichkeiten $P(X = 4)$ und $P(X = 10)$ übereinstimmen.

b) Die Wahrscheinlichkeitsverteilungen von X und Y werden jeweils durch eines der folgenden Diagramme $\boxed{1}$, $\boxed{2}$ und $\boxed{3}$ dargestellt. Ordnen Sie X und Y jeweils dem passenden Diagramm begründet zu.

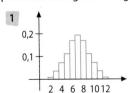 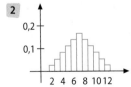 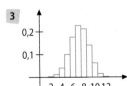

12 Rami und Leyla bereiten ein Spiel mit einer „gezinkten" Münze vor, bei der Wappen mit der Wahrscheinlichkeit 0,6 fällt. Nach Einzahlen von 3 € wirft Rami die Münze genau dreimal. Für jedes Werfen von Zahl erhält Rami a € ausbezahlt. Fällt Wappen, erhält er nichts. Bestimmen Sie denjenigen Wert von $a \in \mathbb{R}^+$, für den das Spiel fair ist.

13 Die Zufallsgröße X beschreibt die Anzahl der „Wappen" bei einem zweifachen Münzwurf. Mithilfe eines Tabellenkalkulationsprogramms werden die Kennwerte der Zufallsgröße berechnet.

a) Geben Sie die Formeln in den gelb markierten Zellen an.

b) Erläutern Sie die Formel der Zelle C8 und erklären Sie, warum für den Bezug auf Zelle B1 mit B1 eine absolute Adressierung verwendet wird.

c) Erstellen Sie ein Tabellenblatt nach dieser Vorlage und erweitern Sie es auf einen vierfachen Münzwurf.

	A	B	C	D
1	E (X)	=SUMME(B7:D7)		
2	Var (X)			
3	Sigma (X)	=B2^0,5		
4				
5	xi	0	1	2
6	P(X=xi)	0,25	0,5	0,25
7	xi * P(X=xi)	=B5*B6		=D5*D6
8	(xi - E(X))² * P(X=xi)		=(D5-B1)^2*C6	=(C5-B1)^2*D6

14 Die Zufallsgröße X kann die Werte 0, 1, 2 und 3 annehmen. Die Tabelle zeigt die Wahrscheinlichkeitsverteilung von X mit $p_1, p_2 \in [0; 1]$. Zeigen Sie, dass der Erwartungswert von X nicht größer als 2,2 sein kann.

 Abituraufgabe

k	0	1	2	3
P (X = k)	p_1	$\frac{3}{10}$	$\frac{1}{5}$	p_2

 15 Beim Werfen zweier Laplace-Würfel beschreibt die Zufallsgröße X die Augensumme der beiden Würfel.

Tipp: siehe Aufgabe 13

a) Erstellen Sie in einem Tabellenkalkulationsprogramm ein Rechenblatt, in dem die Wahrscheinlichkeitsverteilung von X dargestellt wird.

b) Berechnen Sie mithilfe des Tabellenkalkulationsprogramms den Erwartungswert, die Varianz und die Standardabweichung von X.

c) Erstellen Sie in einem neuen Rechenblatt eine Simulation, in der das Zufallsexperiment 1000-mal wiederholt wird und in dem die relativen Häufigkeiten aller möglichen Augensummen bestimmt werden. Ermitteln Sie aus diesen relativen Häufigkeiten den Mittelwert $\bar{a}$ der Augensumme und analog zur Varianz bei Zufallsgrößen den Mittelwert der quadratischen Abweichung der Augensummen von $\bar{a}$. Vergleichen Sie die Ergebnisse der Simulation mit den theoretischen Werten aus Teilaufgabe b).

 16 Geben Sie jeweils die Wahrscheinlichkeitsverteilung einer Zufallsgröße X mit zwei Werten x_1 und x_2 an, so dass …

a) $E(X) = 0$, $Var(X) = 1$
b) $E(X) = 3$, $Var(X) = 1$
c) $E(X) = -5$, $Var(X) = 1$
d) $E(X) = 0$, $Var(X) = 4$
e) $E(X) = 0$, $Var(X) = 25$
f) $E(X) = 3$, $Var(X) = 25$

Tipp für Aufgabe 16 a)

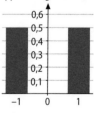

17 Eine Zufallsgröße nimmt genau vier verschiedene Werte an. Geben Sie jeweils zwei mögliche Wahrscheinlichkeitsverteilungen an, bei denen der Erwartungswert …

1 zwischen den beiden größten Werten liegt.

2 zwischen den beiden kleinsten Werten liegt.

18 Intelligenztests (IQ-Tests) sind nicht einheitlich normiert. Ein Intelligenztest A wird jährlich so justiert, dass der Erwartungswert bei 100 liegt und die Standardabweichung bei 15. Ein Intelligenztest B hingegen besitzt zwar auch einen Erwartungswert von 100, aber eine Standardabweichung von 10. Leni hat in Test B einen IQ von 112 Punkten. Tom hat denselben Wert von 112 im Test A erreicht. Interpretieren Sie die beiden Testergebnisse vor dem Hintergrund der unterschiedlichen Testnormierungen.

Aus fünf Urnen, die verschiedenfarbige Kugeln enthalten, werden jeweils Kugeln gezogen. Für jedes Zufallsexperiment ist die Gesamtzahl der möglichen Ergebnisse angegeben.

A **B** **C** **D** **E**

$3 \cdot 2 \cdot 1$ $5 \cdot 5 \cdot 5$ $5 \cdot 4 \cdot 3$ $3 \cdot 3 \cdot 3 \cdot 3 \cdot 3$ $5 \cdot 4 \cdot 3 \cdot 2 \cdot 1$

- Beschreiben Sie für jede Urne einen möglichen Inhalt, wie häufig und ob mit oder ohne Zurücklegen gezogen wurde.
- Erläutern Sie, wie sich das Zufallsexperiment bei **C** ändert, wenn die Anzahl der Möglichkeiten durch den Term $\frac{5 \cdot 4 \cdot 3}{3 \cdot 2 \cdot 1}$ beschrieben wird.

Für mehrstufige Zufallsexperimente kann die Ergebnismenge so umfangreich sein, dass es häufig günstig ist, sie auf Urnenmodelle zurückzuführen. Bei Urnenmodellen haben alle Kugeln, die vor einem Zug in der Urne sind, dieselbe Wahrscheinlichkeit, gezogen zu werden. Dadurch lassen sich Wahrscheinlichkeiten mithilfe einfacher Abzählverfahren bestimmen.

Erinnerung:

$n! = n \cdot (n-1) \cdot \ldots \cdot 2 \cdot 1$

$0! = 1! = 1$

$\binom{n}{k}$ *wird als „n über k" oder „k aus n" gelesen und berechnet sich*

mit n $\boxed{\text{nCr}}$ k

und in einem Tabellenkalkulationsprogramm mit

KOMBINATIONEN (n; k).

Aus einer Urne mit n ($n \in \mathbb{N}$, $n \geq 2$) unterscheidbaren Kugeln werden k Kugeln entnommen. Man muss unterscheiden, ob mit oder ohne Zurücklegen gezogen wird und ob die Reihenfolge der gezogenen Kugeln beachtet wird.

1 **Ziehen mit Zurücklegen unter Beachtung der Reihenfolge**

Es gibt $\underbrace{n \cdot n \cdot \ldots \cdot n \cdot n}_{k\text{-mal}} = n^k$ Möglichkeiten.

2 **Ziehen ohne Zurücklegen unter Beachtung der Reihenfolge**

Es gibt $n \cdot (n-1) \cdot (n-2) \cdot \ldots \cdot (n-k+1) = \frac{n!}{(n-k)!}$ Möglichkeiten ($k \leq n$).

3 **Ziehen ohne Zurücklegen ohne Beachtung der Reihenfolge**

Es gibt $\frac{n \cdot (n-1) \cdot (n-2) \cdot \ldots \cdot (n-k+1)}{k!} = \frac{n!}{(n-k)! \cdot k!} = \binom{n}{k}$ Möglichkeiten ($k \leq n$).

$\binom{n}{k}$ wird als **Binomialkoeffizient** bezeichnet. Dabei gilt

- $\binom{n}{n-k} = \binom{n}{k}$ - $\binom{n}{0} = \binom{n}{n} = 1$ - $\binom{n}{1} = \binom{n}{n-1} = n$

Begründung

Erläutern Sie die Gültigkeit der Formeln bei **1** bis **3**.

Lösung:

*Eine **Permutation** ist eine bestimmte Anordnung der Elemente einer Menge unter Beachtung der Reihenfolge.*

permutare (lat.): vertauschen

1 Das Ziehen mit Zurücklegen unter Beachtung der Reihenfolge entspricht einem k-stufigen Zufallsexperiment mit jeweils n Möglichkeiten je Stufe. Mit dem Zählprinzip folgt, dass es $\underbrace{n \cdot n \cdot \ldots \cdot n \cdot n}_{k\text{-mal}} = n^k$ Möglichkeiten gibt.

2 Für die erste gezogene Kugel gibt es n Möglichkeiten, für die zweite n – 1 Möglichkeiten, … und für die k-te Kugel gibt es n – (k – 1) Möglichkeiten. Dies sind gemäß dem Zählprinzip $n \cdot (n-1) \cdot \ldots \cdot (n-(k-1))$ Möglichkeiten. Durch Umformung erhält man

$$n \cdot (n-1) \cdot \ldots \cdot (n-k+1) = \frac{n \cdot (n-1) \cdot \ldots \cdot (n-k+1) \cdot (n-k) \cdot \ldots \cdot 2 \cdot 1}{(n-k) \cdot \ldots \cdot 2 \cdot 1} = \frac{n!}{(n-k)!}.$$

3 Spielt die Reihenfolge der k gezogenen Kugeln keine Rolle (z. B. weil die Kugeln gleichzeitig gezogen wurden), muss der Wert $\frac{n!}{(n-k)!}$ um die Anzahl k! der unterschiedlichen Anordnungsmöglichkeiten der k Kugeln korrigiert werden. Somit gibt es in diesem Fall $\frac{n!}{(n-k)! \cdot k!} = \binom{n}{k}$ Möglichkeiten.

Beispiele

I. Die Englischlehrkraft verlost drei Wörterbücher unter ihren 23 Schülerinnen und Schülern (maximal ein Buch pro Person). Berechnen Sie mithilfe eines Urnenmodells, wie viele Möglichkeiten es gibt, falls es drei **A** verschiedene **B** identische Wörterbücher sind.

Lösung:

1 Geben Sie ein Urnenmodell zur Simulation des Zufallsexperiments an. Dabei werden aus den 23 Lernenden drei Personen zufällig ausgewählt, die dann die Wörterbücher erhalten:

A Man zieht unter Beachtung der Reihenfolge ohne Zurücklegen drei Kugeln aus einer Urne mit 23 unterscheidbaren Kugeln.

B Man zieht ohne Beachtung der Reihenfolge ohne Zurücklegen drei Kugeln aus einer Urne mit 23 unterscheidbaren Kugeln.

2 Wählen Sie anhand der Kategorien „Ziehen mit oder ohne Zurücklegen" und „mit oder ohne Berücksichtigung der Reihenfolge" die zugehörige Formel aus:

A Es gibt $\frac{23!}{20!} = 23 \cdot 22 \cdot 21 = 10\,626$ Möglichkeiten.

B Es gibt $\binom{23}{3} = \frac{23!}{20! \cdot 3!} = \frac{23 \cdot 22 \cdot 21}{3!} = 1771$ Möglichkeiten.

II. Für einen vierstelligen Sicherheitscode stehen n verschiedene Zeichen zur Verfügung. Geben Sie jeweils einen Term für die Anzahl der möglichen Kombinationen an, wenn …

1 es keine Einschränkungen gibt. **2** alle Zeichen unterschiedlich sind.

3 der Code ein Palindrom ist, d. h. er sich von vorne und hinten gleich liest.

Lösung:

Anzahl der Möglichkeiten:

1 n^4 **2** $n \cdot (n-1) \cdot (n-2) \cdot (n-3) = \frac{n!}{(n-4)!}$ **3** $n \cdot n \cdot 1 \cdot 1 = n^2$

III. Berechnen Sie die Wahrscheinlichkeit, dass beim Zahlenlotto „6 aus 49" genau vier einstellige Zahlen gezogen werden, und erläutern Sie Ihr Vorgehen.

Lösung:

Es werden 6 Kugeln aus 49 verschiedenen ohne Beachtung der Reihenfolge und ohne Zurücklegen gezogen. Insgesamt gibt es $\binom{49}{6}$ gleich wahrscheinliche Möglichkeiten. Es gibt $\binom{9}{4}$ Möglichkeiten, vier Kugeln aus den neun einstelligen Zahlen zu ziehen. Für jede dieser Möglichkeiten gibt es $\binom{40}{2}$ Möglichkeiten, zwei Kugeln aus den 40 zweistelligen Zahlen zu ziehen: $P(\text{„vier einstellige Zahlen"}) = \frac{\binom{9}{4} \cdot \binom{40}{2}}{\binom{49}{6}} = \frac{126 \cdot 780}{13\,983\,816} \approx 0{,}07\,\%.$

Strategiewissen
Kombinatorische Hilfsmittel richtig einsetzen

Man zieht z. B. drei Kugeln auf einmal.

Nachgefragt

- Begründen Sie, dass **1** $\binom{n}{0} = \binom{n}{n} = 1$ und **2** $\binom{n}{1} = \binom{n}{n-1} = n$ gilt.

- Zeigen Sie, dass $k \cdot \binom{n}{k} = n \cdot \binom{n-1}{k-1}$ gilt.

Aufgaben

1 Berechnen Sie die Werte der Binomialkoeffizienten.

a) $\binom{15}{9}$ **b)** $\binom{100}{4}$ **c)** $\binom{85}{80}$ **d)** $\binom{9}{4}$ **e)** $\binom{1000}{3}$

2 Geben Sie die Werte der Binomialkoeffizienten an.

a) $\binom{70}{0}$ **b)** $\binom{10}{9}$ **c)** $\binom{20}{20}$ **d)** $\binom{24}{1}$ **e)** $\binom{12}{2}$

3 Bestimmen Sie die Wahrscheinlichkeit dafür, bei einem vierstelligen Zahlenschloss (0 bis 9) die Kombination auf Anhieb zu erraten, wenn man weiß, dass …

a) alle Kombinationen möglich sind.   **b)** nur ungerade Ziffern vorkommen.

c) die Zahl ungerade ist.   **d)** die Ziffern 2, 0, 1 und 3 vorkommen.

4 In einer Urne sind 15 Kugeln, beschriftet mit den Zahlen von 1 bis 15. Erläutern Sie jeweils die Bedeutung des Terms in einem dazu passenden Urnenmodell.

a) 15^6 **b)** $15 \cdot 14 \cdot 13 \cdot 12$ **c)** $\binom{15}{7}$ **d)** $\frac{15!}{6! \cdot 9!}$ **e)** $\frac{15!}{9!}$

5 Beschreiben Sie jeweils ein Urnenmodell zur Simulation des Zufallsexperiments und bestimmen Sie die Anzahl der Möglichkeiten.

a) Der Trainer einer Fußballmannschaft wählt für ein Fußballspiel von den 20 Feldspielern, die er zur Verfügung hat, 10 zufällig aus.

b) Aus einer Klasse mit 12 Jungen und 15 Mädchen soll eine Gruppe mit zwei Jungen und zwei Mädchen gebildet werden.

6 Beim Sportfest starten neun Schülerinnen und Schüler beim 100-m-Lauf. Beschreiben Sie jeweils, für welche Annahme im Sachkontext der Rechenweg zur Ermittlung der Anzahl der Möglichkeiten für die ersten drei Plätze passend ist.

A	$\frac{9!}{3! \cdot 6!} = 84$	B	$\frac{9!}{6!} = 504$
	Es gibt 84 Möglichkeiten für die ersten drei Plätze.		*Es gibt 504 Möglichkeiten für die ersten drei Plätze.*

7 Lina druckt sieben ihrer 26 Selfies aus und hängt sie an einer Schnur auf. Geben Sie einen Term zur Berechnung der Anzahl der Möglichkeiten an, wenn die Reihenfolge …

1 berücksichtigt wird.   **2** nicht berücksichtigt wird.

Abituraufgabe

8 An einem Musikwettbewerb nehmen zwölf Nachwuchsbands teil, von denen genau zwei aus Bayern stammen. Die Reihenfolge des Auftritts wird ausgelost. Nach den ersten sechs Bands gibt es eine Pause.

a) Ermitteln Sie die Anzahl an Möglichkeiten für die Reihenfolge der Auftritte der zwölf Bands.

b) Bestimmen Sie die Anzahl an Möglichkeiten für die Reihenfolge der Auftritte, wenn nur danach unterschieden wird, ob sie aus Bayern stammen.

c) Berechnen Sie die Wahrscheinlichkeit dafür, dass beide bayerischen Bands vor der Pause auftreten.

9 Tai hat für die sechsstellige PIN seines Handys jeweils einmal die Ziffern 9, 8, 6, 3, 2 und 1 benutzt. Leider hat er die Reihenfolge der Ziffern vergessen. Bestimmen Sie die Anzahl der Versuche, die er maximal unternehmen muss, um seine PIN zu ermitteln.

10 An einem W-Seminar nehmen acht Mädchen und sechs Jungen teil, darunter Anna und Tobias. Für eine Präsentation wird per Los aus den Teilnehmerinnen und Teilnehmern ein Team aus vier Personen zusammengestellt.
   a) Geben Sie zu jedem der folgenden Ereignisse einen Term an, mit dem die Wahrscheinlichkeit des Ereignisses berechnet werden kann.
   A: „Anna und Tobias gehören dem Team an."
   B: „Das Team besteht aus gleich vielen Mädchen und Jungen."
   b) Beschreiben Sie im Sachzusammenhang ein Ereignis, dessen Wahrscheinlichkeit durch den folgenden Term berechnet werden kann: $\dfrac{\binom{14}{4} - \binom{6}{4}}{\binom{14}{4}}$.

 11 Eine Gruppe von vier Mädchen und drei Jungen setzt sich nebeneinander auf eine lange Bank. Geben Sie jeweils eine mögliche einschränkende Bedingung für die Sitzordnung an, wenn sich die Anzahl der Möglichkeiten mit dem Term **1** $1 \cdot 6 \cdot 5 \cdot 4 \cdot 3 \cdot 2 \cdot 1$ **2** $4 \cdot 3 \cdot 3 \cdot 2 \cdot 2 \cdot 1 \cdot 1$ oder **3** $3 \cdot 2 \cdot 1 \cdot 4 \cdot 3 \cdot 2 \cdot 1$ berechnen lässt.

12 Johanna gewinnt beim Wettbewerb „Jugend musiziert". Sie gibt ihren Freunden Alexander, Jasper, Ida und Nida Karten für ihr Preisträgerkonzert. Bestimmen Sie die Anzahl an Sitzmöglichkeiten, wenn …
   a) Jasper neben Alexander sitzt und daneben die beiden Mädchen.
   b) beide Jungen jeweils außen sitzen.
   c) ein Junge und ein Mädchen abwechselnd nebeneinander sitzen.

13 **a)** Begründen Sie, dass man die Buchstaben des Worts HONOLULU auf $\dfrac{8!}{2! \cdot 2! \cdot 2! \cdot 1! \cdot 1!}$ verschiedene Arten anordnen kann.
   b) Ermitteln Sie, auf wie viele Arten man die Buchstaben folgender Wörter anordnen kann: **1** ANANAS **2** MISSISSIPPI **3** Ihr Vorname

14 Leonie feiert ihren Geburtstag mit acht Gästen. Zu ihrem Freundeskreis gehören zwölf Mädchen und acht Jungen. Bestimmen Sie die Anzahl der Möglichkeiten für die Zusammensetzung der Gruppe, wenn …
   a) nur Mädchen eingeladen werden.
   b) Leonies beste Freundin und ihr bester Freund auf jeden Fall eingeladen werden und für die Wahl der anderen Gäste keine Bedingungen gestellt werden.
   c) vier Mädchen und vier Jungen eingeladen werden.

15 Die Klasse 8a eines Gymnasiums fährt auf Sommersportwoche. Alle 11 Jungen und **Abituraufgabe**
18 Mädchen der Klasse nehmen an der einwöchigen Fahrt teil. In der Unterkunft stehen für die 18 Mädchen der Klasse ein Sechsbett-, ein Fünfbett-, ein Vierbett- und ein Dreibettzimmer zur Verfügung. Bestimmen Sie, wie viele Möglichkeiten es gibt, die Mädchen so auf die Zimmer zu verteilen, dass alle voll besetzt sind.

16 Familie Nguyen unternimmt mit ihren drei Kindern und deren Freunden einen Ausflug zum Volksfest. Es sind insgesamt zwölf Personen. Sie besuchen zuerst die Achterbahn. Berechnen Sie die Anzahl der Möglichkeiten für die Belegung der Wagen, wenn …
   a) im 1. Wagen acht Personen und im 2. Wagen vier Personen sitzen.
   b) in beiden Wagen je sechs Personen Platz nehmen.

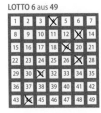

LOTTO 6 aus 49

17 Beim Lotto befinden sich 49 durchnummerierte Kugeln in einer Lostrommel. Jeden Samstag werden sechs davon zufällig gezogen. Die Reihenfolge spielt dabei keine Rolle. Um zu spielen, muss man auf dem Tippschein sechs Zahlen ankreuzen.
   a) Berechnen Sie die Anzahl aller Möglichkeiten, den Schein auszufüllen.
   b) Die Wahrscheinlichkeit für genau r Richtige kann mit der Formel

$$P(\text{„genau r Richtige“}) = \frac{\binom{6}{r} \cdot \binom{43}{6-r}}{\binom{49}{6}} \text{ berechnet werden.}$$

   Erläutern Sie die Formel und gehen Sie dabei auch auf die Fälle $r = 0$ und $r = 6$ ein.
   c) Im Jahr 1988 mussten sich 222 Spieler den Gewinn für 6 Richtige teilen, da sie alle die Zahlen {24; 25; 26; 30; 31; 32} angekreuzt hatten. Erläutern Sie, warum vermutlich so viele diese Kombination gewählt haben. Erklären Sie, warum z. B. auch von diesen Kombinationen abgeraten wird: {1; 7; 24; 26; 43; 49}, {7; 13; 19; 25; 31; 37}, {18; 24; 25; 26; 32; 39}

18 Bei einer Geburtstagsfeier sind 12 Personen anwesend. Ermitteln Sie, wie oft die Gläser klingen, wenn jede Person mit jeder anderen einmal anstößt.

Abituraufgabe

19 Vor einer Schule stehen zehn Fahrräder nebeneinander; zwei davon sind Mountainbikes. Bestimmen Sie die Wahrscheinlichkeit dafür, dass die beiden Mountainbikes unmittelbar nebeneinander stehen, wenn die Anordnung der Fahrräder zufällig erfolgte.

20 In einem Schafkopfspiel gibt es 32 Karten, davon vier Ober. Ermitteln Sie die Wahrscheinlichkeit dafür, dass bei den ausgeteilten acht Karten …
   a) kein   **b)** genau ein   **c)** genau zwei   **d)** genau drei   **e)** alle vier
   Ober dabei sind.

Sechsstellig bedeutet hier, dass die erste Ziffer von null verschieden ist.

21 In einer Stadt gibt es 320 000 ausschließlich sechsstellige Telefonnummern. Ein Kleinkind drückt zufällig sechs Telefontasten. Beschreiben Sie ein Urnenmodell, das die Situation modelliert, und berechnen Sie die Wahrscheinlichkeit dafür, dass das Kind jemanden aus der Stadt „anruft".

22 Berechnen Sie die Anzahl der zehnstelligen Zahlen, die die Ziffer 1 einmal, die Ziffer 2 zweimal, die 3 dreimal und die 4 viermal enthalten.

Abituraufgabe

23 Für die Fahrt zur Insel stehen drei Boote zur Verfügung, eines für 8, eines für 4 und eines für 2 Personen. Bestimmen Sie die Anzahl der Möglichkeiten, die es gibt, 14 Personen so aufzuteilen, dass jedes der drei Boote voll besetzt ist.

Abituraufgabe

24 An einem Samstagvormittag kommen nacheinander vier Familien zum Eingangsbereich eines Schwimmbads. Jede der vier Familien bezahlt an einer der sechs Kassen, wobei davon ausgegangen werden soll, dass jede Kasse mit der gleichen Wahrscheinlichkeit gewählt wird. Beschreiben Sie im Sachzusammenhang zwei Ereignisse A und B, deren Wahrscheinlichkeiten sich mit folgenden Termen berechnen lassen:

$$P(A) = \frac{6 \cdot 5 \cdot 4 \cdot 3}{6^4} \qquad P(B) = \frac{6}{6^4}$$

25 Um Buchstaben darzustellen und zu übertragen, wurden verschiedene Codierungen oder Alphabete entwickelt. Recherchieren Sie zur Funktionsweise von Morsecode, Brailleschrift, Winkeralphabet, Klappentelegraph, Templer- und Freimaurercode und bestimmen Sie jeweils die maximale Anzahl an unterschiedlichen Zeichen, die dargestellt werden können. Präsentieren Sie Ihre Ergebnisse im Kurs.

26 Aus einem Kartenspiel mit 99 von 1 bis 99 durchnummerierten Karten werden fünf Karten zufällig gezogen. Bestimmen Sie die Wahrscheinlichkeit dafür, dass die Karten in aufsteigender Reihenfolge gezogen werden.

27 Eine natürliche Zahl n kann auf $2^{n-1} - 1$ verschiedene Arten als Summe von natürlichen Zahlen dargestellt werden, z. B. die Zahl 3 als $1 + 2$, $2 + 1$ und $1 + 1 + 1$.
   a) Geben Sie für $n = 2$ und $n = 4$ jeweils alle möglichen Summen an und überprüfen Sie deren Anzahl mithilfe des gegebenen Terms.
   b) Beweisen Sie die allgemeine Gültigkeit des Terms, indem Sie die Zahl n als Summe von Einsen darstellen und sich die Anzahl der Möglichkeiten für Unterteilungen dieser Summe überlegen.

Vertiefung

Das Pascal'sche Dreieck

Beim Pascal'schen Dreieck berechnen sich die Werte in einer Zeile mithilfe der Summe der beiden darüberstehenden Zahlen.

1  **2**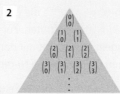

- Übertragen Sie das Pascal'sches Dreieck aus Abb. **1** in Ihr Heft und ergänzen Sie die fünfte Zeile. Überprüfen Sie, ob die Berechnung wie in Abb. **2** zu den gleichen Werten führt
- Beschreiben Sie, was die folgenden Zusammenhänge anschaulich im Pascal'schen Dreieck bedeuten:

1 $\binom{n}{k} = \binom{n}{n-k}$ **2** $\binom{n}{0} = 1$ **3** $\binom{n}{k} + \binom{n}{k+1} = \binom{n+1}{k+1}$

- Eine Verallgemeinerung der binomischen Formel ist der binomische Lehrsatz:

$$(a+b)^n = \sum_{k=0}^{n} \binom{n}{k} \cdot a^k \cdot b^{n-k} \text{ für } n \in \mathbb{N}.$$

Ergänzen Sie mithilfe des Pascal'schen Dreiecks:

1 $(a+b)^3 = a^3 + 3 \cdot a^2 b^1 + \dots$ **2** $(a+b)^5 = \dots$

und prüfen Sie die Richtigkeit von **1** durch Ausmultiplizieren.

Entdecken

Ein Biathlet trifft im liegenden Anschlag mit einer Wahrscheinlichkeit von 90 %. Er muss nach der ersten Langlaufrunde fünf Schüsse im liegenden Anschlag abgeben.

- Stellen Sie die Situation in einem Baumdiagramm dar und beschreiben Sie Besonderheiten des Baumdiagramms.
- Markieren Sie alle Pfade, die zum Ereignis E: „Er trifft genau dreimal." gehören.

Verstehen

Häufig ist bei der Betrachtung eines Zufallsexperiments nur ein Ereignis (und sein Gegenereignis) relevant, z. B. gerade Augenzahl gewürfelt, Person ist volljährig oder nicht.

Bei einer Bernoulli-Kette sind alle n Teilexperimente unabhängig voneinander; die Trefferwahrscheinlichkeit p bleibt auf jeder Stufe gleich.

> Ein Zufallsexperiment mit genau zwei möglichen Ergebnissen (z. B. Treffer/Niete) heißt **Bernoulli-Experiment**. Wird die Trefferwahrscheinlichkeit mit p bezeichnet, beträgt die Wahrscheinlichkeit einer Niete somit $q = 1 - p$.
>
> Führt man dasselbe Bernoulli-Experiment unter gleichen Bedingungen n-mal hintereinander durch, spricht man von einer **Bernoulli-Kette der Länge n** ($n \in \mathbb{N}$, $n \geq 2$).
>
> Legt man die Zufallsgröße X als **Anzahl der Treffer** fest, so gilt für die Wahrscheinlichkeit, genau k ($0 \leq k \leq n$) Treffer zu erzielen:
>
> $$P(X = k) = \binom{n}{k} \cdot p^k \cdot (1 - p)^{n-k}$$

Begründung

Erläutern Sie die Gültigkeit der Formel $P(X = k) = \binom{n}{k} \cdot p^k \cdot (1-p)^{n-k}$ für die Wahrscheinlichkeit, genau k Treffer zu erzielen.

Lösung:

Veranschaulicht man das Zufallsexperiment mithilfe eines Baumdiagramms, so beschreibt der Term $p^k \cdot (1-p)^{n-k}$ die Wahrscheinlichkeit eines Pfades, in dem genau k Treffer und $(n - k)$ Nieten auftreten. Zur Bestimmung der Anzahl dieser Pfade stellt man sich eine Urne mit n Kugeln, beschriftet mit den Zahlen 1 bis n, vor. Beim k-maligen Ziehen ohne Zurücklegen stehen die gezogenen Nummern für die Stellen, an denen ein Treffer erzielt wurde. Insgesamt gibt es somit $\binom{n}{k}$ Möglichkeiten, k Treffer zu erzielen, d. h. $\binom{n}{k}$ Pfade.

Beispiele

Strategiewissen
Bernoulli-Ketten erkennen und charakterisieren

I. Entscheiden Sie begründet, ob ein Bernoulli-Experiment bzw. eine Bernoulli-Kette vorliegt.
   a) Viermaliges Drehen des abgebildeten Glücksrads.
   b) Ziehen von drei Losen aus einer Lostrommel mit zwei Gewinnlosen und acht Nieten.
   c) Ziehen von drei Losen aus einer Lostrommel mit sehr vielen Losen.

Lösung:

Überprüfen Sie, ob es **1** nur zwei Versuchsausgänge gibt und **2** die Trefferwahrscheinlichkeit gleichbleibt.
   a) Es liegt eine Bernoulli-Kette der Länge 4 und $p = 0{,}25$ vor.
   b) Da sich die Trefferwahrscheinlichkeit ändert, liegt keine Bernoulli-Kette vor.
   c) Es handelt sich näherungsweise um eine Bernoulli-Kette der Länge 3, da sich die Trefferwahrscheinlichkeit bei dreimaligem Ziehen nur um sehr kleine Werte ändert.

II. Bei der Produktion von Trinkgläsern weisen erfahrungsgemäß 2 % einen Defekt auf. Bei der Qualitätskontrolle wird eine Stichprobe von zehn Gläsern untersucht. Bestimmen Sie jeweils die Wahrscheinlichkeit dafür, dass …

a) genau zwei Gläser einen Defekt aufweisen.

b) mindestens ein Glas einen Defekt aufweist.

c) höchstens ein Glas einen Defekt aufweist.

d) das achte Glas das erste ist, das einen Defekt aufweist.

Lösung:

Beschreibt X die Anzahl der defekten Gläser, so handelt es sich um eine Bernoulli-Kette der Länge 10 mit $p = 0,02$.

a) $P(X = 2) = \binom{10}{2} \cdot 0,02^2 \cdot 0,98^8 \approx 1,5\,\%$

b) $P(X \geq 1) = 1 - P(X = 0) = 1 - \binom{10}{0} \cdot 0,02^0 \cdot 0,98^{10} = 1 - 0,98^{10} \approx 18,3\,\%$

c) $P(X \leq 1) = P(X = 0) + P(X = 1) = 0,98^{10} + \binom{10}{1} \cdot 0,02^1 \cdot 0,98^9 \approx 98,4\,\%$

d) P („sieben nicht defekte Gläser, ein defektes Glas, zwei beliebige Gläser")
$= 0,98^7 \cdot 0,02 \cdot 1 \cdot 1 \approx 1,7\,\%$

$P(X \leq k)$
$P(X = k)$
$P(X \geq k)$
ist die
Wahrscheinlichkeit,
höchstens
genau
mindestens
k Treffer zu erzielen.

Nachgefragt

- Beim Känguru-Wettbewerb für Mathematik gibt es zu 30 Fragen je fünf Antwortmöglichkeiten, von denen jeweils genau eine korrekt ist. Erläutern Sie, unter welchen Umständen das Ankreuzen des Testbogens eine Bernoulli-Kette ist.

- Erklären Sie, warum man Qualitätskontrollen in Produktionsprozessen in der Regel näherungsweise durch Bernoulli-Ketten simulieren kann.

Aufgaben

1 Entscheiden Sie jeweils, ob das Zufallsexperiment als Bernoulli-Kette aufgefasst werden kann. Geben Sie in diesem Fall die Parameter n und p an.

a) Aus einer Urne mit 13 weißen und 27 schwarzen Kugeln werden nacheinander 5 Kugeln **1** mit Zurücklegen **2** ohne Zurücklegen gezogen.

b) Die Einnahme eines bestimmten Medikaments führt in 75 % aller Fälle zu einer Linderung der Symptome. Im letzten Jahr wurde es bundesweit 3086 Patienten verschrieben.

c) Pia versucht mit einem gezinkten Würfel, bei dem die Sechs durchschnittlich doppelt so häufig geworfen wird wie alle anderen Zahlen, beim Mensch-ärgere-dich-nicht-Spiel „aus dem Haus" zu kommen.

d) Eine Münze wird zehnmal geworfen.

2 Die Zufallsgröße X beschreibt die Trefferzahl bei einer Bernoulli-Kette. Geben Sie Paare an, die den gleichen Wert haben.

| $P(X \geq 0)$ | $P(X = 0)$ | $P(X < 0)$ | $P(\{\})$ | $P(X < 1)$ | $P(\Omega)$ |

3 Eine Bernoulli-Kette hat die Länge n und die Trefferwahrscheinlichkeit p. Die Zufallsgröße X beschreibt die Trefferanzahl. Ermitteln Sie die gesuchten Wahrscheinlichkeiten.

a) $P(X = 6)$ für $n = 15$ und $p = 0,4$

b) $P(X = 9)$ für $n = 10$ und $p = 0,8$

c) $P(X < 2)$ für $n = 8$ und $p = 0,05$

d) $P(X \geq 6)$ für $n = 6$ und $p = 0,99$

4 Die Wahrscheinlichkeit dafür, dass ein Drucker unbrauchbare Kopien liefert, beträgt 0,2 %. Das Anfertigen von Kopien soll als Bernoulli-Kette angesehen werden. Erläutern Sie, dass diese Modellannahme in der Realität unzutreffend sein kann.

5 Ein Laplace-Würfel wird zehnmal geworfen. Berechnen Sie die Wahrscheinlichkeit dafür, dass man …

a) keine Sechs wirft.

b) genau eine Sechs wirft.

c) genau zwei Sechsen wirft.

d) höchstens zwei Sechsen wirft.

e) genau vier Sechsen wirft.

f) mindestens eine Sechs wirft.

6 Das Glücksrad wird achtmal gedreht. Bestimmen Sie jeweils die Wahrscheinlichkeit dafür, dass man genau fünfmal gewinnt.

a) 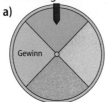   b) 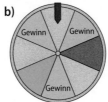   c)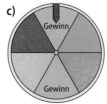

7 Nehmen Sie zu folgender Aussage Stellung: „Beim gleichzeitigen Werfen von fünf Würfeln beträgt die Wahrscheinlichkeit, genau dreimal die Sechs zu würfeln, $\left(\frac{1}{6}\right)^3 \cdot \left(\frac{5}{6}\right)^2$."

8 Beim Biathlon müssen Sportler mehrere Runden Skilanglauf absolvieren und stehend bzw. liegend auf je fünf Scheiben schießen. Ein bestimmter Athlet hat eine Trefferwahrscheinlichkeit von 87 % im Stehend- und 93 % im Liegendschießen. Bestimmen Sie die Wahrscheinlichkeit dafür, dass er …

a) beim Liegendschießen genau die ersten drei Scheiben trifft.

b) genau vier Scheiben im Stehendschießen trifft.

c) mindestens vier Scheiben im Liegendschießen trifft.

d) den ersten Treffer im Stehendschießen bei der vierten Scheibe setzt.

e) liegend genau zwei nebeneinanderliegende Scheiben verfehlt.

Abituraufgabe   **9** Ein Glücksrad besteht aus zwei unterschiedlich großen Sektoren. Der größere Sektor ist mit der Zahl 1, der kleinere mit der Zahl 3 beschriftet. Die Wahrscheinlichkeit dafür, beim einmaligen Drehen die Zahl 1 zu erzielen, wird mit p bezeichnet. Das Glücksrad wird zweimal gedreht.

a) Begründen Sie, dass die Wahrscheinlichkeit dafür, dass die Summe der beiden erzielten Zahlen 4 ist, durch den Term $2\,p \cdot (1 - p)$ angegeben wird.

b) Die Zufallsgröße X beschreibt die Summe der beiden erzielten Zahlen. Bestimmen Sie, für welchen Wert von p die Zufallsgröße X den Erwartungswert 3 hat.

Abituraufgabe   **10** Betrachtet wird eine Bernoulli-Kette mit der Trefferwahrscheinlichkeit 0,9 und der Länge 20. Beschreiben Sie zu dieser Bernoulli-Kette ein Ereignis, dessen Wahrscheinlichkeit durch den Term $0,9^{20} + 20 \cdot 0,1 \cdot 0,9^{19}$ angegeben wird.

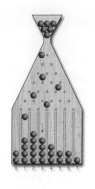

11 Ein siebenstufiges Galton-Brett (vgl. Abbildung) steht etwas schräg, sodass die Wahrscheinlichkeit einer Kugel, nach rechts zu fallen, auf jeder Stufe 0,4 beträgt.

a) Bestimmen Sie die Anzahl aller möglichen Wege, die in den dritten Auffangbehälter von links führen.

b) Berechnen Sie die Wahrscheinlichkeit dafür, dass die Kugel ...

1 nur auf den beiden letzten Stufen nach rechts fällt.

2 im dritten Auffangbehälter von rechts landet.

12 Im Wahlkurs Spanisch sind vier Schülerinnen und sechs Schüler. Aus ihnen wird eine Fünfergruppe für die Erarbeitung einer Präsentation ausgewählt. Die Zufallsgröße X beschreibt dabei die Anzahl der Mädchen in der Gruppe.

a) Beschreiben Sie ein passendes Urnenexperiment.

b) Ermitteln Sie die Wahrscheinlichkeitsverteilung von X und geben Sie diese in Tabellenform an. Zeichnen Sie ein Histogramm der kumulativen Wahrscheinlichkeitsverteilung.

13 Nach Angaben der Post erreichen 90 % aller Inlandsbriefe, die vor 18 Uhr aufgegeben werden, am nächsten Tag den Empfänger. Sophie schreibt 16 Einladungen zu einem Sommerfest und wirft sie vor der 18-Uhr-Leerung in den Briefkasten.

a) Gehen Sie vom Vorliegen einer Bernoulli-Kette aus und berechnen Sie die Wahrscheinlichkeit dafür, dass ...

1 alle Briefe bis auf einen ...   **2** alle Briefe bis auf einen bestimmten ...

am nächsten Tag zugestellt werden.

b) Nehmen Sie Stellung zur Modellierung als Bernoulli-Kette.

 14 Beim maschinellen Abfüllen von Marmelade wird der „Sollwert" von 400 g nicht immer genau eingehalten. Der Hersteller garantiert aber, dass 95 % der Gläser mindestens 390 g Marmelade enthalten. Bei einer Stichprobe werden 20 aus der laufenden Produktion zufällig entnommene Gläser überprüft. Bestimmen Sie die Wahrscheinlichkeit dafür, dass ...

a) weniger als eines der 20 Gläser weniger als 390 g enthält.

b) mindestens eines der 20 Gläser mindestens 390 g enthält.

c) mindestens eines der 20 Gläser weniger als 390 g enthält.

 15 Eine Urne enthält N Kugeln, wobei N ein Vielfaches von 10 ist. Von den N Kugeln sind 30 % schwarz und die übrigen Kugeln weiß. Es soll die Wahrscheinlichkeit dafür untersucht werden, dass man beim Ziehen von drei Kugeln ohne Zurücklegen genau eine schwarze zieht.

a) Notieren Sie Vermutungen darüber, ab welchen Werten für N der relative Fehler, den man durch das näherungsweise Modellieren als Bernoulli-Kette macht, unter 5 % bzw. unter 1 % liegt.

b) Die Wahrscheinlichkeit beim Ziehen ohne Zurücklegen lässt sich exakt mit der Formel

$$P(X = 1) = \binom{3}{1} \cdot 0{,}3 \cdot \frac{0{,}7\,N}{N-1} \cdot \frac{0{,}7\,(N-1)}{N-2}$$ berechnen. Geben Sie den Term für

$P(X = 1)$ beim Ziehen mit Zurücklegen an und erläutern Sie Unterschiede und Gemeinsamkeiten der beiden Terme.

c) Erstellen Sie in einem Tabellenkalkulationsprogramm ein Rechenblatt, in dem $P(X = 1)$ für beide Fälle sowie der relative Fehler berechnet wird. Überprüfen Sie damit Ihre Vermutungen aus Teilaufgabe a).

	A	B
1	N=	3000
2		
3	P(X=1) mit Zurücklegen	0,441
4	P(X=1) ohne Zurücklegen	0,4412
5		
6	Relativer Fehler	0,05 %

Ein Schraubenhersteller weiß, dass die Genauigkeit der erforderlichen Maße einer bestimmten Schraube in 98 % aller Fälle den Qualitätsanforderungen entspricht. Bei der Qualitätskontrolle wird eine Stichprobe von 100 Schrauben untersucht.

- Bestimmen Sie die Wahrscheinlichkeit dafür, dass genau drei Schrauben den Anforderungen nicht genügen.

- Geben Sie an, wie viele Ausschussschrauben Sie bei einer Stichprobe von 100 bzw. von 1000 Schrauben erwarten.

Häufig interessiert bei der Betrachtung einer Bernoulli-Kette nur die Wahrscheinlichkeit dafür, eine bestimmte Trefferanzahl zu erzielen.

Statt B (n; p; k) schreibt man auch $P_p^n (X = k)$.

Eine Zufallsgröße X, bei der man die Wahrscheinlichkeiten wie bei einer Bernoulli-Kette der Länge n und der Trefferwahrscheinlichkeit p berechnen kann, heißt **binomialverteilt**. Ihre Wahrscheinlichkeitsverteilung nennt man **Binomialverteilung B (n; p)**. Für sie gilt:

$$B (n; p; k) = P (X = k) = \binom{n}{k} \cdot p^k \cdot (1 - p)^{n-k}$$

Für den Erwartungswert, die Varianz und die Standardabweichung gilt:

1 $E (X) = \mu = n \cdot p$ **2** $\text{Var} (X) = n \cdot p \cdot (1 - p)$ **3** $\sigma = \sqrt{n \cdot p \cdot (1 - p)}$

Ist μ ganzzahlig, so hat $P (X = k)$ für $k = \mu$ den höchsten Wert, ansonsten hat $P (X = k)$ den höchsten Wert bei der von μ aus gesehen nächstkleineren oder nächstgrößeren ganzen Zahl.

Die Binomialverteilung ist nur für p = 0,5 symmetrisch bezüglich des Erwartungswerts.

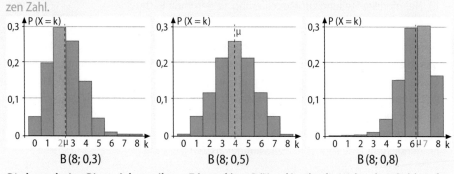

B (8; 0,3)   B (8; 0,5)   B (8; 0,8)

Statt F (n; p; k) schreibt man auch $F_p^n (k)$.

Die **kumulative Binomialverteilung F (n; p; k)** = $P (X \leq k)$ gibt die Wahrscheinlichkeit für höchstens k Treffer an:

$$F (n; p; k) = P (X \leq k) = \sum_{i=0}^{k} P (X = i) = \sum_{i=0}^{k} \binom{n}{i} \cdot p^i \cdot (1 - p)^{n-i}$$

Beispiele

I. Ein Laplace-Würfel wird 100-mal geworfen. Die Zufallsgröße X beschreibt die Anzahl der Würfe, bei denen die Augenzahl 6 ist.

   a) Bestimmen Sie die Wahrscheinlichkeit dafür, dass genau 30-mal die 6 gewürfelt wird.

   b) Berechnen Sie den Erwartungswert und die Standardabweichung von X.

   Lösung:

   a) $P (X = 30) = B \left(100; \frac{1}{6}; 30 \right) = \binom{100}{30} \cdot \left(\frac{1}{6} \right)^{30} \cdot \left(\frac{5}{6} \right)^{70} \approx 0{,}04 \, \%$

   b) $E (X) = n \cdot p = 100 \cdot \frac{1}{6} \approx 16{,}67$ und $\sigma = \sqrt{100 \cdot \frac{1}{6} \cdot \frac{5}{6}} \approx 3{,}73$

II. Die Wahrscheinlichkeit dafür, dass eine Tulpenzwiebel der Sorte „Miro" austreibt, ist 0,8. Bestimmen Sie mithilfe des Taschenrechners (Computers) die Wahrscheinlichkeit dafür, dass von 12 gesetzten Zwiebeln **1** genau 9 **2** mehr als 7 **3** zwischen 8 und 11 austreiben.

Lösung:

Die Zufallsgröße X beschreibt die Anzahl der austreibenden Zwiebeln.

Mit dem Taschenrechner bestimmt man mit der Einstellung für Verteilungen (oft DIST) einzelne (oft VAR) oder mehrere (oft LIST) Werte. Dabei steht häufig PD für die Wahrscheinlichkeitsverteilung und CD für die kumulative Wahrscheinlichkeitsverteilung. Man muss die Ereignisse so umformulieren, dass man $P(X = k)$ oder $P(X \leq k)$ berechnet.

1 Binomial PD $\rightarrow$ Var $\rightarrow$ X = 9, N = 12 und p = 0,8: $P(X = 9) \approx 0,23$

2 Binomial CD $\rightarrow$ Var $\rightarrow$ X = 7, N = 12 und p = 0,8:

$P(X > 7) = 1 - P(X \leq 7) = 1 - F(12; 0,8; 7) \approx 1 - 0,073 = 0,927$

3 $P(8 \leq X \leq 11) = P(X \leq 11) - P(X \leq 7) = \sum_{i=8}^{11} \binom{12}{i} \cdot 0,8^i \cdot 0,2^{12-i}$

$= F(12; 0,8; 11) - F(12; 0,8; 7) \approx 0,931 - 0,073 = 0,858$

Strategiewissen
Wahrscheinlichkeiten mithilfe des Taschenrechners oder Computers ermitteln

Im Tabellenkalkulationsprogramm:
1 *BINOM.VERT (9; 12; 0,8; 0)*
2 *BINOM.VERT (7; 12; 0,8; 1)*
Ähnlich ist die Funktionsweise in einer DMS.

III. Die Zufallsgröße X ist binomialverteilt mit n = 10 und p = 0,33. Begründen Sie für jede der Abbildungen, warum sie nicht zu X gehören kann.

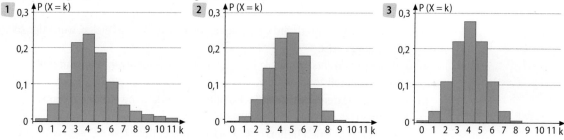

Lösung:

1 Es gilt $P(X = 11) > 0$. Dies ist ein Widerspruch zu n = 10.

2 Die Wahrscheinlichkeitsverteilung nimmt für X = 5 ihren größten Wert an. Dies ist aber nicht bei oder direkt neben dem Erwartungswert μ = 3,3.

3 Die Wahrscheinlichkeitsverteilung ist symmetrisch zu X = 4. Dies ist bei einer Wahrscheinlichkeit von p ≠ 0,5 nicht möglich.

IV. Ermitteln Sie, wie oft man eine Laplace-Münze mindestens werfen muss, um mit einer Wahrscheinlichkeit von mindestens 95 % mindestens einmal Wappen zu werfen.

Diese Aufgabenart wird auch Drei-mindestens-Aufgabe genannt, da dreimal das Wort „mindestens" vorkommt.

Lösung:

X beschreibt die Anzahl der geworfenen Wappen bei n-maligem Münzwurf.

1 Beschreiben Sie den Sachverhalt mithilfe einer Ungleichung: $P(X \geq 1) \geq 0,95$

2 Verwenden Sie das Gegenereignis, um die Wahrscheinlichkeit $P(X \geq 1)$ zu berechnen:

$1 - P(X = 0) \geq 0,95 \Leftrightarrow P(X = 0) \leq 0,05 \Rightarrow 0,5^n \leq 0,05$

3 Lösen Sie die Ungleichung durch Logarithmieren. Beachten Sie, dass sich das Ungleichungszeichen im letzten Schritt umkehrt, da $\ln y < 0$ für $y \in \,]0; 1[$:

$\ln(0,5^n) \leq \ln 0,05 \Leftrightarrow n \cdot \ln 0,5 \leq \ln 0,05 \Leftrightarrow n \geq \dfrac{\ln 0,05}{\ln 0,5} \approx 4,32$

4 Geben Sie die nächstgrößere natürliche Zahl an:

Man muss mindestens fünfmal werfen.

Strategiewissen
Drei-mindestens-Aufgaben bearbeiten

- Begründen Sie für binomialverteilte Zufallsgrößen die Berechnung des Erwartungswerts.
- Nehmen Sie Stellung zu der Aussage: „Wenn man bei einer Tombola doppelt so viele Lose kauft, kann man auch doppelt so viele Preise erwarten."

Aufgaben

1 Eine Zufallsgröße X ist binomialverteilt. Berechnen Sie jeweils die Wahrscheinlichkeit.

a) B (90; 0,1; k)		**b)** B (200; 0,75; k)	
1 $P(X = 0)$	**2** $P(X \leq 0)$	**1** $P(X = 150)$	**2** $P(X \leq 200)$
3 $\sum\limits_{i=20}^{90} P(X = i)$	**4** $P(5 \leq X \leq 15)$	**3** $P(X > 140)$	**4** $\sum\limits_{i=146}^{155} P(X = i)$

2 Aus einer Urne mit 15 roten und 85 blauen Kugeln wird mit Zurücklegen gezogen. Geben Sie zu jedem Term eine mögliche Fragestellung an.

- **a)** B (100; 0,15; 20)
- **b)** F (100; 0,15; 20)
- **c)** B (20; 0,15; 19) + B (20; 0,15; 20)
- **d)** 1 – B (50; 0,15; 7)
- **e)** F (50; 0,15; 10) – F (50; 0,15; 5)

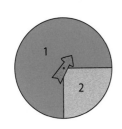

3 Das abgebildete Glücksrad wird viermal gedreht. Ein Treffer wird erzielt, wenn der Zeiger auf den Sektor 2 weist.

- **a)** Geben Sie die Wahrscheinlichkeitsverteilung für die Trefferzahl X an und stellen Sie diese in einem Histogramm dar.
- **b)** Berechnen Sie den Erwartungswert μ und die Standardabweichung σ von X.
- **c)** Bestimmen Sie die Wahrscheinlichkeit für …
  - **1** mindestens einen Treffer.
  - **2** höchstens zwei Treffer.

Aufgrund der großen Zahl an Probanden kann man von einer Binomialverteilung ausgehen.

4 In einer Gruppe von 2000 Probanden sind 100 Personen mit der Krankheit K infiziert.

- **a)** Bestimmen Sie die Wahrscheinlichkeit dafür, dass unter 50 zufällig ausgewählten Probanden dieser Gruppe höchstens eine Person ist, die mit der Krankheit K infiziert ist.
- **b)** Ermitteln Sie die Anzahl an Probanden dieser Gruppe, die man mindestens untersuchen muss, um mit einer Wahrscheinlichkeit von mehr als 99 % auf mindestens eine Person zu treffen, die mit der Krankheit K infiziert ist.

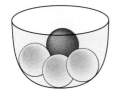

5 Aus einer Urne, die drei weiße Kugeln und eine rote Kugel enthält, wird „blind" fünfmal je eine Kugel mit Zurücklegen gezogen. Die Zufallsgröße X beschreibt die Anzahl der gezogenen roten Kugeln. Begründen Sie, welches Histogramm zum Zufallsexperiment gehört.

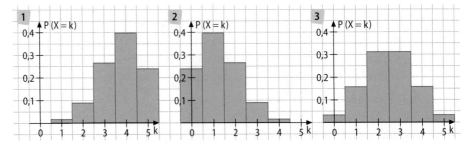

6 Entscheiden und begründen Sie, ob der Erwartungswert einer binomialverteilten Zufallsgröße **1** negative Werte **2** den Wert 0 **3** den Wert 1 annehmen kann.

7 Ordnen Sie die Werte der Größe nach und begründen Sie.

$$\sum_{i=90}^{200} \binom{200}{i} \cdot 0,4^i \cdot 0,6^{200-i}$$ | B (200; 0,4; 70) | B (200; 0,4; 80) | $$\sum_{i=80}^{200} \binom{200}{i} \cdot 0,4^i \cdot 0,6^{200-i}$$

8 Im Versandzentrum eines klimaneutral arbeitenden Logistikunternehmens kommen Pakete unabhängig voneinander auf ein Transportband. Die Wahrscheinlichkeit dafür, dass ein zufällig ausgewähltes Paket auf diesem Band nach München geht, ist 0,22.

a) Berechnen Sie die Wahrscheinlichkeit der folgenden Ereignisse: Von zehn zufällig ausgewählten Paketen auf diesem Band …

  1 haben höchstens drei das Ziel München.

  2 hat nur das zehnte das Ziel München.

  3 ist das zehnte Paket das zweite mit dem Ziel München.

b) Erläutern Sie in diesem Sachzusammenhang eine mögliche Bedeutung der Terme

  1 $P(E_4) = 0,22^3 \cdot 0,78^7$.
        2 $P(E_5) = \binom{10}{5} \cdot 0,22^5 \cdot 0,78^5$.

 9 Übertragen Sie die Terme ins Heft und ergänzen Sie diese jeweils. Beschreiben Sie ein passendes Zufallsexperiment.

a) $B(\blacksquare;\blacksquare;\blacksquare) = \binom{10}{\blacksquare} \cdot \blacksquare^{\blacksquare} \cdot 0,5^7$
       b) $B(\blacksquare;\blacksquare;\blacksquare) = \binom{\blacksquare}{2} \cdot \left(\frac{1}{6}\right)^{\blacksquare} \cdot \left(\frac{\blacksquare}{\blacksquare}\right)^6$

c) $B(\blacksquare;\blacksquare;\blacksquare) = \binom{\blacksquare}{\blacksquare} \cdot \left(\frac{\blacksquare}{\blacksquare}\right)^{10} \cdot \left(\frac{9}{10}\right)^{90}$
       d) $B(150;\blacksquare;\blacksquare) = \binom{\blacksquare}{30} \cdot \left(\frac{1}{3}\right)^{\blacksquare} \cdot \left(\frac{\blacksquare}{\blacksquare}\right)^{\blacksquare}$

 10 Mit einem Tabellenkalkulationsprogramm kann man die Eigenschaften binomialverteilter Zufallsgrößen untersuchen und grafisch darstellen.

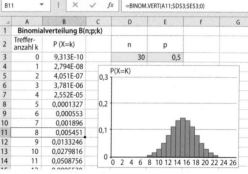

a) Erzeugen Sie in einem Tabellenkalkulationsprogramm ein Rechenblatt mit Trefferzahlen von 0 bis 30 und den dazugehörigen Werten der Binomialverteilung zu wählbaren Werten von n und p. Lassen Sie zu den Daten für n = 30 und p = 0,5 ein Säulendiagramm zeichnen. Legen Sie dabei die y-Achse auf einen festen Maximalwert von 0,3 fest.

b) Untersuchen Sie den Einfluss von p und von n auf die grafische Darstellung der Binomialverteilung, z. B. bezüglich Symmetrie, Lage des Erwartungswertes, Lage des höchsten Wertes, „Breite" und „Höhe". Beschreiben Sie Ihre Beobachtungen in der Form: „Je größer p bzw. n, desto…".

 11 Mit dynamischen Mathematikprogrammen kann man Diagramme von Binomialverteilungen zeichnen.

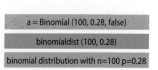

a) Erzeugen Sie in einem Mathematikprogramm das Diagramm von B (100; 0,28).

b) Untersuchen Sie – falls möglich mithilfe von Schiebereglern – den Einfluss von p und von n auf die Darstellung der Binomialverteilung analog zu Aufgabe 10.

12 Gegeben ist eine binomialverteilte Zufallsgröße X mit dem Parameterwert n = 5. Dem Diagramm in der Abbildung kann man die Wahrscheinlichkeitswerte $P(X \leq k)$ mit $k \in \{0; 1; 2; 3; 4\}$ entnehmen. Geben Sie den zu k = 5 gehörenden Wahrscheinlichkeitswert an und ermitteln Sie näherungsweise die Wahrscheinlichkeit $P(X = 2)$.

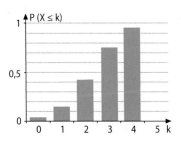

13 Im Eingangsbereich eines Freizeitparks können Bollerwagen ausgeliehen werden. Erfahrungsgemäß nutzen 15 % der Familien dieses Angebot. Die Zufallsgröße X beschreibt die Anzahl der Bollerwagen, die von den ersten 200 Familien, die an einem Tag den Freizeitpark betreten, entliehen werden. Im Folgenden wird davon ausgegangen, dass eine Familie höchstens einen Bollerwagen ausleiht und dass die Zufallsgröße X binomialverteilt ist.

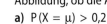

a) Bestimmen Sie die Wahrscheinlichkeit dafür, dass mindestens 25 Bollerwagen ausgeliehen werden.

b) Bestimmen Sie die Wahrscheinlichkeit dafür, dass die fünfte Familie die erste ist, die einen Bollerwagen ausleiht.

Tipp für c): systematisches Probieren

c) Ermitteln Sie den kleinsten symmetrisch um den Erwartungswert liegenden Bereich, in dem die Werte der Zufallsgröße X mit einer Wahrscheinlichkeit von mindestens 75 % liegen. Nutzen Sie hierfür den Taschenrechner oder einen Computer.

14 Im Diagramm ist eine Binomialverteilung mit den Parametern n = 10 und $p = \frac{3}{4}$ dargestellt. Entscheiden und begründen Sie anhand der Abbildung, ob die Aussagen wahr sind.

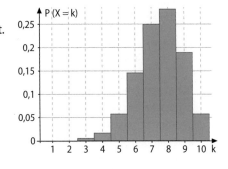

a) $P(X = \mu) > 0{,}2$

b) $P(X \leq 5) < 0{,}1$

c) $P(X \leq 9) > 0{,}95$

d) $P(8 < X < 10) < 0{,}2$

e) $P(|X - \mu| < 1) > 0{,}5$

15 Die Wahrscheinlichkeit dafür, dass sich ein beliebig ausgewählter Besucher einer Messe für Biolebensmittel vegan oder vegetarisch ernährt, beträgt 46 %. Interpretieren Sie in diesem Sachzusammenhang die Bedeutung folgender Terme.

a) $\binom{80}{30} \cdot 0{,}46^{30} \cdot 0{,}54^{50}$

b) $\binom{90}{40} \cdot 0{,}46^{50} \cdot 0{,}54^{40}$

c) $\sum_{i=30}^{90} \binom{95}{i} \cdot 0{,}46^{i} \cdot 0{,}54^{95-i}$

d) $1 - \sum_{i=0}^{10} \binom{95}{i} \cdot 0{,}46^{i} \cdot 0{,}54^{95-i}$

e) $1 - \binom{100}{42} \cdot 0{,}46^{42} \cdot 0{,}54^{58}$

f) $0{,}46^{50} + 0{,}54^{50}$

16 Eine binomialverteilte Zufallsgröße X hat die Parameter n = 2 und p (mit $0 \leq p \leq 1$).

a) Geben Sie die Wahrscheinlichkeitsverteilung von X in Abhängigkeit von p in Form einer Tabelle an.

b) Zeigen Sie anhand der Werte aus Teilaufgabe a), dass $E(X) = n \cdot p$ und $Var(X) = n \cdot p \cdot (1 - p)$ ist.

17 Eine Firma untersucht in einem Langzeittest eine Elektrolyseanlage zur Gewinnung von Wasserstoff. Die Zufallsgröße X mit der abgebildeten Wahrscheinlichkeitsverteilung beschreibt die Anzahl der täglichen störungsbedingten Abschaltungen der Anlage.

k	0	1	2	3	4
P(X = k)	0,56	0,24	0,09	0,07	0,04

a) Berechnen Sie die Wahrscheinlichkeiten der folgenden Ereignisse.

  1 E_1: „Die Anlage wird höchstens dreimal störungsbedingt abgeschaltet."

  2 E_2: „Die Anlage wird mindestens einmal störungsbedingt abgeschaltet."

b) Berechnen Sie den Erwartungswert E(X) und interpretieren Sie diesen im Sachkontext.

c) Bei einer Überprüfung der Anlage wird festgestellt, dass die störungsbedingten Abschaltungen unabhängig voneinander erfolgen und dass 75 % der Abschaltungen auf eine Übersensibilisierung des Sicherheitssystems zurückzuführen sind. Ermitteln Sie die Wahrscheinlichkeit dafür, dass von 200 störungsbedingten Abschaltungen

  1 höchstens 130   **2** mehr als 150 auf Übersensibilisierung zurückzuführen sind.

 18 9 % aller Männer haben eine Rot-Grün-Schwäche. Notieren Sie jeweils den Term für die Wahrscheinlichkeit dafür, dass ...

  1 unter 20 Männern genau drei eine Rot-Grün-Schwäche haben.

  2 unter 10 Männern keiner eine Rot-Grün-Schwäche hat.

  3 in Ihrem Jahrgang genau vier Männer eine Rot-Grün-Schwäche haben.

19 Im Diagramm ist die Binomialverteilung mit den Parametern n = 30 und p = 0,4 dargestellt.

a) Bestimmen Sie den Erwartungswert E(X) und die Standardabweichung σ.

b) Geben Sie einen Bereich für die Trefferzahlen an, so dass diese innerhalb des Intervalls ...

  1 $[\mu - \sigma; \mu + \sigma]$ liegen.   **2** $[\mu - 2\sigma; \mu + 2\sigma]$ liegen.

c) Schätzen Sie anhand der Flächen in der Abbildung die Wahrscheinlichkeiten dafür, dass die Trefferanzahl in den in Teilaufgabe b) bestimmten Bereichen liegt. Berechnen Sie diese Werte und vergleichen Sie sie mit den Schätzwerten.

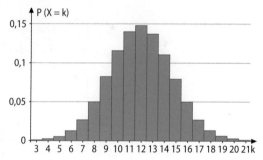

 20 Dem Jongleur Aldo gelingt sein neuester Trick mit 90 % Sicherheit. In einer Woche sind zehn Vorstellungen geplant, in denen Aldo diesen Trick vorführt.

a) Sortieren Sie die Ereignisse E_1: „Aldo blamiert sich nie.", E_2: „Aldo misslingt der Trick genau einmal." und E_3: „Aldo gelingt der Trick in keiner Vorstellung." aufsteigend nach ihrer Wahrscheinlichkeit. Begründen Sie Ihre Anordnung.

b) Beschreiben Sie im Sachzusammenhang Ereignisse E_4 bis E_8 in Worten, für deren Wahrscheinlichkeit gilt:

  A $P(E_4) = \binom{10}{2} \cdot 0,9^2 \cdot 0,1^8$ **B** $P(E_5) = 1 - 0,1^{10}$

  C $P(E_6) = \sum_{i=8}^{10} \binom{10}{i} \cdot 0,9^i \cdot 0,1^{10-i}$

  D $P(E_7) = 0,9^5 \cdot 0,1^5$ **E** $P(E_8) = \frac{10!}{5! \cdot 5!} \cdot 0,9^5 \cdot 0,1^5$

Abituraufgabe **21** Bei einem Multiple-Choice-Test werden 20 Fragen gestellt. Zu jeder Frage gibt es vier Antworten, von denen jeweils genau eine richtig ist. Bestimmen Sie die Anzahl der richtigen Antworten, die für das Bestehen des Tests mindestens zu verlangen sind, wenn die Wahrscheinlichkeit, den Test nur durch Raten zu bestehen, höchstens 0,1 % betragen soll.

Abituraufgabe **22** In der Abbildung ist die Wahrscheinlichkeitsverteilung einer Zufallsgröße X mit der Wertemenge {0; 1; 2; 3; 4} und dem Erwartungswert 2 dargestellt. Weisen Sie nach, dass es sich dabei nicht um eine Binomialverteilung handeln kann.

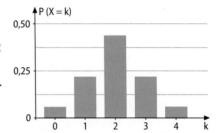

23 Ordnen Sie jeder Binomialverteilung das passende Diagramm zu und begründen Sie Ihre Auswahl.

A B(10; 0,4) **B** B(20; 0,4) **C** B(10; 0,6) **D** B(20; 0,6)

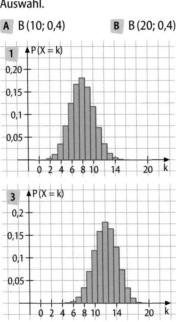

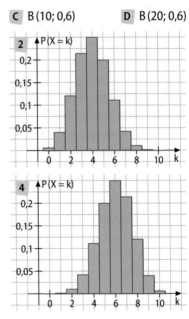

24 Ein Unternehmen stellt Bauteile für Tablets her. Ein solches Bauteil entspricht mit einer Wahrscheinlichkeit von 98 % den Qualitätsnormen.

a) Bei einer Qualitätsprüfung werden drei Bauteile zufällig ausgewählt. Begründen Sie, warum dies als Bernoulli-Kette angesehen werden kann. Ermitteln Sie mithilfe eines Baumdiagramms die Wahrscheinlichkeiten der beiden Ereignisse E_1: „Genau eines dieser Bauteile erfüllt die Qualitätsnormen nicht." und E_2: „Höchstens eines dieser Bauteile erfüllt die Qualitätsnormen nicht.".

b) Eine Sendung umfasst 50 Bauteile. Die Zufallsgröße X beschreibt die Anzahl der Bauteile, die nicht den Qualitätsnormen genügen; X kann als binomialverteilt angesehen werden. Berechnen Sie den Erwartungswert E(X) sowie die Wahrscheinlichkeit dafür, dass die Zufallsgröße X einen Wert annimmt, der um mindestens 2 größer als ihr Erwartungswert ist.

25 Beim Kartenspiel Solitaire muss man zufällige Kartenstapel nach bestimmten Regeln sortieren. 20 % aller Spiele sind unlösbar, selbst wenn man keine Fehler macht. Nazar ist sich sicher, dass er keine Fehler macht.

a) Bestimmen Sie die Wahrscheinlichkeit dafür, dass Nazar von …

  1 12 Spielen mindestens 10 Spiele löst.   **2** 14 Spielen mindestens 10 Spiele löst.

b) Ermitteln Sie die Anzahl der Spiele, die er mindestens spielen muss, damit er sich zu 98 % sicher sein kann, dass er mindestens 10 Spiele löst.

26 Eine Zufallsgröße X ist binomialverteilt nach …

  1 B (220; 0,10).   **2** B (220; 0,25).   **3** B (220; 0,40).
  4 B (220; 0,50).   **5** B (220; 0,60).   **6** B (220; 0,90).

a) Ermitteln Sie jeweils den Erwartungswert μ sowie die Standardabweichung σ und bestimmen Sie jeweils, mit welcher Wahrscheinlichkeit ein zufällig ausgewählter Wert von X im angegebenen Intervall liegt.

  A $[\mu - \sigma; \mu + \sigma]$ **B** $[\mu - 2\sigma; \mu + 2\sigma]$ **C** $[\mu - 3\sigma; \mu + 3\sigma]$

b) Prüfen Sie Ihre Ergebnisse mithilfe eines Tabellenkalkulationsprogramms und beschreiben Sie Ihre Beobachtungen.

27 Die binomialverteilte Zufallsgröße X mit den Parametern n = 8 und Trefferwahrscheinlichkeit p_x besitzt die Standardabweichung $\frac{4}{3}$. Die Abbildung zeigt die Wahrscheinlichkeitsverteilung von X.

Abituraufgabe

a) Ermitteln Sie den Wert des Parameters p_x.

b) Die binomialverteilte Zufallsgröße Y hat die Parameter n = 8 und $p_Y = 1 - p_X$. Beschreiben Sie die Fläche, die in der Abbildung die Wahrscheinlichkeit $P(Y \geq 6)$ darstellt.

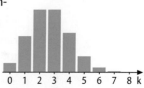

28 In einer Urne befinden sich schwarze und weiße Kugeln. Aus der Urne werden nacheinander vier Kugeln mit Zurücklegen gezogen. Ermitteln Sie den Anteil p der weißen Kugeln so, dass die Wahrscheinlichkeit für das Ereignis E: „Es wird genau eine schwarze oder genau eine weiße Kugel gezogen." maximal wird. Stellen Sie dazu P (E) als Funktion der Variablen p dar und ermitteln Sie den gesuchten Wert grafisch mithilfe einer DMS.

29 Bei dem abgebildeten Glücksrad erzielt man einen Treffer, wenn der Zeiger nach Stillstand des Rads auf dem hellblauen Teil der Scheibe steht. Dabei ist $p_{\text{Treffer}} = \frac{\alpha}{360°}$.

Es wird als Spielregel vereinbart: Das Glücksrad wird zehnmal gedreht. Man gewinnt, wenn dabei genau zwei Treffer erzielt werden.

a) Bestimmen Sie die Gewinnwahrscheinlichkeit in Abhängigkeit von p.

b) Ermitteln Sie, wie groß p (und damit α) gewählt werden muss, damit die Gewinnwahrscheinlichkeit möglichst groß wird.

30 Mithilfe der Rekursionsformel $B(n; p; k) = \frac{(n - k + 1) \cdot p}{k \cdot (1 - p)} \cdot B(n; p; k - 1)$ kann man Tabellen für Binomialverteilungen schnell ausfüllen.

recurrere (lat.): zurücklaufen

a) Überprüfen Sie die Formel an einem selbstgewählten Zahlenbeispiel.

b) Leiten Sie die Formel her, indem Sie den Quotienten $\frac{B(n; p; k)}{B(n; p; k - 1)}$ vereinfachen.

Entdecken

Ivo hat den Verdacht, dass einer seiner Spielwürfel „gezinkt" ist und bei ihm die Sechs öfter oben liegt als die anderen Augenzahlen. Er will dies mit einer Stichprobe von 120 Würfen überprüfen und meint: „Wenn die Sechs nicht genau 20-mal kommt, kann ich davon ausgehen, dass der Würfel gezinkt ist."

- Nehmen Sie Stellung zur Aussage und berechnen Sie die Wahrscheinlichkeit für das formulierte Ereignis, wenn es sich tatsächlich doch um einen Laplace-Würfel handelt.

- Formulieren Sie eine eigene Regel für das Urteil über den Würfel, die Sie als geeignet für Ivos Stichprobe ansehen.

Verstehen

Während in der Stochastik die Werte von Wahrscheinlichkeitsverteilungen meist bekannt sind oder vorausgesetzt werden, versucht man in der Statistik durch die Auswertung von Stichproben Aussagen über unbekannte Wahrscheinlichkeiten oder Häufigkeiten zu treffen. Man befragt z. B. bei Wahlprognosen aus der Grundgesamtheit eine repräsentative Stichprobe.

> Mithilfe eines **Hypothesentests** entscheidet man auf der Basis der Ergebnisse einer Stichprobe zwischen verschiedenen Vermutungen bezüglich der Ausgangssituation.
>
> Ziel eines sogenannten **Signifikanztests** ist es, zu entscheiden, ob die zu beurteilende Vermutung (**Nullhypothese H_0**) basierend auf den Stichprobenergebnissen abzulehnen ist. Hieraus ergibt sich bei einem **einseitigen Signifikanztest** die zugehörige **Alternativhypothese H_1**.

Für $0 \leq k \leq n$ und H_0: „$p_0 \geq p$" sowie H_1: „$p < p_0$" folgt der Ablehnungsbereich $\overline{A} = \{0; 1; 2; \ldots; k\}$; für H_0: „$p_0 \leq p$" und H_1: „$p > p_0$" folgt $\overline{A} = \{k + 1; \ldots; n\}$.

> Vor der Durchführung des Tests stellt man eine **Entscheidungsregel** auf: Diese wird durch den **Ablehnungsbereich $\overline{A}$** festgelegt, in dem die Stichprobenergebnisse liegen, für die man H_0 ablehnt (und damit H_1 annimmt). Im **Annahmebereich A** liegen alle Werte, für die man H_0 annimmt.
>
> Dabei können zwei mögliche Fehler auftreten:
>
> - **Fehler 1. Art** (α-Fehler): Die Nullhypothese wird irrtümlich abgelehnt.
> - **Fehler 2. Art** (β-Fehler): Die Nullhypothese wird irrtümlich angenommen.
>
> Bei einem einseitigen Signifikanztest wird ein möglichst großer Ablehnungsbereich $\overline{A}$ gewählt, so dass die Wahrscheinlichkeit für einen Fehler 1. Art kleiner als das **Signifikanzniveau α** ist. Ein Resultat auf einem Signifikanzniveau von 5 % bzw. 1 % wird als **signifikant** bzw. **hochsignifikant** bezeichnet.

> Die Wahrscheinlichkeit für den Fehler 2. Art kann nur berechnet werden, wenn für die Alternativhypothese ein bestimmter Wahrscheinlichkeitswert bekannt ist.

Begründung

Begründen Sie, dass die Wahrscheinlichkeit für den Fehler 1. Art durch die bedingte Wahrscheinlichkeit $P_{H_0 \text{ stimmt}}(X \in \overline{A})$ berechnet wird.

Lösung:

Da beim Fehler 1. Art die Nullhypothese abgelehnt wird, muss das Ergebnis der Stichprobe im Ablehnungsbereich liegen, also gilt $X \in \overline{A}$. Da die Ablehnung aber irrtümlich erfolgt, gilt als Bedingung, dass H_0 in der Realität zutreffend ist. Also gilt $P_{H_0 \text{ stimmt}}(X \in \overline{A})$.

Beispiele

I. Eine Fernsehserie hatte im letzten Jahr eine mittlere Einschaltquote von 10 %. Das Produktionsteam vermutet, dass die Beliebtheit der Serie größer war, und erbittet eine Bonuszahlung. Das Management will den Bonus nicht ungerechtfertigt zahlen und testet deshalb durch Befragung von 200 Personen die Nullhypothese „Die Einschaltquote beträgt höchstens 10 %.".

a) Entwickeln Sie einen Signifikanztest zum Signifikanzniveau 5 %.

b) Beschreiben Sie den Fehler 2. Art im Sachzusammenhang.

c) Berechnen Sie die Wahrscheinlichkeit des Fehlers 2. Art, wenn man von einer tatsächlichen Einschaltquote von 15 % ausgehen kann.

Lösung:

a)

1 Festlegen der Testgröße X, des Stichprobenumfangs n, des Signifikanzniveaus α:
X: Anzahl der Personen, die angeben, die Serie anzusehen
$n = 200; \alpha = 5\,\%$

2 Formulieren von H_0 und H_1 mit zugehörigem Ablehnungsbereich:
$H_0: p \leq 0,1$; $H_1: p > 0,1$
H_0 wird abgelehnt, wenn zu viele Befragte die Serie ansehen: $\overline{A} = \{k + 1; \ldots; n\}$

3 Ermitteln des kritischen Werts k: $P_{0,1}(X \geq k + 1) < 5\,\% \Leftrightarrow 1 - P_{0,1}(X \leq k) < 0,05$
$\Leftrightarrow 1 - F(200; 0,1; k) < 0,05 \Leftrightarrow F(200; 0,1; k) > 0,95$
Mithilfe des Taschenrechners oder Computers folgt wegen $F(200; 0,1; 27) \approx 0,957$
und $F(200; 0,1; 26) \approx 0,933$: $k = 27$. Es gilt somit $\overline{A} = \{28; \ldots; 200\}$.

4 Interpretieren der Ergebnisse: Wenn mindestens 28 Befragte die Serie ansehen, wird H_0 abgelehnt und man geht somit von einer höheren Einschaltquote aus.

k	B(200;0,1)	F(200;0,1)
25	0,0444	0,8995
26	0,0332	0,9328
27	0,0238	0,9566
28	0,0163	0,9729
29	0,0108	0,9837
30	0,0068	0,9905

Strategiewissen
Entwickeln eines Signifikanztests

b) Beim Fehler 2. Art wird die Nullhypothese irrtümlich angenommen:
In der Umfrage geben höchstens 27 Befragte an, die Sendung gesehen zu haben (es gilt also $X \in A$), obwohl die Einschaltquote höher als 10 % ist.

c) Zur Berechnung der Wahrscheinlichkeit des Fehlers 2. Art muss man die zusätzlich gegebene Wahrscheinlichkeit p_1 und den Annahmebereich heranziehen:
$\beta = P_{0,15}(X \leq 27) = F(200; 0,15; 27) \approx 31,7\,\%$

Strategiewissen
Wahrscheinlichkeit des Fehlers 2. Art berechnen

II. Zu einem Signifikanztest zur Nullhypothese $H_0: p \leq \frac{1}{5}$ mit $n = 50$ und $\overline{A} = \{15; 16; \ldots; 50\}$ sind in der Abbildung die Binomialverteilungen zu $p_0 = \frac{1}{5}$ und $p_1 = \frac{2}{5}$ dargestellt.

a) Beschreiben Sie die Bedeutung der farbig markierten Bereiche.

b) Erläutern Sie mithilfe der Abbildung, wie sich eine Verkleinerung des Ablehnungsbereichs auf die Wahrscheinlichkeiten für die Fehler 1. Art und 2. Art auswirkt.

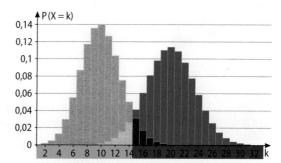

Lösung:

a) Binomialverteilung $B\left(50; \frac{1}{5}\right)$ zu H_0 Binomialverteilung $B\left(50; \frac{2}{5}\right)$
Annahmebereich A   Ablehnungsbereich $\overline{A}$
Wahrscheinlichkeit für den Fehler 1. Art   Wahrscheinlichkeit für den Fehler 2. Art für p_1

b) Wird der Ablehnungsbereich verkleinert, tragen weniger (mehr) Säulen zum Fehler 1. Art (Fehler 2. Art) bei, seine Wahrscheinlichkeit wird also kleiner (größer).

III. Ein Signifikanztest zur Nullhypothese H_0: $p \leq 20\,\%$ und H_1: $p > 20\,\%$ wird durch ein Baumdiagramm dargestellt.

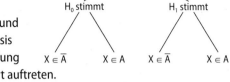

a) Vervollständigen Sie das Baumdiagramm und kennzeichnen Sie, in welchem Pfad auf Basis des Testergebnisses die richtige Entscheidung getroffen wird bzw. der Fehler 1. und 2. Art auftreten.

b) Erläutern Sie, warum eine Berechnung der Wahrscheinlichkeit des Fehlers 2. Art im Aufgabenkontext nicht möglich ist.

Lösung:

a)

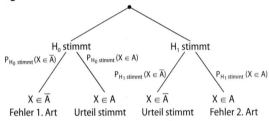

b) Da für H_1 kein Wert für p_1 bekannt ist, kann man keine Wahrscheinlichkeitswerte für bestimmte Trefferzahlen berechnen.

Nachgefragt

■ Erläutern Sie den Unterschied zwischen dem Fehler 1. Art und dem Signifikanzniveau.

■ Beschreiben und erläutern Sie die Auswirkungen auf den Ablehnungsbereich, wenn man das Signifikanzniveau verkleinert.

Aufgaben

1 Ein Bernoulli-Experiment wird 100-mal durchgeführt. Bestimmen Sie den Annahme- und den Ablehnungsbereich der Hypothese H_0: $p \leq 0,4$ für ein Signifikanzniveau von 5 %.

2 Eine Firma stellt Regenschirme her und wirbt damit, dass mehr als 98 % davon in Ordnung sind. Ein Großabnehmer hat aufgrund von Kundenrückmeldungen Zweifel an dieser Behauptung und führt einen Test mit der Nullhypothese H_0: $p \geq 2\,\%$ auf einem Signifikanzniveau von 5 % mit einem Stichprobenumfang von n = 200 durch.

a) Geben Sie an, wie der Großabnehmer seine Testgröße X festgelegt hat.

b) Bestimmen Sie den Ablehnungsbereich und formulieren Sie die Entscheidungsregel.

3 Der Oberbürgermeister der Stadt Aburg erhielt bei der letzten Wahl 55 % der Stimmen. Bei einer Befragung vor der bald anstehenden Wahl würden ihm von 100 zufällig ausgewählten Personen 46 ihre Stimme geben. Ermitteln Sie, ob dadurch die Aussage, dass sich sein Stimmenanteil seit der letzten Wahl verringert hat, auf einem Signifikanzniveau von 5 % gestützt wird.

4 Bei einem Multiple-Choice-Test werden Mia zu 20 Aufgaben jeweils vier Lösungen angeboten, von denen genau eine richtig ist.

a) Bestimmen Sie die Wahrscheinlichkeit dafür, dass Mia durch reines Raten **1** genau **2** mindestens **3** höchstens die Hälfte der richtigen Lösungen findet.

b) Ermitteln Sie die kleinste Anzahl richtiger Lösungen, ab der man die Nullhypothese „Mia rät nur." auf einem Signifikanzniveau von 5 % verwerfen kann.

5 Ein Sportartikelhersteller produziert Tennisbälle, die mit einer Quote von 5 % fehlerhaft sind. Bei einer Kontrolle werden 100 aus der laufenden Produktion zufällig entnommene Tennisbälle kontrolliert. Die Zufallsgröße „Anzahl der fehlerhaften Tennisbälle" ist als binomialverteilt anzusehen.

a) Berechnen Sie die Wahrscheinlichkeit folgender Ereignisse.

1 E_1: „Genau fünf Bälle sind fehlerhaft."

2 E_2: „Mehr als 95 % der Bälle sind einwandfrei."

3 E_3: „Mindestens 90 %, aber höchstens 96 % der Bälle sind einwandfrei."

b) Bei einem Händler werden 100 Bälle aus jeder Lieferung geprüft. Sind mindestens acht von ihnen fehlerhaft, dann geht die Lieferung an den Hersteller zurück.

1 Ermitteln Sie die Wahrscheinlichkeit dafür, dass eine Lieferung, die eine Fehlerquote von höchstens 5 % besitzt, fälschlicherweise zurückgeschickt wird.

2 Ermitteln Sie, wie die Entscheidungsregel geändert werden muss, damit bei gleichem Stichprobenumfang das Risiko, eine Sendung mit mehr als 5 % fehlerhaften Tennisbällen anzunehmen, kleiner als 12 % ist.

6 Bei einer Münze besteht der Verdacht, dass sie nur mit 40 %-iger Wahrscheinlichkeit „Zahl" zeigt. Für das Planen eines Tests werden für H_0: $p \geq 0{,}5$ verschiedene Werte von k ($0 \leq k \leq n$) für den Ablehnungsbereich $\overline{A} = \{0; 1; 2; \ldots k\}$ getestet.

a) Erstellen Sie in einem Tabellenkalkulationsprogramm gemäß der Abbildung ein Rechenblatt.

b) Ermitteln Sie durch Probieren den jeweils passenden Ablehnungsbereich, wenn …

1 man auf einem Signifikanzniveau von 5 % testen will.

2 die Wahrscheinlichkeit für den Fehler 2. Art unter 5 % liegen soll.

3 die Wahrscheinlichkeiten für die beiden Fehlerarten möglichst kleine und ähnliche Werte haben sollen.

c) Prüfen Sie, ob es für n = 200 und n = 300 einen Ablehnungsbereich gibt, für den die Wahrscheinlichkeiten beider Fehlerarten kleiner als 5 % sind.

	A	B
1		
2	n=	100
3	H0: p=	0,5
4	für FzA: p=	0,4
5	k=	50
6		
7	P(F 1. Art)=	=Binom.Vert(B5;B2;B3;1)
8	P(F 2. Art)=	=1-Binom.Vert(B5;B2;B4;1)

7 Der Stadtrat einer Großstadt stellt ein Konzept für eine klimaneutrale Stadtentwicklung vor und behauptet, dass mindestens 60 % der Bürger und Bürgerinnen das Konzept befürworten. Eine Bürgerinitiative vermutet, dass der tatsächliche Prozentsatz niedriger ist. Bei einer Umfrage stimmten 55 von 100 zufällig ausgewählten Bürgern und Bürgerinnen für das vorgestellte Konzept.

Untersuchen Sie, ob man aufgrund dieses Stichprobenergebnisses mit einer Wahrscheinlichkeit für den Fehler 1. Art von höchstens 5 % behaupten kann, dass weniger als 60 % der Bürger und Bürgerinnen das vorgestellte Konzept befürworten.

8 Langjährige Beobachtungen hatten ergeben, dass der durchschnittliche Anteil der Fahrenden ohne Fahrschein in öffentlichen Verkehrsmitteln etwa 4 % beträgt. Verstärkte Kontrollen lassen jedoch vermuten, dass der Anteil inzwischen unter 4 % gesunken ist. Um dies zu testen, werden 200 Fahrgäste zufällig ausgewählt und kontrolliert. Stellen Sie eine Entscheidungsregel auf einem Signifikanzniveau von 5 % auf.

Diskutieren Sie, ob die Wahrscheinlichkeit, sich bei der Ablehnung von H_0 zu irren, dann höchstens 5 % beträgt.

9 Da es bei den Computern einer Firma für Unternehmensberatung immer wieder zu Systemabstürzen kommt, erhält das Personal eine spezielle Schulung. Angeblich sind nach dieser Schulung nur noch höchstens 40 % der Abstürze auf reine Bedienungsfehler zurückzuführen. Bei den nächsten 100 Systemabstürzen waren in 45 Fällen reine Bedienungsfehler die Ursache.

Untersuchen Sie, ob man die Vermutung, dass nur noch höchstens 40 % der Abstürze auf reine Bedienungsfehler zurückzuführen sind, aufgrund des Testergebnisses auf einem Signifikanzniveau von 5 % ablehnen kann.

 10 Diskutieren Sie jeweils die Wahrscheinlichkeit für **1** den Fehler 1. Art **2** den Fehler 2. Art und vergleichen Sie die damit einhergehenden Folgen:

a) Es werden zwei Methoden A und B zur Reduktion von Emissionen auf Basis der Nullhypothese „Methode A ist nicht besser als Methode B." getestet.

b) Ein Polizist untersucht den Inhalt einer Schnupftabakdose auf der Basis der Nullhypothese „Das weiße Pulver ist Rauschgift.".

c) Die Betriebsstatistik des Kernkraftwerks UHO wird mithilfe der Nullhypothese „Es gibt im Kernkraftwerk UHO keine Störfälle." analysiert.

Abituraufgabe **11** Durch eine repräsentative Befragung von 100 Abiturientinnen und Abiturienten soll die Hypothese getestet werden, dass höchstens 25 % der Prüflinge noch nicht wissen, was sie nach der Abiturprüfung beruflich machen werden. Sollten mehr als 32 der 100 Prüflinge noch unentschlossen sein, wird die Hypothese abgelehnt.

Ermitteln Sie die Wahrscheinlichkeit dafür, dass die Hypothese abgelehnt wird, obwohl mehr als 25 % der Prüflinge noch keine berufliche Perspektive haben.

 **12** Um zu untersuchen, ob Tiere gewisse Substanzen orten können, werden sie durch einen Gang geschickt, der sich am Ende T-förmig verzweigt. Am Ende des einen Gangs wird eine Substanz angebracht. In einem Vorversuch ohne Substanz soll untersucht werden, ob das Tier einen der beiden Gänge bevorzugt oder nicht. Dazu wird das Tier 50-mal durch den Gang geschickt. 31-mal geht es an der Verzweigung nach links, 19-mal nach rechts.

a) Prüfen Sie, ob es sich hierbei um ein signifikantes Ergebnis handelt.

b) Ermitteln Sie die Entscheidungsregel für einen Signifikanztest mit 100 Versuchen und einem Signifikanzniveau von 1 %.

13 Zu einer Nullhypothese H_0 soll ein Signifikanztest zum Signifikanzniveau 5 % mit der Stichprobengröße $n = 15$ entwickelt werden. Ermitteln Sie nur mithilfe der abgebildeten Binomialverteilung $B(15; 0,4)$ jeweils eine Entscheidungsregel für die Nullhypothese ...

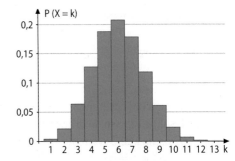

1 $H_0: p \geq 0,4$ und $H_1: p < 0,4$.

2 $H_0: p \leq 0,4$ und $H_1: p > 0,4$.

Beschreiben Sie Ihr Vorgehen.

14 Das Statistische Bundesamt hat Daten einer repräsentativen Umfrage zum Rauchverhalten der deutschen Bevölkerung veröffentlicht. Dabei wird der Anteil der Raucherinnen unter den 40- bis 44-jährigen Frauen mit 30 % angegeben. Ein Skeptiker nimmt an, dass dieser Anteil größer als 30 % ist. Er testet die Nullhypothese H_0: $p \leq 0,3$; dabei gibt p die Wahrscheinlichkeit dafür an, dass eine 40- bis 44-jährige Frau raucht. Im Rahmen des Tests stellt er jeder der zehn ausgewählten Frauen die Frage „Rauchen Sie?" und erhält die Antworten: Ja – Nein – Ja – Nein – Ja – Ja – Nein – Nein – Nein – Ja.
Untersuchen Sie, ob das Ergebnis der Befragung die Annahme des Skeptikers auf einem Signifikanzniveau von 5 % stützt.

Abituraufgabe

15 Ein Hypothesentest mit n = 100 zur Nullhypothese H_0: $p = 0,4$ soll mithilfe einer DMS veranschaulicht werden.
a) Erstellen Sie zu B(100; 0,4) und B(100; 0,3) Diagramme, einen Schieberegler für den kritischen Wert k des Ablehnungsbereichs und die senkrechte Gerade X = k.
b) Berechnen Sie die Wahrscheinlichkeiten für den Fehler 1. und 2. Art, wenn für den Fehler 2. Art $p_1 = 0,3$ angenommen wird, in Abhängigkeit vom Wert des Parameters k und ermitteln Sie den Wert des Parameters k für ein Signifikanzniveau von 5 % bzw. 1 %.

In GeoGebra:
Binomial (n, p0, false)
Binomial (n, p1, false)
Wahrscheinlichkeit für den Fehler 1. Art:
FeA = Binomial (n, p0, k, true)
Wahrscheinlichkeit für den Fehler 2. Art:
FzA = 1-Binomial (n, p1, k, true)

16 Formulieren Sie jeweils eine Nullhypothese zum Sachverhalt sowie die Alternativhypothese, beschreiben Sie die beiden Fehlerarten im Sachzusammenhang und bewerten Sie deren Konsequenzen.
a) „Die Häufigkeit von schweren Nebenwirkungen ist beim neuen Medikament geringer als beim bisherigen Medikament, bei dem sie bei 1 von 10000 Fällen lag."
b) „Bei dem neuen Medikament ist die Heilungsquote höher als die 80 % des alten Medikaments."

17 Ein Glücksrad hat vier gleich große Sektoren, die mit den Buchstaben P, L, A bzw. Y beschriftet sind.
a) Man dreht das Glücksrad dreimal. Bestimmen Sie die Wahrscheinlichkeit dafür, die Buchstabenfolge YYY zu erhalten.
b) Nach Inbetriebnahme des Glücksrads kommt der Verdacht auf, dass der Buchstabe Y zu häufig auftritt. Die Nullhypothese „Das Glücksrad liefert den Buchstaben Y mit einer Wahrscheinlichkeit von höchstens 25 %." soll durch 200-maliges Drehen des Glücksrads getestet werden. Ermitteln Sie die Entscheidungsregel für das 5 %- sowie für das 1 %-Signifikanzniveau.

18 Mit einem Signifikanztest sollen die Hypothesen H_0: $p \geq 0,5$ und H_1: $p < 0,5$ auf einem Signifikanzniveau von 5 % getestet werden.
a) Ermitteln Sie die Entscheidungsregel für eine Stichprobengröße von n = 100 und die Wahrscheinlichkeit für einen Fehler 1. Art.
b) Erstellen Sie in einem Tabellenkalkulationsprogramm eine Simulation für diesen Test unter der Annahme, dass H_0 stimmt. Notieren Sie, nach wie vielen Versuchen Sie bei wiederholter Durchführung zum ersten Mal eine Trefferzahl erhalten, die zu einer Ablehnung von H_0 führen würde. Vergleichen Sie Ihr Ergebnis mit der in Teilaufgabe a) berechneten Wahrscheinlichkeit für den Fehler 1. Art.

A	B	C	D
1 Simulation von B(100;0,5)			
2			
3			Treffer anzahl
4 Versuch	Treffer?		47
5	1	0	
6	2	0	
7	3	1	
8	4	0	
9	5	0	

Verwenden Sie ZUFALLSZAHL oder ZUFALLSBEREICH.

Bei einem Medikament treten angeblich in 5 % der Fälle Nebenwirkungen auf. Dies soll anhand einer Stichprobe mit $n = 200$ auf einem Signifikanzniveau von 1 % überprüft werden.

- Geben Sie verschiedene Möglichkeiten für die Wahl der Nullhypothese an und diskutieren Sie, welcher eintretende Fall bei der Überprüfung der gewählten Nullhypothese schlimmere Folgen für die Patienten hat.

Die Wahl der Nullhypothese hängt von der Einschätzung über mögliche Folgen einer Fehlentscheidung sowie den Interessen der auftraggebenden Institution ab.

> Bei der Planung eines Hypothesentests identifiziert man diejenige Fehlentscheidung, die im Sachzusammenhang die unangenehmeren Folgen hätte. Da man aus dem Ergebnis eines Signifikanztests nur eine Aussage über die bedingte Wahrscheinlichkeit $P_{H_0 \text{ trifft zu}}(X \in \overline{A})$ folgern kann, formuliert man die Nullhypothese so, dass diese Fehlentscheidung dem Fehler 1. Art entspricht, und hält dessen Wahrscheinlichkeit klein.
>
> **Weitere Aussagen, insbesondere über das Zutreffen der Hypothesen selbst oder über die Wahrscheinlichkeiten ihres Zutreffens können aus dem Ergebnis des Tests nicht abgeleitet werden.**

Begründung

Erläutern Sie, warum es sinnvoll ist, dass die zu vermeidende Fehlentscheidung dem Fehler 1. Art entspricht.

Lösung:

Möchte man eine Fehlentscheidung vermeiden, sollte die Wahrscheinlichkeit ihres Eintretens möglichst gering sein. Beim Signifikanztest wird nur für die Wahrscheinlichkeit für den Fehler 1. Art eine Obergrenze durch das Signifikanzniveau vorgegeben.

Beispiele

I. Ein Elektrofachgeschäft bezieht von einem Großhändler LED-Leuchten der Qualitätsklasse A. Diese sind zwar etwas teurer, aber es wird dafür eine Ausschussquote von weniger als 2 % garantiert. Geben Sie die für einen Signifikanztest zur Überprüfung dieser Zusage relevante Nullhypothese aus der Perspektive des Elektrofachgeschäfts an und erläutern Sie Ihre Überlegungen.

Lösung:

Strategiewissen
Sachgerechte Nullhypothese wählen

Fehler 1. Art: Die Nullhypothese wird abgelehnt, obwohl sie in der Realität zutrifft.

1. Erörtern Sie, welche Interessen im Sachkontext im Vordergrund stehen:
   Im Sachzusammenhang will das Elektrofachgeschäft vermeiden, den Preis für die geringe Ausschussquote zu zahlen, obwohl die Ausschussquote tatsächlich mindestens 2 % ist.

2. Schlussfolgern Sie aus der Tatsache, dass man die Wahrscheinlichkeit für den Fehler 1. Art möglichst klein halten will, die Nullhypothese:
   H_0: Die Ausschussquote beträgt mindestens 2 %.

II. Bei einem Signifikanztest wurden k Treffer gezählt und auf dieser Basis die Alternativhypothese H_1 auf dem Signifikanzniveau 1 % angenommen. Beschreiben Sie in Formelschreibweise die Wahrscheinlichkeit dafür, dass …

H_1: H_1 ist richtig.
$\overline{H_1}$: H_1 ist nicht richtig.
H_0: H_0 ist richtig.
$\overline{H_0}$: H_0 ist nicht richtig.

1 H_1 richtig ist.   **2** H_1 fälschlicherweise bestätigt wurde.

3 H_0 fälschlicherweise abgelehnt wurde.

4 $\overline{H_1}$ richtig ist, unter der Bedingung der erhaltenen k Treffer.

Geben Sie – falls möglich – eine Aussage über ihren Wert an.

Lösung:

1 $P(H_1)$ **2** $P_{\overline{H_1}}(X = k)$ **3** $P_{H_0}(X = k)$ **4** $P_{X=k}(\overline{H_1})$

2 und **3** geben Wahrscheinlichkeiten an, die in der Wahrscheinlichkeit für den Fehler 1. Art enthalten sind, und besitzen somit einen Wert kleiner als 1 %. Über die Werte der anderen Wahrscheinlichkeiten sind keine Aussagen möglich.

III. Fluggesellschaften überbuchen ihre Flüge, weil sie wissen, dass es einen bestimmten Anteil an Personen gibt, die trotz Buchung nicht zum Flug erscheinen („No-Shows"). Eine Fluglinie vermutet, dass sich der Anteil an No-Shows verändert hat. Dazu wird die Nullhypothese „Die Wahrscheinlichkeit eines No-Shows beträgt höchstens 10 %." getestet. Erläutern Sie, welche Überlegungen der Fluggesellschaft zur Auswahl der Nullhypothese führten.

Lösung:

Mit dem Signifikanztest kann man die Wahrscheinlichkeit dafür, die Nullhypothese irrtümlich abzulehnen, nach oben begrenzen. Die Fluggesellschaft möchte es vermeiden, irrtümlich von mehr als 10 % No-Shows auszugehen. In diesem Fall würden irrtümlich zu viele Plätze überbucht und Passagiere müssten mit höherer Wahrscheinlichkeit abgewiesen werden. Dies würde sich negativ auf die Kundenzufriedenheit auswirken.

Nachgefragt

- Diskutieren Sie, welche der beiden Fehlerarten bei einem Strafprozess schlimmere Folgen hat.

- Diskutieren Sie, ob man aus der Ablehnung einer Hypothese darauf schließen kann, dass die Hypothese falsch ist.

Aufgaben

1 Entscheiden und begründen Sie jeweils, ob die Aussage wahr oder falsch ist.

a) Wenn das Stichprobenergebnis im Ablehnungsbereich liegt, ist H_0 falsch.

b) Die Wahrscheinlichkeit für den Fehler 1. Art gibt an, mit welcher Wahrscheinlichkeit H_0 falsch ist.

c) Ein signifikantes Ergebnis bedeutet, dass man bei einer genügend großen Anzahl von Testwiederholungen in ungefähr 95 % der Fälle wieder ein signifikantes Ergebnis bekommt.

d) Liegt ein signifikantes Ergebnis auf einem Signifikanzniveau von 5 % vor, so ist bewiesen, dass die Gegenhypothese zu H_0 gilt.

k	B (80; 0,5; k)	F (80; 0,5; k)
44	0,0599	0,8428
45	0,0479	0,8907
46	0,0364	0,9272
47	0,0264	0,9535
48	0,0181	0,9717
49	0,0118	0,9835
50	0,0073	0,9908

2 Bei einem Signifikanztest der Stichprobengröße n = 80 zu den Hypothesen H_0: $p \geq 0{,}5$ und H_1: $p < 0{,}5$ auf einem Signifikanzniveau von 5 % erhält man 45 Treffer. Erklären Sie, warum H_0 nicht abgelehnt werden kann, obwohl $P_{0,5}^{80}(X = 45) \approx 4{,}8\,\% < 5\,\%$ ist.

3 Eine Woche vor einer Kandidatenwahl muss sich ein Kandidat mit guten Gewinnchancen entscheiden, ob er noch viel Geld in eine Extra-Kampagne stecken will. Diese wird nur dann durchgeführt, wenn bei einem als Telefonumfrage durchgeführten Signifikanztest die Nullhypothese „Der Kandidat erhält mindestens 50 % der Stimmen." abgelehnt wird. Erläutern Sie, ob bei dieser Wahl der Nullhypothese eher die Sorge um unnötig ausgegebenes Geld oder um eine verlorene Wahl im Vordergrund stehen.

4 Eine Lotteriegesellschaft bietet Rubbellose an. Auf einem Los sind vier Felder, die jeweils entweder ein Fragezeichen oder ein Ausrufezeichen enthalten. Die Lotteriegesellschaft erklärt in ihrem Gewinnplan, dass alle möglichen Kombinationen gleich wahrscheinlich sind. Bei vier Ausrufezeichen erhält man einen Gewinn.

a) Weisen Sie nach, dass nach den Angaben der Lotteriegesellschaft die Wahrscheinlichkeit für den Gewinn $\frac{1}{16}$ beträgt.

Eine Spielervereinigung befürchtet, dass die Wahrscheinlichkeit für einen Gewinn kleiner ist als von der Lotterie angegeben. Um dies zu untermauern und die Lotteriegesellschaft nicht ungerechtfertigt zu beschuldigen, soll ein Signifikanztest durchgeführt werden.

b) Formulieren Sie die Nullhypothese und die Alternativhypothese so, dass der Test der Zielsetzung der Spielervereinigung entspricht. Erläutern Sie Ihre Wahl.

c) Der Test wird mit einem Stichprobenumfang von 200 Losen und einem Signifikanzniveau von 5 % durchgeführt. Bestimmen Sie die Entscheidungsregel.

d) Die Spielervereinigung wollte ursprünglich die Nullhypothese „Die Wahrscheinlichkeit für den Gewinn beträgt mindestens $\frac{1}{16}$." bei einem Stichprobenumfang von 40 Losen auf einem Signifikanzniveau von 5 % testen. Untersuchen Sie, ob der so konzipierte Signifikanztest eine brauchbare Information geliefert hätte.

 5 Ein Autohersteller vermutet, dass die Baugruppen eines bestimmten Zulieferers besonders häufig Fehler aufweisen. Um seine Hypothese bezüglich des Anteils der fehlerhaften Baugruppen unter allen von diesem Hersteller gelieferten Teilen zu untersuchen, führt er einen Signifikanztest mit der Nullhypothese „Der Anteil der fehlerhaften Baugruppen beträgt mindestens 6 %." durch. Für diesen Test gilt $\overline{A} = \{0; \dots; 4\}$.

Die Wahrscheinlichkeit für den Fehler 1. Art in Abhängigkeit vom Anteil p der fehlerhaften Baugruppen kann der Zeichnung entnommen werden.

a) Ermitteln Sie den Stichprobenumfang möglichst exakt mithilfe eines Taschenrechners oder Computers.

b) Erläutern Sie, welche Gründe des Autoherstellers ausschlaggebend waren, die gewählte Nullhypothese der Alternative „Der Anteil der fehlerhaften Baugruppen beträgt höchstens 6 %." vorzuziehen.

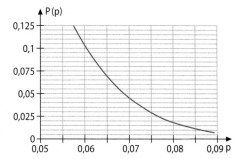

12 Ein Bus-Unternehmen richtet ein Online-Portal zur Reservierung ein und vermutet, dass dadurch der Anteil der Personen mit Reservierung, die zur jeweiligen Fahrt nicht erscheinen, zunehmen könnte. Als Grundlage für die Entscheidung darüber, ob pro Fahrt künftig mehr als 64 Reservierungen zugelassen werden, soll die Nullhypothese „Die Wahrscheinlichkeit dafür, dass eine zufällig ausgewählte Person mit Reservierung nicht zur Fahrt erscheint, beträgt höchstens 10 %." mithilfe einer Stichprobe von 200 Personen mit Reservierung auf einem Signifikanzniveau von 5 % getestet werden. Vor dem Test wird festgelegt, die Anzahl der für eine Fahrt möglichen Reservierungen nur dann zu erhöhen, wenn die Nullhypothese aufgrund des Testergebnisses abgelehnt werden müsste.

Abituraufgabe

a) Ermitteln Sie die zugehörige Entscheidungsregel.

b) Entscheiden und begründen Sie, ob bei der Wahl der Nullhypothese eher das Interesse, dass weniger Plätze frei bleiben sollen, oder das Interesse, dass nicht mehr Personen mit Reservierung abgewiesen werden müssen, im Vordergrund stand.

c) Beschreiben Sie den zugehörigen Fehler zweiter Art sowie die daraus resultierende Konsequenz im Sachzusammenhang.

Anwendung

Signifikanztests in der wissenschaftlichen Arbeit

Die Wissenschaft ist bestrebt, „signifikante Ergebnisse" zu erzielen. Eine zu starke Ausrichtung auf dieses Ziel kann jedoch auch zu Fehlern und Manipulationsversuchen führen.

1 Unter **p-Hacking** versteht man z. B. das Verändern von Testparametern nach oder während der Versuchsdurchführung mit dem Ziel, einen p-Wert unter dem Signifikanzniveau von 5 % zu erhalten.

Der p-Wert beschreibt die Wahrscheinlichkeit für den Fehler 1. Art.

2 **HARKing** ist das Aufstellen von Hypothesen, nachdem man die Daten erhoben hat.

3 Als **Publikationsbias** bezeichnet man, dass Studien mit signifikantem Ergebnis häufiger veröffentlicht werden als Studien mit einem nicht signifikanten Ergebnis. Somit werden beim Vergleich aller Studien zu einer Fragestellung (z. B. in einer Meta-Analyse) die signifikanten Ergebnisse überschätzt.

Meta-Analyse: vergleichende Zusammenfassung von Studienergebnissen zu einem Thema

In einer Studie wird ein signifikantes Ergebnis beschrieben. Dies wurde aber tatsächlich erst bei der zehnten Wiederholung des Tests erzielt.

■ Erläutern Sie, warum die Wahrscheinlichkeit für ein falsches, rein zufällig entstandenes Ergebnis in diesem Fall durch den Term $B(10; 0,05; 1)$ abgeschätzt werden kann, und berechnen Sie diesen Wert.

In einer weiteren Studie wird eine Verringerung der Antriebslosigkeit nach der Einnahme eines Vitaminpräparats mit einem signifikanten Ergebnis beschrieben. Nicht erwähnt wird jedoch, dass in der Untersuchung noch 14 weitere Gesundheitswerte wie z. B. Müdigkeit, Nervosität und Schlafstörungen überprüft wurden.

■ Beschreiben Sie, warum die Wahrscheinlichkeit für mindestens ein falsches, rein zufällig entstandenes signifikantes Ergebnis durch den Term $1 - B(15; 0,05; 0)$ abgeschätzt werden kann, und berechnen Sie diesen.

In real existierenden Kontexten spielt der Binomialtest im Vergleich zu anderen Testverfahren eine untergeordnete Rolle.

■ Recherchieren Sie weitere Testverfahren und präsentieren Sie diese im Kurs.

Zu 2.1 **1** Die Aussage aus dem 3. Axiom von Kolmogorov $P(E_1 \cup E_2) = P(E_1) + P(E_2)$ kann zu Widersprüchen führen, wenn die Bedingung $E_1 \cap E_2 = \{\}$ nicht erfüllt ist.

Zeigen Sie das Vorliegen eines Widerspruchs mithilfe der Aufteilung $\Omega = \Omega \cup \Omega$.	Machen Sie einen Widerspruch an einem konkreten Beispiel eines Zufallsexperiments plausibel.

Zu 2.2 **2** Jede der Tabellen zeigt die Wahrscheinlichkeitsverteilung einer Zufallsgröße X.

1

x_i	2	3
$P(X = x_i)$	0,6	0,4

2

x_i	−2	0	10
$P(X = x_i)$	0,45	0,50	0,05

a) Begründen Sie, dass es sich um eine Wahrscheinlichkeitsverteilung handelt.

b) Berechnen Sie den Erwartungswert und die Standardabweichung von X.

1

x_i	−2	0	1	5	10
$P(X = x_i)$	0,25	0,20	0,35	a	b

2

x_i	−10	0	10	50	100
$P(X = x_i)$	0,2	a	b	0,2	0,15

a) Bestimmen Sie die Parameter a und b, wenn …
 1 $E(X) = 1,35$ ist.
 2 $E(X) = 23,5$ ist.

b) Ermitteln Sie die Standardabweichung von X.

Zu 2.3 **3**

Eine Krankenpflegerin versorgt zehn Personen. Bestimmen Sie die Anzahl der Möglichkeiten der Hausbesuche, wenn … a) Frau Schmidt zuerst versorgt werden muss. b) zuerst die vier Männer und anschließend die sechs Frauen versorgt werden. c) die Reihenfolge keine Rolle spielt und sie nur fünf Personen besuchen kann.	Für einen Hundeparcours gibt es zwölf verschiedene Hindernisse, von denen vier zum Durchspringen, fünf zum Überspringen und drei zum Wippen sind. Bestimmen Sie die Anzahl der Möglichkeiten der Zusammenstellung, wenn … a) es von jeder Sorte genau zwei Hindernisse gibt und die Reihenfolge nicht berücksichtigt wird. b) es in dieser Reihenfolge zwei Hindernisse zum Überspringen, drei zum Wippen und drei zum Durchspringen gibt.

Zu 2.4 **4** Geben Sie an, unter welchen Voraussetzungen es sich um eine Bernoulli-Kette handelt. Legen Sie fest, was ein Treffer sein soll, und geben Sie dafür die Werte der Parameter n und p an.

a) Ronald trainiert 50-mal den Elfmeterschuss. Im Schnitt verwandelt er 80 % seiner Elfmeter. b) Man zieht 10 Kugeln aus einer Urne mit 15 roten und 7 blauen Kugeln. c) „Die Straßenbahn kommt in 5 % der Fälle zu spät, ich prüfe das jetzt bei den nächsten 20."	a) Eine Professorin hat ermittelt, dass zu ihrer Statistik-Vorlesung im Mittel 20 der 250 Studierenden zu spät kommen. b) Man wirft zehn Münzen auf einmal. c) „Jedes 7. Los gewinnt, darum kaufe ich mir 14 Lose."

5 In einer Fabrik werden je neun Schokoküsse in einer Schachtel verpackt. Erfahrungsgemäß ist bei jedem fünfzigsten die Schokohülle gebrochen.

Berechnen Sie die Wahrscheinlichkeit dafür, dass in einer Schachtel alle Schokoküsse intakt sind.	20 Schachteln werden an 20 Kunden verkauft. Bestimmen Sie die Wahrscheinlichkeit, dass genau zwei der Kunden mindestens einen gebrochenen Schokokuss in ihrer Packung haben.

Zu 2.5 **6** In einer Großbäckerei sind 40 % der hergestellten Croissants mit Schokolade gefüllt.

a) Einer Bäckerei werden 20 Croissants zufällig geliefert. Berechnen Sie die Wahrscheinlichkeit dafür, dass …

1 die ersten fünf Croissants mit Schokolade gefüllt sind.

2 mindestens ein Croissant mit Schokolade gefüllt ist.

b) Ermitteln Sie, wie viele Croissants mindestens geliefert werden müssen, damit mit einer Wahrscheinlichkeit von mindestens 95 % mindestens ein Schokocroissant in der Lieferung enthalten ist.

a) Einer Bäckerei werden 20 Croissants zufällig geliefert. Berechnen Sie die Wahrscheinlichkeit dafür, dass …

1 neun oder zehn Croissants mit Schokolade gefüllt sind.

2 mindestens zehn mit Schokolade gefüllte Croissants darunter sind.

b) Ermitteln Sie die kleinste Anzahl an Croissants, die geliefert werden müssen, damit mit einer Wahrscheinlichkeit von nicht weniger als 95 % mindestens ein Schokocroissant enthalten ist.

7 Die Zufallsgröße X beschreibt die Trefferanzahl für eine Bernoulli-Kette der Länge $n = 50$ mit der Trefferwahrscheinlichkeit $p = \frac{1}{3}$.

Stellen Sie die Wahrscheinlichkeiten durch Terme mit $B\left(50; \frac{1}{3}; k\right)$ oder $F\left(50; \frac{1}{3}; k\right)$ dar, verdeutlichen Sie sie am Diagramm und bestimmen Sie die Werte mit dem Taschenrechner.

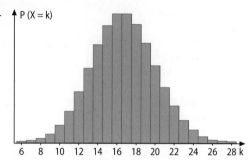

a) $P(X = 20)$

b) $P(X \geq 12)$

c) $P(5 < X \leq 10)$

d) $P(\mu - \sigma \leq X \leq \mu + \sigma)$

a) $P(20 \leq X \leq 21)$

b) $P(8 \leq X < 12)$

c) $P(X > \mu)$

d) $P(\mu - 2\sigma \leq X \leq \mu + 2\sigma)$

Zu 2.6 und 2.7 **8** In einem Lokal sind erfahrungsgemäß höchstens 25 % der bestellten Mittagsgerichte vegetarisch. Ein neuer Koch vermutet, dass sich dieser Anteil geändert hat, und überlegt, mehr vegetarische Gerichte vorzubereiten.

a) Entwickeln Sie einen Signifikanztest der Stichprobengröße $n = 100$ zur Nullhypothese „Der Anteil der bestellten vegetarischen Gerichte beträgt höchstens 25 %." auf einem Signifikanzniveau von 5 %.

b) Bewerten Sie die folgende Aussage: „Letzten Dienstag waren 6 der 20 bestellten Gerichte vegetarisch, der Anteil ist also sicher auf 30 % gestiegen."

a) Entwickeln Sie einen Signifikanztest der Stichprobengröße $n = 100$ auf einem Signifikanzniveau von 5 %, bei dem das vorherrschende Interesse darin besteht, immer ein genügend großes Angebot für Vegetarier zu haben.

b) Beurteilen Sie die folgende Aussage: „Letzten Dienstag waren 6 der 20 bestellten Gerichte vegetarisch, der Anteil ist also sicher gestiegen."

9 Der Bekanntheitsgrad p des Spitzenkandidaten einer Partei liegt bei höchstens 80 %. Eine Agentur soll den Bekanntheitsgrad auf über 80 % steigern. Sie wird nur im Erfolgsfall bezahlt. Um über diesen zu entscheiden, wird die Nullhypothese H_0: $p \leq 0{,}80$ an 200 zufällig ausgewählten Personen getestet und H_0 nur abgelehnt, wenn mindestens 170 Personen den Kandidaten kennen. Ermitteln Sie das Risiko …

der Agentur, trotz eines Bekanntheitsgrads von 85 % kein Geld zu erhalten.

der Partei, die Agentur irrtümlich zu bezahlen.

10 Bei einem Gewinnspiel werden Kugeln aus einer Urne mit zehn nummerierten Kugeln gezogen. Von diesen Kugeln sind vier rot und sechs blau. Erläutern Sie, welche Bedeutung den nachfolgenden Termen im Sachzusammenhang zukommen könnte.

a) $10 \cdot 9 \cdot 8 \cdot 7$ **b)** $\binom{4}{2} \cdot \binom{6}{3}$ **c)** 10^3 **d)** $\dfrac{10 \cdot 9 \cdot 8}{10^3}$ **e)** $\dfrac{\binom{6}{4}}{\binom{10}{4}}$

11 In einer Klasse sind 10 Jungen und 15 Mädchen.
Erläutern Sie die Bedeutung der nachfolgenden Terme im Sachzusammenhang und berechnen Sie ihre Werte.

1 $\binom{15}{7}$ **2** $\binom{10}{5}$ **3** $\binom{25}{12}$ **4** $\binom{15}{7} \cdot \binom{10}{5}$

12 Eine Bernoulli-Kette hat die Länge n und die Trefferwahrscheinlichkeit p. Die Zufallsgröße X beschreibt die Anzahl der Treffer. Ordnen Sie jeder Angabe in der linken Tabelle den passenden Ansatz in der rechten Tabelle zu.

Das Lösungswort ergibt den ersten Buchstaben des Vornamens und den Nachnamen eines Schweizer Mathematikers und Physikers.

a)	$P(X = 2)$ für $n = 5$ und $p = 0,1$	**L**	$1 - P(X = 5) = 1 - 0,1^5$
b)	$P(X \le 4)$ für $n = 5$ und $p = 0,9$	**E**	$\binom{5}{2} \cdot 0,1^2 \cdot 0,9^3 + \binom{5}{3} \cdot 0,1^3 \cdot 0,9^2$
c)	$P(1 < X < 4)$ für $n = 5$ und $p = 0,1$	**N**	$1 - 0,1^5 - 5 \cdot 0,1^4 \cdot 0,9^1$
d)	$P(X \le 1)$ für $n = 5$ und $p = 0,1$	**O**	$\binom{5}{4} \cdot 0,1^4 \cdot 0,9 + 0,1^5$
e)	$P(X > 1)$ für $n = 5$ und $p = 0,9$	**U**	$\binom{5}{2} \cdot 0,9^2 \cdot 0,1^3 + \binom{5}{3} \cdot 0,9^3 \cdot 0,1^2 + \binom{5}{4} \cdot 0,9^4 \cdot 0,1$
f)	$P(X > 3)$ für $n = 5$ und $p = 0,1$	**J**	$\binom{5}{2} \cdot 0,1^2 \cdot 0,9^3$
g)	$P(1 < X \le 4)$ für $n = 5$ und $p = 0,9$	**R**	$0,9^5 + \binom{5}{1} \cdot 0,1 \cdot 0,9^4$
h)	$P(X < 5)$ für $n = 5$ und $p = 0,1$	**L**	$5 \cdot 0,9^4 \cdot 0,1$
i)	$P(3 < X < 5)$ für $n = 5$ und $p = 0,9$	**B**	$1 - P(X = 5) = 1 - 0,9^5$
j)	$P(X \ge 0)$ für $n = 5$ und $p = 0,1$	**I**	1

13 Geben Sie an, welche der folgenden Abbildungen die Wahrscheinlichkeitsverteilung einer binomialverteilten Zufallsgröße X mit $n = 50$ und $p = 0,25$ darstellt, und begründen Sie.

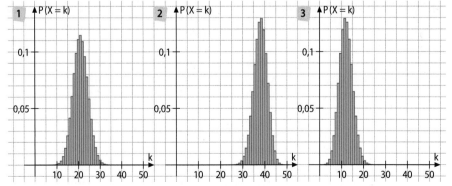

14 Die Zufallsgröße X ist binomialverteilt mit dem Erwartungswert $\mu = 40$ und der Standardabweichung $\sigma = 6$. Bestimmen Sie die Parameter n und p der Binomialverteilung und beschreiben Sie ein dazu passendes Zufallsexperiment.

15 Begründen Sie, dass beim dreifachen Wurf eines Laplace-Würfels die Wahrscheinlichkeit, genau eine Vier zu würfeln, kleiner ist als die, mindestens eine Vier zu würfeln.

16 Auf einem Abschnitt einer wenig befahrenen Landstraße ist die Höchstgeschwindigkeit auf 80 km/h begrenzt. Die Polizei führt über einen längeren Zeitraum Geschwindigkeits-messungen durch. Dabei zeigt sich, dass die Verteilung der auf km/h genau gemessenen Geschwindigkeiten näherungsweise durch eine Binomialverteilung mit den Parametern $n = 100$ und $p = 0{,}8$ beschrieben werden. Beispielsweise entspricht B (100; 0,8 ;77) näherungsweise dem Anteil der mit einer Geschwindigkeit von 77 km/h erfassten Pkw.

Abituraufgabe

a) Bestätigen Sie für die Geschwindigkeitsklasse $81 \leq v \leq 85$, dass diese auf etwa 38 % der Fahrten zutrifft.

b) Bestimmen Sie unter Verwendung der Binomialverteilung die kleinste Geschwindigkeit v^*, für die die Aussage „Bei mehr als 95 % der erfassten Fahrten wird v^* nicht überschrit-ten." gilt.

Bei einer Geschwindigkeit von mehr als 83 km/h liegt ein Tempoverstoß vor. Vereinfa-chend soll davon ausgegangen werden, dass die Geschwindigkeit eines vorbeifahrenden Pkw mit einer Wahrscheinlichkeit von 19 % größer als 83 km/h ist.

c) Berechnen Sie die Anzahl der Geschwindigkeitsmessungen, die mindestens durchge-führt werden müssen, damit mit einer Wahrscheinlichkeit von mehr als 99 % mindes-tens ein Tempoverstoß erfasst wird.

d) Liegt in einer Stichprobe von 50 Geschwindigkeitsmessungen die Zahl der Tempover-stöße um mehr als eine Standardabweichung unter dem Erwartungswert, geht die Polizei davon aus, dass wirksam vor der Geschwindigkeitskontrolle gewarnt wurde, und bricht die Kontrolle ab. Bestimmen Sie die Wahrscheinlichkeit dafür, dass die Geschwindigkeitskontrolle fortgeführt wird, obwohl die Wahrscheinlichkeit dafür, dass ein Tempoverstoß begangen wird, auf 10 % gesunken ist.

17 In ein Gitter können verschiedene Rechtecke eingezeichnet werden.

In ein 2×1-Gitter kön-nen diese drei verschie-denen Rechtecke einge-zeichnet werden:

a) Ermitteln Sie durch sorgfältiges Abzählen die Anzahl der verschiedenen Rechtecke, die in ein 2×2- bzw. in ein 3×2-Gitter eingezeichnet werden können.

b) Die Anzahl der Rechtecke in einem $a \times b$-Gitter lässt sich mithilfe der Formel $\dfrac{(a + 1) \cdot a \cdot (b + 1) \cdot b}{4}$ berechnen.

Überprüfen Sie Ihre Ergebnisse aus Teilaufgabe a) anhand der Formel.

c) Weisen Sie die Formel aus Teilaufgabe b) mithilfe der folgenden Überlegung nach: Jedes Rechteck entsteht durch Kreuzung von zwei vertikalen und zwei horizontalen Gitterlinien. Somit ist die Anzahl der Rechtecke gleich der Anzahl an Möglichkeiten dafür, zwei vertikale und zwei horizontale Gitterlinien auszuwählen.

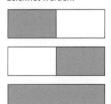

18 Geben Sie in der Herleitung der Formel $\binom{n}{k} + \binom{n}{k + 1} = \binom{n + 1}{k + 1}$ für jeden Schritt eine Begründung an.

$$\binom{n}{k} + \binom{n}{k + 1} = \frac{n!}{(n - k)! \cdot k!} + \frac{n!}{(n - k - 1)! \cdot (k + 1)!} = \frac{n! \cdot (k + 1)}{(n - k)! \cdot k! \cdot (k + 1)} + \frac{(n - k) \cdot n!}{(n - k) \cdot (n - k - 1)! \cdot (k + 1)!}$$

$$= \frac{n! \cdot (k + 1)}{(n - k)! \cdot (k + 1)!} + \frac{(n - k) \cdot n!}{(n - k)! \cdot (k + 1)!} = \frac{n! \cdot (k + 1) + (n - k) \cdot n!}{(n - k)! \cdot (k + 1)!} = \frac{n! \cdot (k + 1 + n - k)}{(n - k)! \cdot (k + 1)!}$$

$$= \frac{n! \cdot (1 + n)}{(n - k)! \cdot (k + 1)!} = \frac{(n + 1)!}{(n - k)! \cdot (k + 1)!} = \binom{n + 1}{k + 1}$$

Wahrscheinlichkeitsbegriff und Axiome von Kolmogorov

Es gibt verschiede Ansätze zur Definition des Wahrscheinlichkeitsbegriffs, z. B.:

1 Laplace'scher Wahrscheinlichkeitsbegriff
2 frequentistischer Wahrscheinlichkeitsbegriff
3 subjektiver Wahrscheinlichkeitsbegriff

Axiomensystem von Kolmogorov: Kolmogorov definiert die Wahrscheinlichkeit P (E) eines Ereignisses E als Wert einer Wahrscheinlichkeitsverteilung P, die jeder Teilmenge E (jedem Ereignis) einer (endlichen oder unendlichen) Ergebnismenge Ω eine reelle Zahl P (E) zuordnet.
Für die Wahrscheinlichkeitsverteilung P gilt:

1 $P(E) \geq 0$ (Nichtnegativität)
2 $P(\Omega) = 1$ (Normiertheit)
3 $P(E_1 \cup E_2) = P(E_1) + P(E_2)$, falls $E_1 \cap E_2 = \{\ \}$ (Additivität)

Werfen eines Laplace-Würfels:

1 Für jedes Ergebnis gilt $p = \frac{1}{6}$.
2 Die Wahrscheinlichkeit eines Ergebnisses entspricht der relativen Häufigkeit bei sehr häufigem Würfeln.
3 Die Wahrscheinlichkeit eines Ergebnisses wird bestimmt von den persönlichen Erfahrungen, z. B. „Ich würfle nie eine Sechs."

Werfen eines Quaders:
Für einen Quader, auf dessen gegenüberliegenden Seiten die gleichen Buchstaben stehen, gilt die Wahrscheinlichkeitsverteilung:

x_i	A	B	C
$P(X = x_i)$	0,1	0,3	0,6

- $P(\Omega) = 0,1 + 0,3 + 0,6 = 1$
- $P(\{A\} \cup \{B\}) = P(\{A\}) + P(\{B\}) = 0,1 + 0,3 = 0,4$, weil $\{A\} \cap \{B\} = \{\ \}$.

Zufallsgrößen und ihre Kennwerte

Eine Zufallsgröße X ordnet jedem Ergebnis ω_i (i = 1, 2, …, n) eine reelle Zahl x_i zu.
Die Wahrscheinlichkeitsverteilung ordnet jedem Wert x_i die zugehörige Wahrscheinlichkeit $P(X = x_i)$ zu.
Die kumulative Wahrscheinlichkeitsverteilung ordnet jedem Wert x_i die Wahrscheinlichkeit $P(X \leq x_i)$ zu.
Wichtige Kennwerte einer Zufallsgröße:

- **Erwartungswert** $E(X) = \mu = \sum_{i=1}^{n} x_i \cdot P(X = x_i)$
- **Varianz** $Var(X) = \sum_{i=1}^{n} (x_i - \mu)^2 \cdot P(X = x_i)$
- **Standardabweichung** $\sigma = \sqrt{Var(X)}$

Ein Spiel heißt **fair**, wenn der Erwartungswert des Gewinns gleich null ist.

Die Zufallsgröße X beschreibt die Anzahl der Treffer (90°-Sektor) beim zweimaligen Drehen des Glücksrads.
Wahrscheinlichkeitsverteilung:

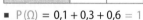

x_i	0	1	2
$P(X = x_i)$	$\frac{9}{16}$	$\frac{6}{16}$	$\frac{1}{16}$

$$E(X) = \mu = 0 \cdot \frac{9}{16} + 1 \cdot \frac{6}{16} + 2 \cdot \frac{1}{16} = \frac{8}{16} = \frac{1}{2}$$

$$Var(X) = \left(0 - \frac{1}{2}\right)^2 \cdot \frac{9}{16} + \left(1 - \frac{1}{2}\right)^2 \cdot \frac{6}{16}$$
$$+ \left(2 - \frac{1}{2}\right)^2 \cdot \frac{1}{16} = \frac{6}{16} = 0,375$$

$$\sigma = \sqrt{0,375} \approx 0,61$$

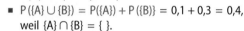

Histogramm

Urnenmodelle

Beim Ziehen von k Objekten aus n verschiedenen gilt für die Anzahl der Möglichkeiten:

		mit	ohne
		Beachtung der Reihenfolge	
ohne	Zurücklegen	$\frac{n!}{(n-k)!}$	$\binom{n}{k} = \frac{n!}{(n-k)!k!}$
mit	Zurücklegen	n^k	--

Es werden 6 Kugeln aus 49 verschiedenen gezogen. Für die Anzahl der Möglichkeiten gilt:

		mit	ohne
		Beachtung der Reihenfolge	
ohne	Zurücklegen	$\frac{49!}{43!} = 49 \cdot 48 \cdot 47 \cdot 46 \cdot 45 \cdot 44$	$\binom{49}{6} = \frac{49!}{43!6!}$ Taschenrechner: 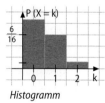
mit	Zurücklegen	49^6	--

Bernoulli-Experiment und Bernoulli-Kette

Ein Zufallsexperiment mit genau zwei möglichen Ergebnissen (z. B. Treffer/Niete) heißt Bernoulli-Experiment. Wird die Trefferwahrscheinlichkeit mit p bezeichnet, beträgt die Wahrscheinlichkeit einer Niete somit $1 - p$.
Führt man dasselbe Bernoulli-Experiment unter gleichen Bedingungen n-mal hintereinander aus, spricht man von einer **Bernoulli-Kette der Länge** n ($n \in \mathbb{N}$, $n > 1$).
Legt man die Zufallsgröße X als **Anzahl der Treffer** fest, so gilt für die Wahrscheinlichkeit des Erzielens von genau k ($0 \le k \le n$) Treffern:

$$P(X = k) = \binom{n}{k} \cdot p^k \cdot (1 - p)^{n - k}$$

Das Drehen des Glücksrads ist ein Bernoulli-Experiment mit $\Omega = \{\text{„Gewinn"}; \text{„Niete"}\}$ und $p = P(\text{„Gewinn"}) = \frac{1}{4}$.
Dreimaliges Drehen des Glücksrads entspricht einer Bernoulli-Kette der Länge 3. Für die Wahrscheinlichkeit dafür, genau 2 Gewinne zu erzielen, gilt somit:

$$P(X = 2) = \binom{3}{2} \cdot \left(\frac{1}{4}\right)^2 \cdot \left(\frac{3}{4}\right)^1 = \frac{9}{64}$$

Binomialverteilung

Eine Zufallsgröße X, bei der man die Wahrscheinlichkeiten wie bei einer Bernoulli-Kette der Länge n und der Trefferwahrscheinlichkeit p berechnen kann, heißt **binomialverteilt**. Ihre Wahrscheinlichkeitsverteilung nennt man **Binomialverteilung B (n; p)**. Für sie gilt:

$$B(n; p; k) = P(X = k) = \binom{n}{k} \cdot p^k \cdot (1 - p)^{n - k}$$

Die **kumulative Binomialverteilung F (n; p)** gibt die Wahrscheinlichkeit für höchstens k Treffer an:

$$F(n; p; k) = P(X \le k) = \sum_{i = 0}^{k} \binom{n}{i} \cdot p^i \cdot (1 - p)^{n - i}$$

Eine Zufallsgröße X ist binomialverteilt mit $n = 10$ und $p = 0{,}66$.
Histogramm:

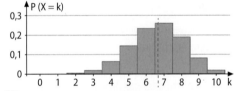

1 $E(X) = n \cdot p = 10 \cdot 0{,}66 = 6{,}6$

2 $\text{Var}(X) = n \cdot p \cdot (1 - p) = 2{,}244$

3 $\sigma = \sqrt{n \cdot p \cdot (1 - p)} = \sqrt{10 \cdot 0{,}66 \cdot 0{,}34} \approx 1{,}5$

Einseitiger Signifikanztest

Ziel eines einseitigen Signifikanztests ist es, zu entscheiden, ob die zu beurteilende Vermutung (**Nullhypothese H_0**) basierend auf den Stichprobenergebnissen abzulehnen ist. Vor dem Test stellt man eine **Entscheidungsregel** auf: Diese wird durch den **Ablehnungsbereich $\overline{A}$** festgelegt, in dem alle Werte liegen, für die man H_0 ablehnt. Im **Annahmebereich A** liegen alle Werte, für die man H_0 annimmt. Dabei können zwei Fehler auftreten:

- **Fehler 1. Art** (α-Fehler): Die Nullhypothese wird irrtümlich abgelehnt.
- **Fehler 2. Art** (β-Fehler): Die Nullhypothese wird irrtümlich angenommen.

Bei einem einseitigen Signifikanztest wird der Ablehnungsbereich $\overline{A}$ möglichst groß gewählt, so dass die Wahrscheinlichkeit für einen Fehler 1. Art kleiner als das **Signifikanzniveau α** ist.
Als Nullhypothese wählt man diejenige, bei der man die Folgen eines Fehlers 1. Art im Sachzusammenhang als unangenehmer einschätzt.

Es tauchen gefälschte 2-€-Münzen auf, die sich von den echten u. a. dadurch unterscheiden, dass sie beim Münzwurf seltener „Zahl" zeigen. Zur Überprüfung wird eine Münze 100-mal geworfen.
Für die Hypothesen H_0: $p \ge 50\%$ und H_1: $p < 50\%$ ergibt sich mit dem Ablehnungsbereich $\overline{A} = \{0; \ldots; 41\}$ für die Wahrscheinlichkeit des Fehlers 1. Art:
$P(\text{Fehler 1. Art}) = P_{H_0 \text{ stimmt}}(X \le 41) = F(100; 0{,}5; 41)$
$\approx 0{,}044 < 5\%$.
Eine Testdurchführung, bei der höchstens 41 mal „Zahl" geworfen wird, stützt somit die Ablehnung der Nullhypothese auf einem Signifikanzniveau von 5%.

Durch die Wahl der Nullhypothese sollte vor allem vermieden werden, dass die Münze irrtümlich als Fälschung eingestuft wird und somit fälschlicherweise aussortiert wird.

Die Wahrscheinlichkeit für den Fehler 2. Art kann nur berechnet werden, wenn für die Alternativhypothese H_1 ein bestimmter Wahrscheinlichkeitswert angegeben wird.

Aufgaben zur Einzelarbeit

☺ **Das kann ich!** ☺ **Das kann ich fast!** ☹ **Das kann ich noch nicht!**

Überprüfen Sie Ihre Fähigkeiten und Kompetenzen. Bearbeiten Sie dazu die folgenden Aufgaben und bewerten Sie Ihre Lösungen mit einem Smiley.

1 Die Zufallsgröße X beschreibt die Anzahl der Treffer bei einer Bernoulli-Kette mit den Parametern $n = 100$ und $p = 0,17$. Formulieren Sie Ereignisse, deren Wahrscheinlichkeiten mit den Termen berechnet werden können.

a) $B(100; 0,17; 17)$ b) $F(100; 0,17; 17)$

c) $\sum_{i=10}^{20} B(100; 0,17; i)$ d) $1 - F(100; 0,17; 17)$

2 Berechnen Sie $\binom{5}{3}$, $\binom{101}{99}$, $\binom{16}{2}$, $\binom{5}{2}$ …

a) ohne Verwendung von Hilfsmitteln.

b) mit dem Taschenrechner.

3 Weisen Sie nach, dass die Tabellen Wahrscheinlichkeitsverteilungen einer Zufallsgröße X darstellen. Berechnen Sie jeweils den Erwartungswert und die Standardabweichung.

1

x_i	-2	1	2
$P(X = x_i)$	$0,6$	$0,3$	$0,1$

2

x_i	-1	0	1	2	3
$P(X = x_i)$	$0,05$	$0,3$	$0,25$	$0,2$	$0,2$

4 Die Abbildung veranschaulicht eine der angegebenen Binomialverteilungen. Entscheiden und begründen Sie, um welche es sich handelt, und berechnen Sie jeweils den Erwartungswert sowie die Standardabweichung.

$B(13; 0,4)$; $B(13; 0,5)$; $B(13; 0,8)$

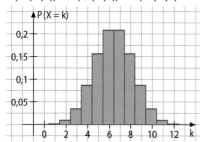

5 Bei einem mit den Zahlen 1 bis 4 beschrifteten Laplace-Tetraeder gilt diejenige Zahl als gewürfelt, die auf der Unterseite des Tetraeders steht.

a) Berechnen Sie die Wahrscheinlichkeit, dass man bei 20 Würfen mindestens fünfmal eine 4 würfelt.

b) Olivia hat sechsmal eine 1, siebenmal eine 2, dreimal eine 3 und viermal eine 4 geworfen. Berechnen Sie, wie viele verschiedenen Reihenfolgen hierfür möglich sind.

c) Ermitteln Sie, wie oft Olivia das Laplace-Tetraeder mindestens werfen muss, um mit einer Wahrscheinlichkeit von mindestens 99 % mindestens eine 4 zu werfen.

6 Aus einem Pokerblatt mit 52 Karten werden acht Karten ohne Zurücklegen gezogen. Bestimmen Sie jeweils die Wahrscheinlichkeit dafür, dass man

1 keine Herzkarte zieht.

2 mindestens zwei Herzkarten zieht.

7 Bei einem Kaffeeautomat läuft in 15 % der Fälle die Milch über. Nach einer Wartung erfolgt dies bei den nächsten 100 Einsätzen nur siebenmal.

a) Entscheiden Sie, ob man auf einem Signifikanzniveau von 1 % sagen kann, dass die Wahrscheinlichkeit für überlaufende Milch verringert wurde.

b) Ermitteln Sie die Entscheidungsregel für einen Hypothesentest auf einem Signifikanzniveau von 10 %.

8 Erläutern Sie unter Angabe des passenden Axioms von Kolmogorov, warum es sich nicht um eine Wahrscheinlichkeitsverteilung handelt.

x_i	-4	5	10	12
$P(X = x_i)$	$\frac{1}{8}$	$\frac{1}{3}$	$\frac{1}{4}$	$\frac{3}{8}$

1 Bearbeiten Sie diese Aufgaben zuerst alleine.

2 Suchen Sie sich einen Partner oder eine Partnerin und arbeiten Sie zusammen weiter: Erklären Sie sich gegenseitig Ihre Lösungen. Korrigieren Sie fehlerhafte Antworten.

Sind folgende Behauptungen richtig oder falsch? Begründen Sie.

A Der Erwartungswert $E(X)$ einer Zufallsgröße X ist niemals größer als der größte Wert der Zufallsgröße.

B Bei einer Bernoulli-Kette können verschiedene Ereignisse nicht gleich wahrscheinlich sein.

C Es gilt: $\sum_{i=0}^{n} i^2 = \left(\sum_{i=0}^{n} i \right)^2$.

D Das Signifikanzniveau α gibt eine Obergrenze für die Wahrscheinlichkeit an, dass man sich geirrt hat, wenn man H_0 abgelehnt hat.

E Es gilt $\sum_{i=1}^{n} P(\omega_i) = 1$ für $\Omega = \{\omega_1; \omega_2; \ldots; \omega_n\}$.

F Wenn man ein Glücksrad herstellen möchte, um damit ein Bernoulli-Experiment durchzuführen, muss man darauf achten, das Rad in gleich große Sektoren einzuteilen.

G Eine Zufallsgröße kann höchstens so viele verschiedene Werte annehmen, wie es Ergebnisse in der Ergebnismenge gibt.

H $n \cdot (n-1) \cdot (n-2) \cdot \ldots \cdot (n-8) = \dfrac{n!}{(n-8)!}$

I Die Zufallsgröße X beschreibt die Anzahl der Wappen beim zehnmaligen Werfen einer Laplace-Münze. Es gilt $E(X) = 5$ und $\sigma = 10 \cdot \dfrac{1}{2} \cdot \dfrac{1}{2}$.

J Wenn eine Zufallsgröße nur ganzzahlige Werte annimmt, ist auch der Erwartungswert ganzzahlig.

K Wenn für eine Zufallsgröße X der Erwartungswert $E(X) = 0$ ist, dann nimmt X genau so viele negative wie positive Werte an.

L Ein Zufallsexperiment kann nicht zugleich ein Bernoulli-Experiment und ein Laplace-Experiment sein.

M Für die kumulative Wahrscheinlichkeitsverteilung einer binomialverteilten Zufallsgröße gilt: $F(n; p; n) = 1$.

N Für jede Binomialverteilung gilt: $B(n; p; 0) = 0$.

O Wählt man ohne Zurücklegen k (k > 1) Objekte aus einer n-elementigen Menge, so ist die Anzahl der Möglichkeiten größer, wenn man die Reihenfolge beachtet, als wenn man dies nicht tut.

P Fällt bei einem Signifikanztest die Trefferzahl in den Ablehnungsbereich, dann ist die Nullhypothese falsch.

Q Ein signifikantes Ergebnis bei einem Hypothesentest bedeutet, dass die Alternativhypothese mit einer Wahrscheinlichkeit von 95 % richtig ist.

Ich kann ...	Aufgaben	Hilfe
... die Axiome von Kolmogorov angeben und an Beispielen erläutern.	8, E	S. 60
... zu einer Zufallsgröße die Wahrscheinlichkeitsverteilung tabellarisch und graphisch darstellen sowie Erwartungswert, Varianz und Standardabweichung berechnen.	3, A, C, G, J, K	S. 64
... verschiedene Fälle des Ziehens von Objekten in Urnenmodellen unterscheiden und damit Anzahlen von Möglichkeiten und Wahrscheinlichkeiten im Sachkontext berechnen.	2, 6, H, O	S. 70
... bei binomialverteilten Zufallsgrößen Wahrscheinlichkeiten, Erwartungswert und Standardabweichung ermitteln und deren graphische Darstellung interpretieren.	1, 4, 5,, B, F, I, L, M, N,	S. 76, 80
... einseitige Signifikanztests entwickeln und interpretieren.	7, D, P, Q	S. 88

1 Gegeben ist die Zufallsgröße X mit der Wertemenge {0; 1; 2; 3; 4; 5}. Die Wahrscheinlichkeitsverteilung von X ist symmetrisch, d. h. es gilt
$P(X = 0) = P(X = 5)$, $P(X = 1) = P(X = 4)$ und $P(X = 2) = P(X = 3)$.
Die Tabelle zeigt die Wahrscheinlichkeitswerte $P(X \leq k)$ für $k \in \{0; 1; 2\}$.

k	0	1	2	3	4	5
$P(X \leq k)$	0,05	0,20	0,50			

a) Übertragen Sie die Tabelle in Ihr Heft. Ergänzen Sie die fehlenden Werte und erläutern Sie Ihr Vorgehen.

b) Begründen Sie, dass X nicht binomialverteilt ist.

 2 Die Zufallsgröße X kann ausschließlich die Werte 1, 4, 9 und 16 annehmen. Bekannt sind $P(X = 9) = 0,2$ und $P(X = 16) = 0,1$ sowie $E(X) = 5$. Bestimmen Sie mithilfe eines Ansatzes für den Erwartungswert die Wahrscheinlichkeiten $P(X = 1)$ und $P(X = 4)$.

 **3** Nach einem Bericht zur Allergieforschung aus dem Jahr 2008 litt damals in Deutschland jeder vierte bis fünfte Einwohner an einer Allergie. 41 % aller Allergiker reagierten allergisch auf Tierhaare.

a) Entscheiden und begründen Sie, ob aus diesen Aussagen gefolgert werden kann, dass 2008 mindestens 10 % der Einwohner Deutschlands auf Tierhaare allergisch reagierten.

Nach einer aktuellen Erhebung leiden 25 % der Einwohner Deutschlands an einer Allergie. Aus den Einwohnern Deutschlands werden n Personen zufällig ausgewählt.

b) Bestimmen Sie, wie groß n mindestens sein muss, damit mit einer Wahrscheinlichkeit von mehr als 99 % mindestens eine der ausgewählten Personen an einer Allergie leidet.

c) Im Folgenden ist n = 200. Die Zufallsgröße X beschreibt die Anzahl der Personen unter den ausgewählten Personen, die an einer Allergie leiden. Bestimmen Sie die Wahrscheinlichkeit dafür, dass der Wert der binomialverteilten Zufallsgröße X höchstens um eine Standardabweichung von ihrem Erwartungswert abweicht.

 **4** Beim Torwandschießen treten zwei Schützen gegeneinander an. Zunächst gibt der eine sechs Schüsse ab, anschließend der andere. Wer mehr Treffer erzielt, hat gewonnen; andernfalls geht das Torwandschießen unentschieden aus. Joe trifft beim Torwandschießen bei jedem Schuss mit einer Wahrscheinlichkeit von 20 %, Hans mit einer Wahrscheinlichkeit von 30 %.

a) Bestimmen Sie die Wahrscheinlichkeit dafür, dass Joe beim Torwandschießen gegen Hans gewinnt, wenn Hans bei seinen sechs Schüssen genau zwei Treffer erzielt hat. Erläutern Sie anhand einer konkreten Spielsituation, dass das dieser Aufgabe zugrunde gelegte mathematische Modell im Allgemeinen nicht der Realität entspricht.

b) Beschreiben Sie im Sachzusammenhang ein Ereignis, dessen Wahrscheinlichkeit durch den Term $\sum\limits_{k=0}^{6} B(6; 0,2; k) \cdot B(6; 0,3; k)$ angegeben wird.

c) Lisa erreichte im Training in 90 % aller Fälle bei sechs Schüssen mindestens einen Treffer. Bestimmen Sie die Wahrscheinlichkeit dafür, dass ihr erster Schuss im Wettbewerb ein Treffer ist, wenn man davon ausgeht, dass sich ihre Trefferquote im Vergleich zum Training nicht ändert. Legen Sie Ihrer Berechnung als Modell eine geeignete Bernoulli-Kette zugrunde.

5 Ein Unternehmen organisiert Fahrten mit einem Ausflugsschiff, auf dem 300 Fahrgäste Platz haben.

a) Zu Beginn einer vollbesetzten Fahrt werden 15 Fahrgäste zufällig ausgewählt; diese erhalten jeweils ein Freigetränk. Zwei Drittel der Fahrgäste kommen aus Deutschland, die übrigen aus anderen Ländern. Erläutern Sie, warum sich die Wahrscheinlichkeit dafür, dass die 15 ausgewählten Fahrgäste aus Deutschland kommen, nur näherungsweise mit dem Term $\left(\frac{2}{3}\right)^{15}$ berechnen lässt, und bestimmen Sie den exakten Wert.

Möchte man an einer Fahrt teilnehmen, so muss man dafür im Voraus eine Reservierung vornehmen. Erfahrungsgemäß erscheinen von den Personen mit Reservierung einige nicht zur Fahrt. Für die 300 Plätze lässt das Unternehmen deshalb bis zu 325 Reservierungen zu. Es soll davon ausgegangen werden, dass für jede Fahrt tatsächlich 325 Reservierungen vorgenommen werden. Erscheinen mehr als 300 Personen mit Reservierung zur Fahrt, so können nur 300 von ihnen daran teilnehmen; die übrigen müssen abgewiesen werden. Vereinfachend soll angenommen werden, dass die Anzahl der Personen mit Reservierung, die zur Fahrt erscheinen, binomialverteilt ist, wobei die Wahrscheinlichkeit dafür, dass eine zufällig ausgewählte Person mit Reservierung nicht zur Fahrt erscheint, 10 % beträgt.

b) Geben Sie einen Grund dafür an, dass es sich bei dieser Annahme im Sachzusammenhang um eine Vereinfachung handelt.

c) Bestimmen Sie die Wahrscheinlichkeit dafür, dass mindestens eine Person mit Reservierung abgewiesen werden muss.

d) Für das Unternehmen wäre es hilfreich, wenn die Wahrscheinlichkeit dafür, mindestens eine Person mit Reservierung abweisen zu müssen, kleiner als ein Prozent wäre. Dazu müsste die Wahrscheinlichkeit dafür, dass eine zufällig ausgewählte Person mit Reservierung nicht zur Fahrt erscheint, mindestens einen bestimmten Wert haben. Ermitteln Sie diesen Wert auf ganze Prozent genau.

Das Unternehmen richtet ein Online-Portal zur Reservierung ein und vermutet, dass dadurch der Anteil der Personen mit Reservierung, die zur jeweiligen Fahrt nicht erscheinen, zunehmen könnte. Als Grundlage für die Entscheidung darüber, ob pro Fahrt künftig mehr als 325 Reservierungen zugelassen werden, soll die Nullhypothese „Die Wahrscheinlichkeit dafür, dass eine zufällig ausgewählte Person mit Reservierung nicht zur Fahrt erscheint, beträgt höchstens 10 %." mithilfe einer Stichprobe von 200 Personen mit Reservierung auf einem Signifikanzniveau von 5 % getestet werden. Vor der Durchführung des Tests wird festgelegt, die Anzahl der möglichen Reservierungen pro Fahrt nur dann zu erhöhen, wenn die Nullhypothese aufgrund des Testergebnisses abgelehnt werden müsste.

e) Ermitteln Sie für den beschriebenen Test die zugehörige Entscheidungsregel.

f) Entscheiden Sie, ob bei der Wahl der Nullhypothese eher das Interesse, dass weniger Plätze frei bleiben sollen, oder das Interesse, dass nicht mehr Personen mit Reservierung abgewiesen werden müssen, im Vordergrund stand. Begründen Sie Ihre Entscheidung.

g) Beschreiben Sie den zugehörigen Fehler 2. Art im Sachkontext.

h) Erläutern Sie, wie sich die Entscheidungsregel verändert, wenn der Test auf einem Signifikanzniveau von 1 % durchgeführt wird.

Lösungen

Mediencode
63032-08

Aufgabe	Ich kann schon …
1	… einfache gebrochen-rationale Funktionen auf charakteristische Eigenschaften untersuchen.
2	… Produkte und Verkettungen von Funktionen ableiten.
3, 4, 6	… mir bereits bekannte Funktionstypen mithilfe der Differentialrechnung untersuchen.
5	… mit Logarithmen rechnen.

1 Geben Sie die maximale Definitionsmenge der Funktion $f: x \mapsto f(x)$ an. Untersuchen Sie die Funktion auf Null- und Polstellen sowie ihr Verhalten an den Rändern des Definitionsbereichs. Zeichnen Sie den Graphen von f und kontrollieren Sie Ihre Ergebnisse mithilfe einer DMS.

a) $f(x) = \dfrac{x}{x+2}$
b) $f(x) = \dfrac{1}{x^2} - 4$
c) $f(x) = -\dfrac{x^2}{x^2+3}$
d) $f(x) = \dfrac{x}{3(x-1)^2}$

e) $f(x) = \dfrac{2}{x^2 - 6x + 9}$
f) $f(x) = \dfrac{x^2+1}{x^2-1}$
g) $f(x) = \dfrac{x(x+2)}{4x^2 + 16x + 12}$
h) $f(x) = -\dfrac{x^2-4}{x^2-5x}$

2 **a)** Stellen Sie alle Ihnen bisher bekannten Ableitungsregeln mit Beispielen in einer Concept-Map dar.
b) Bestimmen Sie jeweils die erste Ableitung der Funktion $f: x \mapsto f(x)$, $D_f = \mathbb{R}$. Erläutern Sie Ihr Vorgehen.

1 $f(x) = 2x^4 - 4x^3 + \frac{1}{3}x^2 - 7$
2 $f(x) = \sin(2x)$
3 $f(x) = x \cdot e^{0,5x}$

4 $f(x) = -x^2 \cdot \cos(\pi x)$
5 $f(x) = e^{-x^2}$
6 $f(x) = (x + e^x)^2$

3 **a)** Begründen Sie, dass der Graph der Funktion $f: x \mapsto \frac{1}{x}$ nicht auf ganz $D_f = \mathbb{R}\backslash\{0\}$ streng monoton fallend ist, obwohl er diese Eigenschaft sowohl im Intervall $]-\infty; 0[$ als auch im Intervall $]0; +\infty[$ besitzt.
b) Untersuchen Sie jeweils die Funktion $f: x \mapsto f(x)$, $D_f = \mathbb{R}$, auf ihr Monotonieverhalten.

1 $f(x) = 3 - x^2$
2 $f(x) = \dfrac{1}{e^x}$
3 $f(x) = x^3 - 4x$
4 $f(x) = 2 - e^x$

4 **a)** Beschreiben Sie Strategien, um Extrem- und Wendestellen einer differenzierbaren Funktion zu ermitteln.
b) Untersuchen Sie jeweils den Graphen G_f der Funktion $f: x \mapsto f(x)$, $D_f = \mathbb{R}$, auf Symmetrie bezüglich des Koordinatensystems sowie auf Extrem- und Wendepunkte. Bestimmen Sie das Verhalten von G_f an den Rändern des Definitionsbereichs und zeichnen Sie G_f.

1 $f(x) = 0,5x \cdot e^x$
2 $f(x) = e^{-0,5x^2}$
3 $f(x) = x + e^{-x}$
4 $f(x) = \dfrac{x^2}{e^x}$

5 Benennen Sie die Rechengesetze für Logarithmen und bestimmen Sie mit deren Hilfe jeweils den Wert des Terms.

1 $e^{\ln 2}$
2 $\ln 1 - e$
3 $\ln \frac{1}{e}$
4 $e^{2\ln 3}$
5 $\ln e^4$
6 $\ln(\ln e)$

6 Das Profil einer Achterbahn kann in einem Teilstück durch die Funktion $f: x \mapsto \frac{1}{20}x^2 - \frac{2}{5}x + \frac{9}{5} + e^{2-0,5x}$, $D_f = [0; 15]$, beschrieben werden (x und $f(x)$ in Meter). Die x-Achse beschreibt im Modell den Erdboden. Bestimmen Sie näherungsweise den niedrigsten Punkt des modellierten Teilstücks der Bahn und beschreiben Sie Ihr Vorgehen.

7 Die Abbildung zeigt die Graphen G_f einer Funktion f und ihrer Ableitungsfunktion.
a) Geben Sie die Steigung der Tangente an G_f im Punkt $P(0 \mid f(0))$ an.
b) Der Graph G_g der Funktion g entsteht aus G_f durch Streckung mit dem Faktor $b \in \mathbb{R}^+$ in y-Richtung. Die Tangente an G_g im Punkt $P(0 \mid g(0))$ schneidet die x-Achse im Punkt N. Bestimmen Sie rechnerisch die x-Koordinate des Punktes N.

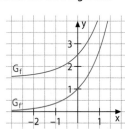

Quotientenregel und Umkehrfunktion

3

Einstieg

Das 3. Kepler'sche Gesetz stellt einen Zusammenhang zwischen der Umlaufdauer T eines Trabanten um ein Zentralgestirn und der großen Halbachse a seiner elliptischen Umlaufbahn her. Es gilt $\frac{T^2}{a^3} = C$, wobei die Konstante C vom Zentralgestirn abhängt (sofern dessen Masse größer ist als die der Trabanten).

- Bestimmen Sie die große Halbachse der Umlaufbahn der Erde $\left(C_{\text{Sonne}} = 2,97 \cdot 10^{-19} \, \frac{s^2}{m^3}\right)$.
- Lösen Sie die Gleichung nach a bzw. T auf und erklären Sie jeweils, was sich mit der Formel berechnen lässt.
- Erläutern Sie den Zusammenhang zwischen den Formeln für a und T.

Ausblick

In diesem Kapitel wird das Repertoire der Ableitungsregeln erweitert, so dass zusätzliche Funktionstypen mithilfe der Methoden der Differentialrechnung untersucht werden können. Den zweiten Schwerpunkt bildet die Betrachtung von Umkehrfunktionen, mit denen man auf Eigenschaften von Wurzel- und Logarithmusfunktionen schließen kann.

Historische Ecke

Mediencode 63032-10

Entdecken

Bei einem Gewitter lässt sich die Regenmenge $\left(\text{in } 10 \frac{\ell}{m^2}\right)$ durch die Funktion $f: t \mapsto \frac{2t}{t^2+1}$, $t \in \mathbb{R}_0^+$, modellieren (t: Zeit ab Regenbeginn in Minuten).

- Zeichnen Sie den Graphen der Funktion f in einer DMS und interpretieren Sie seinen Verlauf im Sachkontext. Geben Sie den Zeitpunkt an, zu dem der Regen am stärksten ist.

- Weisen Sie nach, dass für die Funktion $g: x \mapsto \frac{1}{x}$, $D_g = \mathbb{R}\backslash\{0\}$, gilt: $g'(x) = -\frac{1}{x^2}$.

- Schreiben Sie den Term $f(t)$ als Produkt, leiten Sie f mithilfe der bekannten Regeln ab und bestimmen Sie den Zeitpunkt des stärksten Regens rechnerisch.

Verstehen

Eine Funktion, die ein Quotient aus zwei differenzierbaren Funktionen ist, kann als Produkt geschrieben und mithilfe der Produkt- und Kettenregel differenziert werden. Daraus lässt sich eine weitere wichtige Ableitungsregel herleiten.

Merken Sie sich:
$$\left(\frac{1}{x}\right)' = -\frac{1}{x^2}$$
und die Kurzform
$$\left(\frac{u}{v}\right)' = \frac{v \cdot u' - u \cdot v'}{v^2}.$$

> Für die Ableitung einer gebrochen-rationalen Funktion g mit $\mathbf{g(x) = \frac{1}{x^n} = x^{-n}}$, $n \in \mathbb{N}\backslash\{0\}$, $D_f = \mathbb{R}\backslash\{0\}$, gilt $\mathbf{g'(x) = -n \cdot x^{-n-1}}$.
>
> **Quotientenregel:** Für jeden Wert von x, für den die Funktionen u und v differenzierbar sind und außerdem $v(x) \neq 0$ gilt, ist jede dort definierte Funktion $\mathbf{f: x \mapsto \frac{u(x)}{v(x)}}$ differenzierbar und es gilt $\mathbf{f'(x) = \frac{v(x) \cdot u'(x) - u(x) \cdot v'(x)}{[v(x)]^2}}$.

Begründungen

a) Begründen Sie, dass für die Ableitung der Funktion $f: x \mapsto \frac{1}{x}$, $D_f = \mathbb{R}\backslash\{0\}$, $f'(x) = -\frac{1}{x^2}$ gilt.

b) Begründen Sie die Quotientenregel.

c) Zeigen Sie, dass die Ableitung der Funktion f mit $f(x) = \frac{1}{x^n}$, $D_f = \mathbb{R}\backslash\{0\}$, für jedes positive ganzzahlige n den Term $f'(x) = -nx^{-n-1}$ hat.

Lösung:

a) Für den Differentialquotienten an einer Stelle $x_0 \in D_f$ gilt:
$$\lim_{x \to x_0} \frac{f(x) - f(x_0)}{x - x_0} = \lim_{x \to x_0} \frac{\frac{1}{x} - \frac{1}{x_0}}{x - x_0} = \lim_{x \to x_0} \frac{\frac{x_0 - x}{x \cdot x_0}}{x - x_0} = \lim_{x \to x_0} \frac{-(x - x_0)}{x x_0(x - x_0)} = \lim_{x \to x_0} \frac{-1}{x x_0} = -\frac{1}{x_0^2}.$$
Also gilt für jedes $x \in D_f$: $f'(x) = -\frac{1}{x^2}$.

$\frac{1}{v(x)}$ ist eine Verkettung der Funktion v als innerer Funktion und g mit $g(x) = \frac{1}{x}$ als äußerer Funktion.

b) Ist $f(x) = \frac{u(x)}{v(x)}$, so lässt sich der Term als Produkt schreiben: $f(x) = u(x) \cdot \frac{1}{v(x)}$ und mithilfe der Produkt- und der Kettenregel ableiten:
$$f'(x) = u'(x) \cdot \frac{1}{v(x)} + u(x) \cdot \left[-\frac{1}{[v(x)]^2} \cdot v'(x)\right] = \frac{u'(x) \cdot v(x) - u(x) \cdot v'(x)}{[v(x)]^2}.$$

c) Nach der Quotientenregel gilt unter Verwendung der Rechengesetze für Potenzen:
$$f'(x) = \frac{x^n \cdot 0 - 1 \cdot n x^{n-1}}{(x^n)^2} = -n \cdot \frac{x^{n-1}}{x^{2n}} = -n \cdot x^{n-1-2n} = -n \cdot x^{-n-1}.$$

Beispiele

I. Bestimmen Sie jeweils die Ableitung der Funktion $f: x \mapsto f(x)$, $D_f = D_{max}$.

    a) $f(x) = \frac{1}{x^3}$ **b)** $f(x) = \frac{4x}{x^2+1}$ **c)** $f(x) = \frac{e^{5x}}{3x}$

Lösung:

a) **1** Schreiben Sie den Funktionsterm als Potenz mit negativem Exponenten:
$$f(x) = \frac{1}{x^3} = x^{-3}$$

2 Wenden Sie die Formel $f'(x) = -n \cdot x^{-n-1}$ an und schreiben Sie den Term wieder als Bruch: $f'(x) = -3 \cdot x^{-3-1} = -3 \cdot x^{-4} = -\dfrac{3}{x^4}$

b) **1** Bilden Sie die Ableitung des Zähler- und des Nennerterms:

Zähler: $u(x) = 4x \Rightarrow u'(x) = 4$; Nenner: $v(x) = x^2 + 1 \Rightarrow v'(x) = 2x$

2 Setzen Sie die Terme in die Quotientenregel ein und fassen Sie zusammen:
$$f'(x) = \frac{v(x) \cdot u'(x) - u(x) \cdot v'(x)}{[v(x)]^2} = \frac{(x^2+1) \cdot 4 - 4x \cdot 2x}{(x^2+1)^2} = \frac{4x^2 + 4 - 8x^2}{(x^2+1)^2} = \frac{4 - 4x^2}{(x^2+1)^2}$$

c) Zähler: $u(x) = e^{5x} \Rightarrow u'(x) = 5\,e^{5x}$; Nenner: $v(x) = 3x \Rightarrow v'(x) = 3$
$$f'(x) = \frac{3x \cdot 5\,e^{5x} - e^{5x} \cdot 3}{(3x)^2} = \frac{3\,e^{5x}(5x-1)}{9x^2} = \frac{e^{5x}(5x-1)}{3x^2}$$

Denken Sie ans Ausklammern.

II. Gegeben ist die Funktion f mit $f(x) = \dfrac{x^2 - 2x + 1}{x+1}$, $D_f = \mathbb{R}\backslash\{-1\}$; ihr Graph ist G_f.

Bestimmen Sie **1** die Extrempunkte sowie **2** das Krümmungsverhalten von G_f und zeichnen Sie den Graphen.

Lösung:
$$f'(x) = \frac{(x+1) \cdot (2x-2) - (x^2 - 2x + 1) \cdot 1}{(x+1)^2} = \frac{2x^2 - 2x + 2x - 2 - x^2 + 2x - 1}{(x+1)^2} = \frac{x^2 + 2x - 3}{(x+1)^2}$$

$$f''(x) = \frac{(x+1)^2 (2x+2) - (x^2 + 2x - 3) \cdot 2(x+1) \cdot 1}{(x+1)^4} = \frac{(x+1) \cdot [(x+1) \cdot 2(x+1) - 2(x^2 + 2x - 3)]}{(x+1)^4}$$

$$= \frac{2(x^2 + 2x + 1 - x^2 - 2x + 3)}{(x+1)^3} = \frac{8}{(x+1)^3}$$

Achten Sie beim Vereinfachen des Terms jeweils auf die Vorzeichen.

1 Extrempunkte: notwendige Bedingung: $f'(x) = 0 \Leftrightarrow x^2 + 2x - 3 = 0$
$\Rightarrow x_{1/2} = -1 \pm \sqrt{1+3} = -1 \pm 2 \Rightarrow x_1 = -3$; $x_2 = 1$
hinreichende Bedingung: $f''(-3) = \dfrac{8}{-8} = -1 < 0 \Rightarrow G_f$ hat einen Hochpunkt $H(-3|-8)$.

$f''(1) = \dfrac{8}{8} = 1 > 0 \Rightarrow G_f$ hat einen Tiefpunkt $T(1|0)$.

2 Krümmungsverhalten: $f''(x) = \dfrac{8}{(x+1)^3} < 0$ für $x < -1 \Rightarrow G_f$ ist in $]-\infty; -1[$ rechtsgekrümmt.

$f''(x) > 0$ für $x > -1 \Rightarrow G_f$ ist in $]-1; +\infty[$ linksgekrümmt.

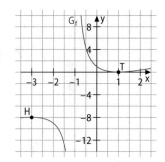

Hinweis: Die Achsen sind unterschiedlich skaliert.

III. Nach einem Unfall reichert sich in einem Bach ein Schadstoff an, dessen Konzentration $\left(\text{in } \frac{mg}{\ell}\right)$ durch die Funktion f mit $f(t) = \dfrac{24t}{t^2 - 2t + 4}$, $D_f = \mathbb{R}_0^+$, modelliert wird (t: Zeit in Stunden nach dem Unfall). Ermitteln Sie die Wendestelle von f näherungsweise mithilfe einer DMS und interpretieren Sie das Ergebnis im Sachkontext.

Lösung:

1 Zeichnen Sie mithilfe einer DMS den Graphen von f sowie die Graphen der Ableitungsfunktionen f' und f'':
Nutzen Sie in der Eingabezeile z. B. die Befehle *Ableitung(f)* und *Ableitung(f')*.

2 Erzeugen Sie die Schnittpunkte des Graphen $G_{f''}$ mit der x-Achse: $t_1 \approx 0{,}69$; $t_2 \approx 3{,}06$.
Zum Zeitpunkt t_1 steigt die Schadstoffkonzentration am stärksten an, zum Zeitpunkt t_2 fällt sie am stärksten ab.

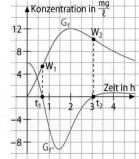

- Zeigen Sie an einem Gegenbeispiel, dass die „Ableitungsregel" $\left(\dfrac{u}{v}\right)' = \dfrac{u'}{v'}$ falsch ist.

- Erläutern Sie die häufig für die Quotientenregel genutzte Eselsbrücke: $\dfrac{NAZ - ZAN}{N^2}$.

Aufgaben

1 Bestimmen Sie jeweils die erste Ableitung der Funktion $f: x \mapsto f(x)$, $D_f = D_{max}$.

a) $f(x) = \dfrac{5}{x^2}$ **b)** $f(x) = \dfrac{1}{2x^3}$ **c)** $f(x) = 4x^3 - \dfrac{1}{x}$ **d)** $f(x) = \dfrac{2x - 4}{1 - x}$

e) $f(x) = \dfrac{1}{x} - \dfrac{1}{x - 2}$ **f)** $f(x) = \dfrac{x^2}{x + 1}$ **g)** $f(x) = \dfrac{x^2 - 2}{x^2 - 4}$ **h)** $f(x) = \dfrac{(1 - x)^2}{x^2 + 5}$

2 **a)** Erläutern Sie das Vorgehen beim Ableiten der Funktion $f: x \mapsto \dfrac{3x^2 - 2x + 1}{x^2}$, $D_f = \mathbb{R}\backslash\{0\}$.

A $f'(x) = \dfrac{x^2(6x - 2) - (3x^2 - 2x + 1) \cdot 2x}{x^4}$
$= \dfrac{x(6x^2 - 2x - 6x^2 + 4x - 2)}{x^4} = \dfrac{2x - 2}{x^3}$

B $f(x) = 3 - \dfrac{2}{x} + \dfrac{1}{x^2}$
$f'(x) = \dfrac{2}{x^2} - \dfrac{2}{x^3} = \dfrac{2x - 2}{x^3}$

b) Ermitteln Sie geschickt die erste Ableitung der Funktion $g: x \mapsto g(x)$, $D_g = D_{max}$.

1 $g(x) = \dfrac{3 - x^2}{x}$ **2** $g(x) = \dfrac{2x + 1}{4x^2}$ **3** $g(x) = -\dfrac{x^2 + 2x - 3}{x}$ **4** $g(x) = \dfrac{1 - 2x - 4x^2}{3x^2}$

3 **a)** Beschreiben Sie jeweils das Vorgehen beim Ableiten der Funktion f mit $f(x) = \dfrac{5}{(x - 3)^2}$, $D_f = \mathbb{R}\backslash\{3\}$, und benennen Sie die verwendeten Ableitungsregeln.

Denken Sie ans Ausklammern und Kürzen.

A $f'(x) = \dfrac{(x - 3)^2 \cdot 0 - 5 \cdot 2(x - 3)}{(x - 3)^4}$
$= \dfrac{-10(x - 3)}{(x - 3)^4} = -\dfrac{10}{(x - 3)^3}$

B $f(x) = 5(x - 3)^{-2}$
$f'(x) = 5 \cdot (-2)(x - 3)^{-3} = -\dfrac{10}{(x - 3)^3}$

b) Bestimmen Sie mithilfe einer Methode aus Teilaufgabe a) die Ableitung der Funktion $g: x \mapsto g(x)$, $D_g = D_{max}$, und begründen Sie Ihr Vorgehen.

1 $g(x) = \dfrac{3}{x + 1}$ **2** $g(x) = \dfrac{2}{3(x - 1)^2}$ **3** $g(x) = \dfrac{4}{2 - x}$ **4** $g(x) = \dfrac{3}{5(2 - x)^2}$

4 Bestimmen Sie jeweils die Ableitungen f' und f'' der Funktion $f: x \mapsto f(x)$, $D_f = D_{max}$.

a) $f(x) = \dfrac{x}{x + 2}$ **b)** $f(x) = \dfrac{3x - 2}{1 - x}$ **c)** $f(x) = \dfrac{x}{(x - 1)^2}$ **d)** $f(x) = \dfrac{x - 4}{(3x + 2)^2}$

e) $f(x) = \dfrac{2x}{x^2 - 1}$ **f)** $f(x) = 4x - \dfrac{1}{x - 1}$ **g)** $f(x) = \dfrac{2}{3 - x} + \dfrac{3}{4(x + 1)^2}$ **h)** $f(x) = \dfrac{2x}{3x - 1}$

 5 Bestimmen Sie für die Funktion $f: x \mapsto f(x)$, $D_f = D_{max}$, jeweils $f'(x_0)$.

a) $f(x) = \dfrac{1}{e^x + 1}$; $x_0 = 0$ **b)** $f(x) = \dfrac{x^2}{e^2}$; $x_0 = e$ **c)** $f(x) = \dfrac{1 + x^2}{1 - e^x}$; $x_0 = 1$

d) $f(x) = \dfrac{e^x - 1}{e^x + 1}$; $x_0 = 0$ **e)** $f(x) = \dfrac{5^x}{x}$; $x_0 = 1$ **f)** $f(x) = \dfrac{x^2}{10^x}$; $x_0 = 0$

g) $f(x) = \dfrac{x}{(x^2 + 1)^2}$; $x_0 = 0$ **h)** $f(x) = \left(\dfrac{1 - x}{1 + x^2}\right)^2$; $x_0 = 0$ **i)** $f(x) = \dfrac{4}{(4 + x^2)^2}$; $x_0 = -2$

j) $f(x) = \dfrac{1 + e^2}{x^2}$; $x_0 = 1$ **k)** $f(x) = \left(\dfrac{1 + x^2}{1 - x}\right)^2$; $x_0 = -1$ **l)** $f(x) = \dfrac{x^2}{e - x^2}$; $x_0 = 0$

m) $f(x) = \dfrac{\sin x}{\cos x}$; $x_0 = \pi$ **n)** $f(x) = \cos\dfrac{1}{x}$; $x_0 = \dfrac{2}{\pi}$ **o)** $f(x) = \dfrac{\cos x}{\sin x}$; $x_0 = \dfrac{\pi}{2}$

p) $f(x) = \dfrac{x}{\sin x}$; $x_0 = \dfrac{\pi}{2}$ **q)** $f(x) = \sin\left(\dfrac{\pi}{3}x\right)$; $x_0 = 1$ **r)** $f(x) = \dfrac{\sin x}{x}$; $x_0 = \pi$

6 Bestimmen Sie jeweils diejenige(n) Stelle(n), an der / an denen die Ableitungsfunktion der Funktion $f: x \mapsto f(x)$, $D_f = D_{max}$, den Wert m besitzt.

a) $f(x) = \dfrac{x^2}{x^2 + 1}$; $m = 0$ **b)** $f(x) = \dfrac{\sin(2x)}{\cos(2x)}$; $m = 2$ **c)** $f(x) = \dfrac{x}{e^{2x}}$; $m = 0$

7 Untersuchen Sie den Graphen G_f der Funktion f, $D_f = D_{max}$, auf Punkte, in denen die Tangente an den Graphen parallel zur Geraden g verläuft.

1 $f(x) = \dfrac{1}{x}$; $g: y = -0{,}25x + 2$ **2** $f(x) = x + \dfrac{1}{x+1}$; $g: y = 0{,}75x$

3 $f(x) = 1 - \dfrac{2}{x} + \dfrac{1}{x^2}$; $g: y = 0$ **4** $f(x) = 2x + 1 + \dfrac{1}{x+1}$; $g: y - x = 3$

Punktkoordinaten zu 7:
(−3 | −3,5); (−2 | −4);
(−2 | −0,5); (0 | 2); (1 | 0);
(1 | 1,5); (2 | 0,5)

8 Ordnen Sie drei Kärtchen von Funktionstermen einander so zu, dass sich jeweils ein Tripel aus dem Term einer Funktion, ihrer Ableitung und einer Stammfunktion ergibt.

| $\dfrac{x+4}{x}$ | $\dfrac{4}{x^3}$ | $2x+1$ | $\dfrac{2}{(x-1)^3}$ | $-\dfrac{4}{x^2}$ | $\dfrac{x^3}{3} + \dfrac{x^2}{2}$ | $-\dfrac{2}{x^2}$ | $\dfrac{2}{x}$ |

| $\dfrac{1}{1-x}$ | $x^2 + x$ | $\dfrac{-2}{(x-1)^2}$ | $\dfrac{4}{(x-1)^3}$ | $\dfrac{1}{(x-1)^2}$ | $\dfrac{2}{x-1}$ | $\dfrac{8}{x^3}$ |

9 Die Abbildungen zeigen jeweils den Graphen G_f einer Funktion f und den Graphen G_F einer Stammfunktion von f. Ermitteln Sie, welcher Graph G_f darstellt, und begründen Sie.

a)
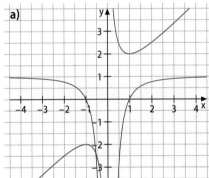

b)
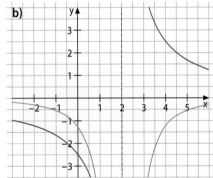

10 Gegeben ist die Funktion $f: x \mapsto f(x)$, $D_f = D_{max}$; ihr Graph ist G_f. Geben Sie jeweils die maximale Definitionsmenge D_f sowie Gleichungen aller Asymptoten von G_f an. Untersuchen Sie G_f auf gemeinsame Punkte mit den Koordinatenachsen sowie auf Extrem- und Wendepunkte. Zeichnen Sie G_f und kontrollieren Sie Ihre Ergebnisse mithilfe einer DMS.

1 $f(x) = \dfrac{4}{x} - \dfrac{4}{x^2}$ **2** $f(x) = \dfrac{8x}{x^2 + 2}$ **3** $f(x) = \dfrac{x-2}{x^2}$ **4** $f(x) = x + \dfrac{1}{x-1}$

5 $f(x) = \dfrac{x^2}{x^2 - 1}$ **6** $f(x) = \dfrac{x^2 - 4}{x^2 + 3}$ **7** $f(x) = \dfrac{4x^2}{1 - x^2}$ **8** $f(x) = \dfrac{x^2 - x + 4}{x}$

11 **a)** Zeichnen Sie den Graphen G_f der Funktion $f: x \mapsto \dfrac{4e^x}{(e^x + 1)^2}$, $D_f = \mathbb{R}$.

b) Begründen Sie rechnerisch, dass G_f stets oberhalb der x-Achse verläuft.

c) Erläutern Sie, wie man graphisch näherungsweise Werte von f′ an einer Stelle ermitteln kann, und geben Sie einen Näherungswert für f′(1) an.

d) Die Funktion F mit $F(x) = \dfrac{c}{e^x + 1}$, $D_F = \mathbb{R}$, ist eine Stammfunktion von f. Bestimmen Sie den Wert der reellen Konstante c.

Abituraufgabe

12 Gegeben ist die Funktion $f: x \mapsto \dfrac{x^2 - 2}{(x-1)^2}$, $D_f = \mathbb{R}\setminus\{1\}$, und ihr Graph G_f.

x	y
−4,00	0,56
−2,00	0,22
0,00	−2,00
2,00	2,00
4,00	1,56

a) Untersuchen Sie G_f auf Schnittpunkte mit den Koordinatenachsen sowie auf Extrem- und Wendepunkte. Geben Sie Gleichungen aller Asymptoten von G_f an und zeichnen Sie G_f mithilfe Ihrer Ergebnisse.

b) Die Abbildung zeigt eine fehlerhafte Zeichnung von G_f. Vergleichen Sie diese mit Ihrer Zeichnung und besprechen Sie die gefundenen Fehler mit einem Mitschüler oder einer Mitschülerin.

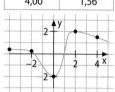

 13 Vorgelegt ist die Funktion f mit $f(x) = \dfrac{6x + 12}{x^2 + 4x}$, $D_f = D_{max}$; ihr Graph ist G_f.

a) Geben Sie D_f an und ermitteln Sie …

1 die Schnittpunkte von G_f mit den Koordinatenachsen.

2 das Verhalten von f an den Rändern der Definitionsmenge und geben Sie Gleichungen aller Asymptoten von G_f an.

b) Weisen Sie nach, dass G_f keine lokalen Extrempunkte besitzt, und bestimmen Sie das Monotonieverhalten sowie näherungsweise das Krümmungsverhalten von G_f.

c) Ermitteln Sie eine Gleichung der Tangente an G_f im Punkt $P(-2\,|\,f(-2))$ und zeichnen Sie G_f.

d) Der Graph G_f legt die Vermutung nahe, dass er punktsymmetrisch bezüglich des Punkts $P(-2\,|\,f(-2))$ ist. Weisen Sie dies nach, indem Sie den Graphen G_f auf geeignete Weise im Koordinatensystem verschieben.

 14 Gegeben ist die Funktion f mit $f(x) = \dfrac{2(x-1)^2}{x^2 + 1}$, $D_f = \mathbb{R}$; ihr Graph ist G_f.

a) Untersuchen Sie die Funktion f auf Nullstellen, Polstellen, Extrem- und näherungsweise auf Wendestellen sowie auf ihr Verhalten für $x \to \pm\infty$. Geben Sie Gleichungen der Asymptoten an. Kontrollieren Sie Ihre Ergebnisse mithilfe einer DMS.

b) Geben Sie je eine Gleichung der Tangente an G_f in den Punkten $A(-1\,|\,f(-1))$, $B(0\,|\,f(0))$ und $C(1\,|\,f(1))$ an. Zeigen Sie, dass der Punkt B die Strecke $\overline{AC}$ halbiert.

c) Weisen Sie nach, dass für alle $x \in \mathbb{R}$ gilt $f(x) - 2 = 2 - f(-x)$ und interpretieren Sie dies geometrisch.

Abituraufgabe **15** Der Graph der Funktion $g: x \mapsto \dfrac{1}{(x-1)^2} + 4$, $D_g = \mathbb{R}\setminus\{1\}$, entsteht aus dem Graphen der Funktion $f: x \mapsto \dfrac{1}{x^2}$, $D_f = \mathbb{R}\setminus\{0\}$, durch eine Verschiebung in x-Richtung und eine Verschiebung in y-Richtung.

a) Beschreiben Sie beide Verschiebungen.

b) Geben Sie einen Term der ersten Ableitungsfunktion von f an und berechnen Sie unter Verwendung dieses Terms den Wert der ersten Ableitungsfunktion von g für $x = 2$.

16 Der Graph der Funktion $f_{a,b}: x \mapsto \dfrac{a}{x^2} + b$; $a, b \in \mathbb{R}\setminus\{0\}$, $D_{f_{a,b}} = \mathbb{R}\setminus\{0\}$, berührt die Gerade g mit der Gleichung $16x + 9y = 38$ im Punkt $P\left(p\,\middle|\,-\dfrac{2}{9}\right)$, $p \in \mathbb{R}\setminus\{0\}$. Ermitteln Sie die Werte der Parameter a und b.

17 Die Funktion f mit $f(x) = \dfrac{x^2 - 6x + 10}{x^2 - 4x + 5}$, $D_f = [0; 10]$, beschreibt den Querschnitt einer Landschaft mit einem Berg (x: horizontale Entfernung in km; f(x): Höhe in 100 Metern über NHN).

NHN: Normalhöhennull

a) Zeichnen Sie den Graphen von f mithilfe einer DMS und beschreiben Sie seinen Verlauf im Sachkontext.

b) Berechnen Sie die Höhe des Berges über NHN.

c) Bestimmen Sie die steilste Stelle des Berges im Modell näherungsweise mit der DMS.

18 Gegeben ist die Funktion f mit $f(x) = \dfrac{x+1}{e^x}$, $D_f = \mathbb{R}$, und ihr Graph G_f.

a) G_f schneidet die x-Achse im Punkt S und die y-Achse im Punkt T. Ermitteln Sie die Koordinaten der Punkte S und T.

b) Berechnen Sie die Koordinaten des Hoch- und des Wendepunktes von G_f. Untersuchen Sie das Verhalten von f für betragsgroße Werte von x. Zeichnen Sie G_f.

c) Zeigen Sie, dass die Tangenten t_A und t_B an G_f in den Punkten $A(-1 \mid f(-1))$ bzw. $B(1 \mid f(1))$ aufeinander senkrecht stehen.

d) Bestimmen Sie a und b so, dass die Funktion $F_{a,b}$ mit $F_{a,b}(x) = \dfrac{a+bx}{e^x}$, $D_{F_{a,b}} = \mathbb{R}$, eine Stammfunktion von f ist.

19 Die Entwicklung einer Kaninchenpopulation kann in Abhängigkeit von der Zeit t in Jahren näherungsweise durch die Funktion f_a mit $f_a(t) = \dfrac{250}{1 + e^{-a(t-10)}}$, $t \geq 0$, $a \in \mathbb{R}^+$, beschrieben werden. Zu Beobachtungsbeginn im Jahr 2000 zählte die Population 30 Tiere.

a) Ermitteln Sie den Wert des Parameters a auf zwei Dezimalen gerundet.

b) Berechnen Sie den Wert $f_{0,2}(15)$ und interpretieren Sie ihn im Sachkontext.

c) Bestimmen Sie die Gleichung der Asymptote des Graphen G_{f_a} von f_a. Zeichnen Sie den Graphen $G_{f_{0,2}}$ mithilfe einer DMS.

d) Beschreiben Sie im Sachkontext die Bedeutung der Werte $f_a'(t) = 0$ und $f_a''(t) = 0$.

e) Ermitteln Sie denjenigen Wert von t näherungsweise mithilfe einer DMS, für den $f_a''(t) = 0$ gilt.

20 Durch die Funktion A mit $A(t) = \dfrac{24 e^t}{5 + e^t}$ wird in Abhängigkeit von der Zeit t (in Tagen) der Inhalt A der Fläche (in cm^2) beschrieben, die ein Schimmelpilz nach t Tagen auf einer feuchten Laubschicht bedeckt.

a) Zeichnen Sie den Graphen von f mithilfe einer DMS und erläutern Sie im Sachkontext die Bedeutung von A(0) und A'(0).

b) Ermitteln Sie denjenigen Wert von t, für den $A(t) = 2 \cdot A(0)$ gilt, und erklären Sie die Bedeutung des Ergebnisses.

c) Zeigen Sie, dass stets $A(t) < 24$ ist.

d) Bestimmen Sie denjenigen Zeitpunkt, zu dem die mit dem Schimmelpilz bedeckte Fläche am stärksten zunimmt. Erläutern Sie Ihr Vorgehen.

21 Die Funktionenschar $f_a: x \mapsto \dfrac{2ax}{1 + a^2 x^2}$, $a > \dfrac{1}{3}$, $D_{f_a} = [0; 3]$, beschreibt die relative Photosyntheseaktivität einer Pflanze in Abhängigkeit von der Beleuchtungsstärke x (in 100 Lux). Ermitteln Sie in Abhängigkeit von a die Beleuchtungsstärke, bei der die relative Photosyntheseaktivität maximal ist.

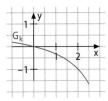

22 Ein Eisläufer durchläuft eine Kurve, die Graph der Funktion $k: x \mapsto \frac{x}{x-4}$, $D_k = [-1; 2,5]$, ist (vgl. die Abbildung). Bei $x = 2,5$ stürzt er und schlittert geradlinig weiter. Ermitteln Sie eine Gleichung der Geraden g, längs der er nach dem Sturz weiterschlittert, und erläutern Sie Grenzen des Modells.

23 Gegeben ist die Funktion $f: x \mapsto \frac{4e^{1,5x}}{e^{1,5x}+1}$, $D_f = \mathbb{R}$; ihr Graph ist G_f.

a) Zeigen Sie, dass für jeden Wert von $x \in D_f$ gilt: $f'(x) = \frac{3}{8} f(x) \cdot [4 - f(x)]$.

b) Die drei Funktionsgraphen G_{f_1}, G_{f_2} und G_{f_3} sind kongruent zueinander; einer von ihnen ist G_f. Geben Sie $f_1(x)$, $f_2(x)$ und $f_3(x)$ an und begründen Sie Ihre Ergebnisse.

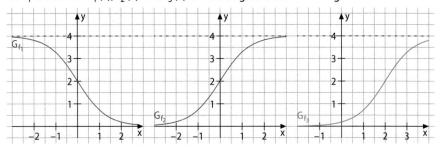

c) Erläutern Sie, welche Eigenschaften der Funktion f' man aus G_f entnehmen kann. Ermitteln Sie $f'(0)$ mithilfe von Teilaufgabe a) und geben Sie die Größe φ (auf Grad gerundet) des Steigungswinkels der Tangente an G_f im Punkt $T(0 \,|\, f(0))$ an.

24 Gegeben sind die Funktionen $f: x \mapsto 2 + \frac{1}{(x-1)^2}$, $D_f = \mathbb{R}\backslash\{1\}$, und $F_a: x \mapsto ax - \frac{1}{x-1}$, $a \in \mathbb{R}^+$, $D_{F_a} = \mathbb{R}\backslash\{1\}$.

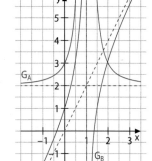

a) Die Gerade g mit der Gleichung $y = 7 - 2x$ ist Tangente an G_f. Ermitteln Sie die Koordinaten des Berührpunkts B. Die Gerade g, das Lot l zu g durch B und die x-Achse beranden ein Dreieck, das um die x-Achse rotiert. Ermitteln Sie das Volumen des entstehenden Rotationskörpers.

b) Für genau einen Wert a* des Parameters a ist F_{a*} Stammfunktion von f. Bestimmen Sie diesen Wert a*.

c) Die Abbildung zeigt die Graphen G_f und $G_{F_{a*}}$. Ordnen Sie die Kurven G_A und G_B den Funktionen f bzw. F_{a*} zu und begründen Sie Ihre Entscheidung.

25 Die Abbildung zeigt jeweils den Graphen G_f einer Funktion vom Typ $f_{a,b,c}: x \mapsto \frac{a(x+b)(x-c)}{x^n}$; $a, b, c, n \in \mathbb{Z}^+$; $D_f = \mathbb{R}\backslash\{0\}$. Geben Sie einen möglichen Satz von Parameterwerten begründet an und kontrollieren Sie Ihr Ergebnis mithilfe einer DMS.

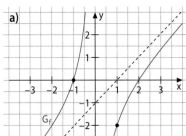

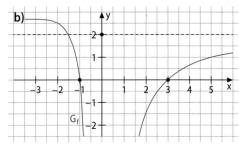

26 Gegeben ist die Funktion $f_{a,b,c}$ mit $f_{a,b,c}(x) = ax^2 + b + \frac{c}{x^2}$; $a, b, c \in \mathbb{R}\backslash\{0\}$, $D_f = \mathbb{R}\backslash\{0\}$.

a) Ermitteln Sie die Werte der Parameter mithilfe der folgenden Angaben:

1 Die Funktion f hat an der Stelle $x_0 = 2$ eine Nullstelle.

2 Die Tangente an den Graphen von f im Punkt $P(-4|0)$ schneidet die y-Achse im Punkt $T(0|6)$.

Ergebnis zu Teilaufgabe a):
$a = -0,25$; $b = 5$; $c = -16$

b) Der Graph der Funktion f mit den Parameterwerten aus Teilaufgabe a) schneidet die x-Achse in den Punkten P, A, U und L ($x_P < x_A < x_U < x_L$). Das Dreieck PAT rotiert **1** um die x-Achse und **2** um die y-Achse. Beschreiben Sie die beiden Rotationskörper und vergleichen Sie ihre Rauminhalte.

27 Begründen oder widerlegen Sie die folgende Aussage: Berührt der Graph einer Funktion f an (mindestens) einer Stelle die x-Achse, dann hat der Graph von $g: x \mapsto \frac{f(x)}{x}$, $x \neq 0$, (mindestens) eine waagrechte Tangente.

28 Vorgelegt sind die Funktionen $f: x \mapsto 2(\sin x)^2 - 1$, $D_f =]-4; 4[$, und $g: x \mapsto \frac{1}{(\sin x)^2}$, $D_g =]-4; 4[\backslash\{-\pi; 0; \pi\}$; ihre Graphen sind G_f und G_g.

a) Begründen Sie, dass G_f und G_g achsensymmetrisch bezüglich der y-Achse sind.

b) Ermitteln Sie die Koordinaten der Extrempunkte von G_f und G_g sowie die Koordinaten der Schnittpunkte von G_f und G_g. Kontrollieren Sie Ihre Ergebnisse in einer DMS.

c) Die Punkte $V(-\pi|f(-\pi))$, $I\left(-\frac{\pi}{2}\Big|-2\right)$, $E(0|f(0))$ und $R\left(-\frac{\pi}{2}\Big|g\left(-\frac{\pi}{2}\right)\right)$ sind die Eckpunkte des Drachenvierecks VIER. Ermitteln Sie dessen Flächeninhalt und die Größen seiner vier Innenwinkel.

 Anwendung

Pumpspeicherkraftwerke

In Deutschland wird ein immer größerer Anteil des Stroms aus erneuerbaren Energien gewonnen. Damit hat sich auch der Einsatz von Pumpspeicherkraftwerken geändert. Während diese früher nur zur Deckung von Spitzenlasten vorgesehen waren, speichern sie jetzt auch witterungsbedingte Überschüsse aus der Produktion durch regenerative Energie.

- Informieren Sie sich unter Verwendung des Diagramms über den Aufbau und Einsatz eines Pumpspeicherkraftwerks und präsentieren Sie Ihre Ergebnisse in Ihrem Kurs.

Die Funktion f mit $f(t) = \frac{40\,t^2}{t^2 - 6t + 24}$ modelliert für $t \in [0; 12]$ die Leistung eines Pumpspeicherkraftwerks (f(t) in MW; t: Zeit in Sekunden) nach dem Öffnen der Schleuse.

- Zeichnen Sie den Graphen von f mithilfe einer DMS und erläutern Sie den Verlauf der Kurve im Sachzusammenhang. Erklären Sie auch, warum die Funktion f langfristig nicht geeignet ist, die Leistung des Kraftwerks zu modellieren.

- Berechnen Sie, wie lange es nach dem Öffnen der Schleuse dauert, bis das Kraftwerk seine maximale Leistung erreicht.

- Bestimmen Sie näherungsweise den Wendepunkt des Graphen G_f mithilfe der DMS und interpretieren Sie das Ergebnis im Sachkontext.

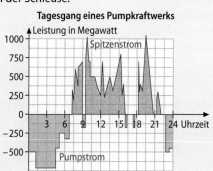

Tagesgang eines Pumpkraftwerks

- Zeichnen Sie die Graphen der Funktionen $f: x \mapsto x^2 + 1$, $D_f = [0; +\infty[$, und $g: x \mapsto \sqrt{x-1}$, $D_g = [1; +\infty[$, in ein gemeinsames Koordinatensystem.

- Begründen Sie die folgenden Aussagen:
  1. Wenn der Punkt $P(x_0 \mid f(x_0))$ auf dem Graphen von f liegt, so liegt der Punkt $Q(f(x_0) \mid x_0)$ auf dem Graphen von g.
  2. Die Graphen von f und g sind zueinander achsensymmetrisch bezüglich der Winkelhalbierenden des I. und III. Quadranten.
  3. Es gilt: $W_f = D_g$ und $W_g = D_f$.

Bei einer Funktion f wird stets jedem Wert $x_0 \in D_f$ genau ein Wert $y_0 = f(x_0) \in W_f$ zugeordnet. Unter bestimmten Voraussetzungen gibt es eine Zuordnung, die jedem $y_0 \in W_f$ wieder den Wert x_0 eindeutig zuordnet und so ihrerseits selbst wieder eine Funktion ist.

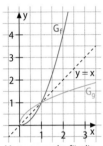

Man verwendet für die Umkehrfunktion von f auch die Schreibweisen f^{-1} oder $\bar{f}$.

Gehört zu jedem Wert y_0 der Wertemenge W_f einer Funktion f genau ein Wert $x_0 \in D_f$ mit $f(x_0) = y_0$, so ist auch die zu f umgekehrte Zuordnung eindeutig. Diese **eindeutige** Zuordnung heißt **Umkehrfunktion g**. Die Funktion f nennt man dann **umkehrbar**.
Eine Funktion f heißt umkehrbar in einem Intervall I, wenn die Einschränkung der Funktion f auf das Intervall I umkehrbar ist.

Es gilt:

- $D_g = W_f$ und $W_g = D_f$.

- Ist die Funktion f in einem Intervall $I \subset D_f$ **streng monoton**, so ist sie in diesem **umkehrbar**.

- Den Graphen G_g der Umkehrfunktion erhält man durch Spiegelung des Graphen G_f von f an der Geraden $y = x$, der Winkelhalbierenden des I. und III. Quadranten.

Für $x \in \mathbb{R}_0^+$ ist die Funktion $f(x) = x^2$ umkehrbar; die zugehörige Umkehrfunktion g mit $g(x) = \sqrt{x}$ wird als **Wurzelfunktion** bezeichnet.

Begründung

Begründen Sie, dass eine Funktion f umkehrbar im Intervall $I \subseteq D_f$ ist, wenn sie in diesem Intervall streng monoton zunehmend ist.

Analog erfolgt die Begründung für streng monoton abnehmende Funktionen.

Lösung:

Ist eine Funktion f im Intervall I streng monoton zunehmend, so gilt $f(x_1) < f(x_2)$ für $x_1 < x_2$ $(x_1, x_2 \in I)$. Für alle Werte $x_1, x_2 \in I$ gilt somit $f(x_1) \neq f(x_2)$. Damit ist auch die zu f umgekehrte Zuordnung eindeutig und die Definition der Umkehrbarkeit erfüllt.

Beispiele

Strategiewissen

Bestimmen der maximalen Definitionsmenge einer Wurzelfunktion

I. Bestimmen Sie die maximale Definitionsmenge der Funktion $f: x \mapsto \sqrt{x-3}$.

Lösung:

Setzen Sie den Radikanden größer oder gleich null, lösen Sie die Ungleichung und notieren Sie die Definitionsmenge: $x - 3 \geq 0 \implies x \geq 3 \implies D_f = [3; +\infty[$

II. a) Begründen Sie anschaulich anhand des Graphen, dass …

    A die Funktion $h: x \mapsto x^2$, $D_h = \mathbb{R}$, nicht umkehrbar ist.

    B die Funktion $f: x \mapsto x^2$, $D_f = \mathbb{R}_0^-$, umkehrbar ist.

b) Bestimmen Sie einen Term der Umkehrfunktion der Funktion $f: x \mapsto x^2$, $D_f = \mathbb{R}_0^-$.

Lösung:

a) **A** Für den Wert $y_0 = 1 \in W_h$ gilt z. B.:   **B** Jedem Wert $y_0 \in W_f = \mathbb{R}_0^-$ wird

    $h(1) = h(-1) = 1$, d. h. dem Wert   genau ein Wert $x_0 \in D_f$ zugeordnet,

    $y_0 = 1$ kann kein x-Wert eindeutig   so dass $y_0 = f(x_0)$ ist.

    zugeordnet werden.

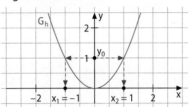 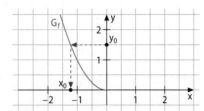

Anschauliches Kriterium für Umkehrbarkeit: Jede Parallele $y = y_0$ mit $y_0 \in W_f$ schneidet G_f in genau einem Punkt.

b) **1** Lösen Sie die Gleichung $y = f(x)$ unter Beachtung von D_f nach x auf:

    $y = x^2 \Rightarrow x = -\sqrt{y}$, da $x \in \mathbb{R}_0^-$ gilt.

Strategiewissen

Rechnerische Bestimmung eines Terms der Umkehrfunktion

2 Tauschen Sie die Variablen x und y und notieren Sie den Term $g(x)$:

    $y = -\sqrt{x} \Rightarrow g(x) = -\sqrt{x}$

    Anmerkung: Durch den Variablentausch können beide Graphen in der üblichen Weise im selben Koordinatensystem dargestellt werden, da die unabhängige Variable dann jeweils auf der Rechtswertachse abgetragen wird.

3 Geben Sie $D_g = W_f$ und $W_g = D_f$ an: $D_g = \mathbb{R}_0^+$, $W_g = \mathbb{R}_0^-$

III. Gegeben ist die Funktion $f: x \mapsto \dfrac{16x}{x^2 + 4}$, $D_f = {]-2; 2[}$; ihr Graph ist G_f.

Strategiewissen

Nachweis der Umkehrbarkeit und graphisches Ermitteln der Umkehrfunktion

a) Weisen Sie rechnerisch nach, dass die Funktion f umkehrbar ist.

b) Zeichnen Sie G_f und ergänzen Sie dort den Graphen der Umkehrfunktion von f.

Lösung:

a) **1** Bestimmen Sie die Ableitung der Funktion f:

$$f'(x) = \frac{(x^2 + 4) \cdot 16 - 16x \cdot 2x}{(x^2 + 4)^2} = \frac{64 - 16x^2}{(x^2 + 4)^2} = \frac{16(4 - x^2)}{(x^2 + 4)^2}$$

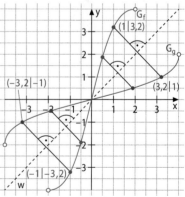

2 Untersuchen Sie das Monotonieverhalten der Funktion f: Für $x \in {]-2; 2[}$ ist $4 - x^2 > 0$ und daher gilt $f'(x) > 0$ für $x \in D_f$. Also ist G_f streng monoton steigend und daher die Funktion f umkehrbar.

b) **1** Zeichnen Sie den Graphen G_f sowie die Gerade w mit $y = x$, die Winkelhalbierende des I. und III. Quadranten.

2 Wählen Sie Punkte auf G_f und spiegeln Sie diese an der Geraden w.

3 Verbinden Sie die Spiegelpunkte zum Graphen der Umkehrfunktion.

Nachgefragt

- Zeigen Sie, dass jede lineare, nichtkonstante Funktion umkehrbar ist.

- Begründen oder widerlegen Sie: Wenn der Graph einer Funktion und der seiner Umkehrfunktion einen gemeinsamen Punkt haben, so sind dessen x- und y-Koordinate gleich.

Aufgaben

1 Geben Sie jeweils die maximale Definitionsmenge D_f der Funktion $f: x \mapsto f(x)$ an und beschreiben Sie, wie der Graph von f aus dem der Funktion $g: x \mapsto \sqrt{x}$, $D_g = \mathbb{R}_0^+$, entsteht.

a) $f(x) = 2\sqrt{x+1}$ b) $f(x) = -\sqrt{-x}$ c) $f(x) = \sqrt{3x} - 2$

d) $f(x) = \sqrt{3-x} + 1$ e) $f(x) = -2\sqrt{x} - 1$ f) $f(x) = 1 - \sqrt{x-2}$

2 Begründen Sie jeweils, dass die Funktion f umkehrbar ist, und bestimmen Sie rechnerisch einen Term der Umkehrfunktion. Geben Sie die Definitions- und die Wertemenge der Umkehrfunktion an. Zeichnen Sie die Graphen beider Funktionen in ein gemeinsames Koordinatensystem und kontrollieren Sie Ihr Ergebnis mithilfe einer DMS.

a) $f: x \mapsto x + 5$, $D_f = \mathbb{R}$ b) $f: x \mapsto \frac{1}{2}x - 3$, $D_f = \mathbb{R}$

c) $f: x \mapsto (x-3)^2$, $D_f = [3; +\infty[$ d) $f: x \mapsto 2 - \frac{1}{4}x$, $D_f = \mathbb{R}$

e) $f: x \mapsto 6(x+2)^2$, $D_f =]-\infty; -2]$ f) $f: x \mapsto \frac{1}{x-3}$, $D_f = \mathbb{R}\backslash\{3\}$

g) $f: x \mapsto \frac{1}{x^2}$, $D_f = \mathbb{R}^-$ h) $f: x \mapsto \frac{1}{x+4} - 3$, $D_f = \mathbb{R}\backslash\{-4\}$

3 Die Abbildungen zeigen die Graphen folgender Funktionen:

1 $f_1: x \mapsto x^2$, $D_{f_1} = \mathbb{R}_0^+$ **2** $f_2: x \mapsto \sin x$, $D_{f_2} = \mathbb{R}$

3 $f_3: x \mapsto 0{,}1\,(x-2)^3$, $D_{f_3} = \mathbb{R}$ **4** $f_4: x \mapsto 0{,}5x + 1$, $D_{f_4} = \mathbb{R}$

5 $f_5: x \mapsto x^2$, $D_{f_5} = \mathbb{R}$ **6** $f_6: x \mapsto \frac{1}{(x-2)^2} - 3$, $D_{f_6} = \mathbb{R}\backslash\{2\}$

a) Ordnen Sie die Graphen den zugehörigen Funktionen begründet zu.

b) Geben Sie zu jeder Funktion die Wertemenge an.

c) Beurteilen Sie, bei welcher der sechs Funktionen jedem Wert y der Wertemenge genau ein Wert x der Definitionsmenge zugeordnet wird.

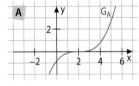
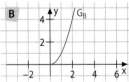
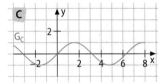
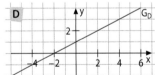
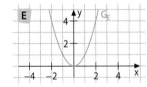
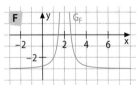

4 Gegeben sind die Funktionen $f: x \mapsto x^2 + 4$, $D_f = \mathbb{R}^+$, und $g: x \mapsto \sqrt{x-4}$, $D_g =]4; +\infty[$ mit ihren Graphen G_f und G_g.

a) Zeichnen Sie die Graphen G_f und G_g in ein Koordinatensystem und begründen Sie, dass f überall in D_f streng monoton zunehmend ist.

b) Zeigen Sie, dass die Graphen G_f und G_g zueinander symmetrisch bezüglich der Winkelhalbierenden des I. und III. Quadranten sind.

5 Bestimmen Sie einen Term der Umkehrfunktion g der Funktion $f: x \mapsto \frac{1}{x}$, $D_f = \mathbb{R}\backslash\{0\}$. Deuten Sie Ihr Ergebnis geometrisch.

6 Bei einem Stromanbieter kostet jede kWh 39 ct, die Jahresgebühr beträgt 60 €. Die Funktion $f: x \mapsto f(x)$, $D_f = \mathbb{R}_0^+$, modelliert die Kosten (in €) für einen Stromverbrauch von x kWh.

a) Bestimmen Sie einen Funktionsterm f(x) sowie einen Term der Umkehrfunktion und erläutern Sie die Bedeutung der Umkehrfunktion von f im Sachzusammenhang.

b) Zeichnen Sie den Graphen der Funktion f mithilfe einer DMS und beschreiben Sie, wie der Graph der Umkehrfunktion daraus hervorgeht.

7 Der Querschnitt einer rotationssymmetrischen Schale kann in einem Koordinatensystem mithilfe der Graphen folgender Funktionen beschrieben werden:

$f: x \mapsto \sqrt{4x}$, $0 \leq x \leq 4$ $g: x \mapsto \sqrt{2x-4}$, $2 \leq x \leq 4$.

Die x-Achse bildet dabei die Rotationsachse der Schale; eine Längeneinheit entspricht 1 dm.

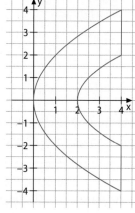

Abituraufgabe

a) Interpretieren Sie den Term $f(4) - g(4)$ im Sachzusammenhang.

b) Die Schale wird aufrecht auf einen Tisch gestellt, und es wird mit konstantem Zufluss Wasser eingefüllt. Entscheiden und begründen Sie, welcher der Graphen die Höhe des Wasserspiegels in der Schale in Abhängigkeit von der Zeit beschreibt.

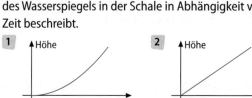

c) Zeigen Sie, dass für den Flächeninhalt A der Wasseroberfläche (in dm²) in Abhängigkeit von der Höhe h (in dm) des Wasserspiegels gilt: $A(h) = 2\pi h$.

8 Gegeben sind vier Funktionen:

A $f: x \mapsto 2x + 6$, $D_f = \mathbb{R}$ **B** $f: x \mapsto \sqrt{x-2} + 1$, $D_f = [2; +\infty[$

C $f: x \mapsto \dfrac{2}{x} - 3$, $D_f = \mathbb{R}\backslash\{0\}$ **D** $f: x \mapsto -3(x+1)^2$, $D_f =]-\infty; -1]$

a) Ermitteln Sie jeweils einen Term der Umkehrfunktion der Funktion f.

b) Beim Verketten einer Funktion f mit ihrer Umkehrfunktion g erhält man die Terme **1** $u(x) = f(g(x))$ oder **2** $v(x) = g(f(x))$. Bestimmen Sie jeweils die Terme u(x) und v(x) und deuten Sie Ihr Ergebnis anschaulich.

 9 a) Gegeben ist für jedes $m \in \mathbb{R}\backslash\{0\}$ und $t \in \mathbb{R}$ eine lineare Funktion f mit $f(x) = mx + t$, $D_f = \mathbb{R}$. Bestimmen Sie einen Term der Umkehrfunktion g in Abhängigkeit von m und t und geben Sie deren Steigung sowie Nullstelle an.

b) Begründen Sie mithilfe des Ergebnisses aus Teilaufgabe a) die folgenden Aussagen:

1 Ist der Graph einer linearen Funktion eine Ursprungsgerade mit Steigung $m \neq 0$, so ist der Graph der Umkehrfunktion ebenfalls eine Ursprungsgerade mit Steigung $\frac{1}{m}$.

2 Ist die Steigung des Graphen einer umkehrbaren Funktion f im Punkt $P(x_0 | f(x_0))$ positiv, so ist die Steigung des Graphen der Umkehrfunktion im Punkt $Q(f(x_0) | x_0)$ ebenfalls positiv.

Zeichnen Sie mithilfe einer DMS den Graphen der Funktion $f: x \mapsto x^2$, $D_f = \mathbb{R}^+$, sowie die Gerade w mit $y = x$ und den Graphen der Umkehrfunktion $g: x \mapsto \sqrt{x}$, $D_g = \mathbb{R}^+$. Wählen Sie einen Punkt P auf G_f und zeichnen Sie die Tangente t_P im Punkt P an G_f. Spiegeln Sie den Punkt P und die Tangente t_P an der Geraden w.

- Vergleichen Sie die Steigungen der Tangente t_P und ihres Spiegelbilds $t_{P'}$ und begründen Sie Ihre Beobachtung.
- Folgern Sie aus Ihrer Beobachtung, dass für die Ableitung der Funktion f und ihrer Umkehrfunktion g gilt $g'(f(x_0)) = \frac{1}{f'(x_0)}$.
- Begründen Sie mithilfe der Formel, dass für die Ableitung der Wurzelfunktion g gilt $g'(x) = \frac{1}{2\sqrt{x}}$, $D_g = \,]0; +\infty[$.

Mithilfe des Zusammenhangs zwischen der Ableitung einer Funktion und ihrer Umkehrfunktion kann man eine Ableitungsregel für Funktionen mit rationalen Exponenten herleiten.

Erinnerung:
$f(x) = x^{\frac{m}{n}} = \sqrt[n]{x^m}$

> Jede Potenzfunktion $f: x \mapsto x^r$, $D_f = \mathbb{R}^+$, mit einem rationalen Exponenten r $(r \neq 0)$ ist **differenzierbar**. Für ihre **Ableitung f'** gilt $f'(x) = r \cdot x^{r-1}$ und $D_{f'} = \mathbb{R}^+$.

Begründung

Begründen Sie, dass jede in $\mathbb{R}^+$ definierte Funktion f mit $f(x) = x^r$, $r \in \mathbb{Q}\setminus\{0\}$, die Ableitung f' mit $f'(x) = r \cdot x^{r-1}$, $D_{f'} = \mathbb{R}^+$, besitzt.

Lösung:

Jede rationale Zahl $r \neq 0$ lässt sich als Quotient aus einer ganzen Zahl $m \neq 0$ und einer positiven ganzen Zahl n darstellen: $r = \frac{m}{n}$. Somit gilt $f(x) = x^r = x^{\frac{m}{n}}$.

Durch Potenzieren mit n erhält man die Gleichung $[f(x)]^n = x^m$.

Durch Ableiten beider Seiten nach x erhält man (links mithilfe der Kettenregel)

Merken Sie sich:
$f(x) = \sqrt{x}$
$\Rightarrow f'(x) = \frac{1}{2\sqrt{x}}$

$n \cdot [f(x)]^{n-1} \cdot f'(x) = m \cdot x^{m-1}$. Es gilt somit $n \cdot \left[x^{\frac{m}{n}}\right]^{n-1} \cdot f'(x) = m \cdot x^{m-1}$ bzw. mithilfe der Potenzgesetze $n \cdot x^{m-\frac{m}{n}} \cdot f'(x) = m \cdot x^{m-1}$.

Hieraus ergibt sich $f'(x) = \frac{m}{n} \cdot x^{m-1} \cdot x^{\frac{m}{n}-m}$ und $f'(x) = \frac{m}{n} \cdot x^{\frac{m}{n}-1} = r \cdot x^{r-1}$.

Beispiele

I. Bestimmen Sie jeweils die erste Ableitung der Funktion $f: x \mapsto f(x)$, $D_f = \mathbb{R}^+$.

 a) $f(x) = \sqrt{x^3}$ **b)** $f(x) = x^{\frac{2}{5}}$ **c)** $f(x) = \sqrt[3]{x^2}$ **d)** $f(x) = \frac{2}{\sqrt[4]{x}}$

Lösung:

Strategiewissen

Ableiten von Potenzfunktionen mit rationalen Exponenten

1 Schreiben Sie den Funktionsterm als Potenz mit rationalem Exponenten:

 a) $f(x) = x^{\frac{3}{2}}$ **b)** $f(x) = x^{\frac{2}{5}}$ **c)** $f(x) = x^{\frac{2}{3}}$ **d)** $f(x) = 2 \cdot x^{-\frac{1}{4}}$

2 Leiten Sie ab und vereinfachen Sie den Term:

 a) $f'(x) = \frac{3}{2} \cdot x^{\frac{3}{2}-1} = \frac{3}{2} \cdot x^{\frac{1}{2}} = \frac{3}{2}\sqrt{x}$ **b)** $f(x) = \frac{2}{5} \cdot x^{\frac{2}{5}-1} = \frac{2}{5} \cdot x^{-\frac{3}{5}} = \frac{2}{5\sqrt[5]{x^3}}$

 c) $f'(x) = \frac{2}{3} \cdot x^{\frac{2}{3}-1} = \frac{2}{3} \cdot x^{-\frac{1}{3}} = \frac{2}{3\sqrt[3]{x}}$ **d)** $f'(x) = 2 \cdot \left(-\frac{1}{4}\right) \cdot x^{-\frac{1}{4}-1} = \left(-\frac{1}{2}\right) \cdot x^{-\frac{5}{4}} = -\frac{1}{2\sqrt[4]{x^5}}$

II. Bestimmen Sie jeweils den Term einer Stammfunktion der Funktion $f: x \mapsto f(x)$, $D_f = D_{max}$, deren Graph durch den Punkt P verläuft.

a) $f(x) = 5 \cdot \sqrt[3]{x}$; $P(1 \mid 4{,}75)$　　　　**b)** $f(x) = \frac{1}{\sqrt{3x}}$; $P(3 \mid 4)$

Lösung:

1 Schreiben Sie den Term als Potenz mit rationalem Exponenten:

Strategiewissen

Term einer Stammfunktion von Wurzelfunktionen bestimmen

a) $f(x) = 5 \cdot x^{\frac{1}{3}}$　　　　　　　**b)** $f(x) = \frac{1}{\sqrt{3}} \cdot x^{-\frac{1}{2}}$

2 Für $f(x) = a \cdot x^r$, $a \in \mathbb{R}\backslash\{0\}$, $r \in \mathbb{Q}\backslash\{-1\}$, gilt $F_c(x) = a \cdot \frac{1}{r+1} \cdot x^{r+1} + c$, $c \in \mathbb{R}$.

a) $F_c(x) = 5 \cdot \frac{1}{\frac{1}{3}+1} \cdot x^{\frac{1}{3}+1} + c = 5 \cdot \frac{3}{4} \cdot x^{\frac{4}{3}} + c = \frac{15}{4} \cdot \sqrt[3]{x^4} + c$

b) $F_c(x) = \frac{1}{\sqrt{3}} \cdot \frac{1}{-\frac{1}{2}+1} \cdot x^{-\frac{1}{2}+1} + c = \frac{2\sqrt{x}}{\sqrt{3}} + c = \frac{2}{3}\sqrt{3x} + c$

3 Bestimmen Sie den Wert von c durch Einsetzen der Koordinaten von P:

a) $\frac{15}{4} \cdot \sqrt[3]{1^4} + c = 4{,}75 \Rightarrow c = 1$; $F_1(x) = \frac{15}{4} \cdot \sqrt[3]{x^4} + 1$

b) $\frac{2}{3}\sqrt{3 \cdot 3} + c = 4 \Rightarrow c = 2$; $F_2(x) = \frac{2}{3}\sqrt{3x} + 2$

III. Der Graph G_f der Funktion f mit $f(x) = 5 - \sqrt{x^2 + 9}$, $D_f = [-4; 4]$, modelliert das Profil eines Deichs an einem Fluss (x in 10 Meter; $f(x)$: Höhe in Meter). Ermitteln Sie die Steigung von G_f an der Stelle $x_0 = -4$ und interpretieren Sie das Ergebnis im Sachkontext.

Lösung:

$f'(x) = -\frac{1}{2\sqrt{x^2+9}} \cdot 2x = -\frac{x}{\sqrt{x^2+9}} \Rightarrow f'(-4) = -\frac{-4}{\sqrt{(-4)^2+9}} = \frac{4}{5} = 0{,}8$

Der Deich hat an seinem Fuß in der Realität eine Steigung von 8 %, da die x-Achse um den Faktor 10 gestaucht ist.

Nachgefragt

- Begründen Sie, dass der Graph jeder Funktion $f: x \mapsto x^r$, $r \in \mathbb{Q}^+$, $D_f = \mathbb{R}^+$, streng monoton steigend ist.

- Erläutern Sie, ob die Funktion $f: x \mapsto \sqrt[3]{x^2}$, $D_f = \mathbb{R}$, überall in D_f differenzierbar ist.

1 Ermitteln Sie jeweils die Ableitung der Funktion $f: x \mapsto f(x)$, $D_f = \mathbb{R}^+$.

Aufgaben

a) $f(x) = x^{\frac{1}{4}}$　　**b)** $f(x) = x^{\frac{3}{4}}$　　**c)** $f(x) = \sqrt{3x^2}$　　**d)** $f(x) = \sqrt[3]{x^6}$

e) $f(x) = \frac{1}{\sqrt{2x}}$　　**f)** $f(x) = \sqrt{4x^2+1}$　　**g)** $f(x) = x + \frac{1}{\sqrt{x}}$　　**h)** $f(x) = \frac{5}{\sqrt{x^2+1}}$

2 Bestimmen Sie jeweils die Ableitung der Funktion $f: x \mapsto f(x)$, $D_f = D_{max}$, sowie die Steigung des Graphen von f an der Stelle x_0.

a) $f(x) = \sqrt{x} \cdot \cos x$; $x_0 = \frac{\pi}{2}$　**b)** $f(x) = 2\sqrt{e^x}$; $x_0 = 0$　　　**c)** $f(x) = \sqrt{3x^2}$; $x_0 = 1$

d) $f(x) = \sqrt{4e^{-x}}$; $x_0 = -1$　**e)** $f(x) = \sqrt{x^2+1} \cdot e^{3x}$; $x_0 = 0$　**f)** $f(x) = \sin\sqrt{1-x^2}$; $x_0 = 0$

3 Ermitteln Sie jeweils einen Term der Stammfunktion der Funktion $f: x \mapsto f(x)$, $D_f = \mathbb{R}^+$, deren Graph durch den Punkt P verläuft.

a) $f(x) = \sqrt{10x}$; $P(0{,}9 \mid 1)$　　**b)** $f(x) = \frac{1}{\sqrt{x}}$; $P(4 \mid 6)$　　　**c)** $f(x) = \frac{1}{\sqrt{2x}}$; $P\left(\frac{1}{2} \mid 0\right)$

d) $f(x) = \sqrt{6x}$; $P(1{,}5 \mid 2)$　　**e)** $f(x) = \frac{1}{\sqrt{5x^3}}$; $P\left(5 \mid \frac{8}{5}\right)$　　**f)** $f(x) = \frac{5}{3 \cdot \sqrt[3]{x^2}}$; $P(1 \mid -1)$

4 **a)** Bestimmen Sie jeweils die maximale Definitionsmenge D_f sowie einen Term der Ableitung der Funktion $f: x \mapsto f(x)$.

1 $f(x) = \sqrt{x^2 + 1}$ **2** $f(x) = \sqrt{3 - 4x^2}$ **3** $f(x) = \sqrt{2x^3 + 7}$

b) Weisen Sie jeweils rechnerisch nach, dass $F(x)$ ein Term einer Stammfunktion der Funktion f ist.

1 $F(x) = \sqrt{x^2 + 4}$; $f(x) = \dfrac{x}{\sqrt{x^2 + 4}}$ **2** $F(x) = 2\sqrt{\sin x}$; $f(x) = \dfrac{\cos x}{\sqrt{\sin x}}$

3 $F(x) = \dfrac{2}{3}\sqrt{3x + 5}$; $f(x) = \dfrac{1}{\sqrt{3x + 5}}$ **4** $F(x) = \sqrt{e^x + 3}$; $f(x) = \dfrac{e^x}{2\sqrt{e^x + 3}}$

5 Ermitteln Sie die Ableitung der Funktion $f: x \mapsto \sqrt{x}$, $D_f = \mathbb{R}^+$, mithilfe des Differenzenquotienten $\dfrac{f(x_0 + h) - f(x_0)}{h}$.

6 Zeichnen Sie den Graphen G_f der Funktion $f: x \mapsto x^2 + 4$, $D_f = \mathbb{R}^+$, sowie den Graphen G_g der Funktion $g: x \mapsto \sqrt{x - 4}$, $D_g = \,]4; +\infty[$.

a) Weisen Sie nach, dass die Funktion f überall in D_f streng monoton zunehmend ist.

b) Begründen Sie, dass die Graphen G_f und G_g zueinander symmetrisch bezüglich der Winkelhalbierenden w des I. und III. Quadranten sind.

c) Ermitteln Sie eine Gleichung der Tangente t_1 an G_f im Punkt $P(1 | f(1))$ sowie auf zwei verschiedene Arten eine Gleichung der Tangente t_2 an G_g im Punkt $P^*(5 | g(5))$.

d) Bestimmen Sie die Koordinaten des Schnittpunkts S der Geraden t_1 und t_2 und begründen Sie die Lage des Punktes S.

7 Gegeben ist die Funktion f mit $f(x) = x \cdot \sqrt{4 - x^2}$, $D_f = D_{max}$; ihr Graph ist G_f.

a) Geben Sie die maximale Definitionsmenge D_f an und ermitteln Sie die Koordinaten der Punkte, die G_f mit den Koordinatenachsen gemeinsam hat.

b) Zeigen Sie, dass G_f punktsymmetrisch bezüglich des Koordinatenursprungs ist.

c) Ermitteln Sie die Koordinaten der beiden Graphenpunkte T und H mit $f'(x_T) = f'(x_H) = 0$ und $x_T < x_H$ sowie die Länge der Strecke $\overline{TH}$.

8 Gegeben ist die Funktion f mit $f(x) = (x - 1)\sqrt{x}$; $D_f = \mathbb{R}_0^+$; ihr Graph ist G_f.

a) Der Graph der Funktion f^* entsteht durch Spiegelung des Graphen G_f an der x-Achse. Geben Sie einen Funktionsterm $f^*(x)$ sowie die Koordinaten der Schnittpunkte S und T (mit $x_S < x_T$) der Graphen G_f und G_{f^*} an und begründen Sie.

b) Zeichnen Sie die Graphen G_f und G_{f^*} in einer DMS. Überprüfen Sie Ihre Ergebnisse.

c) Die Punkte S, $A(a | f(a))$, T und $Z(b | f^*(b))$ mit $a, b \in \,]0; 1[$ sind die Eckpunkte des Vierecks SATZ. Ermitteln Sie diejenigen Werte der Parameter a und b, für die der Flächeninhalt von SATZ am größten ist.

9 **a)** Begründen Sie, dass der Graph der Funktion $f: x \mapsto \sqrt{1 - x^2}$, $D_f = [0; 1]$, und der Graph ihrer Umkehrfunktion identisch sind.

b) Entscheiden und begründen Sie, ob die Aussage aus Teilaufgabe a) auch für die Funktion $h: x \mapsto \sqrt{1 - x^2}$, $D_h = [-1; 0]$, gilt.

c) Experimentieren Sie mithilfe einer DMS und geben Sie weitere Funktionen an, deren Graph mit dem ihrer Umkehrfunktion übereinstimmt.

10 Gegeben ist die Funktion f mit $f(x) = \sqrt{x-2} \cdot \left(\frac{1}{4}x - \frac{3}{2}\right)$ und maximalem Definitions-

bereich D_f.

a) Geben Sie D_f an.

b) Bestimmen Sie die Nullstellen der
Funktion f.

c) Entscheiden und begründen Sie,
welcher der abgebildeten Graphen
G_A bis G_D die Funktion g mit
$g(x) = -f(x)$ darstellt.

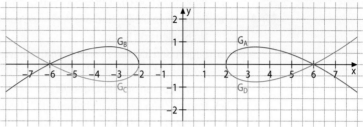

11 Gegeben ist die Funktion $f: x \mapsto \sqrt{x}$, $D_f = \mathbb{R}_0^+$; ihr Graph ist G_f.

a) Geben Sie einen Term $f'(x)$ der ersten Ableitung von f sowie die maximale Definitionsmenge $D_{f'}$ an. Zeichnen Sie G_f mithilfe einer DMS.

b) Erläutern Sie **1** anhand der Funktionsterme von f und f' bzw. **2** geometrisch
anhand des Graphen G_f, dass D_f und $D_{f'}$ nicht übereinstimmen.

c) Bestimmen Sie $\lim\limits_{x \to 0^+} f'(x)$ und erklären Sie die geometrische Bedeutung des
Ergebnisses.

12 a) Zeigen Sie, dass die Funktion f mit $f(x) = 2 - \sqrt[3]{x^2}$, $D_f = \mathbb{R}_0^+$, überall in D_f streng monoton abnehmend ist, und ermitteln Sie ihre Wertemenge W_f.

b) Bestimmen Sie einen Term der Umkehrfunktion g von f und geben Sie die Definitions-
und die Wertemenge von g an. Zeichnen Sie die Graphen G_f und G_g.

13 Gegeben ist die Funktion f mit $f(x) = \sqrt{4 - x^2}$ mit maximaler Definitionsmenge D_f.

a) Bestimmen Sie D_f und zeichnen Sie den Graphen G_f.

b) Weisen Sie nach, dass G_f ein Halbkreis ist, und geben Sie Mittelpunkt und Radius des
Halbkreises an.

c) Der Punkt $P(x_P | y_P)$ liegt auf G_f. Begründen Sie, dass diejenige Gerade n, die senkrecht
auf der Tangente t_P an G_f im Punkt P steht, unabhängig von der Lage von P auf dem
Graphen G_f eine Ursprungsgerade ist, …

*Die Lotgerade auf die Tangente im Berührpunkt heißt auch **Normale**.*

A mit Mitteln der Analysis. **B** elementargeometrisch.

d) Berechnen Sie den Flächeninhalt des Dreiecks, das von t_P und den beiden Koordinatenachsen berandet wird.

e) Die drei folgenden Abbildungen zeigen Halbkreise mit Radius r und Mittelpunkten
$(0|0)$, $(r|0)$ und $(0|r)$. Begründen Sie, dass der Halbkreis in Bild **1** Graph der
Funktion $f_1: x \mapsto \sqrt{r^2 - x^2}$, $D_{f_1} = [-r; r]$ ist. Die Halbkreise der Bilder **2** und **3** sind
Graphen der Funktionen f_2 und f_3. Geben Sie jeweils einen Term und die maximale
Definitionsmenge für f_2 und f_3 an.

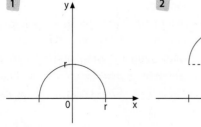
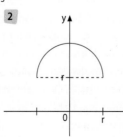
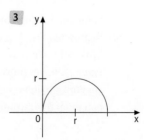

Abituraufgabe   **14** Gegeben ist die Schar der Funktionen $f_k: x \mapsto kx \cdot \sqrt{4 - kx}$ mit $k \in \mathbb{R}^+$ und maximaler Definitionsmenge D_{f_k}. Der Graph von f_k wird mit G_{f_k} bezeichnet.

a) Bestimmen Sie D_{f_k} und das Verhalten von G_{f_k} an den Rändern von D_{f_k}. Geben Sie die Nullstellen von f_k an.

b) Begründen Sie ohne Verwendung der zweiten Ableitung von f_k, dass G_{f_k} genau einen Hochpunkt besitzt, und bestimmen Sie dessen Koordinaten in Abhängigkeit von k. Interpretieren Sie das Ergebnis geometrisch.

c) Untersuchen Sie das Verhalten von f_k' bei Annäherung an den rechten Rand von D_{f_k} und zeichnen Sie G_{f_1}.

Abituraufgabe   **15** Die Funktion f ist gegeben durch $f(x) = 4\sqrt{x} \cdot e^{-0,5x}$, $D_f = \mathbb{R}_0^+$; ihr Graph ist G_f.

a) Untersuchen Sie G_f auf Schnittpunkte mit den Koordinatenachsen, Asymptoten sowie Extrem- und Wendepunkte.

b) Bestimmen Sie das Verhalten von $f'(x)$ für $x \to 0^+$ und beschreiben Sie damit den Verlauf des Graphen G_f in der Nähe des Ursprungs.

c) Zeichnen Sie G_f mithilfe Ihrer bisherigen Ergebnisse.

 16 An der Ostsee ereignet sich im Wasser, 50 m entfernt vom geradlinigen Strand, ein Badeunfall. Der nächste Wasserwacht-Stützpunkt befindet sich direkt am Strand und ist 130 m Luftlinie vom Unfallort entfernt. Der Rettungsschwimmer läuft am Strand mit einer Geschwindigkeit von $8\,\frac{m}{s}$ und schwimmt mit $1,6\,\frac{m}{s}$ im Wasser.

a) Fertigen Sie eine Skizze der Situation an. Bestimmen Sie einen Term für die Gesamtzeit, die der Rettungsschwimmer bis zur Unfallstelle benötigt, in Abhängigkeit von der am Strand zurückgelegten Strecke x.

b) Bestimmen Sie diejenige Stelle am Strand, an der der Rettungsschwimmer ins Wasser gehen sollte, um möglichst schnell helfen zu können. Ermitteln Sie die minimale Zeit, die er dann bis zum Unfallort benötigt.

17 Gegeben sind die Funktionen f_1 und f_2 durch $f_1(x) = 1 + \frac{1}{\sqrt{x+1}}$ und $f_2(x) = 1 - \frac{1}{\sqrt{x+1}}$ mit $D_{f_1} = D_{f_2} =]-1; +\infty[$. Ihre Graphen sind G_{f_1} und G_{f_2}.

a) Untersuchen Sie G_{f_1} und G_{f_2} auf Monotonie sowie ihr Verhalten an den Rändern des Definitionsbereichs und geben Sie Gleichungen der Asymptoten an.

b) Zeichnen Sie die Graphen G_{f_1} und G_{f_2} und die Asymptoten für $x \leq 8$ in ein gemeinsames Koordinatensystem. Begründen Sie, dass G_{f_1} aus G_{f_2} durch Spiegelung an einer der gemeinsamen Asymptoten hervorgeht.

c) Die Gerade $x = z$, $z > -1$, schneidet G_{f_1} im Punkt P_1 und G_{f_2} im Punkt P_2. Der Schnittpunkt S der Asymptoten, P_1 und P_2 sind Eckpunkte eines Dreiecks. Dieses Dreieck erzeugt bei der Rotation um die waagrechte Asymptote einen Drehkörper mit dem Volumen V. Zeigen Sie, dass V unabhängig von z ist.

d) Begründen Sie, dass die Funktion f_1 umkehrbar ist, und ermitteln Sie einen Term der Umkehrfunktion g_1. Zeichnen Sie den Graphen von g_1 in das vorhandene Koordinatensystem ein. Begründen Sie, dass die gemeinsame Tangente an G_{f_1} und G_{g_1} senkrecht zur Winkelhalbierenden des I. und III. Quadranten ist, und bestimmen Sie die Koordinaten der Berührpunkte.

18 Die Graphen der Potenzfunktionen $f: x \mapsto x^r$, $r \in \mathbb{Q}^+\backslash\{1\}$, $D_f = \mathbb{R}^+$, und $g: x \mapsto x^s$, $s \in \mathbb{Q}^+\backslash\{1\}$, $s < r$; $D_g = \mathbb{R}^+$, haben den Punkt C gemeinsam.

a) Geben Sie die Koordinaten von C an.

b) Die Tangente an G_f im Punkt C schneidet die x-Achse im Punkt A und die y-Achse im Punkt A*; die Tangente an G_g im Punkt C schneidet die x-Achse im Punkt B und die y-Achse im Punkt B*. Vergleichen Sie die Flächeninhalte der beiden Dreiecke BAC und B*A*C miteinander.

19 Gegeben ist die Schar der in $\mathbb{R}$ definierten Funktionen $f_k: x \mapsto \frac{1}{2}(k - x)\sqrt{e^x}$ mit $k \in \mathbb{R}$. Der jeweilige Graph von f_k wird mit G_k bezeichnet.

a) Geben Sie $f_k(0)$ sowie die Nullstelle von f_k an. Untersuchen Sie das Verhalten von f_k für betragsgroße Werte von x.

b) Zeigen Sie, dass $f_k'(x) = \frac{1}{2} \cdot f_{k-2}(x)$ gilt, und ermitteln Sie hiermit Funktionsterme der Ableitungen f_k' und f_k'' sowie einer Stammfunktion von f_k.

c) Zeigen Sie, dass G_k genau einen Hochpunkt und genau einen Wendepunkt besitzt, und bestimmen Sie die Koordinaten dieser Punkte.

Vertiefung

Arcusfunktionen – Umkehrfunktionen trigonometrischer Funktionen

Die Funktion h mit $h(x) = \sin x$, $D_h = \mathbb{R}$, ist nicht umkehrbar, da jedem Wert y der Wertemenge $W_h = [-1; 1]$ unendliche viele $x \in D_h$ mit $h(x) = y$ zugeordnet werden können. Schränkt man die Definitionsmenge dagegen ein und betrachtet z. B. die Funktion $f: x \mapsto \sin x$, $D_f = \left[-\frac{\pi}{2}; \frac{\pi}{2}\right]$, so ist die Funktion f umkehrbar.

- Begründen Sie die Umkehrbarkeit von f und zeichnen Sie die Graphen der Funktion f und ihrer Umkehrfunktion g in dasselbe Koordinatensystem. Geben Sie die Definitionsmenge D_g sowie die Wertemenge W_g an.

- Geben Sie weitere mögliche Definitionsmengen D an, so dass die Sinusfunktion, eingeschränkt auf D, umkehrbar ist.

Die Umkehrfunktion der Sinusfunktion f heißt **Arcussinusfunktion**, kurz: $g: x \mapsto \arcsin x$, $D_g = [-1; 1]$. Man schreibt für die Arcussinusfunktion häufig auch $g: x \mapsto \operatorname{asin}(x)$ oder $g: x \mapsto \sin^{-1}(x)$.

- Ermitteln Sie graphisch (mithilfe einer DMS) die Ableitungsfunktion der Arcussinusfunktion g.

Um einen Term der Ableitungsfunktion g' zu bestimmen, nutzt man die Sinusfunktion als Umkehrfunktion: Es gilt $f(x) = \sin x$ und $g(y) = \arcsin y$ mit $y = \sin x$, d. h. $g(\sin x) = x$.
Dies wird abgeleitet: $g'(\sin x) \cdot \cos x = 1 \Rightarrow g'(y) = \frac{1}{\cos x} = \frac{1}{\sqrt{1 - (\sin x)^2}} = \frac{1}{\sqrt{1 - y^2}}$.
Tauscht man die Variablen, so gilt $g'(x) = \frac{1}{\sqrt{1 - x^2}}$.

- Erläutern Sie die Herleitung von g'(x) einem Mitschüler oder einer Mitschülerin.

Ähnlich wie die Sinusfunktion lässt sich auch die Kosinusfunktion umkehren, wenn sie z. B. auf das Intervall $[0; \pi]$ eingeschränkt wird. Die Umkehrfunktion ist dann die Arcuskosinusfunktion.

- Begründen Sie, dass die Kosinusfunktion im Intervall $[0; \pi]$, nicht aber im Intervall $\left[-\frac{\pi}{2}; \frac{\pi}{2}\right]$, umkehrbar ist, und bestimmen Sie einen Term der Ableitungsfunktion. Zeichnen Sie im Intervall $[0; \pi]$ die Graphen der Kosinusfunktion, der Arcuskosinusfunktion und ihrer Ableitungen.

Entdecken

- Zeichnen Sie den Graphen der Funktion $g: x \mapsto e^x$, $D_g = \mathbb{R}$, in einer DMS und begründen Sie, dass die Funktion g umkehrbar ist.

- Recherchieren Sie, welche Möglichkeiten es gibt, mithilfe der DMS den Term einer Umkehrfunktion zu ermitteln, und geben Sie einen Term der Umkehrfunktion von g an.

- Bestimmen Sie graphisch mithilfe der DMS die Ableitung der Umkehrfunktion.

Verstehen

Die Umkehrung des Potenzierens zur Basis e ist das Logarithmieren zur Basis e.

Aus $y = e^x$ folgt $\ln y = x$.

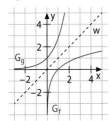

> Die Umkehrfunktion der natürlichen Exponentialfunktion $g: x \mapsto e^x$, $D_g = \mathbb{R}$, ist die **natürliche Logarithmusfunktion f: $x \mapsto \ln x$**. Sie besitzt folgende Eigenschaften:
>
> - Die Definitionsmenge ist $D_f = \mathbb{R}^+$ und die Wertemenge $W_f = \mathbb{R}$.
> - Die y-Achse ist senkrechte Asymptote.
> - Es gilt $\lim\limits_{x \to 0^+} f(x) = -\infty$ und $\lim\limits_{x \to +\infty} f(x) = +\infty$.
> - G_f ist streng monoton steigend.
> - $x_0 = 1$ ist die einzige Nullstelle von f.
>
> Für ihre **Ableitung** gilt: $f'(x) = \frac{1}{x}$, $D_{f'} = \mathbb{R}^+$.
> Die Funktion $H: x \mapsto \ln|x|$, $D_H = \mathbb{R}\backslash\{0\}$, ist **Stammfunktion** der Funktion $h: x \mapsto \frac{1}{x}$, $D_h = \mathbb{R}\backslash\{0\}$.
> Für $n \in \mathbb{N}\backslash\{0\}$ gilt $\lim\limits_{x \to +\infty} \frac{\ln x}{x^n} = 0$ und $\lim\limits_{x \to 0^+} (x^n \cdot \ln x) = 0$.
> Für das Rechnen mit Logarithmen ($a, b \in \mathbb{R}^+$, $r \in \mathbb{R}$) gilt:
>
> **1** $\ln(a^r) = r \cdot \ln a$ **2** $\ln(a \cdot b) = \ln a + \ln b$ **3** $\ln \frac{a}{b} = \ln a - \ln b$

Begründungen

I. Begründen Sie, dass …
  a) für die Ableitung der natürlichen Logarithmusfunktion f gilt $f'(x) = \frac{1}{x}$.
  b) die Funktion $H: x \mapsto \ln|x|$, $D_H = \mathbb{R}\backslash\{0\}$, eine Stammfunktion der Funktion $h: x \mapsto \frac{1}{x}$, $D_h = \mathbb{R}\backslash\{0\}$, ist.

Lösung:

Formel siehe S. 124 Entdecken

a) Da für die Ableitungen der Funktion $f: x \mapsto \ln x$ und ihrer Umkehrfunktion $g: x \mapsto e^x$ gilt $f'(g(x_0)) = \frac{1}{g'(x_0)}$, folgt mit $x_0 = \ln a$ für $a > 0$: $f'(e^{\ln a}) = \frac{1}{e^{\ln a}} \Leftrightarrow f'(a) = \frac{1}{a}$.

b) Für $x > 0$ ist $H(x) = \ln|x| = \ln x$ und damit $H'(x) = \frac{1}{x}$ (vgl. a)).
Für $x < 0$ ist $H(x) = \ln|x| = \ln(-x)$. Mithilfe der Kettenregel folgt $H'(x) = \frac{1}{-x} \cdot (-1) = \frac{1}{x}$. Damit ist die Behauptung für alle $x \in D_H$ gezeigt.

II. Begründen Sie, dass für alle $a, b \in \mathbb{R}^+$ gilt: $\ln(a \cdot b) = \ln a + \ln b$.

Lösung:

Analog kann $\ln \frac{a}{b} = \ln a - \ln b$ mithilfe des Potenzgesetzes $\frac{e^x}{e^y} = e^{x-y}$ begründet werden.

Gemäß der Rechengesetze für Potenzen gilt $e^x \cdot e^y = e^{x+y}$ für alle $x, y \in \mathbb{R}$. Logarithmieren beider Seiten zur Basis e liefert: $\ln(e^x \cdot e^y) = \ln(e^{x+y}) \Leftrightarrow \ln(e^x \cdot e^y) = (x+y) \cdot \ln e$ $\Leftrightarrow \ln(e^x \cdot e^y) = x + y$. Substituiert man $e^x = a$ und $e^y = b$, so gilt gemäß der Definition des Logarithmus $x = \ln a$ und $y = \ln b$. Somit folgt durch Einsetzen: $\ln(a \cdot b) = \ln a + \ln b$.

Beispiele

I. Begründen Sie mithilfe der Rechenregeln für Logarithmen die Gültigkeit der Aussagen.

a) Der Graph der Funktion $f: x \mapsto \ln(\sqrt{x})$, $D_f = \mathbb{R}^+$, geht aus dem Graphen der Funktion $g: x \mapsto \ln x$, $D_g = \mathbb{R}^+$, durch Streckung mit dem Faktor 0,5 in y-Richtung hervor.

b) Für die in $\mathbb{R}^+$ definierten Funktionen $g: x \mapsto \ln x$ und $h: x \mapsto \ln(4x)$ gilt $g'(x) = h'(x)$.

Lösung:

a) Mithilfe der Regel $\ln(a^r) = r \cdot \ln a$ folgt: $f(x) = \ln(\sqrt{x}) = \ln\left(x^{\frac{1}{2}}\right) = \frac{1}{2}\ln x$.

Die Multiplikation mit dem Faktor $a = \frac{1}{2}$ entspricht der Streckung in y-Richtung.

Strategiewissen
Rechenregeln für Logarithmen anwenden

b) Mithilfe der Regel $\ln(a \cdot b) = \ln a + \ln b$ folgt: $h(x) = \ln(4x) = \ln 4 + \ln x$.

Mit der Summenregel folgt $h'(x) = 0 + \frac{1}{x} = g'(x)$.

II. Weisen Sie nach, dass die Funktion $f: x \mapsto \ln(x+5)$, $D_f =]-5; +\infty[$, umkehrbar ist, und bestimmen Sie rechnerisch einen Term der Umkehrfunktion.

Lösung:

Für die Ableitung gilt $f'(x) = \frac{1}{x+5} > 0$ für $x \in D_f$, d.h. G_f ist streng monoton steigend und die Funktion somit umkehrbar.

$y = \ln(x+5) \Leftrightarrow e^y = x+5 \Rightarrow x = e^y - 5$. Durch Variablentausch folgt $g(x) = e^x - 5$.

III. Gegeben ist die Funktion $f: x \mapsto \ln(x^2 + 4)$, $D_f = \mathbb{R}$. Untersuchen Sie deren Graph G_f auf Extrem- und Wendepunkte und zeichnen Sie G_f.

Lösung:

Ableitungen: $f'(x) = \frac{1}{x^2+4} \cdot 2x = \frac{2x}{x^2+4}$; $f''(x) = \frac{(x^2+4) \cdot 2 - 2x \cdot 2x}{(x^2+4)^2} = \frac{2(4-x^2)}{(x^2+4)^2}$

Extrempunkte: $f'(x) = 0 \Rightarrow x = 0$ sowie $f''(0) = 0,5 > 0$ und $f(0) = \ln 4$
G_f hat einen Tiefpunkt $T(0 \,|\, \ln 4)$.

Wendepunkte: $f''(x) = 0 \Leftrightarrow 4 - x^2 = 0 \Rightarrow x_1 = -2; x_2 = 2$ einfache Nullstellen von f''; $f(-2) = f(2) = \ln 8$.
G_f hat die Wendepunkte $W_1(-2 \,|\, \ln 8)$ und $W_2(2 \,|\, \ln 8)$.

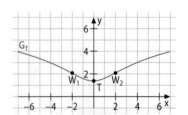

Nachgefragt

- Vergleichen Sie die Graphen der Funktionen $f: x \mapsto \ln\frac{x}{2}$ und $g: x \mapsto \ln x - \ln 2$ $(D_f = D_g = \mathbb{R}^+)$ und begründen Sie Ihre Beobachtung.

- Begründen Sie, dass die Funktion F mit $F(x) = \ln(-x)$, $D_F = \mathbb{R}^-$, eine Stammfunktion der Funktion f mit $f(x) = \frac{1}{x}$, $D_f = \mathbb{R}^-$, ist.

Aufgaben

1 Begründen Sie die Eigenschaften der natürlichen Logarithmusfunktion anhand der Eigenschaften ihrer Umkehrfunktion.

2 Bestimmen Sie jeweils die maximale Definitionsmenge D_f der Funktion $f: x \mapsto f(x)$.

a) $f(x) = \ln(-x)$ **b)** $f(x) = \ln(0,5x + 1)$ **c)** $f(x) = x \cdot \ln 2$

d) $f(x) = \ln(x^2 + 3)$ **e)** $f(x) = \ln(1 - x^2)$ **f)** $f(x) = \sqrt{\ln x}$

g) $f(x) = \ln\frac{x-2}{x+3}$ **h)** $f(x) = \ln\sqrt{1-x^2}$ **i)** $f(x) = \ln(1 - e^x)$

3 Wenden Sie auf die Terme die Rechenregeln für Logarithmen an $(a, b \in \mathbb{R}^+)$.

a) $\ln(ab^2)$ **b)** $\ln\frac{e^2}{b}$ **c)** $3 \cdot \ln a + 10 \cdot \ln b$ **d)** $\ln a - \ln\frac{1}{a}$ **e)** $\ln(2e + a \cdot e)$

4 Gegeben ist die Funktion $f: x \mapsto f(x)$ mit maximaler Definitionsmenge D_f. Geben Sie jeweils D_f an und untersuchen Sie das Verhalten an den Rändern von D_f. Bestimmen Sie einen Term der ersten Ableitung $f'(x)$ und berechnen Sie $f'(x_0)$.

a) $f(x) = \ln(x^3)$; $x_0 = 4$

b) $f(x) = \ln(2x + 3)$; $x_0 = 1$

c) $f(x) = \frac{x}{\ln x}$; $x_0 = 2$

d) $f(x) = x \cdot \ln x$; $x_0 = e$

e) $f(x) = e^{x \ln x}$; $x_0 = 1$

f) $f(x) = \ln \sqrt{x}$; $x_0 = e^{-4}$

5 Ermitteln Sie jeweils einen Term derjenigen Stammfunktion F der in D_f definierten Funktion $f: x \mapsto f(x)$, die durch den Punkt P verläuft.

a) $f(x) = \frac{2}{x}$, $D_f = \mathbb{R}\backslash\{0\}$; $P(-e\,|\,3)$

b) $f(x) = x - \frac{1}{3x}$, $D_f = \mathbb{R}\backslash\{0\}$; $P(1\,|-1)$

F: x ↦ x · ln(x) – x ist Stammfunktion von f: x ↦ ln x.

c) $f(x) = -\frac{1}{x+2}$, $D_f = \mathbb{R}\backslash\{-2\}$; $P(3\,|\,0)$

d) $f(x) = \frac{1}{3x-1}$, $D_f = \mathbb{R}\backslash\left\{\frac{1}{3}\right\}$; $P(0\,|-1)$

e) $f(x) = \ln x$, $D_f = \mathbb{R}^+$; $P(e\,|\,3)$

f) $f(x) = \ln(x-1)$, $D_f = \,]1; +\infty[$; $P(2\,|\,0)$

6 Zeichnen Sie zunächst jeweils den Graphen G_f der natürlichen Logarithmusfunktion in Ihr Heft und dann den beschriebenen Graphen. Geben Sie jeweils einen Funktionsterm an.

a) G_f wird in y-Richtung verschoben, so dass der neue Graph G_{f_1} durch den Punkt $P(1\,|\,2)$ verläuft.

b) G_f wird in x-Richtung verschoben, so dass der neue Graph G_{f_2} durch den Ursprung verläuft.

c) G_f wird an der x-Achse gespiegelt.

d) G_f wird an der y-Achse gespiegelt.

7 Untersuchen Sie jeweils das Monotonieverhalten der Funktion f und ermitteln Sie die Koordinaten aller Extrempunkte. Kontrollieren Sie Ihre Ergebnisse mithilfe einer DMS.

a) $f: x \mapsto (\ln x - 1)^2$, $D_f = \mathbb{R}^+$

b) $f: x \mapsto \ln \sqrt{x^2 + 1}$, $D_f = \mathbb{R}$

8 Zur Wiederaufforstung von Gebirgshängen werden Baumsetzlinge gepflanzt. Deren Höhe kann durch die Funktion $f: t \mapsto 70 + 30 \cdot \ln(3 + t)$, $D_f = [0; 240]$, modelliert werden (t in Monaten ab Pflanzung; $f(t)$ in Zentimetern).

a) Bestimmen Sie die Höhe eines Setzlings zum Zeitpunkt der Pflanzung und am Ende der Wachstumsphase.

b) Mit einer Mindesthöhe von 2,20 m können die Bäume einen Murenabgang nach sehr starken Regenfällen behindern. Ermitteln Sie, nach wie vielen Jahren dies der Fall ist.

c) Zeigen Sie, dass die Baumsetzlinge zum Zeitpunkt $t = 0$ am stärksten wachsen.

9 Bestimmen Sie jeweils eine Gleichung der Tangente t_N an den Graphen G_f in seinem Schnittpunkt N mit der x-Achse sowie die Größe φ des Steigungswinkels von t_N.

a) $f: x \mapsto 2 \cdot \ln \frac{1}{x}$, $D_f = \mathbb{R}^+$

b) $f: x \mapsto 1{,}5 x^2 \cdot \ln(x-2)$, $D_f = \,]2; +\infty[$

10 Begründen Sie jeweils rechnerisch, dass die Graphen der Funktionen f und g ($D_f = D_g = \mathbb{R}^+$) identisch sind, und erläutern Sie, wie diese aus dem Graphen der natürlichen Logarithmusfunktion hervorgehen. Kontrollieren Sie Ihre Ergebnisse mithilfe einer DMS.

Denken Sie an die Rechenregeln für Logarithmen.

a) $f: x \mapsto \ln(e \cdot x)$; $g: x \mapsto 1 + \ln x$

b) $f: x \mapsto \ln(x^2)$; $g: x \mapsto 2 \ln x$

c) $f: x \mapsto \ln \frac{x}{3}$; $g: x \mapsto \ln x - \ln 3$

d) $f: x \mapsto \ln(\sqrt{x})$; $g: x \mapsto \frac{1}{2} \ln x$

11 Gegeben ist die Funktion f mit $f(x) = 2x \cdot \ln\left(\frac{x}{2}\right)$, $D_f = \mathbb{R}^+$; ihr Graph ist G_f.

Abituraufgabe

    a) Bestimmen Sie die Nullstelle von f und geben Sie das Verhalten von f an den Rändern des Definitionsbereichs an.

    b) Ermitteln Sie Lage und Art des Extrempunkts sowie das Krümmungsverhalten.

    c) Geben Sie das Verhalten von f'(x) für $x \to 0$ an und zeichnen Sie G_f (in einer DMS).

 12 Ordnen Sie den Funktionen f_1 bis f_6 den zugehörigen Graphen G_A bis G_F begründet zu.

    1 $f_1: x \mapsto \ln x$, $D_{f_1} = \mathbb{R}^+$ **2** $f_2: x \mapsto \ln(e^x)$, $D_{f_2} = \mathbb{R}$

    3 $f_3: x \mapsto \ln(x^2)$, $D_{f_3} = \mathbb{R}\backslash\{0\}$ **4** $f_4: x \mapsto \ln|e^x - 1|$, $D_{f_4} = \mathbb{R}\backslash\{0\}$

    5 $f_5: x \mapsto (\ln x)^2$, $D_{f_5} = \mathbb{R}^+$ **6** $f_6: x \mapsto \ln(x^2 + 1)$, $D_{f_6} = \mathbb{R}$

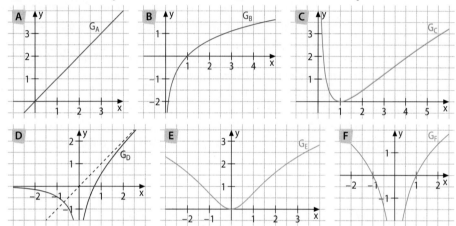

13 Ermitteln Sie jeweils die Koordinaten des Punkts S, den die Graphen G_f und G_g gemeinsam haben, sowie die Größe φ des spitzen Schnittwinkels, den die Tangenten an G_f und G_g im Punkt S miteinander bilden.

    a) $f: x \mapsto \ln x$; $g: x \mapsto \ln(x^2)$; $D_f = D_g = \mathbb{R}^+$ **b)** $f: x \mapsto \ln x$; $g: x \mapsto \ln\frac{1}{x}$; $D_f = D_g = \mathbb{R}^+$

14 Die subjektive Empfindung der Tonhöhe des menschlichen Gehörs kann in Abhängigkeit von der Frequenz x (in Hz) durch die Funktion

$$f: x \mapsto \begin{cases} x & \text{für} \quad 16 < x \le 427 \\ 1127 \cdot \ln\left(1 + \frac{x}{700}\right) - 110 & \text{für} \quad 427 < x < 19\,000 \end{cases}$$

Stanley Smith Stevens ordnete dem Ton mit der Frequenz 1000 Hertz die Tonheit 1000 mel zu.

modelliert werden (in 1 mel). Zeigen Sie, dass die Funktion f – im Rahmen der Rundungsgenauigkeit – stetig und differenzierbar ist, und berechnen Sie die Frequenz x, bei der die Tonhöhe von 1400 mel empfunden wird.

15 Gegeben ist die Funktion f mit $f(x) = -\ln(1 - e^{-x})$ mit maximaler Definitionsmenge D_f; ihr Graph ist G_f.

    a) Geben Sie D_f an und untersuchen Sie G_f auf Schnittpunkte mit der x-Achse.

    b) Ermitteln Sie das Monotonieverhalten von G_f sowie das Verhalten von f an den Rändern von D_f. Geben Sie Gleichungen der Asymptoten von G_f an und zeichnen Sie G_f.

    c) Begründen Sie, dass die Funktion f umkehrbar ist, und ermitteln Sie einen Term der Umkehrfunktion g. Interpretieren Sie das Ergebnis geometrisch.

16 Gegeben ist die Funktion $f: x \mapsto 2 - \ln(x - 1)$, $D_f = D_{max}$, und ihr Graph G_f.

a) Zeigen Sie, dass $D_f = \;]1; +\infty[$ ist, und geben Sie das Verhalten von f an den Grenzen des Definitionsbereichs an.

b) Berechnen Sie die Nullstellen von f.

c) Beschreiben Sie, wie G_f schrittweise aus dem Graphen der in $\mathbb{R}^+$ definierten Funktion $g: x \mapsto \ln x$ hervorgeht. Erklären Sie damit das Monotonieverhalten von G_f.

d) Zeigen Sie, dass $F: x \mapsto 3x - (x - 1) \cdot \ln(x - 1)$, $D_F = \;]1; +\infty[$ eine Stammfunktion von f ist, und bestimmen Sie einen Term einer Stammfunktion von f, die bei $x = 2$ eine Nullstelle hat.

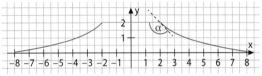

Die Abbildung zeigt die Modellierung eines Hindernisses in einem Skate-Park. Die Profillinie der Abfahrt wird für $2 \leq x \leq 8$ durch den Graphen G_f beschrieben (1 LE $\stackrel{\wedge}{=}$ 1 m).

e) Erläutern Sie die Bedeutung des Funktionswerts f(2) im Sachzusammenhang und geben Sie den Term einer abschnittsweise definierten Funktion h an, deren Graph G_h für $-8 \leq x \leq 8$ die Profillinie des Hindernisses im Modell beschreibt.

f) Berechnen Sie die Stelle x_m im Intervall [2; 8], an der die lokale Änderungsrate von f gleich der mittleren Änderungsrate in diesem Intervall ist.

g) Der in Teilaufgabe f) ermittelte Wert x_m könnte auch näherungsweise der Abbildung entnommen werden. Erläutern Sie, wie Sie dabei vorgehen würden.

h) Berechnen Sie auf der Grundlage des Modells die Größe des Winkels α, den das Plateau und die Fahrbahn an der Kante zur Abfahrt einschließen.

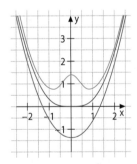

17 Gegeben sind die drei in $\mathbb{R}$ definierten Funktionen f_a mit $f_a(x) = x^2 - \ln(x^2 + a^2)$, $a \in \{0,5; 1; 2\}$. Die Abbildung zeigt ihre Graphen $G_{f_{0,5}}$, G_{f_1} und G_{f_2}.

a) Ordnen Sie jedem der drei Parameterwerte die passende Kurve zu.

b) Zeigen Sie rechnerisch, dass jeder der drei Funktionsgraphen achsensymmetrisch bezüglich der y-Achse ist.

c) Untersuchen Sie die drei Funktionen rechnerisch auf Extrempunkte.

d) Zeigen Sie rechnerisch, dass $G_{f_{0,5}}$ stets oberhalb von G_{f_1} und dass G_{f_1} stets oberhalb von G_{f_2} liegt. Veranschaulichen Sie den Term $d(x) = f_1(x) - f_2(x)$ geometrisch und ermitteln Sie $\lim\limits_{x \to \pm\infty} d(x)$. Interpretieren Sie das Ergebnis.

18 Das Alter einer Fichte (in Jahren) lässt sich in Abhängigkeit von ihrer Stammdicke x in Metern modellhaft durch die Funktion $f: x \mapsto 20 \cdot \ln\left(\dfrac{20x}{1 - x}\right)$, $D_f = \;]0; 1[$, beschreiben, sofern die Fichte zwischen 10 und 120 Jahre alt ist. Als Stammdicke wird der in 1,30 m Höhe über dem Erdboden gemessene Durchmesser des Fichtenstamms bezeichnet.

a) Bestimmen Sie auf der Grundlage des Modells das Alter einer Fichte, deren Stammdicke 40 cm beträgt.

b) Ermitteln Sie rechnerisch die Werte der Stammdicke, für die das Modell aufgrund des angegebenen Altersbereichs gültig ist.

c) Bestimmen Sie die Koordinaten des Wendepunkts der Funktion f. Interpretieren Sie Ihr Ergebnis in Bezug auf die Wachstumsgeschwindigkeit der Stammdicke in Abhängigkeit vom Baumalter.

19 Gegeben ist die Funktion $f: x \mapsto \ln\left(x^2 + \frac{1}{4}\right) - \ln x$, $D_f = \mathbb{R}^+$; ihr Graph ist G_f.

  a) Untersuchen Sie den Graphen G_f auf gemeinsame Punkte mit der x-Achse sowie auf die Lage und Art seiner Extrempunkte. Zeichnen Sie G_f.

  b) Ermitteln Sie die Grenzwerte $\lim\limits_{x \to 0^+} f(x)$, $\lim\limits_{x \to +\infty} f(x)$ und $\lim\limits_{x \to +\infty} [f(x) - \ln x]$, soweit sie existieren. Deuten Sie jedes der drei Ergebnisse geometrisch.

  c) Beschreiben Sie, wie der Graph G_h der Funktion $h: x \mapsto \ln(2x)$, $D_h = \mathbb{R}^+$, aus dem Graphen G_g der Funktion $g: x \mapsto \ln x$, $D_g = \mathbb{R}^+$, hervorgeht, und tragen Sie G_g und G_h in das vorhandene Koordinatensystem ein.

  d) Ermitteln Sie die Koordinaten des Schnittpunkts der Graphen G_h und G_f sowie die Größe φ ihres spitzen Schnittwinkels.

  e) Das Trapez OLAF mit $O(0|0)$, $L(0,5|0)$, $A(1|\ln 2)$ und $F(0|\ln 2)$ rotiert um die x-Achse. Beschreiben Sie den entstehenden Rotationskörper und berechnen Sie sein Volumen.

 20 Zwei geradlinig verlaufende Straßen bilden an ihrer Kreuzung einen Winkel α von etwa 53°. Diese Kreuzung soll durch ein zusätzliches Straßenstück entlastet werden. Die Situation kann in einem Koordinatensystem durch zwei Geraden und eine Verbindungskurve V modelliert werden. V mündet an den Stellen -2 und 2 ohne Knick in die Geraden ein (siehe Abbildung, Maße in km).

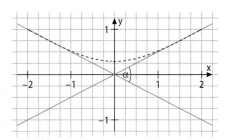

  a) Begründen Sie, dass man die beiden Geraden mithilfe der Gleichungen $y = 0{,}5x$ und $y = -0{,}5x$ beschreiben kann.

  b) Die Verbindungskurve V wird im Intervall $[-2; 2]$ durch eine Funktion f beschrieben, deren Graph achsensymmetrisch bezüglich der y-Achse ist und die den Bedingungen **1** bis **3** genügen soll. Erläutern Sie die Bedingungen im Sachkontext.

  > **1** $f(2) = 1$ **2** $f'(2) = 0{,}5$ **3** $f''(2) = 0$

  c) Es wird vorgeschlagen, für die Funktion f eine im Intervall $[-2; 2]$ definierte Funktion $f_{a,b}$ mit $f_{a,b}(x) = a + \ln\left(\frac{1}{8}x^2 + b\right)$, $a, b \in \mathbb{R}^+$, zu verwenden. Untersuchen Sie, ob es Werte a^* und b^* gibt, so dass die Funktion f_{a^*, b^*} die in Teilaufgabe b) aufgeführten Kriterien erfüllt. Geben Sie ggf. die Werte a^* und b^* an.

  d) Diskutieren Sie, ob andere Funktionstypen die Bedingungen aus Teilaufgabe b) erfüllen können.

 21 Gegeben sind die Funktionen $f: x \mapsto (\ln x)^2$ und $g: x \mapsto \ln x$, $D_f = D_g = \mathbb{R}^+$; ihre Graphen sind G_f und G_g.

  a) Untersuchen Sie G_f auf Monotonie und bestimmen Sie die Koordinaten des Extrem- und des Wendepunkts. Zeichnen Sie G_f.

  b) Begründen Sie, dass die Funktion f nicht in ganz D_f umkehrbar ist. Geben Sie zwei größtmögliche Intervalle I_1 und I_2 an, in denen f umkehrbar ist. Bestimmen Sie einen Term der Umkehrfunktion g_1 (g_2) von f im Intervall I_1 (I_2) sowie die Definitions- und Wertemenge von g_1 (g_2). Kontrollieren Sie Ihre Ergebnisse mithilfe einer DMS.

  c) Bestimmen Sie die Koordinaten der Schnittpunkte von G_f und G_g und zeichnen Sie G_g in das Koordinatensystem aus Teilaufgabe a).

  d) Jede Gerade mit der Gleichung $x = a$ ($1 < a < e$) schneidet G_f in einem Punkt A und G_g in einem Punkt B. Bestimmen Sie denjenigen Wert von a, für den die Länge der Strecke $\overline{AB}$ maximal ist, und geben Sie die maximale Länge an.

22 Gegeben ist für jede positive reelle Zahl t die Funktion $f_t: x \mapsto \ln \frac{tx}{(x+1)^2}$, $D_f = \mathbb{R}^+$; ihr Graph ist G_{f_t}.

a) Weisen Sie nach, dass die Ableitung f_t' unabhängig vom Parameter t ist, und interpretieren Sie dies geometrisch.

b) Zeigen Sie, dass die Hochpunkte aller Graphen G_{f_t} auf einer Geraden liegen, und geben Sie eine Gleichung dieser Geraden an. Bestimmen Sie den Wert des Parameters t so, dass G_{f_t} die x-Achse berührt.

23 Gegeben ist die Funktion $f: x \mapsto \ln(\ln x)$, $D_f = D_{max}$; ihr Graph ist G_f.

a) Bestimmen Sie D_f und untersuchen Sie das Verhalten von G_f an den Rändern des Definitionsbereichs. Geben Sie die Wertemenge W_f an.

b) Begründen Sie, dass die Funktion f genau eine Nullstelle besitzt, und geben Sie diese an.

c) Begründen Sie, dass die Funktion f umkehrbar ist, und bestimmen Sie einen Term der Umkehrfunktion g sowie deren Definitions- und Wertemenge. Zeichnen Sie die Graphen von f und g in ein gemeinsames Koordinatensystem.

24 Gegeben ist die Funktion $f: x \mapsto 2^x$, $D_f = \mathbb{R}$.

a) Begründen Sie rechnerisch, dass die Funktion f umkehrbar ist und dass $g(x) = \frac{\ln x}{\ln 2}$ ein Term der Umkehrfunktion von f ist.

b) Zeichnen Sie die Graphen der Funktionen f und g in ein gemeinsames Koordinatensystem und geben Sie Eigenschaften der Funktion g an.

c) Die Funktion f gehört zur Schar der Funktionen $f_a: x \mapsto a^x$, $a \in \mathbb{R}^+\backslash\{1\}$, $D_{f_a} = \mathbb{R}$. Begründen Sie, dass jede Funktion f_a umkehrbar ist, und bestimmen Sie einen Term der Umkehrfunktion g_a.

25 Gegeben ist die Funktion f mit $f(x) = \frac{4(\ln x)^2}{x}$, $D_f = \mathbb{R}^+$; ihr Graph ist G_f.

a) Untersuchen Sie den Graphen G_f auf gemeinsame Punkte mit der x-Achse und Extrempunkte. Zeichnen Sie G_f.

b) Die Tangente an G_f im Kurvenpunkt $P(u \mid f(u))$ schneidet die y-Achse im Punkt S. Ermitteln Sie alle Werte von $u > 0$, für die S auf der positiven y-Achse liegt.

26 a) Weisen Sie nach, dass die Funktion F mit $F(x) = \ln(x^2 + 1)$ eine Stammfunktion der Funktion f mit $f(x) = \frac{2x}{x^2 + 1}$ mit $D_F = D_f = \mathbb{R}$ ist.

b) In einem Mathematikforum findet sich der abgebildete unvollständige Post. Ergänzen Sie diesen so, dass sich eine Regel für das Auffinden von Stammfunktionen ergibt, und begründen Sie die Aussage.

> Steht im Zähler die Ableitung des Nenners, dann kann man eine Stammfunktion bilden, indem ...

c) Bestimmen Sie mithilfe der in Teilaufgabe b) ermittelten Regel jeweils einen Term einer Stammfunktion der Funktion $g: x \mapsto g(x)$.

1 $g(x) = -\frac{6x}{1 - 3x^2}$ **2** $g(x) = \frac{x}{5 + x^2}$ **3** $g(x) = \frac{x^2}{2 - x^3}$

27 Weisen Sie rechnerisch nach, dass für alle $x > 0$ gilt: $\ln x < \sqrt{x}$.

Hinweis: Untersuchen Sie die Funktion $d: x \mapsto \ln x - \sqrt{x}$, $D_d = \mathbb{R}^+$.

28 Untersuchen Sie jeweils die Funktion $f: x \mapsto f(x)$ auf Stetigkeit und Differenzierbarkeit.

a) $f(x) = |\ln x|, \ D_f = \mathbb{R}^+$

b) $f(x) = \ln|x - 1|, \ D_f = \mathbb{R}\setminus\{1\}$

c) $f(x) = \begin{cases} e^x & \text{für } x < 0 \\ 1 + \ln(x + 1) & \text{für } x \geq 0 \end{cases}$

d) $f(x) = \begin{cases} \ln(1 - x) & \text{für } x < 0 \\ \ln(1 + x) & \text{für } x \geq 0 \end{cases}$

Marquis de l'Hôpital

Vertiefung

Regeln von l'Hôpital

Um Grenzwerte von Quotienten der Form $\lim\limits_{x \to x_0} \dfrac{u(x)}{v(x)}$, bei denen bei Annäherung an x_0 sowohl der Zählerterm $u(x)$ als auch der Nennerterm $v(x)$ gegen null (oder beide betragsmäßig gegen unendlich) streben, zu untersuchen, wendet man eine nach dem Mathematiker Marquis de l'Hôpital benannte Regel an.

- Recherchieren Sie über das Leben und Wirken von Marquis de l'Hôpital und präsentieren Sie Ihre Ergebnisse in Ihrem Kurs.

Regel von l'Hôpital

Kann man den Funktionsterm $f(x)$ in der Form $f(x) = \dfrac{u(x)}{v(x)}$ darstellen **und** gilt

$\lim\limits_{x \to x_0} u(x) = 0 = \lim\limits_{x \to x_0} v(x)$ **und** sind die Funktionen $u: x \mapsto u(x)$ und $v: x \mapsto v(x)$ in einer gemeinsamen Umgebung von x_0 differenzierbar **und** existiert der Grenzwert

$\lim\limits_{x \to x_0} \dfrac{u(x)}{v(x)}$, so ist $\lim\limits_{x \to x_0} f(x) = \lim\limits_{x \to x_0} \dfrac{u(x)}{v(x)} = \lim\limits_{x \to x_0} \dfrac{u'(x)}{v'(x)}$.

- Erarbeiten Sie mit einem Mitschüler oder einer Mitschülerin die folgende Herleitung dieser Grenzwertrechenregel von l'Hôpital sowie das sich anschließende Beispiel:

Herleitung: $\lim\limits_{x \to x_0} f(x) = \lim\limits_{x \to x_0} \dfrac{u(x)}{v(x)} = \lim\limits_{x \to x_0} \dfrac{u(x) - u(x_0)}{v(x) - v(x_0)} = \lim\limits_{x \to x_0} \dfrac{\frac{u(x) - u(x_0)}{x - x_0}}{\frac{v(x) - v(x_0)}{x - x_0}} = \lim\limits_{x \to x_0} \dfrac{u'(x)}{v'(x)}$

Beispiel: Ermitteln Sie $\lim\limits_{x \to 0} \dfrac{1 - \cos x}{\sin x}$.

Lösung: Es ist $u(x) = 1 - \cos x$ und $v(x) = \sin x$.

Somit gilt $u(0) = 1 - \cos 0 = 1 - 1 = 0$ und $v(0) = \sin 0 = 0$.

Wegen $u'(x) = \sin x$ und $v'(x) = \cos x$ ergibt sich nach l'Hôpital

$\lim\limits_{x \to 0} \dfrac{1 - \cos x}{\sin x} = \lim\limits_{x \to 0} \dfrac{\sin x}{\cos x} = \dfrac{\lim\limits_{x \to 0} \sin x}{\lim\limits_{x \to 0} \cos x} = \dfrac{0}{1} = 0$.

Weitere Regeln von l'Hôpital

A Wenn für $x \to +\infty$ (bzw. für $x \to -\infty$) sowohl $u(x) \to 0$ als auch $v(x) \to 0$ gilt, dann ist

$$\lim\limits_{x \to +\infty} \dfrac{u(x)}{v(x)} = \lim\limits_{x \to +\infty} \dfrac{u'(x)}{v'(x)} \quad \text{bzw.} \quad \lim\limits_{x \to -\infty} \dfrac{u(x)}{v(x)} = \lim\limits_{x \to -\infty} \dfrac{u'(x)}{v'(x)},$$

vorausgesetzt der Grenzwert auf der rechten Gleichungsseite existiert.

B Wenn für $x \to x_0$ (bzw. für $x \to +\infty$ bzw. $x \to -\infty$) sowohl $u(x)$ als auch $v(x)$ dem Betrag nach gegen unendlich streben, dann ist

$$\lim\limits_{x \to x_0} \dfrac{u(x)}{v(x)} = \lim\limits_{x \to x_0} \dfrac{u'(x)}{v'(x)} \quad \text{bzw.} \quad \lim\limits_{x \to +\infty} \dfrac{u(x)}{v(x)} = \lim\limits_{x \to +\infty} \dfrac{u'(x)}{v'(x)} \quad \text{bzw.} \quad \lim\limits_{x \to -\infty} \dfrac{u(x)}{v(x)} = \lim\limits_{x \to -\infty} \dfrac{u'(x)}{v'(x)},$$

vorausgesetzt der Grenzwert auf der rechten Gleichungsseite existiert.

- Berechnen Sie jeweils den Grenzwert mithilfe einer der Regeln von l'Hôpital ($n \in \mathbb{N}\setminus\{0\}$).

1 $\lim\limits_{x \to 0} \dfrac{\sin x}{x}$

2 $\lim\limits_{x \to 0} \dfrac{x}{\ln(x + 1)}$

3 $\lim\limits_{x \to +\infty} \dfrac{x}{e^x - 1}$

4 $\lim\limits_{x \to -\infty} \dfrac{x^2}{e^{-x}}$

5 $\lim\limits_{x \to +\infty} \dfrac{x^n}{e^x}$

6 $\lim\limits_{x \to -\infty} (x^n \cdot e^x)$

7 $\lim\limits_{x \to +\infty} \dfrac{\ln x}{x^n}$

8 $\lim\limits_{x \to 0^+} (x^n \cdot \ln x)$

Zu 3.1 **1** Bilden Sie jeweils die erste Ableitung der Funktion $f: x \mapsto f(x)$, $D_f = D_{max}$, und berechnen Sie dann $f'(x_0)$.

a) $f(x) = \frac{2x+1}{1-4x}$; $x_0 = -0,5$ b) $f(x) = \frac{\sin x}{e^x}$; $x_0 = 0$ | a) $f(x) = \left(\frac{1+3x}{2-x}\right)^2$; $x_0 = 1$ b) $f(x) = \frac{\cos x}{2e^{-x}}$; $x_0 = 0$

c) $f(x) = \frac{e^x}{x-1}$; $x_0 = 2$ d) $f(x) = \frac{x+1}{e^x}$; $x_0 = 1$ | c) $f(x) = \frac{e^{2x}}{1-x}$; $x_0 = 1,5$ d) $f(x) = \frac{1+x^2}{e^{x^2}}$; $x_0 = 1$

2 Gegeben ist die Funktion $f: x \mapsto \frac{1}{2x+6}$, $D_f = \mathbb{R}\backslash\{-3\}$. Ermitteln Sie denjenigen Wert von x, für den $f'(x) = -\frac{1}{2}$ gilt.

Gegeben ist für jedes $a \in \mathbb{R}$ die Funktion $f_a: x \mapsto \frac{1}{2x+a}$, $D_{f_a} = \mathbb{R}\backslash\{-\frac{a}{2}\}$. Ermitteln Sie den Wert des Parameters a, für den $f'_a(2) = -\frac{1}{2}$ gilt.

3 Gegeben ist jeweils die Funktion $f: x \mapsto f(x)$ mit maximaler Definitionsmenge D_f. Bestimmen Sie jeweils eine Gleichung der Tangente t_P an den Graphen von f im Punkt P.

a) $f(x) = \frac{2x}{x^2-9}$; $P(0|f(0))$ | a) $f(x) = \frac{x}{x^2-2}$; $P(1|f(1))$

b) $f(x) = \frac{2-x^2}{x^2}$; $P(1|f(1))$ | b) $f(x) = \frac{2-x}{1+x^2}$; $P(0|f(0))$

4 Die Abbildungen zeigen den Graphen einer Funktion f und den Graph ihrer Ableitungsfunktion. Ordnen Sie die Graphen jeweils begründet zu.

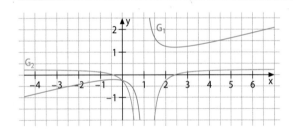 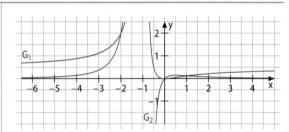

Zu 3.2 **5** Bestimmen Sie jeweils die maximale Definitionsmenge D_f der Funktion $f: x \mapsto f(x)$.

a) $f(x) = 3\sqrt{x+1}$ b) $f(x) = -\sqrt{x^2+1}$ | a) $f(x) = \sqrt{2x^2-3}$ b) $f(x) = \frac{1}{\sqrt{1-x^2}}$

6 Beschreiben Sie eine Möglichkeit, mithilfe des Monotonieverhaltens einer Funktion auf deren Umkehrbarkeit zu schließen.

Erläutern Sie, wie Sie zu einem Funktionsterm bzw. zum Graphen einer Funktion die Umkehrfunktion bzw. deren Graphen bestimmen können.

7 Weisen Sie nach, dass die Funktion f umkehrbar ist, und bestimmen Sie einen Term ihrer Umkehrfunktion g. Geben Sie die maximale Definitionsmenge D_g sowie ihre Wertemenge W_g an. Zeichnen Sie die Graphen von f und g in ein gemeinsames Koordinatensystem.

a) $f(x) = 3 - \frac{1}{2}x$, $D_f = \mathbb{R}$ | a) $f(x) = 3 - (x-1)^2$, $D_f = [3; +\infty[$

b) $f(x) = 3x^2 - 2$, $D_f = \mathbb{R}_0^+$ | b) $f(x) = 2 - \frac{1}{x^2+3}$, $D_f = \mathbb{R}_0^+$

8 Anfang des Jahres 2022 war ein US-Dollar etwa 1,27 Kanadische Dollar wert. Sei x der Preis einer Ware in US-Dollar und y der Preis dieser Ware in Kanadischen Dollar.

Geben Sie eine Gleichung für die Zuordnung $x \mapsto y$ an.

Geben Sie eine Gleichung für die Zuordnung $y \mapsto x$ an.

9 Gegeben ist jeweils die Funktion $f: x \mapsto f(x)$. Bestimmen Sie einen Term der Umkehrfunktion g sowie die Terme $f(g(x))$ und $g(f(x))$.

a) $f(x) = 4x + 1$, $D_f = \mathbb{R}$

b) $f(x) = 2x^2 + 3$, $D_f = \mathbb{R}_0^+$

a) $f(x) = \dfrac{4}{x+1}$, $D_f = \mathbb{R}\setminus\{-1\}$

b) $f(x) = 3 - 2x^2$, $D_f = \mathbb{R}_0^-$

Zu 3.3 **10** Ermitteln Sie jeweils die erste Ableitung der Funktion f mit maximaler Definitionsmenge D_f sowie $f'(x_0)$.

a) $f(x) = \sqrt[3]{4x^2}$; $x_0 = 1$

b) $f(x) = 2\sqrt{x-4}$; $x_0 = 8$

c) $f(x) = \sqrt{e^x}$; $x_0 = \ln 2$

a) $f(x) = \cos\sqrt{x}$; $x_0 = \pi^2$

b) $f(x) = \sqrt{\dfrac{4-x}{4+x}}$; $x_0 = 0$

c) $f(x) = \sqrt{x} \cdot e^x$; $x_0 = 1$

11 Ein gerader Kreiszylinder (Radius r) aus Holz hat die Höhe 3r und das Volumen V. Geben Sie die Terme $V(r)$ und $r(V)$ an.

Aus einem geraden Kreiszylinder (Radius r) ist eine Halbkugel herausgefräst worden (vgl. Abbildung). Der Restkörper hat das Volumen V. Geben Sie die Terme $V(r)$ und $r(V)$ an.

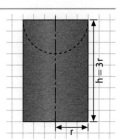

Zu 3.4 **12** Bestimmen Sie jeweils die maximale Definitionsmenge D_f der Funktion $f: x \mapsto f(x)$.

a) $f(x) = \ln(1-x)$

b) $f(x) = \ln\dfrac{1}{x}$

c) $f(x) = \ln(e^x - 1)$

d) $f(x) = \ln(x^2 + 4)$

a) $f(x) = \ln\sqrt{1-x}$

b) $f(x) = \dfrac{1}{\ln x}$

c) $f(x) = \sqrt{x-1} \cdot \ln x$

d) $f(x) = \ln(x^2 - 4)$

13 Bilden Sie jeweils die erste Ableitung der Funktion $f: x \mapsto f(x)$ mit maximaler Definitionsmenge D_f und beschreiben Sie das Verhalten an den Rändern des Definitionsbereichs.

a) $f(x) = \ln(4x)$

b) $f(x) = \ln(1-x^2)$

c) $f(x) = \ln(e \cdot x)$

d) $f(x) = \ln\sqrt{1+x}$

a) $f(x) = \ln(x^2 + 4)$

b) $f(x) = \ln\dfrac{3}{x^2}$

c) $f(x) = \ln(e^x + 3)$

d) $f(x) = \ln\sqrt{1-x^2}$

14 Bestimmen Sie jeweils eine Gleichung der Tangente t_P im Punkt P an den Graphen der Funktion $f: x \mapsto f(x)$ mit maximaler Definitionsmenge D_f sowie die Größe des Steigungswinkels von t_P.

a) $f(x) = \ln(x+2)$; $P(-1 \mid f(-1))$

b) $f(x) = x \cdot \ln x$; $P(e \mid f(e))$

c) $f(x) = \ln x^2 + 3$; $P(-1 \mid f(-1))$

a) $f(x) = \ln\dfrac{1}{x^2}$; $P(-1 \mid f(-1))$

b) $f(x) = \ln\sqrt{x^2 + 1}$; $P(0 \mid f(0))$

c) $f(x) = \dfrac{1 + \ln x}{1 + x}$; $P(1 \mid f(1))$

15 Gegeben ist die Funktion $f: x \mapsto \ln\dfrac{1+x}{1-x}$, $D_f = \,]-1; 1[$; ihr Graph ist G_f.

a) Untersuchen Sie das Verhalten von G_f für $x \to 1^-$ und $x \to -1^+$.

b) Zeigen Sie, dass G_f durch den Ursprung verläuft.

c) Zeichnen Sie G_f.

d) G_f wird so in x-Richtung verschoben, dass er dann durch den Punkt $S(1 \mid 0)$ verläuft. Geben Sie einen Term $f^*(x)$ des verschobenen Graphen an.

a) Untersuchen Sie das Monotonieverhalten von G_f.

b) Weisen Sie nach, dass G_f punktsymmetrisch bezüglich des Koordinatenursprungs ist.

c) Zeichnen Sie G_f.

d) G_f wird so in y-Richtung verschoben, dass er dann durch den Punkt $S\left(\dfrac{1}{2} \mid 2\right)$ verläuft. Geben Sie einen Term $f^*(x)$ des verschobenen Graphen an.

16 Gegeben sind die Funktionen $f: x \mapsto f(x)$ und $g: x \mapsto g(x)$ jeweils mit maximaler Definitionsmenge. Bestimmen Sie den Wert von x so, dass die Gleichung $f'(x) = g'(x)$ erfüllt ist. Deuten Sie Ihr Ergebnis geometrisch und kontrollieren Sie dies mithilfe einer DMS.

a) $f(x) = \frac{1}{x^2}$; $g(x) = -2x + 1$

b) $f(x) = \frac{2}{x-2}$; $g(x) = \frac{2}{x}$

c) $f(x) = 4x^2 - 3$; $g(x) = 1 + \frac{1}{x}$

d) $f(x) = \frac{e^x}{x+2}$; $g(x) = 2{,}5$

e) $f(x) = \frac{1}{x+1}$; $g(x) = \frac{1}{x-1}$

f) $f(x) = -\frac{4x}{x-2}$; $g(x) = (x-2)^2$

17 Gegeben ist die Funktion $f: x \mapsto \frac{4(e^x - 1)}{e^{2x}}$, $D_f = \mathbb{R}$; ihr Graph ist G_f.

a) Zeigen Sie, dass G_f durch den Ursprung verläuft, und berechnen Sie die Größe φ des spitzen Winkels, unter dem G_f die x-Achse im Ursprung schneidet.

b) Untersuchen Sie das Monotonieverhalten von G_f. Zeigen Sie dass G_f genau einen Hochpunkt hat, und geben Sie die Koordinaten dieses Hochpunkts H an.

c) Untersuchen Sie das Krümmungsverhalten von G_f und geben Sie die Koordinaten des Wendepunkts W von G_f an.

d) Begründen Sie, dass G_f die x-Achse als horizontale Asymptote hat, und zeichnen Sie G_f.

e) Der Graph G_f wird in Richtung der y-Achse so verschoben, dass er dann durch den Punkt $S(0|2)$ verläuft. Beschreiben Sie den neuen Graphen G_{f^*} durch eine Funktion f^*.

Abituraufgabe **18** Der Übergang zwischen zwei Bürogebäuden in der Französischen Straße in Berlin stammt aus der Kaiserzeit vor 1914. Der Bogen des Übergangs hat eine Breite von 20 m und in der Mitte eine Höhe von 4 m, gemessen ab der Höhe der Sockel, die den Bogen an den Hauswänden halten. Legt man das Koordinatensystem so fest, dass die x-Achse in der Höhe der Sockel liegt und die y-Achse Symmetrieachse ist (1 LE $\hat{=}$ 1 m), so kann der Bogen mit einer Wurzelfunktion f mit $f_{a,k}(x) = k \cdot \sqrt{a - x^2}$, $a > 0$, $k > 0$, modelliert werden.

a) Untersuchen Sie die Funktion $f_{a,k}$ in Abhängigkeit von a auf Nullstellen.

b) Weisen Sie rechnerisch nach, dass die Graphen von $f_{a,k}$ genau einen Hochpunkt an der Stelle $x = 0$ besitzen und geben Sie diesen an.
Ohne Nachweis dürfen Sie die zweite Ableitung $f''_{a,k}(x) = \frac{-k \cdot a}{\sqrt{(a-x^2)^3}}$ verwenden.

c) Nennen Sie zwei Bedingungen, die der Graph von $f_{a,k}$ mindestens erfüllen muss, um den Bogen zu modellieren, und berechnen Sie die Parameterwerte für a und k.

Verwenden Sie im Folgenden die Funktion $v: x \mapsto 0{,}4 \cdot \sqrt{100 - x^2}$.

d) Erläutern Sie, dass die Funktion v eine Funktion der Schar $f_{a,k}$ ist, und zeichnen Sie den Graphen G_v der Funktion v.

e) Im Inneren der Brücke laufen die Fußgänger im Modell vom Punkt $R(-10|y_R)$ aus auf einer schiefen Ebene nach oben, die von der Seite gesehen wie eine Tangente auf dem Bogen aufliegt und den Bogen im Punkt $B(-6|v(-6))$ berührt. Berechnen Sie die Größe des Winkels, mit dem die Ebene ansteigt, und ermitteln Sie eine Gleichung der Tangente sowie die Entfernung des Punktes R vom Punkt B.

 Abituraufgabe **19** a) Gegeben ist die Funktion $g: x \mapsto (x^2 - 9x) \cdot \sqrt{2 - x}$ mit maximaler Definitionsmenge D_g. Geben Sie D_g und alle Nullstellen von g an.

b) Gegeben ist die in $\mathbb{R}$ definierte Funktion $h: x \mapsto \ln\left(\frac{1}{x^2 + 1}\right)$. Begründen Sie, dass die Wertemenge von h das Intervall $]-\infty; 0]$ ist.

20 Gegeben ist die Funktion $f: x \mapsto x\sqrt{9-x^2}$, $D_f = D_{max}$; ihr Graph ist G_f.

a) Geben Sie D_f an. Untersuchen Sie G_f auf gemeinsame Punkte mit den Koordinatenachsen, auf Symmetrie sowie auf Extrem- und Wendepunkte und ermitteln Sie die Wertemenge W_f.

b) Zeichnen Sie G_f sowie den Graphen der Funktion $g: x \mapsto |f(x)|$, $D_g = D_f$. Geben Sie Gemeinsamkeiten und Unterschiede der Funktionen f und g bzw. ihrer Graphen an.

c) Zeigen Sie, dass die Funktion F mit $D_F = 9 - \frac{1}{3}\sqrt{(9-x^2)^3}$, $D_F = D_f$, eine Stammfunktion von f ist.

21 Gegeben ist die Funktion f mit $f(x) = \frac{4x}{\sqrt{1+x^2}}$, $D_f = \mathbb{R}$; ihr Graph ist G_f.

a) Untersuchen Sie G_f auf Symmetrie und sein Verhalten für $x \to \pm\infty$.

b) Zeigen Sie, dass für $x \in \mathbb{R}$ gilt: $f'(x) = \frac{4}{(1+x^2)^{1,5}}$. Untersuchen Sie G_f auf Wendepunkte und zeichnen Sie G_f im Bereich $-4 \le x \le 4$.

Hinweis:

$$\frac{4x}{\sqrt{1+x^2}} = 4 \cdot \sqrt{\frac{x^2}{1+x^2}}$$
für $x \ge 0$

c) Begründen Sie, dass f für $x \in \mathbb{R}$ eine Umkehrfunktion g besitzt. Ermitteln Sie einen Funktionsterm $g(x)$ und geben Sie die Definitionsmenge D_g und die Wertemenge W_g an. Zeichnen Sie G_g in das vorhandene Koordinatensystem ein.

d) Begründen Sie, dass sich die Schnittstellen von G_f und G_g mithilfe der Gleichung $f(x) = x$ bestimmen lassen, und berechnen Sie die Koordinaten der Schnittpunkte der beiden Graphen.

e) Weisen Sie nach, dass es eine ganzrationale Funktion h gibt, so dass für alle $x \in \mathbb{R}$ gilt $f(x) = 2 \cdot \frac{h'(x)}{\sqrt{h(x)}}$. Ermitteln Sie einen Term einer Stammfunktion F von f.

22 Gegeben ist die Funktion f mit $f(x) = \dfrac{5}{1+9e^{-\frac{1}{2}x}}$,

$D_f = \mathbb{R}$. Die Abbildung zeigt den Graphen G_f.

a) Begründen Sie, dass G_f zwei waagrechte Asymptoten besitzt, und geben Sie für sie je eine Gleichung an.

b) Erläutern Sie, welche Eigenschaften der Funktion f' Sie aus der Abbildung des Graphen G_f entnehmen können.

c) Bestimmen Sie den Punkt von G_f mit der größten Steigung und skizzieren Sie den Graphen $G_{f'}$ der Ableitungsfunktion von f in Ihren Unterlagen.

Der Graph G_f stellt für $x \ge 0$ die bis zum Zeitpunkt x verkaufte Stückzahl eines E-Bike-Modells dar. Dabei entspricht eine Längeneinheit auf der x-Achse einem Zeitraum von 100 Tagen und eine Längeneinheit auf der y-Achse dem Verkauf von 2000 E-Bikes.

d) Geben Sie an, wie viele E-Bikes zum Zeitpunkt $x = 0$ bereits verkauft waren und mit welchem Absatz der Hersteller insgesamt kalkulieren kann.

e) Interpretieren Sie die Koordinaten des Punktes $W(4\ln 3 \,|\, f(4\ln 3))$ des Graphen G_f im Sachkontext. Beschreiben Sie die Entwicklung der pro Zeiteinheit verkauften Stückzahl vor und nach Erreichen des Punktes W.

f) Berechnen Sie den Zeitpunkt, zu dem 90 % des insgesamt kalkulierten Absatzes erreicht sind.

Quotientenregel

Für die Ableitung einer gebrochen-rationalen Funktion g mit $g(x) = \frac{1}{x^n} = x^{-n}$, $n \in \mathbb{N}\setminus\{0\}$, $D_g = \mathbb{R}\setminus\{0\}$, gilt $g'(x) = -n \cdot x^{-n-1}$.

$$g(x) = \frac{1}{x^3} = x^{-3} \Rightarrow g'(x) = (-3) \cdot x^{-3-1} = -\frac{3}{x^4}$$

Quotientenregel: Für jeden Wert von x, für den die Funktionen u und v differenzierbar sind und außerdem $v(x) \neq 0$ gilt, ist jede dort definierte Funktion $f: x \mapsto \frac{u(x)}{v(x)}$ differenzierbar und es gilt $f'(x) = \frac{v(x) \cdot u'(x) - u(x) \cdot v'(x)}{[v(x)]^2}$.

$$f(x) = \frac{2x+1}{x^2+3} \Rightarrow f'(x) = \frac{(x^2+3) \cdot 2 - (2x+1) \cdot 2x}{(x^2+3)^2}$$

$$= \frac{2x^2+6-4x^2-2x}{(x^2+3)^2} = \frac{6-2x-2x^2}{(x^2+3)^2}$$

Die Umkehrfunktion

Gehört zu jedem Wert y_0 der Wertemenge W_f einer Funktion f genau ein Wert $x_0 \in D_f$ mit $f(x_0) = y_0$, so ist auch die zu f umgekehrte Zuordnung eindeutig. Diese **eindeutige** Zuordnung heißt **Umkehrfunktion g**. Die Funktion f nennt man dann **umkehrbar**.

Die Funktion $h: x \mapsto (x-3)^2$, $D_h = \mathbb{R}$, ist nicht umkehrbar, da z. B. dem Wert $y_0 = 1 \in W_f$ kein x-Wert eindeutig zugeordnet wird.

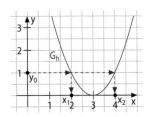

Ist die Funktion f **streng monoton**, so ist sie **umkehrbar**.

Die Funktionen $f_1: x \mapsto (x-3)^2$, $D_{f_1} = {]3; +\infty[}$, und $f_2: x \mapsto (x-3)^2$, $D_{f_2} = {]-\infty; 3[}$, sind umkehrbar, da ...

1. $f_1'(x) = 2(x-3) > 0$ für $x \in D_{f_1}$. f_1 ist somit streng monoton zunehmend und daher umkehrbar.

2. $f_2'(x) = 2(x-3) < 0$ für $x \in D_{f_2}$. f_2 ist somit streng monoton abnehmend und daher umkehrbar.

Für die Definitionsmenge und die Wertemenge von Funktion f und ihrer Umkehrfunktion g gilt: $D_g = W_f$ und $W_g = D_f$.

Rechnerisch ermittelt man den Term der Umkehrfunktion, indem man die Gleichung $y = f(x)$ nach x auflöst und anschließend die Variablen x und y tauscht.

Graphisch erhält man den Graphen der Umkehrfunktion, indem man den Graphen der Funktion f an der Winkelhalbierenden des I. und III. Quadranten spiegelt.

rechnerische Bestimmung der Umkehrfunktion:

1. $f_1: y = (x-3)^2 \Rightarrow \sqrt{y} = x - 3 \Rightarrow x = \sqrt{y} + 3$
   Variablentausch: $y = \sqrt{x} + 3$; $g_1(x) = \sqrt{x} + 3$
   Es gilt: $D_{g_1} = W_{f_1} = \mathbb{R}^+$ und $W_{g_1} = D_{f_1} = {]3; +\infty[}$

2. $f_2: y = (x-3)^2 \Rightarrow -\sqrt{y} = x - 3 \Rightarrow x = -\sqrt{y} + 3$
   Variablentausch: $y = -\sqrt{x} + 3$; $g_2(x) = -\sqrt{x} + 3$
   Es gilt: $D_{g_2} = W_{f_2} = \mathbb{R}^+$ und $W_{g_2} = D_{f_2} = {]-\infty; 3[}$

graphische Bestimmung der Umkehrfunktion:

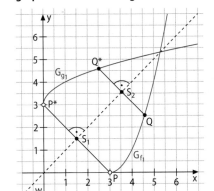

$|\overline{P^*S_1}| = |\overline{S_1P}|$,

$|\overline{Q^*S_2}| = |\overline{S_2Q}|$,

usw.

Die Ableitung von Potenzfunktionen mit rationalen Exponenten

Jede Potenzfunktion $f: x \mapsto x^r$, $D_f = \mathbb{R}^+$, mit einem rationalen Exponenten r ($r \neq 0$) ist **differenzierbar** und für ihre **Ableitung f′** gilt $f'(x) = r \cdot x^{r-1}$ und $D_{f'} = \mathbb{R}^+$.

$$f(x) = \sqrt{x} = x^{\frac{1}{2}} \Rightarrow f'(x) = \frac{1}{2} \cdot x^{\frac{1}{2}-1} = \frac{1}{2} \cdot x^{-\frac{1}{2}} = \frac{1}{2\sqrt{x}}$$

$$f(x) = \sqrt{x^3 + 2} \Rightarrow f'(x) = \frac{1}{2\sqrt{x^3+2}} \cdot 3x^2 = \frac{3x^2}{2\sqrt{x^3+2}}$$

$$f(x) = \sin\sqrt{x} \Rightarrow f'(x) = \cos\sqrt{x} \cdot \frac{1}{2\sqrt{x}} = \frac{\cos\sqrt{x}}{2\sqrt{x}}$$

$$f(x) = \sqrt{x} \cdot e^{2x}$$
$$\Rightarrow f'(x) = \frac{1}{2\sqrt{x}} \cdot e^{2x} + \sqrt{x} \cdot e^{2x} \cdot 2 = \frac{e^{2x}}{2\sqrt{x}} \cdot (1 + 4x)$$

Die Logarithmusfunktion

Die Umkehrfunktion der natürlichen Exponentialfunktion $g: x \mapsto e^x$, $D_g = \mathbb{R}$, ist die **natürliche Logarithmusfunktion** $f: x \mapsto \ln x$.

Sie besitzt folgende Eigenschaften:

- Die Definitionsmenge ist $D_f = \mathbb{R}^+$ und die Wertemenge $W_f = \mathbb{R}$.
- Die y-Achse ist senkrechte Asymptote.
- Es gilt $\lim\limits_{x \to 0^+} f(x) = -\infty$ und $\lim\limits_{x \to +\infty} f(x) = +\infty$.
- G_f ist streng monoton steigend.
- $x_0 = 1$ ist die einzige Nullstelle von f.

Für ihre **Ableitung** gilt: $f'(x) = \frac{1}{x}$, $D_{f'} = \mathbb{R}^+$.
Die Funktion $H: x \mapsto \ln|x|$, $D_H = \mathbb{R}\setminus\{0\}$, ist **Stammfunktion** der Funktion $h: x \mapsto \frac{1}{x}$, $D_h = \mathbb{R}\setminus\{0\}$.

Der Graph der Funktion $g: x \mapsto e^x$, $D_g = \mathbb{R}$, ist streng monoton steigend, da $g'(x) = e^x > 0$ für alle $x \in \mathbb{R}$ gilt. Daher ist g umkehrbar.
Es gilt $y = e^x \Rightarrow x = \ln y$.
Für die Umkehrfunktion folgt somit $f(x) = \ln x$, $D_f = \mathbb{R}^+$, $W_f = \mathbb{R}$.
Die Graphen von f und g sind zueinander symmetrisch bezüglich der Geraden $w: y = x$.

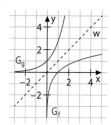

$$f(x) = \ln(x^2 + 5) \Rightarrow f'(x) = \frac{1}{x^2+5} \cdot 2x = \frac{2x}{x^2+5}$$

$$f(x) = 3x \cdot \ln x \Rightarrow f'(x) = 3 \cdot \ln x + 3x \cdot \frac{1}{x} = 3\ln x + 3$$

$$f(x) = \frac{\ln x}{x^2} \Rightarrow f'(x) = \frac{x^2 \cdot \frac{1}{x} - \ln x \cdot 2x}{x^4} = \frac{x - 2x \cdot \ln x}{x^4}$$
$$= \frac{x(1 - 2 \cdot \ln x)}{x^4} = \frac{1 - 2\ln x}{x^3}$$

Für $n \in \mathbb{N}\setminus\{0\}$ gilt $\lim\limits_{x \to +\infty} \frac{\ln x}{x^n} = 0$ und $\lim\limits_{x \to 0^+} (x^n \cdot \ln x) = 0$.

Für die Funktion $f: x \mapsto \frac{10\ln x}{x^2}$, $D_f = \mathbb{R}^+$, gilt ...

- $\lim\limits_{x \to +\infty} f(x) = 0$. Die x-Achse ist waagrechte Asymptote des Graphen von f.
- Für $x \to 0^+$ strebt $f(x) \to -\infty$. Die y-Achse ist senkrechte Asymptote des Graphen von f.

Für das **Rechnen mit Logarithmen** ($a, b \in \mathbb{R}^+$, $r \in \mathbb{R}$) gilt:

1. $\ln(a^r) = r \cdot \ln a$
2. $\ln(a \cdot b) = \ln a + \ln b$
3. $\ln\left(\frac{a}{b}\right) = \ln a - \ln b$

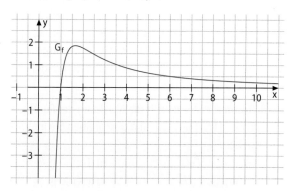

Aufgaben zur Einzelarbeit

☺	☹	☹
Das kann ich!	**Das kann ich fast!**	**Das kann ich noch nicht!**

Überprüfen Sie Ihre Fähigkeiten und Kompetenzen. Bearbeiten Sie dazu die folgenden Aufgaben und bewerten Sie Ihre Lösungen mit einem Smiley.

1 Ermitteln Sie jeweils die erste Ableitung der Funktion $f: x \mapsto f(x)$ mit maximaler Definitionsmenge D_f und dann $f'(x_0)$.

a) $f(x) = \frac{x+5}{x^2-1}$; $x_0 = -5$ **b)** $f(x) = \frac{x}{3} + \frac{4}{3x}$; $x_0 = 3$

c) $f(x) = \frac{e^x}{1+x^2}$; $x_0 = 1$ **d)** $f(x) = \frac{e^{2x}}{1+e^x}$; $x_0 = 0$

2 Gegeben ist die Funktion $f: x \mapsto \frac{4x^2}{x^2+3}$, $D_f = \mathbb{R}$.

a) Weisen Sie nach, dass der Graph G_f von f achsensymmetrisch bezüglich der y-Achse ist.

b) Untersuchen Sie G_f auf Extrem- und Wendepunkte. Zeichnen Sie G_f mithilfe einer DMS und kontrollieren Sie Ihre Ergebnisse.

3 Gegeben ist jeweils die Funktion $f: x \mapsto f(x)$ mit Definitionsmenge D_f. Untersuchen Sie die Funktion f jeweils in D_f auf Umkehrbarkeit und bestimmen Sie ggf. einen Term der Umkehrfunktion g.

a) $f(x) = (x-2)^2$, $D_f = [2; +\infty[$

b) $f(x) = 2 - x^4$, $D_f = \mathbb{R}$

c) $f(x) = 1 - \sqrt{x+3}$, $D_f = [-3; +\infty[$

d) $f(x) = 2 + e^{0,5x}$, $D_f = \mathbb{R}$

e) $f(x) = \ln(1 - x^2)$, $D_f = [0; 1[$

4 Die Funktion $f: t \mapsto 5 - 5\cos t$ beschreibt im Intervall [0; 3] die Regenmenge $\left(\text{in } \frac{\ell}{m^2}\right)$ nach dem Beginn eines Regenschauers (t in Minuten). Zeigen Sie, dass die Funktion f im Intervall [0; 3] umkehrbar ist, und erläutern Sie die Bedeutung der Umkehrfunktion im Sachzusammenhang.

5 Bestimmen Sie jeweils die Ableitung der Funktion $f: x \mapsto f(x)$, $D_f = \mathbb{R}^+$, und beschreiben Sie Ihr Vorgehen.

a) $f(x) = \sqrt[3]{x^2}$ **b)** $f(x) = \sqrt{\sqrt{x}}$

c) $f(x) = x \cdot \sqrt[4]{x}$ **d)** $f(x) = \ln \sqrt{x}$

6 Gegeben ist die Funktion $f: x \mapsto \sqrt{x^2 - 5}$, $D_f = \mathbb{R} \setminus]-\sqrt{5}; \sqrt{5}[$; ihr Graph ist G_f. Die Tangenten an G_f in den Punkten $R(3|f(3))$ und $E(-3|f(-3))$ schneiden einander im Punkt T und die x-Achse in den Punkten I bzw. M. Ermitteln Sie, wie viel Prozent der Fläche des Dreiecks TRE das Trapez EMIR einnimmt.

7 Gegeben ist die Funktion $f: x \mapsto \frac{32}{x^2}$, $D_f = \mathbb{R} \setminus \{0\}$.

a) Die Parallele zur x-Achse durch den Punkt $P(0|p)$ schneidet G_f in zwei Punkten A und B mit $\overline{AB} = 4$. Berechnen Sie den Wert von p.

b) Die Tangente an G_f im Punkt $A(a|f(a))$ $(a > 0)$ schließt mit den Koordinatenachsen ein gleichschenkliges Dreieck ein. Berechnen Sie die Koordinaten des Punktes A.

8 Ermitteln Sie Extremstellen der Funktion $f: x \mapsto f(x)$.

a) $f(x) = (\ln x)^2$, $D_f = \mathbb{R}^+$

b) $f(x) = \ln(5 + x) - \ln(5 - x)$, $D_f =]-5; 5[$

c) $f(x) = \frac{x}{\ln x}$; $D_f = \mathbb{R}^+ \setminus \{1\}$

d) $f(x) = \ln\left(\frac{4}{x} - 1\right)$, $D_f =]0; 4[$

e) $f(x) = \frac{4\ln x}{x}$, $D_f = \mathbb{R}^+$

f) $f(x) = \ln(\sin x)$, $D_f =]0; \pi[$

9 Gegeben ist die Funktion $f: x \mapsto \ln(e^2 - x)$, $D_f = D_{max}$; ihr Graph ist G_f.

a) Geben Sie D_f an sowie eine Gleichung der Asymptoten von G_f und bestimmen Sie die Nullstelle von f.

b) Bestimmen Sie rechnerisch eine Gleichung der Tangente an G_f im Punkt $(0|f(0))$.

c) Weisen Sie nach, dass f umkehrbar ist, und bestimmen Sie einen Term der Umkehrfunktion g. Zeichnen Sie die Graphen von f und g.

1 Bearbeiten Sie diese Aufgaben zuerst alleine.

2 Suchen Sie sich einen Partner oder eine Partnerin und arbeiten Sie zusammen weiter: Erklären Sie sich gegenseitig Ihre Lösungen. Korrigieren Sie fehlerhafte Antworten.

Sind folgende Behauptungen richtig oder falsch? Begründen Sie.

A Für die Ableitung der Funktion $f: x \mapsto \dfrac{3x}{x^2+1}$, $D_f = \mathbb{R}$, gilt $f'(x) = \dfrac{3}{2x}$.

B Die Quotientenregel findet nur bei gebrochen-rationalen Funktionen Anwendung.

C Der Graph der Funktion $f: x \mapsto \dfrac{x}{x^2+1}$, $D_f = \mathbb{R}$, hat genau drei Wendepunkte.

D Die in $\mathbb{R}$ definierte Funktion $f: x \mapsto \dfrac{x}{e^x}$ hat einen Hochpunkt $H(1 \,|\, f(1))$.

E Die Graphen der Funktionen $f: x \mapsto 2x\,(x-1)$, $D_f = \mathbb{R}$, und $g: x \mapsto \dfrac{2x}{x-1}$, $D_g = \mathbb{R}\backslash\{0\}$, berühren einander im Ursprung.

F Jede Funktion $f_{a,d,e}: x \mapsto a \cdot (x-d)^2 + e$ mit $a, d, e \in \mathbb{R}$, $a \neq 0$ und $D_{f_{a,d,e}} = [d; +\infty[$ ist umkehrbar.

G Der Graph einer umkehrbaren Funktion ist achsensymmetrisch bezüglich der y-Achse.

H Es gibt keine umkehrbare Funktion f, deren Graph mit dem Graphen ihrer Umkehrfunktion den Punkt $S(1\,|\,2)$ gemeinsam hat.

I Jede Funktion $f: x \mapsto \dfrac{1}{x^n}$ mit $n \in \mathbb{N}\backslash\{0\}$ und $D_f = \mathbb{R}\backslash\{0\}$ ist im Intervall $]0; +\infty[$ streng monoton fallend.

J Streckt man den Graphen der in $\mathbb{R}^+$ definierten Funktion $f: x \mapsto \ln x$ mit dem Faktor 3 in y-Richtung, so erhält man den Graphen der in $\mathbb{R}^+$ definierten Funktion $g: x \mapsto \ln(x^3)$.

K Verschiebt man den Graphen der Funktion $g: x \mapsto \ln(ex)$, $D_g = \mathbb{R}^+$, um eine Einheit in negative y-Richtung, so erhält man den Graphen der natürlichen Logarithmusfunktion.

L Der Graph der in $\mathbb{R}^+$ definierten Funktion $f: x \mapsto \dfrac{\ln x}{x^2}$ hat keine waagrechte Asymptote.

M Die Funktion $F: x \mapsto \ln(3x)$ ist eine Stammfunktion der Funktion $f: x \mapsto \dfrac{1}{3x}$, $D_f = D_F = \mathbb{R}^+$.

N Die Graphen der Funktionen $f: x \mapsto \dfrac{6}{x^2+3}$, $D_f = \mathbb{R}^-$, und $g: x \mapsto -\sqrt{\dfrac{6-3x}{x}}$, $D_g = \,]0; 2[$, sind zueinander symmetrisch bezüglich der Winkelhalbierenden des I. und III. Quadranten.

O Die Funktion $f: x \mapsto \ln \dfrac{2x+1}{2-x}$, $D_f = \left]-\dfrac{1}{2}; 2\right[$, ist umkehrbar und für die Definitionsmenge ihrer Umkehrfunktion g gilt $D_g = \mathbb{R}$.

Ich kann ...	Aufgaben	Hilfe
... Funktionen mithilfe der Quotientenregel ableiten und Funktionen mit den Methoden der Differentialrechnung untersuchen.	1, 2, 3, 9, A, B, C, D, E	S. 112
... Funktionen auf Umkehrbarkeit untersuchen und Eigenschaften der Umkehrfunktion bestimmen.	4, 5, 10, F, G, H	S. 120
... die Ableitungen von Potenzfunktionen mit rationalen Exponenten bestimmen und einfache Verknüpfungen der Wurzelfunktion mit den Methoden der Differentialrechnung untersuchen.	6, 7, 8, I	S. 124
... Verknüpfungen der Logarithmusfunktion mit Funktionen bisher bekannter Funktionstypen mit den Methoden der Differentialrechnung untersuchen.	9, 10, J, K, L, M, N, O	S. 130

Auch für mündliche Prüfungen geeignet.

1 Gegeben sind die Funktionen f: $x \mapsto \ln(x+1)$, g: $x \mapsto \frac{2x}{x+1}$ und h: $x \mapsto 2 - 2\,e^{-x}$ jeweils mit der maximalen Definitionsmenge D_f, D_g bzw. D_h.

a) Geben Sie D_f, D_g bzw. D_h an.

b) Die Abbildungen zeigen vier Funktionsgraphen jeweils mit sämtlichen Asymptoten. Drei davon gehören zu den angegebenen Funktionen.

    1 Ordnen Sie den Funktionen f, g und h ihren Graphen ohne Verwendung konkreter Funktionswerte begründet zu.

    2 Geben Sie einen möglichen Term für die Funktion an, die zum noch nicht zugeordneten Graphen gehört, und begründen Sie Ihre Angabe.

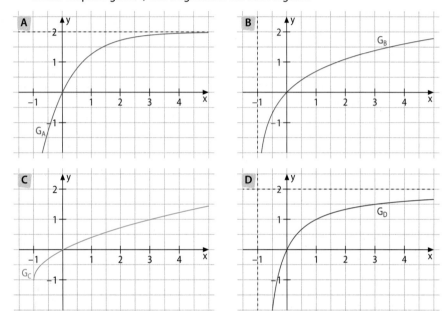

c) Untersuchen Sie das Monotonieverhalten von G_g und skizzieren Sie den Graphen G_g für $-4 \leq x \leq 3$.

d) Geben Sie den Symmetriepunkt des Graphen G_g an und erläutern Sie ein Verfahren zum Nachweis dieser Symmetrie.

2 Gegeben ist die Schar der Funktionen $f_{a,b}: x \mapsto -a \cdot \ln(b \cdot x)$ mit $a > 0$, $b > 0$ und maximaler Definitionsmenge $D_{f_{a,b}}$. Der Graph von $f_{a,b}$ wird mit $G_{f_{a,b}}$ bezeichnet.

a) Geben Sie $D_{f_{a,b}}$ und das Verhalten von $f_{a,b}$ für $x \to +\infty$ an.

b) Geben Sie die Wertemenge von $f_{a,b}$ an und begründen Sie, dass der Graph von $f_{a,b}$ streng monoton fällt.

c) Für einen bestimmten Wert von a und einen bestimmten Wert von b hat der zugehörige Graph $G_{f_{a,b}}$ im Punkt $(1\,|\,1)$ die Steigung -1. Bestimmen Sie diese Werte.

Die Funktion der Schar $f_{a,b}$ mit $a = 1$ und $b = \frac{1}{e}$ wird mit f bezeichnet. Der Funktionsterm von f lautet somit $f(x) = -\ln\left(\frac{x}{e}\right)$.

d) Zeichnen Sie den Graphen von f und beschreiben Sie, wie G_f aus dem Graphen der in $\mathbb{R}^+$ definierten Funktion $x \mapsto \ln x$ hervorgeht.

e) Begründen Sie ausschließlich anhand des Graphen G_f, dass der Graph jeder Stammfunktion von f einen Hochpunkt hat.

3 Die in $\mathbb{R}_0^+$ definierte Funktion p mit $p(x) = 1013 \cdot e^{-\frac{x}{8,44}}$ beschreibt modellhaft die Abhängigkeit des Luftdrucks von der Höhe. Dabei bezeichnen $p(x)$ den Luftdruck in Hektopascal (hPa) und x die Höhe über dem Meeresspiegel in Kilometern (km) (im Weiteren kurz als Höhe bezeichnet).

a) Begründen Sie, dass die Funktion p umkehrbar ist, bestimmen Sie einen Term der Umkehrfunktion h von p und geben Sie die Definitionsmenge und die Wertemenge von h an.

Die Abbildung zeigt den Graphen von h für $250 \leq x \leq 1013$.

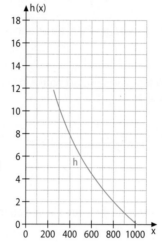

b) Geben Sie die Nullstelle von h und deren Bedeutung im Sachkontext an.

c) Berechnen Sie die mittlere Änderungsrate von h im Intervall [550; 950] und geben Sie an, wie sich diese Änderungsrate in der Abbildung veranschaulichen lässt. Beschreiben Sie die Bedeutung dieser mittleren Änderungsrate im Sachzusammenhang.

d) Bei einer alternativen Modellierung wird die Funktion h durch die in $\mathbb{R}^+$ definierte Funktion $h^*: x \mapsto h^*(x)$ ersetzt. Beschreiben Sie schrittweise, wie man die maximale Differenz der Funktionswerte $h^*(x)$ und $h(x)$ im Bereich $250 \leq x \leq 1013$ bestimmen kann.

4 Gegeben ist die in [0; 10] definierte Funktion $f: x \mapsto 2 \cdot \sqrt{10x - x^2}$; ihr Graph ist G_f.

a) Untersuchen Sie G_f auf Schnittpunkte mit der x-Achse sowie (ohne Verwendung der zweiten Ableitung) auf Extrempunkte.

b) Der Graph G_f ist rechtsgekrümmt. Einer der folgenden Terme ist ein Term der zweiten Ableitungsfunktion f″ von f. Beurteilen Sie, ob dies Term **1** oder Term **2** ist, ohne einen Term von f″ zu berechnen.

1 $f''(x) = \dfrac{50}{(x^2 - 10x) \cdot \sqrt{10x - x^2}}$
    2 $f''(x) = \dfrac{50}{(10x - x^2) \cdot \sqrt{10x - x^2}}$

c) Weisen Sie nach, dass für $0 \leq x \leq 5$ die Gleichung $f(x-5) = f(x+5)$ erfüllt ist. Begründen Sie damit, dass der Graph G_f symmetrisch bezüglich der Geraden $x = 5$ ist.

Ein Wasserspeicher hat die Form eines geraden Zylinders und ist bis zu einem Füllstand von 10 m über dem Speicherboden mit Wasser gefüllt. Bohrt man unterhalb des Füllstands ein Loch in die Wand des Wasserspeichers, so tritt unmittelbar nach Fertigstellung der Bohrung Wasser aus, das in einer bestimmten Entfernung zur Speicherwand, der sogenannten Spritzweite, auf den Boden trifft (vgl. Abbildung). Die Abhängigkeit der Spritzweite von der Höhe des Bohrlochs wird durch die in den bisherigen Teilaufgaben betrachtete Funktion f modellhaft beschrieben. Dabei ist x die Höhe des Bohrlochs über dem Speicherboden in Meter und $f(x)$ die Spritzweite in Meter.

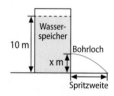

d) Der Graph G_f verläuft durch den Punkt $(3,6 \mid 9,6)$. Geben Sie die Bedeutung dieser Aussage im Sachzusammenhang an.

e) Berechnen Sie die Höhen, in denen das Loch gebohrt werden muss, damit die Spritzweite 6 m beträgt. Geben Sie zudem die Höhe an, in der das Loch gebohrt werden muss, damit die Spritzweite maximal ist.

Lösungen

Mediencode
63032-11

Grundwissen

Mediencode
63032-12

Aufgabe	Ich kann schon …
1, 2	… den Satz des Pythagoras anwenden.
3, 6	… Rauminhalte von Körpern berechnen und Schrägbilder zeichnen.
4	… mithilfe trigonometrischer Sätze Winkel und Seitenlängen bestimmen.
5	… Figuren nach Eigenschaften klassifizieren.

1 **a)** Formulieren Sie den Satz des Pythagoras und seine Umkehrung anhand einer Skizze in Worten.
  b) Gegeben ist ein Quader mit den Seitenlängen a = 3 cm, b = 4 cm und c = 5 cm. Berechnen Sie die Länge der Raumdiagonale d.
  c) Stellen Sie für allgemeine Kantenlängen a, b und c eines Quaders eine Formel zur Berechnung der Länge der Raumdiagonale auf.

2 Zeichnen Sie jeweils die Strecke $\overline{AB}$ in ein Koordinatensystem ein und berechnen Sie ihre Länge. Beschreiben Sie Ihr Vorgehen.
  a) A(2|1), B(−3|0)   **b)** A(−1|4), B(−2|−5)   **c)** A(0|−0,5), B(−2|0)   **d)** A(−3|−4), B(2|−1)

3 **a)** Berechnen Sie jeweils die fehlenden Seitenlängen und die Größen der Innenwinkel im markierten Dreieck.
  b) Bestimmen Sie jeweils Oberflächeninhalt und Volumen des Körpers.

1
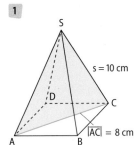

2
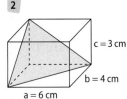

3

4
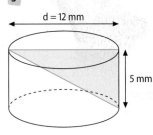

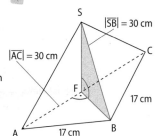

4 **a)** Berechnen Sie mithilfe des Kosinussatzes die fehlenden Größen im Dreieck ABC.
  1 a = 4,2 cm, b = 3,8 cm, c = 6,9 cm   **2** a = 15 dm, b = 13 dm, γ = 63°
  b) Berechnen Sie mithilfe des Sinussatzes die fehlenden Größen im Dreieck ABC.
  1 c = 6,1 m, α = 45°, β = 73°   **2** a = 2,8 mm, c = 5,5 mm, α = 12°

5 **a)** Beschreiben Sie alle Ihnen bekannten speziellen Vierecke und geben Sie jeweils ihre Eigenschaften an.
  b) Nennen und begründen Sie Beziehungen zwischen den Vierecken.
  Beispiel: Jedes Quadrat ist ein Rechteck, weil beim Quadrat jeder Innenwinkel 90° groß ist.

6 Die Cestius-Pyramide in Rom ist eine quadratische Pyramide mit der Grundkantenlänge
  a = 29,5 m und der Höhe h = 36,4 m.
  a) Zeichnen Sie ein Schrägbild der Pyramide mit einem geeigneten Maßstab.
  b) Bestimmen Sie das Volumen und den Oberflächeninhalt der Pyramide.

Grundlagen der Koordinatengeometrie

4

Einstieg

Für die Fernsehübertragung eines Fußballspiels wird über dem Spielfeld eine bewegliche Kamera installiert. Ein Seilzugsystem, das an vier Masten befestigt wird, hält die Kamera in der gewünschten Position. Seilwinden ermöglichen eine Bewegung der Kamera (1 LE $\widehat{=}$ 1 Meter).

- Erläutern Sie, wie die Lage der Kamera und der Seilwinden W_1, W_2, W_3 und W_4 im abgebildeten dreidimensionalen Koordinatensystem beschrieben werden können, und geben Sie die Koordinaten der eingezeichneten Punkte an.
- Beschreiben Sie die Verschiebung der Kamera, wenn sie zunächst von ihrem Anfangspunkt K_0 in einer Höhe von 25 m über der Mitte des Spielfeldes um 19 m vertikal abgesenkt wird, um den Anstoß zu filmen, und dann geradlinig in eine Höhe von 10 m über den Abstoßpunkt (im Modell B (40|105|0)) vor dem Tor schwebt.
- Ermitteln Sie die Länge jedes Seils, wenn sich die Kamera am Anfangspunkt K_0 befindet.

Ausblick

In diesem Kapitel werden das dreidimensionale Koordinatensystem sowie Vektoren zur Beschreibung von Punkten, Figuren und Körpern eingeführt. Im Anschluss werden mithilfe elementarer Vektorrechnung sowie des Skalar- und des Vektorprodukts Längen, Flächeninhalte und Volumina, auch in Sachkontexten, bestimmt.

Historische Ecke

Mediencode 63032-13

Entdecken

Zur Untersuchung von Veränderungen im Gehirn werden oftmals Aufnahmen mithilfe eines sogenannten Computertomographen gemacht. Die Abbildung zeigt eine solche Aufnahme.

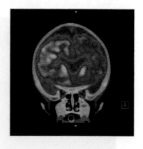

- Erläutern Sie, warum anhand der Aufnahme eine festgestellte Anomalie nicht eindeutig lokalisiert werden kann, und beschreiben Sie weitere erforderliche Informationen.

Verstehen

Um Punkte im dreidimensionalen Raum eindeutig festzulegen, genügt das bisherige zweidimensionale Koordinatensystem nicht.

Manchmal werden die Koordinatenachsen auch als x-, y- und z-Achse bezeichnet.

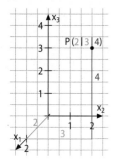

Mithilfe eines **dreidimensionalen kartesischen Koordinatensystems** wird jeder **Punkt** $P(p_1|p_2|p_3)$ durch reelle **Koordinaten** p_1, p_2 und p_3 im Raum eindeutig festgelegt.

Die drei Koordinatenachsen (x_1-Achse, x_2-Achse, x_3-Achse) stehen paarweise aufeinander senkrecht und schneiden sich im Koordinatenursprung O des Koordinatensystems.

Je zwei Koordinatenachsen spannen eine **Koordinatenebene** (x_1x_2-Ebene, x_2x_3-Ebene, x_1x_3-Ebene) auf.

Der Bildpunkt des Punktes $P(p_1|p_2|p_3)$ ist bei **Spiegelung** …

■ an der x_1-Achse $P_1(p_1|-p_2|-p_3)$.	■ an der x_1x_2-Ebene $P_{12}(p_1|p_2|-p_3)$.
■ an der x_2-Achse $P_2(-p_1|p_2|-p_3)$.	■ an der x_2x_3-Ebene $P_{23}(-p_1|p_2|p_3)$.
■ an der x_3-Achse $P_3(-p_1|-p_2|p_3)$.	■ an der x_1x_3-Ebene $P_{13}(p_1|-p_2|p_3)$.
■ am Koordinatenursprung $P_0(-p_1|-p_2|-p_3)$.	

Beispiele

I. Zeichnen Sie ein dreidimensionales kartesisches Koordinatensystem und tragen Sie den Punkt $A(3|4|2)$ in das Koordinatensystem ein.

Strategiewissen
Zeichnen eines dreidimensionalen Koordinatensystems

Lösung:

1 Zeichnen Sie die x_2-Achse und die x_3-Achse analog zu den Achsen im zweidimensionalen Koordinatensystem.

2 Ergänzen Sie die x_1-Achse, so dass die positive x_2-Achse mit der negativen x_1-Achse einen Winkel von 45° bildet.

3 Zumeist wird die Längeneinheit an der x_2-Achse und der x_3-Achse mit 1 cm eingetragen. Die Einheit auf der x_1-Achse wird verkürzt um den Faktor $\frac{1}{2}\sqrt{2}$ dargestellt. Das entspricht der Länge der Diagonalen eines Kästchens.

Strategiewissen
Eintragen von Punkten in ein dreidimensionales Koordinatensystem

4 Ausgehend vom Ursprung O geht man 3 Einheiten in x_1-Richtung:
Man erreicht den Punkt $(3|0|0)$.

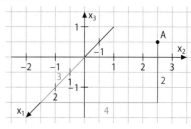

5 Dann geht man 4 Einheiten in x_2-Richtung:
Man erreicht den Punkt $(3|4|0)$.

6 Dann geht man 2 Einheiten in x_3-Richtung:
Man erreicht den Punkt $A(3|4|2)$.

II. Geben Sie die Koordinaten desjenigen Punkts an, der $\boxed{1}$ bezüglich der x_2-Achse $\boxed{2}$ bezüglich der $x_1 x_3$-Ebene symmetrisch zum Punkt $A(-1|-2|4)$ liegt.

Lösung:

$\boxed{1}$ Bei Spiegelung eines Punkts an der x_2-Achse bleibt die x_2-Koordinate unverändert, die beiden anderen Koordinaten ändern das Vorzeichen: $A'(1|-2|-4)$.

$\boxed{2}$ Bei Spiegelung eines Punkts an der $x_1 x_3$-Ebene ändert die x_2-Koordinate das Vorzeichen, die beiden anderen Koordinaten bleiben unverändert: $A''(-1|2|4)$.

Strategiewissen
Beschreiben von Symmetrien bezüglich des Koordinatensystems

III. Gegeben sind die Punkte $L(0|0|2)$, $I(0|6|10)$ und $A(0|0|10)$.

a) Beschreiben Sie die Lage des Dreiecks LIA im Koordinatensystem und begründen Sie, dass es sich um ein rechtwinkliges Dreieck handelt.

b) Das Dreieck LIA rotiert um die x_3-Achse. Beschreiben Sie den entstehenden Rotationskörper und berechnen Sie sein Volumen.

Lösung:

a) Ermitteln Sie die Gemeinsamkeiten der Punktkoordinaten.

Die x_1-Koordinate aller Punkte ist null. Daher liegt das Dreieck in der $x_2 x_3$-Ebene. Die x_2-Koordinate von L und A ist auch null, sodass L und A auf der x_3-Achse liegen. Die Punkte I und A haben außerdem dieselbe x_3-Koordinate, so dass die Strecke $\overline{IA}$ parallel zur x_2-Achse verläuft. Daher stehen die Seiten $\overline{IA}$ und $\overline{AL}$ senkrecht aufeinander.

b) Es entsteht ein Kegel mit Höhe $h = |\overline{AL}| = 10 - 2 = 8$ und Radius $r = |\overline{IA}| = 6 - 0 = 6$.
Für das Volumen gilt: $V = \frac{1}{3} \cdot r^2 \pi \cdot h = \frac{1}{3} \cdot 6^2 \cdot \pi \cdot 8 = 96\pi$ [VE].

Strategiewissen
Begründen der besonderen Lage von Figuren im Koordinatensystem

---

Nachgefragt

- Beschreiben Sie die Lage aller Punkte mit $x_2 = 2$.
- Ermitteln Sie die Lage der Punkte mit $x_1 = 3$ und gleichzeitig $x_2 = -4$.

---

1 Entscheiden und begründen Sie bei jedem der Punkte $F(2|3|0)$, $E(0|-4|0)$, $R(0|0|8)$, $M(0|2|-3)$, $A(-1|0|3)$ und $T(-5|0|0)$, in welcher Koordinatenebene bzw. auf welcher Koordinatenachse er liegt.

Aufgaben

2 Die drei Koordinatenebenen teilen den Raum in die acht Oktanten I bis VIII auf. Geben Sie bei jedem der sieben Punkte $H(2|3|4)$, $I(5|-4|3)$, $L(-1|-4|-8)$, $B(7|5|-3)$, $E(4|5|6)$, $R(-5|-4|9)$ und $T(4|-4|-7)$, ohne zu zeichnen an, in welchem Oktanten er liegt. Begründen Sie Ihre Zuordnung und überprüfen Sie dann Ihr Ergebnis, indem Sie die Punkte in ein Koordinatensystem (eine DMS) eintragen.
Hinweis: zur 3D-Darstellung siehe Seite 158/159

3 Ermitteln Sie die Lage der Punkte mit den angegebenen Eigenschaften.

a) $x = y = 0$ **b)** $x = y = -7$ **c)** $x = 1$ und $z = 1$

d) $z = 0$ **e)** $x = 3$ **f)** $x = y$

g) $x = y = z$ **h)** $x = -y$ **i)** $y = 0$ und $x = z$

4 Erläutern Sie anhand eines selbstgewählten Beispiels, dass man die Koordinaten von Punkten des dreidimensionalen Raums nicht eindeutig aus der Abbildung in einem kartesischen Koordinatensystem ablesen kann.

5 **a)** Geben Sie die Koordinaten aller markierten Gitterpunkte des Prismas STEVIN an.

b) Die Punkte S* (bzw. T*) entstehen durch Spiegelung von S (bzw. T) an der $x_2 x_3$-Ebene. Berechnen Sie den Oberflächeninhalt des Prismas STT*S*IN.

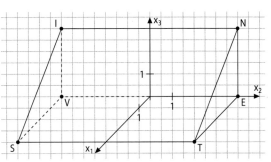

6 **a)** Tragen Sie die Punkte $A(2|3|0)$ und $B(-1|2|-1)$ in ein Koordinatensystem ein. Spiegeln Sie die Punkte A und B **1** an der $x_1 x_2$-Ebene **2** an der x_3-Achse **3** am Ursprung und geben Sie jeweils die Koordinaten der Spiegelpunkte an.

b) Spiegeln Sie den Punkt $P(a|b|c)$ mit $a, b, c \in \mathbb{R}\backslash\{0\}$ jeweils wie angegeben und geben Sie die Koordinaten des Spiegelpunkts an. Beschreiben Sie Ihr Vorgehen.

1 an der $x_1 x_2$-Ebene	**2** an der $x_2 x_3$-Ebene	**3** an der $x_3 x_1$-Ebene
4 am Ursprung	**5** an der x_1-Achse	**6** an der x_3-Achse

7 Beschreiben Sie jeweils die Lage der Punkte P_a möglichst genau.

a) $P_a(a|2a|0)$, $a \in \mathbb{R}$ **b)** $P_a(0|a|a^2)$, $a \in \mathbb{R}^+$ **c)** $P_a\left(0\middle|a\middle|\dfrac{1}{a}\right)$, $a \in \mathbb{R}\backslash\{0\}$

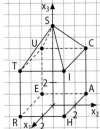

8 Der Turm RHAETICUS liegt so im Koordinatensystem, dass der Ursprung der Diagonalenschnittpunkt des Quadrats RHAE ist und die markierten Punkte Gitterpunkte sind.

a) Geben Sie die Koordinaten der Punkte an und ermitteln Sie das Turmvolumen.

b) Ordnen Sie passende Kärtchen einander zu und begründen Sie Ihre Zuordnung. Geben Sie zu den übrigbleibenden Kärtchen jeweils die fehlende Darstellung an.

Punkte auf der Strecke $\overline{TI}$	Mittelpunkt der Strecke $\overline{ER}$	$P_a(2|a|4)$, $a \in [-2; 2]$	$P_{a,b}(a|b|4)$, $a, b \in [-2; 2]$	$P(-2|0|0)$

$P(0|0|6)$

$P_{a,b}(a|b|0)$, $a, b \in [0; 2]$	Punkte auf der Dachfläche TICU	Punkte im Innern des Quaders RHAETICU	$P_a(0|0|a)$, $a \in [0; 7]$

Punkte auf der Strecke $\overline{EU}$	$P_{a,b}(-2|a|b)$, $a, b \in [-2; 2]$	$P_a(2|a|0)$, $a \in [-2; 0]$	Punkte auf der Seitenfläche HACI	$P(0|-2|0)$

Neigungsdreieck:

Hausgrundriss:

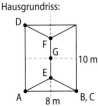

9 Der Grundriss eines 11 m hohen Einfamilienhauses besitzt zwei Symmetrieachsen. Das Gebäude wird so in einem Koordinatensystem beschrieben, dass O der Koordinatenursprung ist und der Punkt A auf der positiven x_1-Achse liegt.

a) Geben Sie die Koordinaten der markierten Punkte A, B, C, D, E und F sowie die Spitze G des 1 m hohen Blitzableiters an.

b) Ermitteln Sie, ob alle vier Walmdachflächen dieselbe Neigung aufweisen. Erklären Sie Ihr Vorgehen anhand einer Skizze.

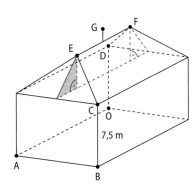

10 Die Punkte $P(2|-3|1)$ und $Q(3|1|2)$ werden senkrecht in die x_1x_2-Ebene projiziert.

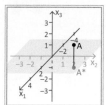

a) Tragen Sie P und Q sowie ihre Bildpunkte P* und Q* in ein Koordinatensystem ein und geben Sie an, um welche Art von besonderem Viereck es sich bei PQQ*P* handelt.

b) Geben Sie allgemein die Koordinaten des Bildpunkts eines Punktes $A(a_1|a_2|a_3)$ bei Projektion in die **1** x_1x_2-Ebene **2** x_2x_3-Ebene **3** x_1x_3-Ebene an.

11 Gegeben sind die Punkte $P(2|-4|3)$ und $Q(2|2|-3)$.

a) Zeichnen Sie die Strecke $\overline{PQ}$ in ein kartesisches Koordinatensystem.

  1 Durch Spiegelung der Strecke $\overline{PQ}$ an der x_1x_2-Ebene entsteht das Bild $\overline{P^*Q^*}$.

  2 Durch Spiegelung der Strecke $\overline{PQ}$ an der x_2x_3-Ebene entsteht das Bild $\overline{P^{**}Q^{**}}$.

Geben Sie die Koordinaten der Punkte P*, Q*, P** und Q** an und zeichnen Sie die Strecken $\overline{P^*Q^*}$ und $\overline{P^{**}Q^{**}}$ in das Koordinatensystem ein.

b) Beschreiben Sie die gegenseitige Lage von $\overline{PQ}$ und $\overline{P^*Q^*}$ bzw. $\overline{PQ}$ und $\overline{P^{**}Q^{**}}$.

c) Zeichnen Sie eine Parallele zu $\overline{PQ}$ durch den Punkt $R(-1|0|2)$.

12 Ein Erdwall hat die Form eines dreiseitigen geraden Prismas mit zwei angesetzten halben geraden Kreiskegeln. Seine Lage wird durch die Punkte $B(4|0|0)$, $E(4|20|0)$ und $M(0|0|10)$ festgelegt ($1\,\text{LE} \cong 5\,\text{m}$).

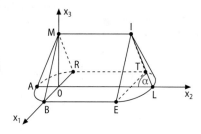

a) Geben Sie die Koordinaten der Punkte L, T, R, A, und I an und berechnen Sie das Volumen des Erdwalls.

b) Erläutern Sie anhand einer Skizze, wie die Größe α des Böschungswinkels $\sphericalangle$ ILO bestimmt werden kann, und berechnen Sie α.

13 Die Punkte $A(2|3|1)$, $B(0|5|1)$, $C(-2|3|1)$ und $D(0|1|1)$ bilden die Grundfläche einer Pyramide.

a) Begründen Sie, dass das Viereck ABCD in einer Ebene liegt und dass es sich um ein Quadrat handelt.

Man sagt: Das Viereck ABCD ist ein ebenes Viereck.

b) Beschreiben Sie die Lage aller möglichen Pyramidenspitzen S, so dass die entstehende Pyramide ein Volumen von 16 VE aufweist.

c) Bestimmen Sie die Höhe der Pyramide ABCDT mit $T(0|3|9)$.

d) Die Pyramide aus Teilaufgabe c) wird nun in der Höhe $z = 5$ parallel zur Grundfläche durchgeschnitten. Ermitteln Sie das Volumen des Pyramidenstumpfs.

e) Das Volumen des Körpers aus Teilaufgabe d) soll halbiert werden. Ermitteln Sie die Höhe h, in der die Pyramide parallel zur Grundfläche durchgeschnitten werden muss.

14 Die Abbildungen zeigen Aufriss bzw. Grundriss des Gebäudes DIOPHANTUS.

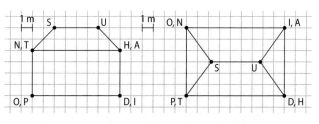

Der Aufriss zeigt die Seitenansicht des Gebäudes, der Grundriss eine Ansicht von oben.

a) Zeichnen Sie in Ihrem Heft ein Schrägbild von DIOPHANTUS in ein Koordinatensystem.

b) Ermitteln Sie das Volumen des umbauten Raums und erklären Sie Ihr Vorgehen.

c) Je eine große und eine kleine Dachfläche ist komplett mit Solarzellen bedeckt. Berechnen Sie die mittlere Gesamtleistung der Anlage bei einer mittleren Leistungsdichte von $200\,\text{W/m}^2$.

- Erläutern Sie, warum man nebenstehende Abbildung für eine Fotomontage halten könnte.

- Beschreiben Sie unter Verwendung eines Koordinatensystems, wie der linke Pinguin verschoben werden muss, um den rechten zu überdecken.

Verstehen

Parallelverschiebungen im Raum lassen sich durch Pfeile beschreiben.

Ein einzelner Pfeil heißt **Repräsentant des Vektors.**

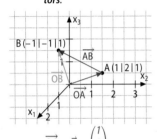

$$\overrightarrow{OA} = \vec{a} = \begin{pmatrix} 1 \\ 2 \\ 1 \end{pmatrix}$$

$$\overrightarrow{OB} = \vec{b} = \begin{pmatrix} -1 \\ -1 \\ 1 \end{pmatrix}$$

$$\overrightarrow{AB} = \begin{pmatrix} -1-1 \\ -1-2 \\ 1-1 \end{pmatrix} = \begin{pmatrix} -2 \\ -3 \\ 0 \end{pmatrix}$$

Ein **Vektor** $\vec{v} = \begin{pmatrix} v_1 \\ v_2 \\ v_3 \end{pmatrix}$, $v_1, v_2, v_3 \in \mathbb{R}$, bezeichnet die Menge aller zueinander **paralleler** Pfeile mit **gleicher Länge** und **gleicher Orientierung**. Er beschreibt mithilfe seiner **Koordinaten** v_1, v_2, v_3 eine Verschiebung im Raum.

Der Vektor $\overrightarrow{AB} = \begin{pmatrix} b_1 - a_1 \\ b_2 - a_2 \\ b_3 - a_3 \end{pmatrix}$ verschiebt den (Anfangs-)Punkt $A(a_1|a_2|a_3)$ auf den (End-)Punkt $B(b_1|b_2|b_3)$. Der Vektor $\vec{o} = \begin{pmatrix} 0 \\ 0 \\ 0 \end{pmatrix}$ heißt **Nullvektor**.

Auch die Lage von Punkten im Koordinatensystem lässt sich mithilfe von Vektoren beschreiben: Der Vektor $\overrightarrow{OP} = \vec{p} = \begin{pmatrix} p_1 \\ p_2 \\ p_3 \end{pmatrix}$ heißt **Ortsvektor** des Punkts $P(p_1|p_2|p_3)$.

Beispiele

I. Die Strecke $\overline{AB}$ mit $A(2|3|4)$ und $B(-1|6|1)$ wird durch den Vektor $\vec{v} = \begin{pmatrix} 5 \\ 2 \\ -1 \end{pmatrix}$ parallel verschoben.

a) Zeichnen Sie die Strecke $\overline{AB}$ und die verschobene Strecke $\overline{A'B'}$ in ein Koordinatensystem und bestimmen Sie die Ortsvektoren der Punkte A und B sowie den Vektor $\overrightarrow{AB}$.

b) Ermitteln Sie die Koordinaten des Punktes A'.

Lösung:

Strategiewissen
Vektoren bestimmen

a) **1** Zur Angabe des Ortsvektors eines Punktes notiert man dessen Koordinaten in Spaltenschreibweise:

$$\vec{a} = \overrightarrow{OA} = \begin{pmatrix} 2 \\ 3 \\ 4 \end{pmatrix}, \quad \vec{b} = \overrightarrow{OB} = \begin{pmatrix} -1 \\ 6 \\ 1 \end{pmatrix}.$$

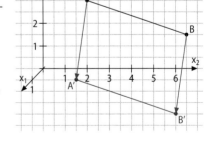

Der Vektor $\vec{v}$ verschiebt A auf A' und B auf B'.

2 Die Koordinaten des Vektors $\overrightarrow{AB}$ erhält man, indem man die jeweilige Koordinate von A von der zugehörigen Koordinate von B

Kurz: „Spitze minus Fuß"

subtrahiert: $\overrightarrow{AB} = \begin{pmatrix} -1-2 \\ 6-3 \\ 1-4 \end{pmatrix} = \begin{pmatrix} -3 \\ 3 \\ -3 \end{pmatrix}.$

b) $\vec{v} = \overrightarrow{AA'}$, d.h. $\begin{pmatrix} 5 \\ 2 \\ -1 \end{pmatrix} = \begin{pmatrix} a_1' - 2 \\ a_2' - 3 \\ a_3' - 4 \end{pmatrix}$, also $\vec{a'} = \overrightarrow{OA'} = \begin{pmatrix} 5+2 \\ 2+3 \\ -1+4 \end{pmatrix} = \begin{pmatrix} 7 \\ 5 \\ 3 \end{pmatrix}$ und $A'(7|5|3)$.

II. Gegeben sind die Punkte A (2 | −3 | −1), B (1 | 2 | 3), C (−1 | 1 | 4) und D (0 | −4 | 0). Weisen Sie rechnerisch nach, dass $\overrightarrow{AB} = \overrightarrow{DC}$ gilt. Tragen Sie die Punkte A, B, C und D in ein Koordinatensystem ein und interpretieren Sie das Ergebnis geometrisch.

Lösung:

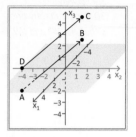

$$\overrightarrow{AB} = \begin{pmatrix} 1-2 \\ 2-(-3) \\ 3-(-1) \end{pmatrix} = \begin{pmatrix} -1 \\ 5 \\ 4 \end{pmatrix}$$

$$\overrightarrow{DC} = \begin{pmatrix} -1-0 \\ 1-(-4) \\ 4-0 \end{pmatrix} = \begin{pmatrix} -1 \\ 5 \\ 4 \end{pmatrix} = \overrightarrow{AB}$$

Die Punkte A, B, C und D liegen nicht auf einer Gerade und $\overrightarrow{AB}$ sowie $\overrightarrow{DC}$ sind Repräsentanten desselben Vektors. Das Viereck ABCD ist somit ein Parallelogramm.

Nachgefragt

- Formulieren Sie Gemeinsamkeiten und Unterschiede der Strecke $\overline{AB}$ und des Vektors $\overrightarrow{AB}$.

- Erläutern Sie den Unterschied zwischen $\vec{p} = \overrightarrow{OP} = \begin{pmatrix} p_1 \\ p_2 \\ p_3 \end{pmatrix}$ und P (p_1 | p_2 | p_3).

Aufgaben

1 Das Tetraeder ABCD mit A (5 | 6 | 0), B (5 | 10 | 0), C (2 | 7 | 0) und D (4 | 7 | 4) wird durch $\vec{v} = \begin{pmatrix} -5 \\ -6 \\ 2 \end{pmatrix}$ im Koordinatensystem verschoben. Es entsteht das Tetraeder A′B′C′D′.

a) Zeichnen Sie die Tetraeder ABCD und A′B′C′D′ in ein Koordinatensystem ein.

b) Bestimmen Sie die Koordinaten der Punkte A′, B′, C′ und D′ und geben Sie ihre Ortsvektoren an. Beschreiben Sie Ihr Vorgehen.

2 Tragen Sie zunächst die Punkte A (1 | 1 | 2), B (3 | 2 | 4), C (−1 | 3 | 2) und D (1 | 4 | 2) und dann die Vektoren $\overrightarrow{AB}$ und $\overrightarrow{DC}$ in ein Koordinatensystem ein. Geben Sie $\overrightarrow{AB}$ und $\overrightarrow{DC}$ an.

 3 Ermitteln Sie jeweils die Koordinaten der Vektoren $\overrightarrow{AB}$ und $\overrightarrow{BA}$. Beschreiben Sie anschließend, was Ihnen auffällt, und begründen Sie Ihre Beobachtung.

a) A (2 | 4 | −4), B (3 | 5 | −2)   **b)** A (0 | 0,5 | 2), B (−3 | −2 | −1,5)

c) A (0,4 | 3 | −1,5), B (−2 | −3 | 0,8)   **d)** A (2 | 6 | 5), B (3 | −8 | 5)

 4 Gegeben ist der Vektor $\overrightarrow{AB} = \begin{pmatrix} 3 \\ -2 \\ 5 \end{pmatrix}$. Bestimmen Sie die fehlenden Koordinaten.

a) A (0 | 2 | 5), B (b_1 | b_2 | b_3)   **b)** A (−2 | −3 | 1), B (b_1 | b_2 | b_3)

c) A (a_1 | a_2 | a_3), B (3 | 8 | −2)   **d)** A (a_1 | a_2 | a_3), B (54 | 13 | −12)

e) A (4 | a_2 | a_3), B (b_1 | 8 | −2)   **f)** A (−4 | a_2 | 3,2), B (b_1 | −5 | b_3)

5 Überprüfen Sie jeweils, ob das Viereck ABCD ein Parallelogramm ist und ob es eine besondere Lage im Koordinatensystem hat. Begründen Sie Ihr Vorgehen.

a) A (1 | 2 | 0), B (3 | 2 | 0), C (3 | 5 | 0), D (1 | 5 | 0)

b) A (1 | 2 | −1), B (1 | 4 | −1), C (1 | 5 | 3), D (1 | 2 | 3)

c) A (−1 | 3 | 4), B (−3 | 0 | 5), C (0 | −2 | −1), D (2 | 1 | −2)

6 Gegeben sind die Punkte A(2|−3|4), B(4|−3|2) und C(−1|−3|3).

a) Geben Sie die besondere Lage des Dreiecks ABC im Koordinatensystem begründet an.

b) Das Dreieck wird um den Punkt D(3|−3|5) zum Viereck ABCD ergänzt.
Bestimmen Sie die Besonderheit des Vierecks ABCD. Begründen Sie, dass sich die Diagonalen $\overline{AC}$ und $\overline{BD}$ nicht schneiden.

Zur Verwendung der 3D-Geometriesoftware: siehe Seite 158 und 159

c) Zeichnen Sie das Viereck mithilfe einer DMS und kontrollieren Sie Ihre Ergebnisse.

 7 a) Von einem Parallelogramm ABCD sind jeweils drei Punkte gegeben. Bestimmen Sie die Koordinaten des fehlenden Punkts und diskutieren Sie mit einem Mitschüler oder einer Mitschülerin, ob die Lösung eindeutig ist.

1 A(3|2|0), B(1|5|1), C(−1|5|3)   **2** A(4|1|6), B(3|7|2), D(−2|−1|3)

3 B(5|4|1), C(−3|2|1), D(−2|−1|1)   **4** A(4|2|5), C(5|1|4), D(6|4|3)

b) Geben Sie die besondere Lage des Parallelogramms aus Teilaufgabe a) **3** an.

c) Nennen Sie bekannte Eigenschaften von Parallelogrammen.

8 a) Die Kanten der Grundfläche der quadratischen Pyramide ABCDS sind parallel zur x- und zur y-Achse. Die Pyramide wird so verschoben, dass der Eckpunkt A(0|1,5|−1) im Ursprung zu liegen kommt. Übertragen Sie die Zeichnung in Ihr Heft und ergänzen Sie die fehlenden Eckpunkte der verschobenen Pyramide. Geben Sie den Verschiebungsvektor sowie die Ortsvektoren der Punkte A′, B′, C′ und D′ in Spaltenschreibweise an.

b) Wiederholen Sie Teilaufgabe a) für den Fall, dass der Eckpunkt **1** B **2** C **3** D in den Ursprung verschoben wird.

9 Ein Industrieroboter verschiebt in einem Produktionsprozess Werkstücke. Sein Algorithmus nutzt dafür ein dreidimensionales Koordinatensystem.

a) Geben Sie den Verschiebungsvektor an, wenn ein Werkstück vom Punkt A(3|−1|0) in den Punkt B(5|4|2) verschoben wird.

b) Beschreiben Sie die Bewegung des Roboters, wenn er im Punkt C(−2|4|0) ein weiteres Werkstück greifen soll.

c) Der Roboter wiederholt die Bewegung aus Teilaufgabe a). Bestimmen Sie, in welchem Punkt das zweite Werkstück zu liegen kommt.

d) Recherchieren Sie die Einsatzgebiete von Robotern und reflektieren Sie diese.

10 a) Tragen Sie die Punkte A(1|1|2), B(3|2|4), C(−1|3|2) und D(1|4|2) in ein Koordinatensystem ein und zeichnen Sie die Ortsvektoren der Punkte A, B, C und D ein.

b) Berechnen Sie die Koordinaten der Vektoren $\overrightarrow{AB}$, $\overrightarrow{AC}$, $\overrightarrow{AD}$, $\overrightarrow{BC}$, $\overrightarrow{BD}$ und $\overrightarrow{CD}$ und veranschaulichen Sie diese Vektoren in Ihrem Koordinatensystem.

c) Diskutieren Sie mit einem Mitschüler oder einer Mitschülerin, ob die grafische Darstellung aus Teilaufgabe b) eindeutig ist.

11 a) Zeichnen Sie die Punkte P(1|2|3) und Q(4|−2|3) in ein Koordinatensystem ein und spiegeln Sie diese …

1 an der xy-Ebene.   **2** an der yz-Ebene.   **3** an der xz-Ebene.

b) Geben Sie die Ortsvektoren der Bildpunkte aus Teilaufgabe a) an und bestimmen Sie die Vektoren, die die ursprünglichen Punkte auf die Bildpunkte verschieben.

12 Eine gerade quadratische Pyramide besitzt den Eckpunkt A (4|2|0) an ihrer Grundfläche und die Spitze S (2|4|8). Die Grundfläche liegt parallel zur x_1x_2-Ebene.

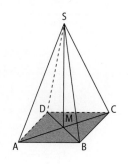

a) Begründen Sie, dass die Pyramide durch diese Angaben eindeutig festgelegt ist.

b) Ermitteln Sie die Koordinaten der Punkte B, C, D und M. Zeichnen Sie die Pyramide anschließend in ein Koordinatensystem.

c) Geben Sie die Vektoren $\overrightarrow{AB}$, $\overrightarrow{AC}$, $\overrightarrow{DS}$, $\overrightarrow{AS}$ und $\overrightarrow{MS}$ an. Beschreiben Sie, was Ihnen auffällt.

13 In der Abbildung erzeugen die zwölf Pfeile eine gerade Doppelpyramide ABCDEF mit quadratischer Grundfläche ABCD, die in der x_1x_2-Ebene liegt.

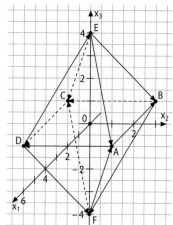

a) Geben Sie die Koordinaten der Eckpunkte A, B, C, D, E und F, ihre Ortsvektoren sowie die eingezeichneten zwölf Pfeile in Koordinatenschreibweise an.

b) Geben Sie an, welche der Pfeile gleich lang und zueinander parallel sind.

c) Berechnen Sie den Oberflächeninhalt und das Volumen der Doppelpyramide ABCDEF.

14 Der Würfel OPQRSTUV ist durch die Punkte O (0|0|0), P (0|−5|0), R (5|0|0) und S (0|0|5) gegeben.

a) Zeichnen Sie den Würfel in ein Koordinatensystem ein und geben Sie die Koordinaten der übrigen Eckpunkte an.

b) Der Würfel OPQRSTUV wird an der x_1-Achse gespiegelt. Zeichnen Sie den Würfel OP'Q'R'S'T'U'V' in das Koordinatensystem aus Teilaufgabe a) ein und geben Sie die Ortsvektoren seiner Eckpunkte an.

c) Z ist der Mittelpunkt der Kante $\overline{OR}$. Begründen Sie, dass der ursprüngliche und der gespiegelte Würfel punktsymmetrisch bezüglich des Punktes Z liegen. Geben Sie die Koordinaten von Z sowie die Paare der einander zugeordneten Punkte und ihre Verbindungsvektoren an.

15 Gegeben ist das regelmäßige Sechseck ABCDEF mit Umkreismittelpunkt M.

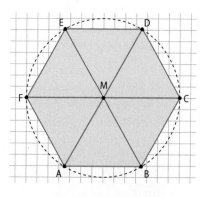

a) Geben Sie zu den Pfeilen $\overrightarrow{AB}$, $\overrightarrow{BM}$ und $\overrightarrow{MD}$ möglichst viele weitere Repräsentanten der zugehörigen Vektoren $\vec{a}$, $\vec{b}$ bzw. $\vec{c}$ an.

b) Interpretieren Sie nun die Figur als Schrägbild eines Kantenmodells eines Würfels, dessen Eckpunkt N von M verdeckt wird. Beschreiben Sie die Lage des Würfels und untersuchen Sie, was sich für die Vektoren $\vec{a}$, $\vec{b}$ bzw. $\vec{c}$ aus Teilaufgabe a) ändert.

c) Betrachten Sie die Figur jetzt als Grundriss einer sechsseitigen Pyramide mit Spitze M und ermitteln Sie, welche Pfeile jetzt die Vektoren $\vec{a}$, $\vec{b}$ bzw. $\vec{c}$ aus Teilaufgabe a) repräsentieren.

3D-Geometriesoftware – dynamische Geometrie im Raum

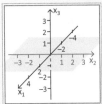

Mithilfe einer 3D-Geometriesoftware lassen sich Figuren und Körper im dreidimensionalen Raum visualisieren. Damit lässt sich unsere Vorstellung der Lage von Objekten im Raum unterstützen.

Aktiviert man in einer DMS die 3D-Grafik, so erscheint ein dreidimensionales Koordinatensystem, in dem häufig die $x_1 x_2$-Ebene zur besseren Orientierung beige schattiert dargestellt ist. Die Abbildung zeigt ein solches Koordinatensystem, bei dem die x_1-Achse rot, die x_2-Achse grün und die x_3-Achse blau dargestellt ist. Das Fenster mit der üblichen 2D-Grafik lässt man eingeblendet, da einige Objekte wie z. B. Schieberegler nur in diesem Fenster abgelegt werden können.

Ist die 3D-Grafik aktiviert, ändert sich auch die Werkzeugleiste und sieht z. B. so aus:

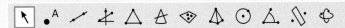

Die 3D-Ansicht kann durch Aktivieren des entsprechenden Buttons ⟳ gedreht oder ✛ verschoben werden.

Die Koordinaten eines **Punkts** gibt man in der Eingabezeile ein, z. B. $A = (4, -5.5, 3.5)$. Der Punkt wird dann im 3D-Koordinatensystem angezeigt. Er kann nun auf zwei Arten im Koordinatensystem verschoben werden:

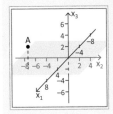

- Bewegt man den Mauszeiger zum Punkt A, so bildet sich dort ein kleines Kreuz und der Punkt lässt sich parallel zur $x_1 x_2$-Ebene verschieben.

- Klickt man einmal auf den Punkt A, so erscheint ein kleiner Doppelpfeil. Der Punkt A lässt sich nun parallel zur x_3-Achse verschieben.
Eine gestrichelte Linie zeigt während des Verschiebens das Lot auf die $x_1 x_2$-Ebene an.

1 **A** $A(1|0|-1)$, $B(-1|0|3)$, $C(2|0|3)$ **B** $A(2|2|-1)$, $B(2|0|3)$, $C(2|-2|1)$

 C $A(4|0|0)$, $B(0|2|0)$, $C(0|0|5)$ **D** $A(-1|-1|5)$, $B(2|2|3)$, $C(0|0|-2)$

a) Zeichnen Sie das Dreieck ABC mithilfe der 3D-Grafik einer DMS und ermitteln Sie durch Drehen des Koordinatensystems seine besondere Lage im Koordinatensystem.

b) Die Punkte A, B und C legen eine Ebene im Koordinatensystem fest. Zeichnen Sie jeweils diese Ebene mithilfe des Werkzeugs ◈ .

Legen Sie den Schieberegler im Fenster für die übliche 2D-Grafik ab.

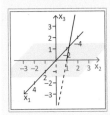

2 Zeichnen Sie jeweils den Punkt P_a (bzw. $P_{a,b}$) mithilfe der 3D-Grafik einer DMS. Variieren Sie die Parameter und beschreiben Sie die Lage der Punkte im Koordinatensystem möglichst exakt. Tipp: Lassen Sie sich die Spur des Punkts anzeigen.

a) $P_a(a|1|5)$, $a \in \mathbb{R}$ **b)** $P_a(0|a^2|2a)$, $a \in \mathbb{R}$ **c)** $P_a\left(2 \middle| a \middle| \sqrt{9-a^2}\right)$, $a \in [-3; 3]$

d) $P_a\left(a \middle| \frac{1}{a^2} \middle| 1\right)$, $a \in \mathbb{R}\backslash\{0\}$ **e)** $P_a(a|a|3)$, $a \in \mathbb{R}$ **f)** $P_{a,b}(a|b|4)$, $a, b \in \mathbb{R}$

Zeichnet man eine **Gerade**, so wird der Teil der Gerade, der durch den beige schattierten Teil der $x_1 x_2$-Ebene verborgen ist, gestrichelt gezeichnet, um den dreidimensionalen Eindruck zu verstärken.

Werkzeug

3 a) Spiegeln Sie den Punkt A $(1\,|\,2\,|-3)$

    A an der x_1x_2-Ebene   **B** an der x_2-Achse   **C** am Ursprung

und erklären Sie jeweils Ihre Beobachtung.

b) Legen Sie durch drei geeignete Punkte die x_2x_3-Ebene (die x_1x_3-Ebene) fest und spiegeln Sie den Punkt A an dieser Ebene. Zeichnen Sie die Gerade durch A und seinen Spiegelpunkt.

    A A $(2\,|-1\,|-3)$ **B** A $(3\,|\,2\,|\,4)$ **C** A $(-2\,|-3\,|\,4)$

Nutzen Sie:

⊡ Spiegle an Ebene

⊡ Spiegle an Gerade

⊡ Spiegle an Punkt

Durch zwei Punkte A und B kann man mithilfe des entsprechenden Buttons ✐ einen **Vektor** festlegen. Dieser wird in der Algebra-Ansicht als Spaltenvektor geschrieben. Als Bezeichner werden Klein-buchstaben (ohne den Pfeil) verwendet. Ein Vektor kann auch in der Eingabezeile direkt eingegeben werden, z. B. erzeugt die Eingabe $a = (1, 2, 3)$ den Ortsvektor $\overrightarrow{OA}$ des Punkts A $(1\,|\,2\,|\,3)$.

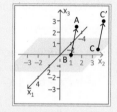

Ein bereits definierter Vektor kann auch von einem Punkt (z. B. C) aus abgetragen werden. Dafür klickt man den Punkt C und den Vektor (z. B. $\overrightarrow{AB}$) an. Die Spitze des Pfeils wird mit C′ benannt.

Im Untermenü von „Strecke":

✐ Vektor von Punkt aus abtragen

4 Ergänzen Sie die Punkte jeweils auf drei verschiedene Arten zu einem Parallelogramm. Begründen Sie Ihre Beobachtung hinsichtlich der Flächeninhalte der Parallelogramme.

a) A $(-2\,|\,3\,|\,2)$, B $(0\,|\,3\,|\,5)$, C $(2\,|-3\,|\,4)$ **b)** A $(4\,|\,1\,|-2)$, B $(5\,|\,3\,|\,0)$, C $(-1\,|\,3\,|\,4)$

Auch **Körper** lassen sich mit der 3D-Grafik der DMS darstellen.

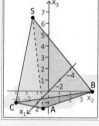

5 Gegeben sind die Punkte A $(5\,|\,2\,|\,1)$, B $(2\,|\,5\,|\,1)$, C $(8\,|\,1\,|\,3)$ und S $(3\,|\,0\,|\,8)$.

a) Legen Sie mithilfe des Werkzeugs △ das Dreieck ABC fest, indem Sie nach-einander die Punkte anklicken. Nutzen Sie dann das Werkzeug ⟁, um die Pyra-mide ABCS zu erzeugen. Hierzu klicken Sie zunächst die Grundfläche und dann die Spitze S an.

b) Erzeugen Sie ein Prisma, dessen Grundfläche die Eckpunkte A, B und C enthält und dessen Deckfläche den Eckpunkt S besitzt.

c) Experimentieren Sie zusammen mit einem Mitschüler oder einer Mitschülerin mit den angegebenen Werkzeugen und beschreiben Sie deren Wirkung.

Hinweis: Es gibt drei verschiedene Möglichkeiten.

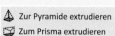

△ Zur Pyramide extrudieren

▱ Zum Prisma extrudieren

6 a) Zeichnen Sie die Pyramide ABCS mit den Punkten A $(8\,|\,2\,|\,2)$, B $(6\,|\,5\,|\,1)$, C $(-2\,|-4\,|\,3)$ und S $(0\,|\,0\,|\,10)$ mit der 3D-Grafik einer DMS.

b) Verschieben Sie die Pyramide mit dem Vektor $\vec{u} = \begin{pmatrix} -5 \\ 8 \\ -3 \end{pmatrix}$ und geben Sie die Koordi-naten der Bildpunkte A′, B′, C′ und S′ an.

Stellen Sie eine Vermutung auf, mit welchem Vektor Sie die Pyramide A′B′C′S′ ver-schieben müssen, um wieder die ursprüngliche Pyramide ABCS zu erhalten. Über-prüfen Sie die Vermutung mit der DMS und begründen Sie diese.

- Recherchieren Sie über M. C. Escher sowie über seine Parkettierungen und präsentieren Sie Ihre Ergebnisse im Kurs.

- Beschreiben Sie, wie Sie mithilfe der Vektoren $\vec{a}$ und $\vec{b}$ aus einem weißen Pferd alle weiteren weißen Pferde der Ebene erhalten.

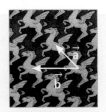

Verstehen

Mehrere Verschiebungen im Raum können hintereinander ausgeführt werden. Zudem kann jede Verschiebung durch die entgegengesetzte Verschiebung rückgängig gemacht werden.

Zeichnet man einen Pfeil von $\vec{b}$ an die Spitze eines Pfeils von $\vec{a}$, so verläuft $\vec{a} + \vec{b}$ vom Fuß von $\vec{a}$ zur Spitze von $\vec{b}$.

Für die **Addition** der Vektoren $\vec{a}$ und $\vec{b}$ bezeichnet der

Vektor $\vec{a} + \vec{b} = \begin{pmatrix} a_1 + b_1 \\ a_2 + b_2 \\ a_3 + b_3 \end{pmatrix}$ den **Summenvektor**.

Für die Addition von Vektoren gelten das **Kommutativ-** und das **Assoziativgesetz**.

*Diese Multiplikation heißt **Skalarmultiplikation.***

Multipliziert man den Vektor $\vec{a} \neq \begin{pmatrix} 0 \\ 0 \\ 0 \end{pmatrix}$ mit einer Zahl $r \in \mathbb{R}$,

so erhält man den Vektor $r \cdot \vec{a} = \begin{pmatrix} r \cdot a_1 \\ r \cdot a_2 \\ r \cdot a_3 \end{pmatrix}$. Dieser Vektor …

- ist für $r \neq 0$ parallel zu $\vec{a}$.
- ist $|r|$-mal so lang wie $\vec{a}$.
- besitzt für $r < 0$ die zu $\vec{a}$ entgegengesetzte Orientierung.

Sonderfälle: $r = -1$: $(-1) \cdot \vec{a} = -\vec{a} = \begin{pmatrix} -a_1 \\ -a_2 \\ -a_3 \end{pmatrix}$ ist der **Gegenvektor von $\vec{a}$**.

$r = 0$: $0 \cdot \vec{a} = \vec{o} = \begin{pmatrix} 0 \\ 0 \\ 0 \end{pmatrix}$ ist der **Nullvektor**.

Die Vektoren $\vec{a}$ und $\vec{b}$ werden subtrahiert, indem man die Vektoren $\vec{a}$ und $-\vec{b}$ addiert.

Für die **Differenz** von $\vec{a}$ und $\vec{b}$ gilt $\vec{a} - \vec{b} = \begin{pmatrix} a_1 - b_1 \\ a_2 - b_2 \\ a_3 - b_3 \end{pmatrix}$.

Für die Skalarmultiplikation gilt das **Distributivgesetz**.
Für den **Mittelpunkt M einer Strecke $\overline{AB}$** gilt $\overrightarrow{OM} = \frac{1}{2}(\overrightarrow{OA} + \overrightarrow{OB})$.

$\vec{a} + \vec{b}$ beschreibt eine Diagonale im von $\vec{a}$ und $\vec{b}$ aufgespannten Parallelogramm.

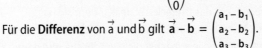

Begründungen

I. Weisen Sie das Distributivgesetz für $\vec{a}$ und $\vec{b}$ ($r \in \mathbb{R}$) nach: $r \cdot (\vec{a} + \vec{b}) = r \cdot \vec{a} + r \cdot \vec{b}$.

Lösung:

Für zwei beliebige Vektoren $\vec{a} = \begin{pmatrix} a_1 \\ a_2 \\ a_3 \end{pmatrix}$ und $\vec{b} = \begin{pmatrix} b_1 \\ b_2 \\ b_3 \end{pmatrix}$ gilt mithilfe des Distributivgesetzes

Ebenso lassen sich die weiteren Rechengesetze auf die entsprechenden Rechengesetze für reelle Zahlen zurückführen (s. S. 163 Nr. 8).

für reelle Zahlen – angewendet in jeder Koordinate:

$$r \cdot (\vec{a} + \vec{b}) = r \cdot \begin{pmatrix} a_1 + b_1 \\ a_2 + b_2 \\ a_3 + b_3 \end{pmatrix} = \begin{pmatrix} r(a_1 + b_1) \\ r(a_2 + b_2) \\ r(a_3 + b_3) \end{pmatrix} = \begin{pmatrix} ra_1 + rb_1 \\ ra_2 + rb_2 \\ ra_3 + rb_3 \end{pmatrix} = \begin{pmatrix} ra_1 \\ ra_2 \\ ra_3 \end{pmatrix} + \begin{pmatrix} rb_1 \\ rb_2 \\ rb_3 \end{pmatrix}$$

$$= r \cdot \begin{pmatrix} a_1 \\ a_2 \\ a_3 \end{pmatrix} + r \cdot \begin{pmatrix} b_1 \\ b_2 \\ b_3 \end{pmatrix} = r \cdot \vec{a} + r \cdot \vec{b}$$

II. Begründen Sie die Formel zur Berechnung des Mittelpunkts M einer Strecke $\overline{AB}$ mithilfe einer Skizze.

Die Koordinaten von M sind die arithmetischen Mittelwerte der Koordinaten von A und B.

Lösung:

Die Ortsvektoren $\vec{a}$ und $\vec{b}$ spannen vom Ursprung O aus ein Parallelogramm auf. Da sich die Diagonalen im Parallelogramm halbieren, ist der Mittelpunkt M der Strecke $\overline{AB}$ auch der Mittelpunkt der Strecke $\overline{OC}$. Damit gilt $\overrightarrow{OM} = \frac{1}{2} \cdot (\vec{a} + \vec{b}) = \frac{1}{2}(\overrightarrow{OA} + \overrightarrow{OB})$.

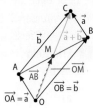

Beispiele

I. Gegeben sind die Vektoren $\vec{a} = \begin{pmatrix} 1 \\ -1 \\ 2 \end{pmatrix}$ und $\vec{b} = \begin{pmatrix} -4 \\ 2 \\ 1 \end{pmatrix}$. Bestimmen Sie rechnerisch …

a) den Vektor $3\vec{a}$.

b) den Gegenvektor von $\vec{b}$.

c) die Summe $\vec{a} + \vec{b}$.

d) die Differenz $\vec{a} - \vec{b}$.

Lösung:

a) Multiplizieren Sie jede Koordinate von $\vec{a}$ mit 3:

$$3\vec{a} = 3 \cdot \begin{pmatrix} 1 \\ -1 \\ 2 \end{pmatrix} = \begin{pmatrix} 3 \cdot 1 \\ 3 \cdot (-1) \\ 3 \cdot 2 \end{pmatrix} = \begin{pmatrix} 3 \\ -3 \\ 6 \end{pmatrix}$$

b) Bilden Sie von jeder Koordinate des Vektors $\vec{b}$ die Gegenzahl:

$$-\vec{b} = -\begin{pmatrix} -4 \\ 2 \\ 1 \end{pmatrix} = \begin{pmatrix} 4 \\ -2 \\ -1 \end{pmatrix}$$

Strategiewissen
Rechnen mit Vektoren

c) Addieren Sie jeweils die Koordinaten von $\vec{a}$ und $\vec{b}$:

$$\vec{a} + \vec{b} = \begin{pmatrix} 1 \\ -1 \\ 2 \end{pmatrix} + \begin{pmatrix} -4 \\ 2 \\ 1 \end{pmatrix} = \begin{pmatrix} 1 + (-4) \\ (-1) + 2 \\ 2 + 1 \end{pmatrix}$$
$$= \begin{pmatrix} -3 \\ 1 \\ 3 \end{pmatrix}$$

d) Bilden Sie jeweils die Differenz der Koordinaten von $\vec{a}$ und $\vec{b}$:

$$\vec{a} - \vec{b} = \begin{pmatrix} 1 \\ -1 \\ 2 \end{pmatrix} - \begin{pmatrix} -4 \\ 2 \\ 1 \end{pmatrix} = \begin{pmatrix} 1 - (-4) \\ (-1) - 2 \\ 2 - 1 \end{pmatrix} = \begin{pmatrix} 5 \\ -3 \\ 1 \end{pmatrix}$$

II. Übertragen Sie die Zeichnung in Ihr Heft und bestimmen Sie jeweils grafisch den Vektor.

a) $2\vec{a}$

b) $\vec{a} + \vec{b}$

c) $\vec{a} - \vec{b}$

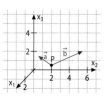

Lösung:

a) Zeichnen Sie an die Spitze von $\vec{a}$ nochmals $\vec{a}$ und verbinden Sie den Punkt P mit der zweiten Pfeilspitze.

b) Ergänzen Sie $\vec{b}$ an der Spitze von $\vec{a}$ und verbinden Sie den Punkt P mit der zweiten Pfeilspitze.

c) Zeichnen Sie $-\vec{b}$ an die Spitze von $\vec{a}$ und verbinden Sie den Punkt P mit der zweiten Pfeilspitze.

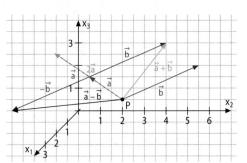

Strategiewissen
Grafisches Bestimmen von Summen, Differenzen und Vielfachen von Vektoren

III. Vereinfachen Sie den Term $4 \cdot (\vec{a} - \vec{b}) + 3 \cdot \vec{a}$ möglichst weitgehend und geben Sie jeweils an, welches Rechengesetz Sie verwendet haben:

Lösung:

$$4 \cdot (\vec{a} - \vec{b}) + 3 \cdot \vec{a} \stackrel{(1)}{=} 4\vec{a} - 4\vec{b} + 3\vec{a} \stackrel{(2)}{=} 4\vec{a} + 3\vec{a} - 4\vec{b} \stackrel{(3)}{=} 7\vec{a} - 4\vec{b}$$

(1) und (3) Distributivgesetze

(2) Kommutativgesetz

*Ein Term der Form $r \cdot \vec{a} + s \cdot \vec{b}$ mit $r, s \in \mathbb{R}$ heißt **Linearkombination** von $\vec{a}$ und $\vec{b}$.*

Nachgefragt

- Widerlegen Sie: Die Koordinaten des Gegenvektors $-\vec{a}$ des Vektors $\vec{a}$ sind negativ.
- Beurteilen Sie, ob die Gleichung $\vec{a} - \vec{a} = 0$ korrekt ist.

Aufgaben

1 Ermitteln Sie jeweils rechnerisch den Vektor $\vec{v}$ und veranschaulichen Sie Ihr Vorgehen grafisch.

a) $\vec{v} = \begin{pmatrix} 4 \\ 5 \\ 1 \end{pmatrix} + \begin{pmatrix} 0 \\ -1 \\ 3 \end{pmatrix}$
b) $\vec{v} = -2 \cdot \begin{pmatrix} 0,5 \\ 1 \\ -3 \end{pmatrix}$
c) $\vec{v} = 0,5 \cdot \begin{pmatrix} -2 \\ -4 \\ -6 \end{pmatrix} + \begin{pmatrix} 3 \\ -2 \\ 0 \end{pmatrix}$

2 Gideon hängt an der Terrasse eine dekorative Solarleuchte an einer Schnur zwischen zwei Balken auf. Übertragen Sie die Abbildung in Ihr Heft und bestimmen Sie grafisch die Summe der beiden Vektoren, die den Gegenvektor zur Gewichtskraft der Lampe darstellen.

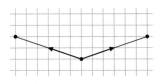

3 Tragen Sie die Punkte $A(2|4|1)$, $B(3|-2|0)$, $C(5|5|2)$ und $D(-2|-1|-3)$ in ein Koordinatensystem ein und bestimmen Sie rechnerisch die Vektoren $\vec{u} = \overrightarrow{AB} + \overrightarrow{AC}$ und $\vec{v} = \overrightarrow{BD} + \overrightarrow{CB}$. Veranschaulichen Sie die Summenvektoren.

4 Bestimmen Sie die Werte von k, x_1, x_2, $x_3 \in \mathbb{R}$ so, dass die Gleichung erfüllt ist.

a) $k \cdot \begin{pmatrix} 2 \\ 4 \\ 6 \end{pmatrix} = \begin{pmatrix} 3 \\ 6 \\ 9 \end{pmatrix}$
b) $\begin{pmatrix} 5 \\ 1 \\ 0 \end{pmatrix} + \begin{pmatrix} x_1 \\ x_2 \\ x_3 \end{pmatrix} = \begin{pmatrix} 0 \\ 0 \\ 2 \end{pmatrix}$
c) $\begin{pmatrix} x_1 \\ x_2 \\ x_3 \end{pmatrix} + \begin{pmatrix} 1 \\ -2 \\ 3 \end{pmatrix} = \begin{pmatrix} 2 \\ -3 \\ 0 \end{pmatrix}$

d) $\begin{pmatrix} 4 \\ -8 \\ 12 \end{pmatrix} = k \cdot \begin{pmatrix} -2 \\ 4 \\ -6 \end{pmatrix}$
e) $\begin{pmatrix} 2 \\ -6 \\ -8 \end{pmatrix} = k \cdot \begin{pmatrix} -1 \\ 5 \\ 6 \end{pmatrix} + k \cdot \begin{pmatrix} -3 \\ 7 \\ 10 \end{pmatrix}$
f) $\begin{pmatrix} x_1 \\ 10 \\ 12 \end{pmatrix} + \begin{pmatrix} 3 \\ x_2 \\ x_3 \end{pmatrix} = \begin{pmatrix} 8 \\ -5 \\ -3 \end{pmatrix}$

Lösungen zu 5:
$-9\vec{a} + 4\vec{b}$; $-2\vec{a} + \vec{b} + \vec{c}$;
$-\vec{a} + \vec{b} - \vec{c}$; $-\vec{a} + 6\vec{b}$;
$4\vec{a} + 2\vec{b}$; $8\vec{a} + 2\vec{b}$

5 Vereinfachen Sie den Term jeweils möglichst weitgehend und geben Sie an, welche Rechengesetze Sie benutzt haben.

a) $2(\vec{a} + \vec{b} + \vec{a})$
b) $5(\vec{a} + \vec{b}) + 3(\vec{a} - \vec{b})$
c) $-[\vec{a} - \vec{b} - (-\vec{c})]$

d) $4\vec{b} - \vec{a} - (-2\vec{b})$
e) $-3\vec{a} + [(\vec{b} - \vec{a}) - (5\vec{a} - 3\vec{b})]$
f) $2(\vec{c} - \vec{a}) - (\vec{c} - \vec{b})$

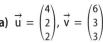

6 Untersuchen Sie jeweils, ob die Vektoren Vielfache voneinander sind.

*Vektoren, die Vielfache voneinander sind, nennt man auch **kollinear**.*

a) $\vec{u} = \begin{pmatrix} 4 \\ 2 \\ 2 \end{pmatrix}$, $\vec{v} = \begin{pmatrix} 6 \\ 3 \\ 3 \end{pmatrix}$
b) $\vec{u} = \begin{pmatrix} 0 \\ 0,5 \\ 3 \end{pmatrix}$, $\vec{v} = \begin{pmatrix} -6 \\ -1,5 \\ -9 \end{pmatrix}$
c) $\vec{u} = \begin{pmatrix} -1 \\ -2 \\ -4 \end{pmatrix}$, $\vec{v} = \begin{pmatrix} 3 \\ 6 \\ -12 \end{pmatrix}$

d) $\vec{u} = \begin{pmatrix} \frac{1}{3} \\ \frac{1}{4} \\ \frac{1}{5} \end{pmatrix}$, $\vec{v} = \begin{pmatrix} 40 \\ 30 \\ 24 \end{pmatrix}$
e) $\vec{u} = \begin{pmatrix} -2 \\ 3 \\ -1 \end{pmatrix}$, $\vec{v} = \begin{pmatrix} -5 \\ 7,5 \\ 2,5 \end{pmatrix}$
f) $\vec{u} = \begin{pmatrix} 3 \\ 0 \\ 8 \end{pmatrix}$, $\vec{v} = \begin{pmatrix} -3 \\ -6 \\ 2 \end{pmatrix}$

Lösungen zu 7:
$(-4|3|0,5)$;
$(0|0|0)$; $(1,5|0|1)$;
$(2|-3|4)$; $(2|-3|4,5)$;
$(4|-3|1)$

7 Ermitteln Sie die Koordinaten des Mittelpunkts M der Strecke $\overline{AB}$ und kontrollieren Sie Ihr Ergebnis mithilfe einer DMS.

a) $A(0|0|0)$, $B(4|-6|8)$
b) $A(-6|-7|1)$, $B(6|7|-1)$
c) $A(1,5|2|0)$, $B(2,5|-8|9)$

d) $A(5|1|-7)$, $B(3|-7|9)$
e) $A\left(\frac{1}{2}\Big|-3\Big|4\right)$, $B(-8,5|9|-3)$
f) $A(1,1|0|-3)$, $B(1,9|0|5)$

8 Begründen Sie das Kommutativgesetz, das Assoziativgesetz sowie das zweite Distributivgesetz $(r + s) \cdot \vec{a} = r \cdot \vec{a} + s \cdot \vec{a}$ für das Rechnen mit Vektoren.

9 Zwei Schlepper ziehen einen Kahn. Untersuchen Sie (mithilfe einer DMS), in welche Richtung der zweite Schlepper ziehen muss, damit der Kahn in die eingezeichnete Richtung fährt. Geben Sie mindestens drei Möglichkeiten für den Vektor $\vec{F_2}$ an und begründen Sie die Gemeinsamkeit Ihrer Lösungen.

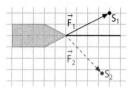

10 Das Steuerprogramm eines Krans in einem Containerterminal nutzt in seinem Koordinatensystem die Ortsvektoren der Punkte A, C und D als Grundlage für seine Bewegungen (1 LE $\,\hat{=}\,$ 1 m).

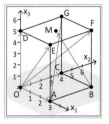

a) Schreiben Sie die Vektoren $\overrightarrow{OE}$, $\overrightarrow{OF}$, $\overrightarrow{GA}$ und $\overrightarrow{BM}$ mithilfe der Ortsvektoren von A, C und D. Dabei ist der Punkt M der Diagonalenschnittpunkt des Rechtecks DEFG.

b) Beschreiben Sie jeweils die Bewegung des Krans, die in seinem Koordinatensystem durch **1** $\overrightarrow{OA} + \frac{1}{2}\overrightarrow{OC} + \frac{1}{5}\overrightarrow{OD}$ und **2** $2\overrightarrow{OA} - \overrightarrow{OC} + \frac{1}{2}\overrightarrow{OD}$ notiert wird.

11 Die Punkte A, B, C und D sind Gitterpunkte in der x_1x_2-Ebene des Koordinatensystems und bilden ein Drachenviereck.

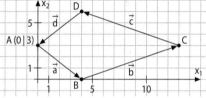

a) Geben Sie die Vektoren $\vec{a}$, $\vec{b}$, $\vec{c}$ und $\vec{d}$ an.

b) Bestimmen Sie rechnerisch die Koordinaten des Schnittpunkts der Diagonalen und begründen Sie Ihr Vorgehen.

c) Übertragen Sie das Drachenviereck in Ihr Heft und konstruieren Sie den Punkt, der von allen vier Seiten des Drachenvierecks den gleichen Abstand hat.

12 Gegeben sind ein beliebiges Dreieck ABC sowie die Mittelpunkte M_a und M_b der Seiten $\overline{BC}$ und $\overline{AC}$. Zeigen Sie rechnerisch, dass $\overrightarrow{M_aM_b} = \frac{1}{2}\overrightarrow{BA}$ gilt, und interpretieren Sie dies geometrisch.

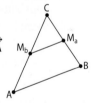

13 Gegeben ist ein Dreieck ABC mit dem Schwerpunkt S.

a) Leiten Sie anhand einer geeigneten Skizze her, dass für den Ortsvektor des Schwerpunkts S gilt: $\overrightarrow{OS} = \frac{1}{3}\left(\overrightarrow{OA} + \overrightarrow{OB} + \overrightarrow{OC}\right)$.

b) Bestimmen Sie jeweils die Koordinaten des Schwerpunkts S für das Dreieck ABC und kontrollieren Sie Ihr Ergebnis mithilfe einer DMS.

1 A (4|1|3), B (2|5|−1), C (−3|0|1)   **2** A (−3|8|1), B (−5|−4|2), C (5|2|6)

Erinnerung:
Der Schwerpunkt teilt die Strecke von Eckpunkt zu Seitenmitte im Verhältnis 2 : 1.

14 Gegeben ist das Rechteck ABCD mit A (5|−4|−3), B (5|4|3), C (0|4|3) und D.

Abituraufgabe

a) Ermitteln Sie die Koordinaten des Punktes D und geben Sie die Koordinaten des Mittelpunkts der Diagonale $\overline{AC}$ an.

b) Geben Sie die besondere Lage des Rechtecks ABCD im Koordinatensystem an.

c) Begründen Sie, dass es sich beim Rechteck ABCD nicht um ein Quadrat handelt, und bestimmen Sie den Flächeninhalt und den Umfang des Rechtecks.

d) Begründen Sie, dass die Dreiecke BCM und ABM den gleichen Flächeninhalt haben, ohne diesen zu berechnen.

15 a) Tragen Sie die Punkte $A(4|0|0)$, $B(4|4|0)$ und $S(2|2|6)$ in ein Koordinatensystem ein und zeichnen Sie dann das Schrägbild der geraden quadratischen Pyramide ABCDS.

b) Geben Sie die Koordinaten der Vektoren $\overrightarrow{AS}$, $\overrightarrow{BS}$, $\overrightarrow{CS}$ und $\overrightarrow{DS}$ an.

c) Berechnen Sie den Oberflächeninhalt und das Volumen der Pyramide sowie die Größe des Winkels $\sphericalangle SBD$.

16 a) Weisen Sie mithilfe der Vektorrechnung nach, dass in einem Viereck ABCD gilt: Die Seiten $\overline{AB}$ und $\overline{CD}$ sind genau dann parallel und gleich lang, wenn die Seiten $\overline{BC}$ und $\overline{AD}$ dies auch sind.

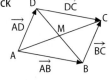

b) Im Parallelogramm ABCD wird der Diagonalenschnittpunkt mit M bezeichnet. Bestimmen Sie die Koordinaten der fehlenden Punkte und beschreiben Sie Ihr Vorgehen.

1 $A(3|2|1)$, $B(1|5|2)$, $C(-1|5|4)$ **2** $A(1|1|2)$, $B(-5|3|1)$, $M(-2|3|4)$

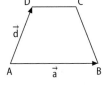

17 Das Viereck ABCD ist ein gleichschenkliges Trapez, dessen kürzere Parallelseite halb so lang wie die längere ist. Drücken Sie $\overrightarrow{BC}$, $\overrightarrow{DC}$, $\overrightarrow{AC}$ und $\overrightarrow{BD}$ durch $\vec{a}$ und $\vec{d}$ aus.

Das Viereck ABCD ist kein ebenes Viereck.

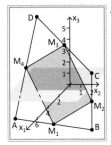

18 Gegeben ist ein Viereck ABCD mit den Eckpunkten $A(4|-3|-1)$, $B(4|4|-2)$, $C(-2|1|0)$ und $D(-6|-6|3)$. Verbindet man die Mittelpunkte M_1, M_2, M_3 und M_4 seiner Seiten $\overline{AB}$, $\overline{BC}$, $\overline{CD}$ und $\overline{AD}$ miteinander, so entsteht sein sogenanntes Mittenviereck.

a) Tragen Sie mithilfe einer DMS das Viereck ABCD sowie sein Mittenviereck $M_1M_2M_3M_4$ in ein Koordinatensystem ein.

b) Stellen Sie eine Vermutung auf, um welche Art von besonderem Viereck es sich bei dem Mittenviereck handelt. Weisen Sie diese mithilfe der Vektorrechnung nach.

c) Verändern Sie nun in der DMS die Lage der Punkte A, B, C und D und beobachten Sie dabei das Mittenviereck. Geben Sie an, ob Ihre Vermutung aus Teilaufgabe b) weiterhin gilt. Weisen Sie diese für ein allgemeines Viereck im Raum nach.

19 Im ersten Streich von Max und Moritz verschlingen der Hahn und die drei Hühner jeweils ein Stück Brot. Die Brotstücke hängen an Fäden, die in der Mitte miteinander verknotet sind. Modellieren Sie die Situation mit Vektoren in einem geeigneten Koordinatensystem (in einer DMS). Beurteilen Sie, ob es möglich ist, dass der Knotenpunkt in Ruhe ist, wenn die Hühner alle gleich stark ziehen, der Hahn aber doppelt so stark zieht wie jedes Huhn. *Hinweis:* Der Knotenpunkt ist in Ruhe, wenn sich die Kräfte zum Nullvektor addieren.

20 a) Der Mathematikstudent Tom jobbt bei einem Partyservice. Er stellt aus 100-g-Tüten unterschiedlicher Knabberzeugsorten Partymischungen zusammen und notiert diese in Spaltenschreibweise wie z. B.:

	Mix 1	Mix 2	Mix 3
Chips	1	5	3
Erdnüsse	1	1	2
Salzbrezeln	1	3	1
Cracker	1	2	0

$$10 \cdot \overrightarrow{m_1} + 5 \cdot \overrightarrow{m_2} + 3 \cdot \overrightarrow{m_3} = 10 \cdot \begin{pmatrix} 1 \\ 1 \\ 1 \\ 1 \end{pmatrix} + 5 \cdot \begin{pmatrix} 5 \\ 1 \\ 3 \\ 2 \end{pmatrix} + 3 \cdot \begin{pmatrix} 3 \\ 2 \\ 1 \\ 0 \end{pmatrix}$$

Erläutern Sie diese Darstellung und geben Sie an, wie viele Packungen der einzelnen Knabberzeugsorten Tom aus dem Lager holen muss.

b) Informieren Sie sich, wie die Vektorrechnung auch auf Probleme außerhalb der Geometrie angewandt werden kann. Präsentieren Sie Ihre Ergebnisse im Kurs.

Farben und Vektoren

Auf der Netzhaut des Auges gibt es vier Arten von lichtempfindlichen Zellen, drei davon für das farbige Sehen („Zapfen"). Jeder dieser drei Sensoren reagiert auf Licht einer bestimmten Farbe (Rot, Grün, Blau) besonders stark. Je nachdem, wie stark die drei Zelltypen vom eintreffenden Licht angeregt werden, ergibt sich für uns ein anderer Farbeindruck.

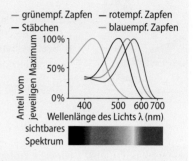

Man kann sich das Farbensehen so vorstellen, dass das Auge jede Farbe als Vektor $\begin{pmatrix} R \\ G \\ B \end{pmatrix}$ „interpretiert", dessen Koordinaten angeben, wie stark jeder der drei Zelltypen von der Farbe (Rot, Grün, Blau) angeregt wird. Die Koordinaten liegen dabei zwischen 0 (keine Anregung) und 1 (maximale Anregung). Der erste Eintrag des Vektors steht für den Anteil „Rot", der zweite für „Grün" und der dritte für „Blau". Ein Farbreiz wird also durch ein Zahlentripel beschrieben, das die Menge an rotem, grünem und blauem Licht angibt.

Bisher haben wir Vektoren geometrisch interpretiert. Man kann dreidimensionale Vektoren aber auch arithmetisch als Tripel reeller Zahlen in anderen Sachkontexten auffassen.

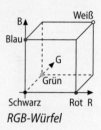

RGB-Würfel

Gewöhnliche Monitore erzeugen Farben, indem sie rotes, grünes und blaues Licht in genau dem Mischungsverhältnis wiedergeben, das im Auge des Betrachters den gewünschten Farbeindruck hervorruft.

$\begin{pmatrix} 0 \\ 0 \\ 0 \end{pmatrix}$ entspricht ■ $\begin{pmatrix} 1 \\ 0 \\ 0 \end{pmatrix}$ entspricht ■ $\begin{pmatrix} 0 \\ 1 \\ 0 \end{pmatrix}$ entspricht ■ $\begin{pmatrix} 0 \\ 0 \\ 1 \end{pmatrix}$ entspricht ■

Das Mischen von farbigem Licht entspricht der Addition von Vektoren im „Farbwürfel". Es muss gewährleistet sein, dass die neuen Koordinaten wieder Zahlen im Intervall [0; 1] sind.

Man definiert daher: $\begin{pmatrix} R_1 \\ G_1 \\ B_1 \end{pmatrix} + \begin{pmatrix} R_2 \\ G_2 \\ B_2 \end{pmatrix} = \begin{pmatrix} \min(R_1 + R_2; 1) \\ \min(G_1 + G_2; 1) \\ \min(B_1 + B_2; 1) \end{pmatrix}$.

$\min(R_1 + R_2; 1)$ ist die kleinere der Zahlen $R_1 + R_2$ oder 1.

Ergibt sich für die Summe von z. B. $R_1 + R_2$ eine Zahl, die größer als 1 ist, so sorgt die Operation „min" dafür, dass die erste Koordinate den Wert 1 erhält.

$\begin{pmatrix} 0 \\ 1 \\ 1 \end{pmatrix}$ entspricht ■ $\begin{pmatrix} 1 \\ 0 \\ 1 \end{pmatrix}$ entspricht ■ $\begin{pmatrix} 1 \\ 1 \\ 0 \end{pmatrix}$ entspricht ■ $\begin{pmatrix} 1 \\ 1 \\ 1 \end{pmatrix}$ entspricht □

$\begin{pmatrix} 1/3 \\ 1 \\ 2/3 \end{pmatrix}$ entspricht ■ $\begin{pmatrix} 1/2 \\ 0 \\ 0 \end{pmatrix}$ entspricht ■ $\begin{pmatrix} 1/2 \\ 1/2 \\ 1/2 \end{pmatrix}$ entspricht ■ $\begin{pmatrix} 0 \\ 1/4 \\ 1 \end{pmatrix}$ entspricht ■

- Bestimmen Sie jeweils die resultierende Farbe.

  a) $R + G + B = \begin{pmatrix} 1 \\ 0 \\ 0 \end{pmatrix} + \begin{pmatrix} 0 \\ 1 \\ 0 \end{pmatrix} + \begin{pmatrix} 0 \\ 0 \\ 1 \end{pmatrix} = \ldots$ **b)** $R + G$ **c)** $G + B$

- Diskutieren Sie in einer Kleingruppe Grenzen des Modells anhand der aus rotem und weißem Licht resultierenden Farbe.

- Bei der digitalen Codierung kann jeder Farbwert $2^8 = 256$ Sättigungswerte annehmen. Interpretieren Sie die abgebildete Farbpalette eines Programms auf der Grundlage der dargestellten Zusammenhänge.

Entdecken

Das abgebildete Dach lässt sich in einem kartesischen Koordinatensystem mithilfe der Vektoren $\vec{u} = \begin{pmatrix} -10 \\ -5 \\ 12 \end{pmatrix}$ und $\vec{v} = \begin{pmatrix} 0 \\ 15 \\ 5 \end{pmatrix}$ beschreiben (1 LE $\hat{=}$ 1 m).

- Beschreiben Sie, wie man jeweils die Länge der Dachkante berechnen kann, und ermitteln Sie diese.

- Begründen Sie, dass die beiden Dachkanten keinen rechten Winkel bilden.

Verstehen

Für viele Problemstellungen ist es wichtig, Längen von Vektoren und Winkel zwischen ihnen bestimmen zu können.

Unter dem **Betrag** $|\vec{a}|$ eines Vektors $\vec{a}$ versteht man die Länge der zu $\vec{a}$ gehörenden Pfeile.

Es gilt: $|\vec{a}| = \left| \begin{pmatrix} a_1 \\ a_2 \\ a_3 \end{pmatrix} \right| = \sqrt{a_1^2 + a_2^2 + a_3^2}$.

Der Wert des Terms $a_1 b_1 + a_2 b_2 + a_3 b_3$ ist eine Zahl, man sagt auch: ein Skalar.

Es gilt: $\vec{a} \circ \vec{a} = |\vec{a}|^2$.

Es gilt $0° \leq \alpha \leq 180°$.

Erinnerung: $\cos 90° = 0$

*Stehen zwei Vektoren aufeinander senkrecht, so sagt man auch, sie sind **orthogonal**.*

Für den **Abstand zweier Punkte A und B** im Koordinatensystem gilt: $|\overline{AB}| = |\overrightarrow{AB}|$

Der Term $\vec{a} \circ \vec{b} = \begin{pmatrix} a_1 \\ a_2 \\ a_3 \end{pmatrix} \circ \begin{pmatrix} b_1 \\ b_2 \\ b_3 \end{pmatrix} = a_1 b_1 + a_2 b_2 + a_3 b_3$ heißt **Skalarprodukt** der Vektoren $\vec{a}$ und $\vec{b}$.

Für die **Größe des Winkels α**, der von den Vektoren $\vec{a}$ und $\vec{b}$ eingeschlossen wird, gilt in einem kartesischen Koordinatensystem:

$\cos \alpha = \dfrac{\vec{a} \circ \vec{b}}{|\vec{a}| \cdot |\vec{b}|}$.

Somit stehen zwei Vektoren $\vec{a}$ und $\vec{b}$ genau dann **aufeinander senkrecht**, wenn $\vec{a} \circ \vec{b} = 0$ gilt.

Für alle Vektoren $\vec{a}$, $\vec{b}$ und $\vec{c}$ und $r \in \mathbb{R}$ gilt:

- $\vec{a} \circ \vec{b} = \vec{b} \circ \vec{a}$ **(Kommutativgesetz)**
- $(r \cdot \vec{a}) \circ \vec{b} = r \cdot (\vec{a} \circ \vec{b})$
- $\vec{a} \circ (\vec{b} \pm \vec{c}) = \vec{a} \circ \vec{b} \pm \vec{a} \circ \vec{c}$ **(Distributivgesetz)**

Begründungen

Begründen Sie die Formeln für …

a) die Länge eines Vektors mithilfe einer Skizze.

b) die Größe des Winkels zwischen zwei Vektoren.

Lösung:

a) Nach dem Satz des Pythagoras gilt für die Länge der Projektion des Vektors $\vec{a}$ in die $x_1 x_2$-Ebene:

$p = \sqrt{a_1^2 + a_2^2}$. Durch nochmalige Anwendung des Satzes von Pythagoras erhält man

$|\vec{a}| = \sqrt{p^2 + a_3^2} = \sqrt{a_1^2 + a_2^2 + a_3^2}$.

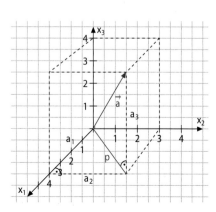

b) Nach dem Kosinussatz gilt: $\left|\vec{a} - \vec{b}\right|^2 = \left|\vec{a}\right|^2 + \left|\vec{b}\right|^2 - 2 \cdot \left|\vec{a}\right| \cdot \left|\vec{b}\right| \cdot \cos\alpha$.

In Koordinatenschreibweise ergibt sich

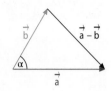

$$(a_1 - b_1)^2 + (a_2 - b_2)^2 + (a_3 - b_3)^2 = \left|\vec{a}\right|^2 + \left|\vec{b}\right|^2 - 2 \cdot \left|\vec{a}\right| \cdot \left|\vec{b}\right| \cdot \cos\alpha$$

$$\Leftrightarrow a_1^2 - 2a_1 b_1 + b_1^2 + a_2^2 - 2a_2 b_2 + b_2^2 + a_3^2 - 2a_3 b_3 + b_3^2$$

$$= a_1^2 + a_2^2 + a_3^2 + b_1^2 + b_2^2 + b_3^2 - 2 \cdot \left|\vec{a}\right| \cdot \left|\vec{b}\right| \cdot \cos\alpha$$

$$\Leftrightarrow -2(a_1 b_1 + a_2 b_2 + a_3 b_3) = -2 \cdot \left|\vec{a}\right| \cdot \left|\vec{b}\right| \cdot \cos\alpha.$$

Damit erhält man $\cos\alpha = \dfrac{a_1 b_1 + a_2 b_2 + a_3 b_3}{\left|\vec{a}\right| \cdot \left|\vec{b}\right|} = \dfrac{\vec{a} \circ \vec{b}}{\left|\vec{a}\right| \cdot \left|\vec{b}\right|}$.

Beispiele

I. Gegeben sind die Vektoren $\vec{a} = \begin{pmatrix} 2 \\ 1 \\ 3 \end{pmatrix}$ und $\vec{b} = \begin{pmatrix} -4 \\ 2 \\ 0 \end{pmatrix}$. Bestimmen Sie …

a) jeweils den Betrag des Vektors.

b) die Größe des von ihnen eingeschlossenen Winkels.

Lösung:

a) Wenden Sie die Formel $\left|\vec{a}\right| = \sqrt{a_1^2 + a_2^2 + a_3^2}$ an:

$$\left|\vec{a}\right| = \left|\begin{pmatrix} 2 \\ 1 \\ 3 \end{pmatrix}\right| = \sqrt{2^2 + 1^2 + 3^2} \\ = \sqrt{14} \ [\text{LE}]$$

$$\left|\vec{b}\right| = \left|\begin{pmatrix} -4 \\ 2 \\ 0 \end{pmatrix}\right| = \sqrt{(-4)^2 + 2^2 + 0^2} \\ = \sqrt{20} = 2\sqrt{5} \ [\text{LE}]$$

Strategiewissen

Bestimmen des Betrags eines Vektors

b) Wenden Sie die Formel $\cos\alpha = \dfrac{\vec{a} \circ \vec{b}}{\left|\vec{a}\right| \cdot \left|\vec{b}\right|}$ an und berechnen Sie den Winkel mit dem Taschenrechner:

Strategiewissen

Bestimmen der Größe des Winkels zwischen zwei Vektoren

$$\cos\alpha = \frac{\begin{pmatrix} 2 \\ 1 \\ 3 \end{pmatrix} \circ \begin{pmatrix} -4 \\ 2 \\ 0 \end{pmatrix}}{\sqrt{14} \cdot 2\sqrt{5}} = \frac{2 \cdot (-4) + 1 \cdot 2 + 3 \cdot 0}{2\sqrt{70}} = -\frac{6}{2\sqrt{70}} = -\frac{3}{\sqrt{70}} \Rightarrow \alpha \approx 111{,}0°$$

II. Zwischen zwei Bäumen soll eine Lichterkette aufgehängt werden. Die Befestigungspunkte lassen sich in einem Koordinatensystem mithilfe der Punkte $P(0|-1|2)$ und $Q(10|4|4)$ modellieren (1 LE $\cong$ 1 m). Bestimmen Sie die Mindestlänge der Lichterkette.

Lösung:

Bestimmen Sie den Betrag des Verbindungsvektors $\overrightarrow{PQ}$:

$$\left|\overrightarrow{PQ}\right| = \left|\begin{pmatrix} 10 \\ 4 \\ 4 \end{pmatrix} - \begin{pmatrix} 0 \\ -1 \\ 2 \end{pmatrix}\right| = \left|\begin{pmatrix} 10 \\ 5 \\ 2 \end{pmatrix}\right| = \sqrt{10^2 + 5^2 + 2^2} = \sqrt{129} \approx 11{,}36 \ [\text{m}]$$

Strategiewissen

Bestimmen des Abstands zweier Punkte

III. Begründen Sie, dass das Dreieck ABC mit $A(4|-3|5)$, $B(3|2|4)$ und $C(1|-1|5)$ bei C einen rechten Winkel besitzt.

Lösung:

Es gilt $\overrightarrow{CA} = \begin{pmatrix} 4 \\ -3 \\ 5 \end{pmatrix} - \begin{pmatrix} 1 \\ -1 \\ 5 \end{pmatrix} = \begin{pmatrix} 3 \\ -2 \\ 0 \end{pmatrix}$ und $\overrightarrow{CB} = \begin{pmatrix} 3 \\ 2 \\ 4 \end{pmatrix} - \begin{pmatrix} 1 \\ -1 \\ 5 \end{pmatrix} = \begin{pmatrix} 2 \\ 3 \\ -1 \end{pmatrix}$.

Bilden Sie das Skalarprodukt der beiden Vektoren und überprüfen Sie, ob es null ergibt.

Strategiewissen

Überprüfen, ob zwei Vektoren senkrecht aufeinander stehen

$$\overrightarrow{CA} \circ \overrightarrow{CB} = \begin{pmatrix} 3 \\ -2 \\ 0 \end{pmatrix} \circ \begin{pmatrix} 2 \\ 3 \\ -1 \end{pmatrix} = 3 \cdot 2 + (-2) \cdot 3 + 0 \cdot (-1) = 6 - 6 = 0$$

Die Vektoren $\overrightarrow{CA}$ und $\overrightarrow{CB}$ stehen also senkrecht aufeinander, das Dreieck ABC hat bei C einen rechten Winkel.

Nachgefragt

- Erklären Sie, warum die beiden Terme mathematisch sinnlos sind.

  1 $(\vec{a} \circ \vec{a}) \cdot \vec{a} + \vec{a} \circ \vec{a}$ **2** $(\vec{a} + \vec{b}) \circ \vec{a} + \vec{b}$

- Begründen oder widerlegen Sie: Wenn die beiden Vektoren $\vec{a}$ und $\vec{b}$ auf demselben Vektor $\vec{c}$ senkrecht stehen, dann sind sie Vielfache voneinander.

Aufgabe

1 Berechnen Sie jeweils den Betrag des Vektors.

Lösungen zu 1:
$1; \frac{1}{2}\sqrt{6}; 3; \sqrt{14}; 5; 6$

a) $\begin{pmatrix} 2 \\ 4 \\ -4 \end{pmatrix}$ **b)** $\begin{pmatrix} -2 \\ 3 \\ 1 \end{pmatrix}$ **c)** $\begin{pmatrix} -1 \\ -0,5 \\ -0,5 \end{pmatrix}$ **d)** $\begin{pmatrix} -1 \\ 2 \\ 2 \end{pmatrix}$ **e)** $\begin{pmatrix} 3 \\ 0 \\ 4 \end{pmatrix}$ **f)** $\frac{1}{3}\begin{pmatrix} \sqrt{3} \\ -\sqrt{3} \\ \sqrt{3} \end{pmatrix}$

2 Berechnen Sie jeweils die Größe α des Winkels zwischen den Vektoren $\vec{a}$ und $\vec{b}$, ggf. auf Zehntelgrad gerundet.

a) $\vec{a} = \begin{pmatrix} -3 \\ 3 \\ 4 \end{pmatrix}; \vec{b} = \begin{pmatrix} 0 \\ 8 \\ -6 \end{pmatrix}$ **b)** $\vec{a} = \begin{pmatrix} 2 \\ 2 \\ 2 \end{pmatrix}; \vec{b} = \begin{pmatrix} -5 \\ -5 \\ -5 \end{pmatrix}$ **c)** $\vec{a} = \begin{pmatrix} -5 \\ 10 \\ 1 \end{pmatrix}; \vec{b} = \begin{pmatrix} 0 \\ 8 \\ -6 \end{pmatrix}$

3 Bestimmen Sie jeweils den Wert bzw. die Werte des Parameters $k \in \mathbb{R}\backslash\{0\}$, für den bzw. die der Vektor den Betrag 1 besitzt.

a) $\begin{pmatrix} \frac{1}{2} \\ k \\ -\frac{1}{3} \end{pmatrix}$ **b)** $\begin{pmatrix} 0,6 \\ 0,8 \\ k+1 \end{pmatrix}$ **c)** $\begin{pmatrix} 2 \\ 0,25 \\ k \end{pmatrix}$ **d)** $\begin{pmatrix} \frac{1}{k} \\ \frac{1}{k} \\ \frac{1}{k} \end{pmatrix}$ **e)** $\begin{pmatrix} 0 \\ 3k \\ 4k \end{pmatrix}$ **f)** $\begin{pmatrix} 2k \\ k \\ -2k \end{pmatrix}$

4 a) Begründen Sie, dass der Vektor $\vec{a^0} = \frac{1}{|\vec{a}|} \cdot \vec{a}$ mit $\vec{a} \neq \vec{o}$ den Betrag 1 hat.

*Ein Vektor mit Betrag 1 heißt **Einheitsvektor**.*

b) Bestimmen Sie jeweils den zugehörigen Einheitsvektor.

Beispiel: $\vec{a} = \begin{pmatrix} 2 \\ 2 \\ -1 \end{pmatrix} \Rightarrow |\vec{a}| = \sqrt{2^2 + 2^2 + (-1)^2} = 3 \Rightarrow \vec{a^0} = \frac{1}{3} \cdot \begin{pmatrix} 2 \\ 2 \\ -1 \end{pmatrix}$

1 $\vec{a} = \begin{pmatrix} -4 \\ 12 \\ -3 \end{pmatrix}$ **2** $\vec{a} = \begin{pmatrix} -2 \\ 1 \\ 2 \end{pmatrix}$ **3** $\vec{a} = \begin{pmatrix} 2 \\ -4 \\ -4 \end{pmatrix}$ **4** $\vec{a} = \begin{pmatrix} 1 \\ 1 \\ 1 \end{pmatrix}$ **5** $\vec{a} = \begin{pmatrix} a \\ 2a \\ -2a \end{pmatrix}, a \neq 0$

5 a) Begründen Sie, dass zwei Vektoren genau dann aufeinander senkrecht stehen, wenn ihr Skalarprodukt null ergibt.

b) Bestimmen Sie jeweils den Wert des Parameters $q \in \mathbb{R}$ so, dass die Vektoren $\vec{a}$ und $\vec{b}$ …

A aufeinander senkrecht stehen.   **B** einen 180°-Winkel bilden.

1 $\vec{a} = \begin{pmatrix} q \\ 3 \\ 2 \end{pmatrix}; \vec{b} = \begin{pmatrix} 1 \\ 0 \\ -1 \end{pmatrix}$ **2** $\vec{a} = \begin{pmatrix} 1 \\ q \\ -2 \end{pmatrix}; \vec{b} = \begin{pmatrix} -3 \\ 5 \\ 6 \end{pmatrix}$ **3** $\vec{a} = \begin{pmatrix} 4 \\ -3 \\ 5 \end{pmatrix}; \vec{b} = \begin{pmatrix} -1 \\ q \\ 2 \end{pmatrix}$

6 Ein 40 m hoher Sendemast steht in einem unebenen Gelände und wird durch drei Sicherungsseile auf einer Höhe von 30 m abgespannt. In einem kartesischen Koordinatensystem (1 LE $\cong$ 10 m) wird der Fuß des Sendemastes im Punkt $S(2|4|0)$ modelliert, die Befestigungen der Abspannvorrichtungen in den Punkten $B_1(-1|3|1)$, $B_2(3|5|-1)$ und $B_3(3|1|0)$. Berechnen Sie die Länge der Abspannseile.

7 Ermitteln Sie jeweils den Wert bzw. die Werte des Parameters s (s ∈ ℝ) so, dass gilt:

a) $\begin{pmatrix} s \\ 1 \\ s \end{pmatrix} \circ \begin{pmatrix} 0{,}5s \\ 2 \\ 2 \end{pmatrix} = 0$ **b)** $\begin{pmatrix} 2 \\ -1 \\ s \end{pmatrix} \circ \begin{pmatrix} s \\ -s \\ s \end{pmatrix} = 4$ **c)** $\begin{pmatrix} -2 \\ -1 \\ s \end{pmatrix} \circ \left[\begin{pmatrix} 1 \\ -s \\ s \end{pmatrix} - \begin{pmatrix} -6 \\ -s \\ 3s \end{pmatrix} \right] = -22$

8 Untersuchen Sie den Zusammenhang zwischen dem Skalarprodukt $\vec{u} \circ \vec{v}$ und der Größe des Winkels zwischen den beiden Vektoren $\vec{u}$ und $\vec{v}$ anhand eigener Beispiele. Nutzen Sie auch eine DMS und präsentieren Sie Ihre Ergebnisse im Kurs.

9 Es ist $\vec{a} = \begin{pmatrix} 2 \\ 1 \\ -2 \end{pmatrix}$, $\vec{b} = \begin{pmatrix} 4 \\ 4 \\ 7 \end{pmatrix}$ und $\vec{c} = \begin{pmatrix} -1 \\ 4 \\ 8 \end{pmatrix}$. Berechnen Sie jeweils den Wert des Terms.

a) $\vec{a} \circ \vec{b}$ **b)** $(\vec{a} + \vec{b}) \circ \vec{c}$ **c)** $(\vec{a} + \vec{b}) \circ (\vec{a} - \vec{b})$ **d)** $\vec{a} \circ (\vec{b} + \vec{c})$ **e)** $(\vec{a} - \vec{c}) \circ (\vec{b} - \vec{c})$

10 Begründen Sie, dass die Punkte A(−1|−2|1), B(2|−2|−2) und C(2|4|−2) ein rechtwinkliges Dreieck bilden. Ermitteln Sie den Flächeninhalt A_{ABC} und den Umfang U_{ABC}.

11 Auf einem Spielplatz wird eine große Seilbahn gebaut, die in einem Modell vom Punkt P(−1|−6|10) zum Punkt Q(39|44|4) verläuft (1 LE ≙ 1 m).

a) Berechnen Sie die Bahnlänge, wenn der Durchhang des Seils vernachlässigt wird.

b) Nach drei Vierteln der Strecke hat Max nicht mehr genügend Schwung, so dass die Bahn stehenbleibt. Bestimmen Sie den zugehörigen Punkt im Modell.

12 Gegeben sind die Punkte A(−1|1|4), B(−3|5|6) und $C_t(−2+t|3|5+t)$ mit t ∈ ℝ\{0}.

a) Zeigen Sie, dass jedes der Dreiecke ABC_t gleichschenklig ist.

b) Bestimmen Sie diejenigen Werte von t, für die das Dreieck ABC_t gleichseitig ist.

13 Die Bahn eines Flugzeugs nach dem Start wird in einem kartesischen Koordinatensystem durch die Punkte $F_t(2t−2|3t−4|2t)$ modelliert. Der Tower befindet sich in diesem Modell im Punkt (0|0|0,5) des Koordinatensystems (1 LE ≙ 100 m). Zeigen Sie durch Rechnung, dass das Flugzeug stets mindestens 180 m vom Tower entfernt ist. Beschreiben Sie Ihr Vorgehen.

14 Die Punkte A, B und C bilden ein Dreieck. Ermitteln Sie jeweils, um welche Art von besonderem Dreieck es sich handelt.

a) A(10|8|0), B(6|11|1), C(8|8|−8)   **b)** A(7|5|1), B(8|9|4), C(5|4|3)

c) A(−2|2|0), B(−2|0|2), C(0|2|2)   **d)** A(4|4|−4), B(1|5|6), C(2|3|1)

15 Die Abbildung zeigt ein gerades Prisma ABCDEF mit A(0|0|0), B(8|0|0), C(0|8|0) und D(0|0|4).

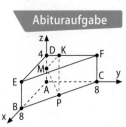

Abituraufgabe

a) Bestimmen Sie den Abstand der Eckpunkte B und F.

b) Die Punkte M und P sind die Mittelpunkte der Kanten $\overline{AD}$ bzw. $\overline{BC}$. Der Punkt K(0|y_K|4) liegt auf der Kante $\overline{DF}$. Bestimmen Sie y_K so, dass das Dreieck KMP in M rechtwinklig ist.

169

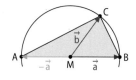

„Wenn C auf dem Halb-
kreis über der Stre-
cke $\overline{AB}$ liegt, dann ist
das Dreieck ABC recht-
winklig."

16 **a)** Begründen Sie den Satz von Thales ...
  1 mithilfe von Vektoren.   **2** elementargeometrisch.
  Vergleichen Sie die beiden Beweise.
  b) Formulieren Sie die Umkehrung des Satzes von Thales und
  begründen Sie diese ebenso auf zwei Arten.

17 **a)** Weisen Sie die Rechengesetze für das Skalarprodukt (S. 166) nach.
  b) Erläutern Sie jeweils die Folgerung aus der Gleichung.
    1 $r \cdot s = 0$ mit $r, s \in \mathbb{R}$ **2** $\vec{a} \circ \vec{b} = 0$ mit Vektoren $\vec{a}, \vec{b}$

Für a, b, c ∈ ℝ gilt:
$a \cdot (b \cdot c) = (a \cdot b) \cdot c$.

  c) Überprüfen Sie anhand von Beispielen, ob für das Skalarprodukt ein Assoziativgesetz
  gilt. Begründen Sie Ihre Vermutung.

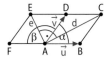

18 Die Abbildung zeigt zwei kongruente Rauten, die von den Vektoren $\vec{u}$ und $\vec{v}$ aufgespannt
werden. Emre und Jasmin weisen nach, dass die Diagonalen d und e senkrecht aufeinander stehen. Begründen Sie die einzelnen Schritte in den Beweisen von Emre und Jasmin
und vergleichen Sie die beiden Lösungswege.

Emre
$$\overrightarrow{AC} \circ \overrightarrow{AE} = (\vec{v} + \vec{u}) \circ (\vec{v} - \vec{u}) = |\vec{v}|^2 - |\vec{u}|^2 = 0$$

Jasmin
$$\sphericalangle CAE = \tfrac{1}{2}\alpha + \tfrac{1}{2}\beta = \tfrac{1}{2} \cdot 180° = 90°$$

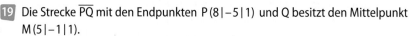

19 Die Strecke $\overline{PQ}$ mit den Endpunkten $P(8\,|-5\,|\,1)$ und Q besitzt den Mittelpunkt
$M(5\,|-1\,|\,1)$.

  a) Berechnen Sie die Koordinaten von Q und weisen Sie nach, dass für den Punkt
  $R(9\,|-1\,|\,4)$ gilt: $|\overrightarrow{RM}| = |\overrightarrow{MP}|$.
  b) Begründen Sie ohne weitere Rechnung, dass das Dreieck PQR bei R rechtwinklig ist.

20 Die Repräsentanten der Vektoren $\vec{u}$ und $\vec{v}$ besitzen denselben Anfangspunkt S. Der Vektor $\vec{v}$ wird auf den Vektor $\vec{u}$ senkrecht projiziert.

  a) Begründen Sie anhand der Abbildung, dass für den Betrag des Vektors $\vec{p}$ gilt:
  $$|\vec{p}| = \frac{|\vec{u} \circ \vec{v}|}{|\vec{u}|}.$$ Erläutern Sie insbesondere, weswegen im Zähler nicht nur das Skalar-
  produkt, sondern dessen Betrag steht.

  b) Interpretieren Sie $|\vec{u} \circ \vec{v}|$ mithilfe des Ergebnisses aus Teilaufgabe a) geometrisch als
  Flächeninhalt eines geeigneten Rechtecks. Erläutern Sie Ihre Darstellung im Kurs.

  c) Ermitteln Sie jeweils den Vektor $\vec{p}$.

  1 $\vec{u} = \begin{pmatrix} 1 \\ 2 \\ -2 \end{pmatrix}$, $\vec{v} = \begin{pmatrix} 7 \\ 4 \\ -4 \end{pmatrix}$ **2** $\vec{u} = \begin{pmatrix} 2 \\ 5 \\ -14 \end{pmatrix}$, $\vec{v} = \begin{pmatrix} 2 \\ 2 \\ -1 \end{pmatrix}$ **3** $\vec{u} = \begin{pmatrix} 2 \\ -1 \\ 2 \end{pmatrix}$, $\vec{v} = \begin{pmatrix} 12 \\ 0 \\ -5 \end{pmatrix}$

21 Die Abbildung zeigt einen Quader, von dem drei Kanten auf
den Koordinatenachsen liegen.

  a) Übertragen Sie die Zeichnung in Ihr Heft (in eine DMS)
  und markieren Sie die Punkte P und Q mit den Ortsvekto-
  ren $\overrightarrow{OP} = \vec{a} + \vec{b}$ und $\overrightarrow{OQ} = \tfrac{1}{2}(\vec{a} + \vec{b}) + \vec{c}$.

  b) Begründen Sie auf zwei Arten, dass der Wert des Skalar-
  produkts $\overrightarrow{OP} \circ \overrightarrow{OQ}$ unabhängig von der Höhe des Quaders
  ist.

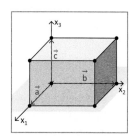

22 Ein Motorboot fährt auf einem ruhigen See mit einer Geschwindigkeit von 30 km/h, als es plötzlich von der von einem Fahrgastschiff verursachten Strömung erfasst wird (Strömungsgeschwindigkeit: 10 km/h).

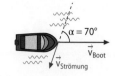

a) Übertragen Sie die Abbildung in Ihr Heft und ermitteln Sie zeichnerisch die tatsächliche Geschwindigkeit des Motorbootes in der Strömung.

b) Modellieren Sie den Sachverhalt in einem geeigneten Koordinatensystem mithilfe von Vektoren und bestimmen Sie damit rechnerisch und grafisch Richtung und Betrag der Geschwindigkeit des Motorbootes.

23 Bei einem Oktaeder mit der Kantenlänge a werden vier Kanten rot gefärbt. Stellen Sie eine Vermutung auf, um welche Art es sich bei dem gefärbten Viereck handelt, und weisen Sie diese rechnerisch nach.

24 Zur „Satzgruppe des Pythagoras" gehören auch der Katheten- und der Höhensatz.

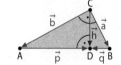

a) Recherchieren Sie die Aussagen der beiden Sätze sowie jeweils einen elementargeometrischen Beweis.

b) Begründen Sie jeden Schritt bei den folgenden Umformungen und vervollständigen Sie diese zu einem vektoriellen Beweis des Höhensatzes:
$$\left|\vec{h}\right|^2 = \vec{h} \circ \vec{h} = (\vec{b} + \vec{p}) \circ \vec{h} = \vec{b} \circ \vec{h} = \vec{b} \circ (\vec{a} + \vec{q}) = \dots$$

c) Beweisen Sie den Kathetensatz mithilfe von Vektoren. Beschreiben Sie Ihr Vorgehen.

25 Gegeben sind die Punkte $A(0|3|2)$, $B(2|0|2)$ und $C_a(2|3|a)$ mit $a \in \mathbb{R}_0^+$.

a) Zeichnen Sie die Punkte A, B und C_0 in ein Koordinatensystem (mithilfe einer DMS).

b) Bestimmen Sie denjenigen Wert des Parameters a, für den das Dreieck ABC_a rechtwinklig ist. Berechnen Sie den Flächeninhalt sowie die Umfangslänge des Dreiecks ABC_a.

c) Ergänzen Sie Ihre Zeichnung durch den Punkt C_a aus Teilaufgabe b) und ermitteln Sie das Volumen der dreiseitigen Pyramide ABC_0C_a.

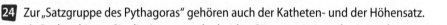

Physik

Das Skalarprodukt in der Physik

Das Skalarprodukt spielt auch in vielen physikalischen Zusammenhängen eine Rolle. Die mechanische Arbeit W ist das Produkt von Kraft und Weg, wenn die konstante Kraft $\vec{F}$ parallel zum zurückgelegten Weg s verläuft: $W = \left|\vec{F}\right| \cdot \left|\vec{s}\right|$.

- Berechnen Sie die Arbeit, die ein Mensch beim Verschieben eines Körpers um 5 m auf einer horizontalen Unterlage mit einer Kraft von 120 N verrichtet.

Wenn Kraft und Weg nicht parallel zueinander verlaufen, z. B. wenn man einen Schlitten an einer Schnur zieht, gilt der obige Zusammenhang nicht: Die Zugkraft verläuft schräg nach oben, während der Schlitten auf der horizontalen Unterlage gleitet. Zur verrichteten Arbeit trägt nicht die Zugkraft $\vec{F}$ bei, sondern nur die Komponente $\vec{F}_p$, die parallel zur Wegrichtung verläuft.

- Leiten Sie aus $W = \left|\vec{F}_p\right| \cdot \left|\vec{s}\right|$ her, dass allgemein gilt: $W = \vec{F} \circ \vec{s}$.

- Berechnen Sie die Arbeit, die beim Ziehen eines Schlittens entlang einer 5 m langen Strecke mit der Kraft 120 N verrichtet wird, wenn $\vec{F}$ und $\vec{s}$ einen Winkel von 30° (45°; 60°) bilden.

Gino und Lucy wollen im Garten einen Vogelhauspfosten senkrecht im Boden verankern.

- Ermitteln Sie, wie viele Tafelgeodreiecke sie gleichzeitig auf den (waagrechten) Boden stellen müssen, um sicher sein zu können, dass der Pfosten senkrecht steht. Modellieren Sie das Problem mit Geodreiecken und einem Bleistift auf einer waagrechten Tischplatte.
- Untersuchen Sie in einer Kleingruppe anhand von Beispielen, wie man zu zwei Vektoren $\vec{u}$ und $\vec{v}\ (\neq \vec{o})$ einen Vektor bestimmen kann, der senkrecht auf beiden Vektoren steht.

Verstehen

Bei vielen Anwendungen in der Geometrie, aber auch in außermathematischen Zusammenhängen benötigt man einen Vektor, der auf zwei gegebenen Vektoren senkrecht steht.

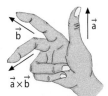

Die Vektoren $\vec{a}$, $\vec{b}$ und $\vec{a} \times \vec{b}$ bilden ein Rechtssystem.

Das Vektorprodukt wird auch „Kreuzprodukt" genannt.

Der Vektor $\vec{a} \times \vec{b} = \begin{pmatrix} a_2 b_3 - a_3 b_2 \\ a_3 b_1 - a_1 b_3 \\ a_1 b_2 - a_2 b_1 \end{pmatrix}$ heißt **Vektorprodukt** der Vektoren $\vec{a} = \begin{pmatrix} a_1 \\ a_2 \\ a_3 \end{pmatrix}$ und $\vec{b} = \begin{pmatrix} b_1 \\ b_2 \\ b_3 \end{pmatrix}$.

Er steht **sowohl auf $\vec{a}$ als auch auf $\vec{b}$ senkrecht.**

Für alle Vektoren $\vec{a}$, $\vec{b}$ und $\vec{c}$ und $r \in \mathbb{R}$ gilt:

- $\vec{a} \times \vec{b} = -(\vec{b} \times \vec{a})$ **(Antikommutativität)**
- $(r \cdot \vec{a}) \times \vec{b} = r \cdot (\vec{a} \times \vec{b})$
- $\vec{a} \times (\vec{b} + \vec{c}) = \vec{a} \times \vec{b} + \vec{a} \times \vec{c}$ **(Distributivgesetz)**

Für das von den Vektoren $\vec{a}$ und $\vec{b}$ aufgespannte **Parallelogramm** gilt:

$A_{\text{Parallelogramm}} = \left| \vec{a} \times \vec{b} \right| = |\vec{a}| \cdot |\vec{b}| \cdot \sin \alpha$.

Für das von den Vektoren $\vec{a}$ und $\vec{b}$ aufgespannte **Dreieck** gilt:

$A_{\text{Dreieck}} = \frac{1}{2} \cdot \left| \vec{a} \times \vec{b} \right|$.

Für den von den Vektoren $\vec{a}$, $\vec{b}$ und $\vec{c}$ aufgespannten **Spat** gilt:

$V_{\text{Spat}} = \left| (\vec{a} \times \vec{b}) \circ \vec{c} \right|$.

Für die von den Vektoren $\vec{a}$, $\vec{b}$ und $\vec{c}$ aufgespannte dreiseitige **Pyramide** gilt:

$V_{\text{Pyramide}} = \frac{1}{6} \cdot \left| (\vec{a} \times \vec{b}) \circ \vec{c} \right|$.

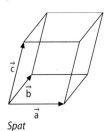

Spat

Begründungen

Begründen Sie **1** $A_{\text{Parallelogramm}} = \left| \vec{a} \times \vec{b} \right|$ **2** $V_{\text{Spat}} = \left| (\vec{a} \times \vec{b}) \circ \vec{c} \right|$.

Lösungen:

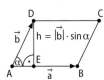

1 Es gilt $\left| \vec{a} \times \vec{b} \right|^2 = \left| \begin{pmatrix} a_2 b_3 - a_3 b_2 \\ a_3 b_1 - a_1 b_3 \\ a_1 b_2 - a_2 b_1 \end{pmatrix} \right|^2 = (a_2 b_3 - a_3 b_2)^2 + (a_3 b_1 - a_1 b_3)^2 + (a_1 b_2 - a_2 b_1)^2$

$= a_2^2 b_3^2 + a_3^2 b_2^2 + a_3^2 b_1^2 + a_1^2 b_3^2 + a_1^2 b_2^2 + a_2^2 b_1^2 - 2(a_2 a_3 b_2 b_3 + a_1 a_3 b_1 b_3 + a_1 a_2 b_1 b_2)$
$\quad + a_1^2 b_1^2 + a_2^2 b_2^2 + a_3^2 b_3^2 - a_1^2 b_1^2 - a_2^2 b_2^2 - a_3^2 b_3^2$

$= (a_1^2 + a_2^2 + a_3^2)(b_1^2 + b_2^2 + b_3^2) - (a_1 b_1 + a_2 b_2 + a_3 b_3)^2 = |\vec{a}|^2 \cdot |\vec{b}|^2 - (\vec{a} \circ \vec{b})^2$

$= |\vec{a}|^2 \cdot |\vec{b}|^2 - |\vec{a}|^2 \cdot |\vec{b}|^2 \cdot (\cos \alpha)^2 = |\vec{a}|^2 \cdot |\vec{b}|^2 \cdot [1 - (\cos \alpha)^2] = |\vec{a}|^2 \cdot |\vec{b}|^2 \cdot (\sin \alpha)^2$.

Da $0° < \alpha < 180°$ gilt, folgt $\left| \vec{a} \times \vec{b} \right| = |\vec{a}| \cdot |\vec{b}| \cdot \sin \alpha = A$.

2 Für die Grundfläche gilt: $A = A_{\text{Parallelogramm}} = |\vec{a} \times \vec{b}|$. Gemäß Abbildung gilt für die Höhe h des Spats $h = |\vec{c}| \cdot \cos\gamma$ mit $0° < \gamma < 90°$. Außerdem ist γ der Winkel zwischen den Vektoren $\vec{a} \times \vec{b}$ und $\vec{c}$, also gilt $\cos\gamma = \dfrac{(\vec{a} \times \vec{b}) \circ \vec{c}}{|\vec{a} \times \vec{b}| \cdot |\vec{c}|}$.

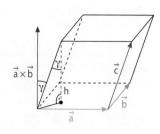

Daraus ergibt sich für das Volumen: $V_{\text{Spat}} = A \cdot h = |\vec{a} \times \vec{b}| \cdot |\vec{c}| \cdot \cos\gamma = (\vec{a} \times \vec{b}) \circ \vec{c}$.

Gilt $90° < \gamma < 180°$, so ist $(\vec{a} \times \vec{b}) \circ \vec{c} < 0$. Daher gilt insgesamt: $V_{\text{Spat}} = |(\vec{a} \times \vec{b}) \circ \vec{c}|$.

Beispiele

I. a) Bestimmen Sie das Vektorprodukt der Vektoren $\vec{a} = \begin{pmatrix} -2 \\ 4 \\ 3 \end{pmatrix}$ und $\vec{b} = \begin{pmatrix} 1 \\ 2 \\ -1 \end{pmatrix}$.

b) Geben Sie fünf weitere Vektoren an, die sowohl auf $\vec{a}$ als auch auf $\vec{b}$ senkrecht stehen.

Lösung:

a) Schreiben Sie jeweils die ersten beiden Koordinaten unterhalb der Vektoren auf und beginnen Sie nach dem Schema von Sarrus mit der zweiten Koordinate von $\vec{a}$ „über Kreuz" zu multiplizieren.

$$\vec{a} \times \vec{b} = \begin{pmatrix} -2 \\ 4 \\ 3 \end{pmatrix} \times \begin{pmatrix} 1 \\ 2 \\ -1 \end{pmatrix} = \begin{pmatrix} 4 \cdot (-1) & - & 3 \cdot 2 \\ 3 \cdot 1 & - & (-2) \cdot (-1) \\ (-2) \cdot 2 & - & 4 \cdot 1 \end{pmatrix} = \begin{pmatrix} -10 \\ 1 \\ -8 \end{pmatrix}$$

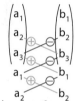

b) Alle Vielfachen $k \cdot (\vec{a} \times \vec{b})$ mit $k \neq 0$ sind mögliche Lösungen, z. B.:

$$\begin{pmatrix} 10 \\ -1 \\ 8 \end{pmatrix}, \begin{pmatrix} -5 \\ 0{,}5 \\ -4 \end{pmatrix}, \begin{pmatrix} -20 \\ 2 \\ -16 \end{pmatrix}, \begin{pmatrix} 100 \\ -10 \\ 80 \end{pmatrix}, \begin{pmatrix} -1 \\ 0{,}1 \\ -0{,}8 \end{pmatrix}.$$

II. Bestimmen Sie den Flächeninhalt des von den Vektoren $\vec{a} = \begin{pmatrix} -2 \\ 1 \\ -2 \end{pmatrix}$ und $\vec{b} = \begin{pmatrix} 4 \\ 4 \\ 2 \end{pmatrix}$ aufgespannten Parallelogramms.

Lösung:

$$A = |\vec{a} \times \vec{b}| = \left| \begin{pmatrix} -2 \\ 1 \\ -2 \end{pmatrix} \times \begin{pmatrix} 4 \\ 4 \\ 2 \end{pmatrix} \right| = \left| \begin{pmatrix} 2 - (-8) \\ -8 - (-4) \\ -8 - 4 \end{pmatrix} \right| = \left| \begin{pmatrix} 10 \\ -4 \\ -12 \end{pmatrix} \right| = \sqrt{260} = 2\sqrt{65} \ \text{[FE]}$$

III. a) Begründen Sie die Formel $V = \dfrac{1}{6} \cdot |(\vec{a} \times \vec{b}) \circ \vec{c}|$ zur Berechnung des Volumens einer dreiseitigen Pyramide, die von den Vektoren $\vec{a}, \vec{b}$ und $\vec{c}$ aufgespannt wird.

b) Berechnen Sie das Volumen der von den Vektoren $\vec{a} = \begin{pmatrix} 1 \\ -2 \\ 0 \end{pmatrix}$, $\vec{b} = \begin{pmatrix} 2 \\ -2 \\ 3 \end{pmatrix}$ und $\vec{c} = \begin{pmatrix} 0 \\ -1 \\ 2 \end{pmatrix}$ aufgespannten dreiseitigen Pyramide.

Lösung:

a) Der Spat ABCDEFGH wird durch das Viereck BFHD in zwei Prismen von gleichem Volumen zerlegt. Es gilt also: $V_{\text{ABDEFH}} = \dfrac{1}{2} V_{\text{Spat}}$. Das Volumen der Pyramide ABDE beträgt ein Drittel des Volumens des Prismas ABDEFH. Also gilt insgesamt: $V_{\text{dreiseitige Pyramide}} = \dfrac{1}{3} \cdot V_{\text{Prisma}} = \dfrac{1}{3} \cdot \dfrac{1}{2} V_{\text{Spat}} = \dfrac{1}{6} \cdot |(\vec{a} \times \vec{b}) \circ \vec{c}|$

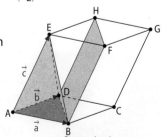

b) Benutzen Sie die Formel $V = \dfrac{1}{6} \cdot |(\vec{a} \times \vec{b}) \circ \vec{c}|$:

$$V = \dfrac{1}{6} \cdot \left| \left[\begin{pmatrix} 1 \\ -2 \\ 0 \end{pmatrix} \times \begin{pmatrix} 2 \\ -2 \\ 3 \end{pmatrix} \right] \circ \vec{c} \right| = \dfrac{1}{6} \cdot \left| \begin{pmatrix} -6 \\ -3 \\ 2 \end{pmatrix} \circ \begin{pmatrix} 0 \\ -1 \\ 2 \end{pmatrix} \right| = \dfrac{1}{6} \cdot 7 = \dfrac{7}{6} \ \text{[VE]}$$

- Geben Sie an, welche Lage die Vektoren $\vec{a}$ und $\vec{b}$ ($\vec{a}, \vec{b} \neq \vec{o}$) haben, wenn $\vec{a} \times \vec{b} = \vec{o}$ ist.
- Beurteilen Sie, ob für zwei Vektoren $\vec{a}$ und $\vec{b}$ ($\vec{a}, \vec{b} \neq \vec{o}$) gleichzeitig $\vec{a} \circ \vec{b} = 0$ und $\vec{a} \times \vec{b} = \vec{o}$ gelten kann.

Aufgabe

Lösungen zu 1:
$\begin{pmatrix} 12 \\ -18 \\ 6 \end{pmatrix}$, $\begin{pmatrix} 4 \\ -7 \\ 2 \end{pmatrix}$, $\begin{pmatrix} -1 \\ -7 \\ -10 \end{pmatrix}$

1 Berechnen Sie jeweils das Vektorprodukt $\vec{a} \times \vec{b}$.

a) $\vec{a} = \begin{pmatrix} 1 \\ 0 \\ -2 \end{pmatrix}$, $\vec{b} = \begin{pmatrix} 3 \\ 2 \\ 1 \end{pmatrix}$ **b)** $\vec{a} = \begin{pmatrix} 3 \\ 1 \\ -1 \end{pmatrix}$, $\vec{b} = \begin{pmatrix} 4 \\ -2 \\ 1 \end{pmatrix}$ **c)** $\vec{a} = \begin{pmatrix} 2 \\ 2 \\ 2 \end{pmatrix}$, $\vec{b} = \begin{pmatrix} -2 \\ 1 \\ 7 \end{pmatrix}$

2 Berechnen Sie jeweils für $\vec{a} = \begin{pmatrix} 2 \\ -2 \\ 1 \end{pmatrix}$, $\vec{b} = \begin{pmatrix} 10 \\ -6 \\ 8 \end{pmatrix}$ und $\vec{c} = \begin{pmatrix} -1 \\ 1 \\ 1 \end{pmatrix}$ den gesuchten Wert bzw. Vektor.

a) $\vec{a} \times \vec{b}$ **b)** $\vec{b} \times \vec{c}$ **c)** $(\vec{a} \times \vec{b}) \circ \vec{c}$ **d)** $\vec{a} \circ \vec{b}$ **e)** $(\vec{a} \times \vec{b}) \times \vec{c}$ **f)** $(\vec{a} \times \vec{b}) \times \vec{b}$
g) $\vec{a} \times (\vec{b} \times \vec{c})$ **h)** $\vec{c} \circ (\vec{b} \times \vec{a})$ **i)** $(\vec{a} \times \vec{b}) \circ (\vec{b} \times \vec{c})$ **j)** $(\vec{a} \times \vec{b}) \times (\vec{c} \times \vec{b})$

3 a) Berechnen Sie jeweils zunächst $\vec{a} \times \vec{b}$ und dann $\vec{b} \times \vec{a}$.

1 $\vec{a} = \begin{pmatrix} -5 \\ 1 \\ 0 \end{pmatrix}$, $\vec{b} = \begin{pmatrix} 0 \\ -3 \\ 7 \end{pmatrix}$ **2** $\vec{a} = \begin{pmatrix} 3 \\ -2 \\ 1 \end{pmatrix}$, $\vec{b} = \begin{pmatrix} 4 \\ 5 \\ -2 \end{pmatrix}$ **3** $\vec{a} = \begin{pmatrix} 2 \\ 3 \\ -1 \end{pmatrix}$, $\vec{b} = \begin{pmatrix} 5 \\ -1 \\ 2 \end{pmatrix}$

b) Begründen Sie allgemein die Antikommutativität des Vektorprodukts.

c) Berechnen Sie für den Vektor $\vec{a}$ aus Teilaufgabe a) jeweils das Vektorprodukt $\vec{a} \times \vec{a}$ und begründen Sie das Ergebnis allgemein.

4 Berechnen Sie jeweils den Flächeninhalt des Parallelogramms, das von den Vektoren $\vec{a}$ und $\vec{b}$ aufgespannt wird.

a) $\vec{a} = \begin{pmatrix} 0 \\ 6 \\ -6 \end{pmatrix}$, $\vec{b} = \begin{pmatrix} -6 \\ 6 \\ 0 \end{pmatrix}$ **b)** $\vec{a} = \begin{pmatrix} -30 \\ 0 \\ -2 \end{pmatrix}$, $\vec{b} = \begin{pmatrix} 0 \\ 60 \\ -4 \end{pmatrix}$ **c)** $\vec{a} = \begin{pmatrix} 2 \\ -6 \\ -2 \end{pmatrix}$, $\vec{b} = \begin{pmatrix} 6 \\ 2 \\ -1 \end{pmatrix}$

5 Berechnen Sie jeweils den Flächeninhalt des Dreiecks mit den gegebenen Eckpunkten.

a) $K(1|-1|2)$, $I(2|0|3)$, $A(4|1|-2)$ **b)** $L(6|2|6)$, $I(6|6|2)$, $N(2|6|6)$

c) $U(2|-2|5)$, $R(1|6|3)$, $S(3|6|0)$ **d)** $A(2|-3|1)$, $L(4|2|-1)$, $I(3|3|0)$

Erinnerung:
Zwei Vektoren sind orthogonal, wenn sie senkrecht aufeinander stehen.

6 Bestimmen Sie jeweils zum Vektor $\vec{a}$ zwei weitere Vektoren $\vec{b}$ und $\vec{c}$, so dass die drei Vektoren paarweise orthogonal zueinander sind. Beschreiben Sie Ihr Vorgehen.

a) $\vec{a} = \begin{pmatrix} 1 \\ 1 \\ 1 \end{pmatrix}$ **b)** $\vec{a} = \begin{pmatrix} 1 \\ -2 \\ 4 \end{pmatrix}$ **c)** $\vec{a} = \begin{pmatrix} -5 \\ 5 \\ 4 \end{pmatrix}$ **d)** $\vec{a} = \begin{pmatrix} 3 \\ 0 \\ 2 \end{pmatrix}$ **e)** $\vec{a} = \begin{pmatrix} 1 \\ 3 \\ 4 \end{pmatrix}$

Abituraufgabe

7 Auf einem Spielplatz wird ein dreieckiges Sonnensegel errichtet, um einen Sandkasten zu beschatten. Hierzu werden an drei Ecken des Sandkastens Metallstangen im Boden befestigt, an deren Enden das Sonnensegel fixiert wird. Die Ecken des Sonnensegels werden in einem Modell durch die Punkte $S_1(0|6|2,5)$, $S_2(0|0|3)$ und $S_3(6|0|2,5)$ beschrieben (1 LE $\hat{=}$ 1 m).
Der Hersteller des Sonnensegels empfiehlt, die Metallstangen bei einer Sonnensegelfläche von mehr als 20 m^2 durch Sicherungsseile zu stabilisieren. Beurteilen Sie anhand einer Rechnung, ob eine solche Sicherung in der vorliegenden Situation nötig ist.

8 Gegeben sind jeweils die Eckpunkte eines ebenen Vierecks. Ermitteln Sie, um welches besondere Viereck es sich handelt, und berechnen Sie seinen Flächeninhalt. Überprüfen Sie Ihr Ergebnis mithilfe einer DMS.

a) W$(9|-4|7)$, I$(9|2|1)$, E$(3|8|1)$ und N$(3|2|7)$

b) P$(4|-4|3)$, R$(-1|-1|-1)$, A$(4|2|-5)$ und G$(9|-1|-1)$

c) B$(4|0|0)$, E$(10|8|0)$, R$(6|11|0)$ und N$(0|3|0)$

d) G$(1|-3|2)$, E$(6|-3|2)$, N$(5|1|2)$ und F$(2|1|2)$

e) L$(1|0|-1)$, I$(1|-3|3)$, M$(5|3|2)$ und A$(5|6|-2)$

9 Vergleichen Sie das Vektor- und das Skalarprodukt zweier Vektoren hinsichtlich Definition, Eigenschaften und geometrischen Anwendungen und präsentieren Sie Ihre Ergebnisse.

10 Berechnen Sie jeweils das Volumen des von den Vektoren $\vec{a}$, $\vec{b}$ und $\vec{c}$ aufgespannten Spats.

a) $\vec{a} = \begin{pmatrix} 4 \\ 0 \\ 0 \end{pmatrix}$, $\vec{b} = \begin{pmatrix} 0 \\ 8 \\ 0 \end{pmatrix}$, $\vec{c} = \begin{pmatrix} 0 \\ 0 \\ 2 \end{pmatrix}$

b) $\vec{a} = \begin{pmatrix} 1 \\ 1 \\ -1 \end{pmatrix}$, $\vec{b} = \begin{pmatrix} -2 \\ 6 \\ 1 \end{pmatrix}$, $\vec{c} = \begin{pmatrix} -1 \\ 3 \\ 4 \end{pmatrix}$

11 Berechnen Sie jeweils das Volumen der von den Vektoren $\vec{a}$, $\vec{b}$ und $\vec{c}$ aufgespannten dreiseitigen Pyramide.

a) $\vec{a} = \begin{pmatrix} 4 \\ -1 \\ 5 \end{pmatrix}$, $\vec{b} = \begin{pmatrix} -1 \\ 8 \\ 2 \end{pmatrix}$, $\vec{c} = \begin{pmatrix} 3 \\ -2 \\ 0 \end{pmatrix}$

b) $\vec{a} = \begin{pmatrix} 2 \\ 5 \\ 2 \end{pmatrix}$, $\vec{b} = \begin{pmatrix} 6 \\ 6 \\ 3 \end{pmatrix}$, $\vec{c} = \begin{pmatrix} -1 \\ 2 \\ 6 \end{pmatrix}$

 12 Die Punkte A$(3|0|0)$, B$(0|4|0)$, C$(0|0|2)$ und D$(0|0|0)$ sind Eckpunkte einer dreiseitigen Pyramide.

a) Zeichnen Sie (mithilfe einer DMS) ein Schrägbild der Pyramide ABDC.

b) Berechnen Sie das Pyramidenvolumen **1** elementargeometrisch **2** mithilfe des Spatprodukts und vergleichen Sie beide Lösungswege.

13 Ein Partyzelt hat die Form eines geraden quadratischen Pyramidenstumpfs mit aufgesetzter flacherer Pyramide.
Die Punkte A$(0|0|0)$, C$(8|8|0)$ und F$(7,5|0,5|2,5)$ sind Eckpunkte des Pyramidenstumpfs (1 LE $\widehat{=}$ 1 m).

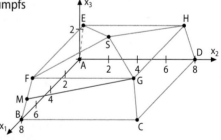

a) Geben Sie die Koordinaten der übrigen Eckpunkte des Pyramidenstumpfs an.

b) Bestimmen Sie die Größe des Winkels α, um den die Seitenfläche BCGF gegenüber dem Boden geneigt ist. Beschreiben Sie Ihr Vorgehen.

c) Bestimmen Sie den größten Abstand zweier Punkte innerhalb des Partyzelts.

d) Das Dach des Zelts bildet eine gerade quadratische Pyramide mit einer Höhe von 1 m. Die Seitenflächen der Pyramide sind aus durchsichtigem Kunststoff. Bestimmen Sie die Größe der von der Kunststofffolie bedeckten Fläche.

e) An zwei schrägen Seiten des Partyzelts werden Lichterketten angebracht, die jeweils von der Mitte einer Strebe zur gegenüberliegenden oberen Ecke verlaufen (wie z. B. die Strecke $\overline{MG}$). Berechnen Sie, wie viele Meter der Lichterkette benötigt werden, wenn man vom Durchhang absieht.

14 Die Vektoren $\vec{a} = \begin{pmatrix} 2 \\ 1 \\ 2 \end{pmatrix}$, $\vec{b} = \begin{pmatrix} -1 \\ 2 \\ 0 \end{pmatrix}$ und $\vec{c_t} = \begin{pmatrix} 4t \\ 2t \\ -5t \end{pmatrix}$ spannen für jeden Wert von t mit

$t \in \mathbb{R}\backslash\{0\}$ einen Körper auf. Die Abbildung zeigt den Sachverhalt beispielhaft für einen Wert von t.

a) Zeigen Sie, dass die aufgespannten Körper Quader sind.

b) Bestimmen Sie diejenigen Werte von t, für die der jeweils zugehörige Quader das Volumen 15 besitzt.

15 a) Weisen Sie nach, dass die Punkte $A(1|2|-1)$, $B(3|4|-2)$, $C(-5|4|4)$ und $D(-7|2|5)$ die Eckpunkte eines Parallelogramms sind.

b) Deuten Sie den Term $\dfrac{|\overrightarrow{AB} \times \overrightarrow{AD}|}{|\overrightarrow{AB}|}$ geometrisch und präsentieren Sie Ihr Ergebnis im Kurs.

c) Ein Bauernhof soll einen Anschluss für schnelles Internet erhalten. In einem dreidimensionalen Koordinatensystem wird der Hof durch den Punkt $H(4|1|0)$ modelliert, die Straße, entlang der die Netztrasse führt, durch die Punkte $A(1|5|0)$ und $B(7|2|0)$. Bestimmen Sie die Mindestlänge der Anschlussleitung mithilfe **1** des Terms aus Teilaufgabe b) **2** einer Modellierung in einem zweidimensionalen Koordinatensystem.

Man sagt auch: Das Spatprodukt ist invariant gegenüber zyklischer Vertauschung der Vektoren.

16 Die Vektoren $\vec{a} = \begin{pmatrix} 2 \\ 8 \\ 0 \end{pmatrix}$, $\vec{b} = \begin{pmatrix} -4 \\ 2 \\ 1 \end{pmatrix}$ und $\vec{c} = \begin{pmatrix} -4 \\ 2 \\ 6 \end{pmatrix}$ spannen einen Spat auf. Berechnen Sie

jeweils das Spatprodukt und interpretieren Sie das Ergebnis geometrisch.

a) $(\vec{a} \times \vec{b}) \circ \vec{c}$ b) $(\vec{b} \times \vec{c}) \circ \vec{a}$ c) $(\vec{c} \times \vec{a}) \circ \vec{b}$

17 a) Zeigen Sie, dass die Punkte $A(3|-2|1)$, $B(3|3|1)$, $C(6|3|5)$ und $D(6|-2|5)$ Eckpunkte eines Quadrats sind.

b) Berechnen Sie das Volumen V der geraden Pyramide ABCDS mit $S(-1,5|0,5|7,5)$ auf zwei Arten und vergleichen Sie das Vorgehen.

18 a) Zeigen Sie, dass das Viereck ABCD mit $A(3|2|1)$, $B(5|-2|1)$, $C(7|-2|-5)$ und $D(5|2|-5)$ ein Parallelogramm ist, und geben Sie die Koordinaten seines Diagonalenschnittpunkts M an.

b) Das Viereck ABCD ist Grundfläche einer Pyramide ABCDS, deren Volumen 84 VE beträgt und deren Höhenfußpunkt M ist. Begründen Sie, dass es zwei mögliche Lagen für die Pyramidenspitze S gibt, sowie den Ansatz für den jeweiligen Ortsvektor von S:

$$\overrightarrow{OS_{1/2}} = \overrightarrow{OM} \pm \frac{9}{28}\begin{pmatrix} 24 \\ 12 \\ 8 \end{pmatrix}.$$

19 Gegeben ist ein gerades Prisma ABCDEF mit den Eckpunkten $A(6|-2|0)$, $B(6|4|0)$, $C(-2|4|0)$ und $D(6|-2|8)$.

a) Zeichnen Sie ein Schrägbild des Prismas (mithilfe einer DMS) und geben Sie die Koordinaten der fehlenden Punkte E und F an.

b) Berechnen Sie den Oberflächeninhalt und das Volumen des Prismas.

c) Wenn Sie das Prisma gedanklich drehen und auf die größte Fläche stellen, so ergibt sich ein Modell eines Satteldachs (Längeneinheit 1 m). Berechnen Sie die Höhe des Dachs und beschreiben Sie Ihr Vorgehen.

d) Ermitteln Sie, wie viele Solarmodule (1 m breit und 1,8 m lang) auf der nach Süden ausgerichteten Dachseite höchstens montiert werden können.

20 Für jedes $t \in \mathbb{R}\backslash\{-1\}$ bilden die Punkte $A(2|1|0)$, $B(1|1|-2)$, $C(0|7|2)$ und $D_t(3+2t|4+t|-1-t)$ eine dreiseitige Pyramide.

a) Bestimmen Sie die Koordinaten des Schwerpunkts S des Dreiecks ABC und weisen Sie nach, dass für jedes $t \in \mathbb{R}$ der Vektor $\overrightarrow{SD_t}$ senkrecht auf $\overrightarrow{SA}$ und auf $\overrightarrow{SB}$ steht. Deuten Sie das Ergebnis geometrisch.

b) Bestimmen Sie das Volumen der Pyramide in Abhängigkeit vom Wert des Parameters t.

21 **a)** Weisen Sie nach, dass für drei Vektoren $\vec{a}$, $\vec{b}$ und $\vec{c}$ gilt:
$\vec{a} \times (\vec{b} \times \vec{c}) = (\vec{a} \circ \vec{c}) \cdot \vec{b} - (\vec{a} \circ \vec{b}) \cdot \vec{c}$.

Dies ist die sogenannte Graßmann-Identität.

b) Recherchieren Sie über das Leben und Wirken von Hermann Günther Graßmann und stellen Sie Ihre Ergebnisse im Kurs vor.

22 Jede Kante des abgebildeten Würfels ABCDEFGH ist 12 LE lang. Zudem sind die Punkte $K(8|8|12)$, $L(2|8|12)$, $M(12|12|4)$, $N(0|12|4)$, $P(2|8|8)$ und $Q(0|13|4)$ gegeben.

a) Zeichnen Sie ein Schrägbild des Würfels ABCDEFGH (1 LE $\cong$ 5 mm) in Ihr Heft und geben Sie die Koordinaten aller Würfeleckpunkte an.

b) Begründen Sie, dass die Punkte K, L, M und N auf der Würfeloberfläche liegen, die Punkte P und Q dagegen nicht.

c) Weisen Sie nach, dass gilt: $2 \cdot \overrightarrow{KL} = \overrightarrow{MN}$. Erklären Sie, was dies für das Viereck MNLK bedeutet.

d) Berechnen Sie den Flächeninhalt des Vierecks MNLK, die Größen seiner Innenwinkel sowie seinen Umfang.

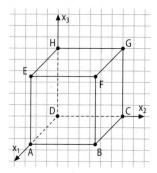

Das Vektorprodukt in der Physik

Bewegen sich geladene Teilchen in einem Magnetfeld nicht parallel zu den Feldlinien, so werden sie abgelenkt. Die Kraft, die auf die geladenen Teilchen wirkt, bezeichnet man nach dem niederländischen Mathematiker und Physiker Hendrik Antoon Lorentz (1853 – 1928) als Lorentzkraft $\overrightarrow{F_L}$. Sie berechnet sich mithilfe des Vektorprodukts: $\overrightarrow{F_L} = q \cdot \vec{v} \times \vec{B}$ (q: Ladung der Teilchen; $\vec{v}$: Geschwindigkeit der Teilchen; $\vec{B}$: magnetische Flussdichte, deren Richtung der Richtung der Feldlinien entspricht).

- Begründen Sie anhand der Formel, dass …
  1 die Lorentzkraft nicht auf ruhende geladene Teilchen wirkt.
  2 auf geladene Teilchen, die sich parallel zu den Feldlinien bewegen, keine Kraft wirkt, so dass die Teilchen folglich nicht aus ihrer Bahn abgelenkt werden.
  3 die Kraft auf positive Ladungen genau in entgegengesetzter Richtung zur Kraft auf negative Ladungen bei gleicher Geschwindigkeit im gleichen Magnetfeld wirkt.

Viele technische Anwendungen beruhen auf der Wirkung der Lorentzkraft, z. B. Elektromotoren und die Ablenkung von Elektronenstrahlen in Teilchenbeschleunigern wie am CERN in Genf. Auch die Erscheinung der Polarlichter lässt sich mithilfe der Lorentzkraft erklären.

- Recherchieren Sie über diese und andere Anwendungen der Lorentzkraft und präsentieren Sie Ihre Ergebnisse im Kurs.

Hendrik Antoon Lorentz

Polarlicht in Norwegen

Zu 4.1 **1** Tragen Sie die Punkte $A(2|0|0)$, $B(2|2|0)$, $C(0|2|0)$ und $E(2|0|4)$ in ein kartesisches Koordinatensystem ein und ergänzen Sie sie zu einem Quader.

a) Bestimmen Sie die Koordinaten der weiteren Eckpunkte des Quaders und begründen Sie, dass es sich nicht um einen Würfel handelt.

b) Spiegeln Sie den Quader an der x_1x_3-Ebene und geben Sie die Koordinaten der Eckpunkte des neuen Quaders an.

a) Geben Sie die Koordinaten eines Punkts Z an, der im Koordinatensystem optisch an der gleichen Stelle wie der Punkt E liegen würde, aber nicht mit E übereinstimmt.

b) Spiegeln Sie den Quader am Koordinatenursprung und geben Sie die Koordinaten der Eckpunkte des neuen Quaders an.

Zu 4.2 **2** Gegeben sind die Punkte $A(3|-2|0)$ und $B(-1|0|5)$.

a) Geben Sie die besondere Lage der Punkte im Koordinatensystem an.

b) Bestimmen Sie den Vektor $\overrightarrow{AB}$ sowie den Vektor $\overrightarrow{BA}$.

a) Spiegeln Sie A an der x_2-Achse und geben Sie den Ortsvektor des Spiegelpunkts A' an.

b) Die Strecke $\overline{AB}$ wird so verschoben, dass der Punkt A im Koordinatenursprung zu liegen kommt. Bestimmen Sie die Koordinaten von B'.

3 Gegeben sind die Punkte $A(-5|1|-2)$, $B(5|-1|-4)$, $C(9|-6|3)$ und $D(-1|-4|5)$.

a) Weisen Sie nach, dass das Viereck ABCD ein Parallelogramm ist.

b) Zeichnen Sie das Viereck ABCD (mithilfe einer DMS) und verschieben Sie es durch den Vektor $\vec{u} = \begin{pmatrix} -2 \\ 0 \\ 3 \end{pmatrix}$. Geben Sie die Koordinaten der Eckpunkte des verschobenen Vierecks A'B'C'D' an.

Gegeben sind die Punkte $A(2|1|-3)$, $B(2|-1|3)$ und $C(5|-2|-1)$.

a) Bestimmen Sie die Koordinaten des Punkts D, so dass das Viereck ABCD ein Parallelogramm ist.

b) Zeichnen Sie das Viereck ABCD (mithilfe einer DMS) und verschieben Sie es so, dass der Punkt A im Punkt $A'(4|-1|8)$ zu liegen kommt. Bestimmen Sie die Koordinaten der übrigen Eckpunkte des verschobenen Vierecks A'B'C'D'.

Zu 4.3 **4** Gegeben sind die Vektoren $\vec{u} = \begin{pmatrix} 5 \\ 1 \\ 1 \end{pmatrix}$ und $\vec{v} = \begin{pmatrix} 2 \\ 5 \\ 4 \end{pmatrix}$.

a) Geben Sie jeweils den Gegenvektor an.

b) Berechnen Sie die Summe $\vec{u} + \vec{v}$ und veranschaulichen Sie diese grafisch.

a) Bestimmen Sie den Vektor $\vec{w} = 2\vec{u} + 3\vec{v}$.

b) Berechnen Sie die Differenz $\vec{u} - \vec{v}$ und stellen Sie Ihr Ergebnis grafisch dar.

5 Ein Servierroboter in einem Restaurant fährt vom Ursprung seines Koordinatensystems zum Punkt $T_1(5|3|0)$ und dann zum Punkt $T_2(7|9|0)$.

Beschreiben Sie die Lage der Punkte im Koordinatensystem und erläutern Sie dies im Sachkontext.

Begründen Sie, dass der Weg des Roboters vom Ursprung zum Punkt T_2 nicht der direkte Weg im Koordinatensystem ist, und geben Sie einen möglichen Grund dafür an.

Zu 4.4 **6** Ein GPS-Empfänger registriert die Signale von zwei Kleinsatelliten, deren Lage sich in einem kartesischen Koordinatensystem durch die Punkte $S_1(50|-25|430)$ und $S_2(-40|10|450)$ modellieren lässt. Der Empfänger wird im Modell durch den Punkt $E(10|-15|0)$ beschrieben.

Ermitteln Sie, von welchem der beiden Satelliten der Empfänger weiter entfernt ist.	Bestimmen Sie den Winkel, unter dem der Empfänger die beiden (geradlinigen) Signale empfängt.

7 Überprüfen Sie Ihr Ergebnis jeweils mithilfe einer DMS.

Das Dreieck ABC hat die Eckpunkte $A(9|2|1)$, $B(5|4|3)$ und $C(3|2|7)$. Berechnen Sie die Größe seiner Innenwinkel.	Gegeben sind für jedes $k \in \mathbb{R}$ die Punkte $A_k(5+k|3k|-1)$, $B_k(1+k|-k|-k)$ und $C_k(2|3k|3)$. Bestimmen Sie k so, dass das Dreieck $A_kB_kC_k$ gleichseitig ist.

8 Begründen oder widerlegen Sie die Aussage.

Verdoppelt man genau eine Koordinate eines Vektors, so verdoppelt sich auch sein Betrag.	Vervielfacht man einen Vektor um den Faktor $k \in \mathbb{R}$, so vervielfacht sich auch der Betrag des Vektors um den Faktor k.

Zu 4.5 **9** Gegeben sind die Vektoren $\vec{a}$ und $\vec{b}$.

a) $\vec{a} = \begin{pmatrix} 1 \\ 0 \\ 3 \end{pmatrix}$, $\vec{b} = \begin{pmatrix} -3 \\ 2 \\ -1 \end{pmatrix}$ **b)** $\vec{a} = \begin{pmatrix} 1 \\ 0 \\ 2 \end{pmatrix}$, $\vec{b} = \begin{pmatrix} 3 \\ 4 \\ -2 \end{pmatrix}$ **c)** $\vec{a} = \begin{pmatrix} 1 \\ -1 \\ 3 \end{pmatrix}$, $\vec{b} = \begin{pmatrix} -2 \\ 5 \\ 1 \end{pmatrix}$

Bestimmen Sie jeweils die Koordinaten eines Vektors $\vec{n}$, der auf den Vektoren $\vec{a}$ und $\vec{b}$ senkrecht steht.	Bestimmen Sie jeweils die Koordinaten eines Vektors $\vec{n}$ mit $|\vec{n}| = 1$, der auf den Vektoren $\vec{a}$ und $\vec{b}$ senkrecht steht.

10 Die Vektoren $\vec{a} = \begin{pmatrix} 2 \\ -1 \\ -3 \end{pmatrix}$ und $\vec{b} = \begin{pmatrix} -1 \\ 3 \\ 5 \end{pmatrix}$ spannen das Parallelogramm VIER auf.

a) Bestimmen Sie die Koordinaten der Punkte I, E und R, wenn der Punkt $V(7|0|-3)$ gegeben ist. b) Berechnen Sie den Flächeninhalt des Parallelogramms VIER.	a) Bestimmen Sie die Koordinaten der Punkte V, I, E und R, wenn der Diagonalenschnittpunkt $M(1|-3|5)$ gegeben ist. b) Berechnen Sie den Flächeninhalt des Parallelogramms VIER auf zwei Arten.

11 In einem kartesischen Koordinatensystem sind die Punkte $A(6|2|1)$, $B(4|3|1)$ und $C(2|-1|1)$ gegeben.

a) Weisen Sie nach, dass das Dreieck ABC rechtwinklig ist. b) Ermitteln Sie die Koordinaten eines Punkts D, so dass das Viereck ABCD ein Rechteck ist, und bestimmen Sie seinen Flächeninhalt. c) Das Dreieck ABC bildet zusammen mit dem Punkt $S(3|1|6)$ eine Pyramide. Bestimmen Sie das Volumen der Pyramide.	a) Ermitteln Sie die Koordinaten eines Punkts D, so dass die Punkte A, B, C und D Eckpunkte eines Parallelogramms, aber keines Rechtecks sind. b) Der Punkt $S_k(3|1|k)$ mit $k \in \mathbb{R}\backslash\{1\}$ bildet zusammen mit dem Dreieck ABC eine Pyramide. Bestimmen Sie das Volumen der Pyramide $ABCS_k$ in Abhängigkeit von k.

12 Tragen Sie die Punkte $A(6|1|-1)$, $B(8|3|-1)$, $C(8|7|-1)$, $D(-2|4|-1)$ und $E(-3|1|-1)$ in ein kartesisches Koordinatensystem ein und ergänzen Sie das Fünfeck zu einem Prisma der Höhe $h = 5$ LE.

13 Die Abbildung zeigt ein Werkstück mit den Eckpunkten $A(2|0|0)$, $B(2|6|0)$, $C(0|4|0)$, $D(0|0|0)$, $E(0|0|4)$ und $F(0|4|4)$ und nur ebenen Flächen.

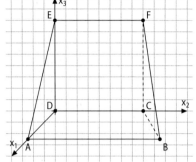

a) Zeichnen Sie ein Schrägbild des Werkstücks in Ihr Heft (mit einer DMS).

b) Geben Sie mindestens drei Eigenschaften des Vierecks ABFE an.

c) Weisen Sie nach, dass das Werkstück kein gerades Prisma ist.

d) Von dem Werkstück soll ein Teil so abgetrennt werden, dass ein gerades Prisma mit der Grundfläche ADE übrigbleibt, dessen Volumen 12 VE beträgt. Ermitteln Sie die Höhe dieses Prismas, tragen Sie es in Ihr Schrägbild ein und berechnen Sie seinen Oberflächeninhalt.

14 Gegeben sind die Punkte $A(-1|2|-1)$, $B(1|3|1)$, $C(-1|5|2)$ und $D(-3|4|0)$.

a) Zeigen Sie, dass das Viereck ABCD ein Quadrat ist, und weisen Sie nach, dass der Diagonalenschnittpunkt der Punkt $M(-1|3,5|0,5)$ ist.

b) Bestimmen Sie diejenigen Werte von k, für die der zugehörige Punkt $S_k(-k|5,5-2k|-1,5+2k)$, $k \in \mathbb{R}$, drei Längeneinheiten vom Punkt M entfernt ist.

c) Ermitteln Sie für die in Teilaufgabe c) berechneten Punkte S_k auf zwei Arten das Volumen der Pyramide ABCDS und vergleichen Sie Ihre Lösungswege.

d) Bestimmen Sie den Oberflächeninhalt der Pyramide $ABCDS_k$ in Abhängigkeit von k.

15 Auf dem Boden des Mittelmeeres wurde ein antiker Marmorkörper entdeckt, der ersten Unterwasseraufnahmen zufolge die Form eines Pyramidenstumpfes besitzen könnte. Mithilfe eines Peilungssystems konnte die Lage von sieben der acht Eckpunkte ermittelt und zur weiteren Analyse des Körpers in einem kartesischen Koordinatensystem dargestellt werden: $A(0|0|0)$, $B(-6|-12|12)$ und $C(18|-36|0)$ sind Eckpunkte der Grundfläche, $A'(14|-8|8)$, $B'(12|-12|12)$, $C'(20|-20|8)$ und $D'(22|-16|4)$ die Eckpunkte der Deckfläche.

a) Zeigen Sie, dass die Deckfläche A'B'C'D' ein Rechteck ist und den Inhalt 72 FE besitzt.

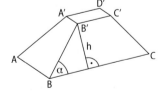

b) Weisen Sie nach, dass das Dreieck ABC bei B rechtwinklig ist, und bestimmen Sie die Koordinaten des Punkts D, der gemeinsam mit A, B und C die Eckpunkte eines Rechtecks bildet.

c) Auf besonderes Interesse stößt die Seitenfläche des Marmorkörpers, die im Modell mit BCC'B' bezeichnet wurde. Zeigen Sie, dass die Strecken $\overline{BC}$ und $\overline{B'C'}$ parallel verlaufen und den Abstand $6\sqrt{5}$ LE besitzen. Berechnen Sie den Inhalt der Seitenfläche und beschreiben Sie Ihr Vorgehen.

16 **a)** Tragen Sie das Prisma mit den Eckpunkten $P(0|0|0)$, $R(6|0|0)$, $I(6|8|0)$, $S(0|8|0)$, $M(0|0|5)$ und $A(0|8|5)$ (mithilfe einer DMS) in ein Koordinatensystem ein.

b) Berechnen Sie das Volumen und den Oberflächeninhalt dieses Prismas.

c) Begründen Sie elementargeometrisch, dass die Seitenmittelpunkte des Vierecks RIAM eine Raute bilden, und berechnen Sie den Flächeninhalt dieser Raute. Geben Sie den Ortsvektor des Rautenmittelpunkts an.

17 **a)** Weisen Sie jeweils nach, dass die Punkte ABCD ein Parallelogramm bilden.

b) Das Parallelogramm ABCD ist jeweils Grundfläche einer Pyramide mit dem Volumen V. Fußpunkt der Pyramidenhöhe ist der Diagonalschnittpunkt M des Parallelogramms. Ermitteln Sie die Koordinaten der möglichen Pyramidenspitzen und beschreiben Sie Ihr Vorgehen.

1 $A(1|2|3)$, $B(5|0|-1)$, $C(3|4|-5)$, $D(-1|6|-1)$; $V = 72$

2 $A(-2|5|-2)$, $B(7|8|1)$, $C(10|5|1)$, $D(1|2|-2)$; $V = 54$

3 $A(1|5|-2)$, $B(1|5|3)$, $C(5|8|3)$, $D(5|8|-2)$; $V = \frac{250}{3}$

18 Die Punkte $A(6|0|0)$, $B_a(8|a^2|0)$, $C_a(4|3a|0)$ und $D(2|2|0)$ mit $a \in \mathbb{R}^+$ sind die Eckpunkte der Grundfläche einer Pyramide mit der Spitze $S(5|3|6)$.

a) Ermitteln Sie denjenigen Wert des Parameters a, für den das Viereck AB_aC_aD ein Quadrat ist, und berechnen Sie dann das Volumen dieser quadratischen Pyramide.

b) Bestimmen Sie den Wert von a so, dass alle Seitenkanten gleich lang sind, und berechnen Sie dann den Oberflächeninhalt dieser geraden Pyramide.

c) Berechnen Sie denjenigen Wert von a, für den die Seitenkante $\overline{C_aS}$ die Länge 19 LE besitzt, und für diesen Wert von a die Größe φ des Winkels $\sphericalangle C_aB_aS$.

19 Für die Koordinaten eines Punkts $P(p_1|p_2|p_3)$ gilt $p_2 = -6$ sowie

1 $5p_1 + p_2 - 3p_3 = -5$ und   **2** $p_1 - p_2 + p_3 = 11$.

Teilergebnis zu Nr. 19:
P(2|−6|3)

a) Ermitteln Sie die fehlenden Koordinaten des Punkts P und zeichnen Sie diesen in ein Koordinatensystem ein (mithilfe einer DMS). Ergänzen Sie dann fortlaufend Ihre Zeichnung.

b) Der Punkt P* entsteht aus dem Punkt P durch Spiegelung an der x_1x_2-Ebene. Berechnen Sie den Flächeninhalt und den Umfang des Dreiecks OPP* mit $O(0|0|0)$. Begründen Sie, dass das Dreieck OPP* spitzwinklig ist, und berechnen Sie die Größe α des kleinsten seiner Innenwinkel.

c) Zeigen Sie, dass der Vektor $\vec{v} = \begin{pmatrix} 3 \\ 1 \\ 0 \end{pmatrix}$ auf den Ortsvektoren der Punkte P und P* senkrecht steht, und verschieben Sie das Dreieck OPP* mit diesem Vektor $\vec{v}$. Berechnen Sie das Volumen des so entstandenen geraden Prismas.

Bestimmen Sie die Größe des (kleinsten) Winkels φ, um den man das Prisma drehen muss, damit dann seine Grundfläche in der x_2x_3-Ebene liegt.

d) Das Dreieck OPP* rotiert um die x_3-Achse. Beschreiben Sie den entstehenden Rotationskörper und ermitteln Sie sein Volumen.

Alles im Blick

4

Das dreidimensionale Koordinatensystem

Mithilfe eines **dreidimensionalen kartesischen Koordinatensystems** kann jeder **Punkt** $P(p_1|p_2|p_3)$ durch reelle **Koordinaten** p_1, p_2 und p_3 im Raum eindeutig festgelegt werden.

Die drei Koordinatenachsen (x_1-Achse, x_2-Achse, x_3-Achse) stehen paarweise aufeinander senkrecht und schneiden sich im Koordinatenursprung O des Koordinatensystems. Je zwei Koordinatenachsen spannen eine Koordinatenebene (x_1x_2-Ebene, x_2x_3-Ebene, x_1x_3-Ebene) auf.

Bei Spiegelung des Punkts $P(2|3|4)$ ...

- an der x_1-Achse entsteht der Punkt $P_1(2|-3|-4)$.
- an der x_2x_3-Ebene entsteht der Punkt $P_{23}(-2|3|4)$.
- am Koordinatenursprung entsteht der Punkt $P_0(-2|-3|-4)$.

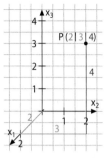

Vektoren im Anschauungsraum

Ein **Vektor** $\vec{v} = \begin{pmatrix} v_1 \\ v_2 \\ v_3 \end{pmatrix}$, $v_1, v_2, v_3 \in \mathbb{R}$, bezeichnet die Menge aller zueinander **paralleler** Pfeile mit **gleicher Länge** und **gleicher Orientierung**. Er beschreibt mithilfe seiner **Koordinaten** v_1, v_2, v_3 eine Verschiebung im Raum.

Auch die Lage von Punkten im Koordinatensystem lässt sich mithilfe von Vektoren beschreiben: Der Vektor

$\overrightarrow{OP} = \vec{p} = \begin{pmatrix} p_1 \\ p_2 \\ p_3 \end{pmatrix}$ heißt **Ortsvektor** des Punkts $P(p_1|p_2|p_3)$.

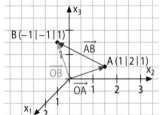

$$\overrightarrow{OA} = \vec{a} = \begin{pmatrix} 1 \\ 2 \\ 1 \end{pmatrix}$$

$$\overrightarrow{OB} = \vec{b} = \begin{pmatrix} -1 \\ -1 \\ 1 \end{pmatrix}$$

$$\overrightarrow{AB} = \begin{pmatrix} -1-1 \\ -1-2 \\ 1-1 \end{pmatrix} = \begin{pmatrix} -2 \\ -3 \\ 0 \end{pmatrix}$$

Der Vektor $\overrightarrow{AB} = \begin{pmatrix} b_1 - a_1 \\ b_2 - a_2 \\ b_3 - a_3 \end{pmatrix}$ verschiebt den (Anfangs-) Punkt $A(a_1|a_2|a_3)$ auf den (End-)Punkt $B(b_1|b_2|b_3)$.

Rechnen mit Vektoren

Für die **Addition** der Vektoren $\vec{a}$ und $\vec{b}$ bezeichnet der Vektor

$\vec{a} + \vec{b} = \begin{pmatrix} a_1 + b_1 \\ a_2 + b_2 \\ a_3 + b_3 \end{pmatrix}$ den Summenvektor.

Das skalare Vielfache eines Vektors $\vec{a}$ $(\neq \vec{o})$ ist der Vektor $r \cdot \vec{a} = \begin{pmatrix} r \cdot a_1 \\ r \cdot a_2 \\ r \cdot a_3 \end{pmatrix}$, $r \in \mathbb{R}\backslash\{0\}$.

Dessen Repräsentanten ...

- verlaufen parallel zu denen von $\vec{a}$.
- sind $|r|$-mal so lang wie die von $\vec{a}$.
- besitzen für $r < 0$ die zu $\vec{a}$ entgegengesetzte Orientierung.

Für alle Vektoren $\vec{a}$, $\vec{b}$ und $\vec{c}$ sowie $r, s \in \mathbb{R}$ gilt:

- $\vec{a} + \vec{b} = \vec{b} + \vec{a}$ **(Kommutativgesetz)**

- $(\vec{a} + \vec{b}) + \vec{c} = \vec{a} + (\vec{b} + \vec{c})$ **(Assoziativgesetz)**

- $(r + s) \cdot \vec{a} = r \cdot \vec{a} + s \cdot \vec{a}$
  $r \cdot (\vec{a} + \vec{b}) = r \cdot \vec{a} + r \cdot \vec{b}$ **(Distributivgesetze)**

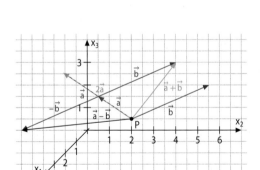

- Der Vektor $-\vec{a} = \begin{pmatrix} -a_1 \\ -a_2 \\ -a_3 \end{pmatrix}$ ist der **Gegenvektor von $\vec{a}$**.
- Für die **Differenz** der Vektoren $\vec{a}$ und $\vec{b}$ gilt:
  $\vec{a} - \vec{b} = \vec{a} + (-\vec{b})$.
- Für den **Mittelpunkt M** einer Strecke $\overline{AB}$ gilt
  $\overrightarrow{OM} = \frac{1}{2}(\overrightarrow{OA} + \overrightarrow{OB})$.

182

Betrag eines Vektors und Skalarprodukt

Unter dem **Betrag** $|\vec{a}|$ eines Vektors $\vec{a}$ versteht man die Länge der zu $\vec{a}$ gehörenden Pfeile. Es gilt:

$$|\vec{a}| = \left| \begin{pmatrix} a_1 \\ a_2 \\ a_3 \end{pmatrix} \right| = \sqrt{a_1^2 + a_2^2 + a_3^2}.$$

Für den **Abstand zweier Punkte A und B** im Koordinatensystem gilt: $|\overline{AB}| = |\overrightarrow{AB}|$.

Der Term $\vec{a} \circ \vec{b} = \begin{pmatrix} a_1 \\ a_2 \\ a_3 \end{pmatrix} \circ \begin{pmatrix} b_1 \\ b_2 \\ b_3 \end{pmatrix} = a_1 b_1 + a_2 b_2 + a_3 b_3$ heißt

Skalarprodukt der Vektoren $\vec{a}$ und $\vec{b}$.

Für die **Größe des Winkels** α, der von den Vektoren $\vec{a}$ und $\vec{b}$ eingeschlossen wird, gilt in einem kartesischen Koordinatensystem:
$$\cos\alpha = \frac{\vec{a} \circ \vec{b}}{|\vec{a}| \cdot |\vec{b}|}.$$

Zwei Vektoren $\vec{a}$ und $\vec{b}$ stehen genau dann **aufeinander senkrecht**, wenn $\vec{a} \circ \vec{b} = 0$ gilt.

Für alle Vektoren $\vec{a}$, $\vec{b}$ und $\vec{c}$ und $r \in \mathbb{R}$ gilt:

- $\vec{a} \circ \vec{b} = \vec{b} \circ \vec{a}$ **(Kommutativgesetz)**

Für $\vec{a} = \begin{pmatrix} 2 \\ 1 \\ 3 \end{pmatrix}$ und $\vec{b} = \begin{pmatrix} -4 \\ 2 \\ 0 \end{pmatrix}$ gilt:

$$|\vec{a}| = \left| \begin{pmatrix} 2 \\ 1 \\ 3 \end{pmatrix} \right| = \sqrt{2^2 + 1^2 + 3^2} = \sqrt{14} \ \text{[LE]}$$

$$|\vec{b}| = \left| \begin{pmatrix} -4 \\ 2 \\ 0 \end{pmatrix} \right| = \sqrt{(-4)^2 + 2^2 + 0^2} = \sqrt{20} = 2\sqrt{5} \ \text{[LE]}$$

Größe des von den Vektoren $\vec{a}$ und $\vec{b}$ eingeschlossenen Winkels:

$$\cos\alpha = \frac{\begin{pmatrix} 2 \\ 1 \\ 3 \end{pmatrix} \circ \begin{pmatrix} -4 \\ 2 \\ 0 \end{pmatrix}}{\sqrt{14} \cdot 2\sqrt{5}} = \frac{2 \cdot (-4) + 1 \cdot 2 + 3 \cdot 0}{2\sqrt{70}} = -\frac{6}{2\sqrt{70}} = -\frac{3}{\sqrt{70}}$$

$$\Rightarrow \alpha \approx 111{,}0°$$

- $(r \cdot \vec{a}) \circ \vec{b} = r \cdot (\vec{a} \circ \vec{b})$
- $\vec{a} \circ (\vec{b} \pm \vec{c}) = \vec{a} \circ \vec{b} \pm \vec{a} \circ \vec{c}$ **(Distributivgesetz)**

Das Vektorprodukt

Der Vektor $\vec{a} \times \vec{b} = \begin{pmatrix} a_2 b_3 - a_3 b_2 \\ a_3 b_1 - a_1 b_3 \\ a_1 b_2 - a_2 b_1 \end{pmatrix}$ heißt **Vektorprodukt** der

Vektoren $\vec{a}$ und $\vec{b}$.
Er steht **sowohl auf $\vec{a}$ als auch auf $\vec{b}$ senkrecht.**

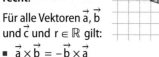

Für alle Vektoren $\vec{a}$, $\vec{b}$ und $\vec{c}$ und $r \in \mathbb{R}$ gilt:

- $\vec{a} \times \vec{b} = -\vec{b} \times \vec{a}$ **(Antikommutativität)**
- $(r \cdot \vec{a}) \times \vec{b} = r \cdot (\vec{a} \times \vec{b})$ mit $r \in \mathbb{R}$
- $\vec{a} \times (\vec{b} + \vec{c}) = \vec{a} \times \vec{b} + \vec{a} \times \vec{c}$ **(Distributivgesetz)**

Für das von den Vektoren $\vec{a}$ und $\vec{b}$ aufgespannte **Parallelogramm** gilt:
$$A_{\text{Parallelogramm}} = |\vec{a} \times \vec{b}| = |\vec{a}| \cdot |\vec{b}| \cdot \sin\alpha.$$

Für das von $\vec{a}$ und $\vec{b}$ aufgespannte Dreieck gilt:
$$A_{\text{Dreieck}} = \frac{1}{2} \cdot |\vec{a} \times \vec{b}|.$$

Für den von $\vec{a}$, $\vec{b}$ und $\vec{c}$ aufgespannten **Spat** gilt:
$$V_{\text{Spat}} = |(\vec{a} \times \vec{b}) \circ \vec{c}|.$$

Für die von $\vec{a}$, $\vec{b}$ und $\vec{c}$ aufgespannte **dreiseitige Pyramide** gilt: $V_{\text{dreiseitige Pyramide}} = \frac{1}{6} \cdot |(\vec{a} \times \vec{b}) \circ \vec{c}|$.

Nach dem Schema von Sarrus gilt:

$$\vec{a} \times \vec{b} = \begin{pmatrix} -2 \\ 4 \\ 3 \end{pmatrix} \times \begin{pmatrix} 1 \\ 2 \\ -1 \end{pmatrix} = \begin{pmatrix} 4 \cdot (-1) - 3 \cdot 2 \\ 3 \cdot 1 - (-2) \cdot (-1) \\ (-2) \cdot 2 - 4 \cdot 1 \end{pmatrix} = \begin{pmatrix} -10 \\ 1 \\ -8 \end{pmatrix}$$

Die Vektoren $\vec{a} = \begin{pmatrix} -2 \\ 1 \\ -2 \end{pmatrix}$ und $\vec{b} = \begin{pmatrix} 4 \\ 4 \\ 2 \end{pmatrix}$ spannen ein

Parallelogramm auf. Es gilt:

$$A = |\vec{a} \times \vec{b}| = \left| \begin{pmatrix} -2 \\ 1 \\ -2 \end{pmatrix} \times \begin{pmatrix} 4 \\ 4 \\ 2 \end{pmatrix} \right| = \left| \begin{pmatrix} 10 \\ -4 \\ -12 \end{pmatrix} \right| = 2\sqrt{65} \ \text{[FE]}$$

Die Vektoren $\vec{a} = \begin{pmatrix} 1 \\ -2 \\ 0 \end{pmatrix}$, $\vec{b} = \begin{pmatrix} 2 \\ -2 \\ 3 \end{pmatrix}$ und $\vec{c} = \begin{pmatrix} 0 \\ -1 \\ 2 \end{pmatrix}$

spannen einen **Spat** auf. Es gilt:

$$V = |(\vec{a} \times \vec{b}) \circ \vec{c}| = \left| \left[\begin{pmatrix} 1 \\ -2 \\ 0 \end{pmatrix} \times \begin{pmatrix} 2 \\ -2 \\ 3 \end{pmatrix} \right] \circ \vec{c} \right|$$

$$= \left| \begin{pmatrix} -6 \\ -3 \\ 2 \end{pmatrix} \circ \begin{pmatrix} 0 \\ -1 \\ 2 \end{pmatrix} \right| = 7 \ \text{[VE]}$$

☺ Das kann ich!   😐 Das kann ich fast!   ☹ Das kann ich noch nicht!

Überprüfen Sie Ihre Fähigkeiten und Kompetenzen. Bearbeiten Sie dazu die folgenden Aufgaben und bewerten Sie Ihre Lösungen mit einem Smiley.

1
a) Tragen Sie die Punkte A (2|5|4), B (3|1|2) und C (4|3|0) in ein Koordinatensystem ein. Bestimmen Sie jeweils die Koordinaten des Mittelpunkts der Strecke $\overline{AB}$ und $\overline{AC}$.
b) Geben Sie die Koordinaten der Spiegelpunkte der Punkte A, B und C an bei …
  1 Spiegelung an der x_2-Achse.
  2 Spiegelung an der x_2x_3-Ebene.
  3 Spiegelung am Koordinatenursprung.

2
a) Tragen Sie die Punkte A (1|0|4), B (5|4|4) und C (0|5|3) in ein Koordinatensystem ein.
b) Bestimmen Sie die Koordinaten aller möglichen weiteren Punkte, so dass zusammen mit den Punkten A, B und C ein Parallelogramm entsteht. Beschreiben Sie Ihr Vorgehen.

3 Beschreiben Sie die gegenseitige Lage der Vektoren $\vec{a}$, $\vec{b}$ und $\vec{c}$, wenn gilt: $\vec{a} + \vec{b} = \vec{c}$. Verdeutlichen Sie Ihre Aussage anhand einer Skizze.

4 In einem Koordinatensystem wird eine Brücke modellhaft beschrieben. Weisen Sie rechnerisch

nach, dass das obere Brückengeländer (beschrieben durch die Punkte A (1|3|22) und B (2|33|24)) nicht parallel zur Fahrbahn (P (1|6|15) und Q (2|30|17)) verläuft, und berechnen Sie, unter welchem Winkel sich die Vektoren $\overrightarrow{AB}$ und $\overrightarrow{PQ}$ im Modell schneiden.

5 Begründen Sie dass die Punkte A (3|2|0), B (0|3|2) und C (4|1|2) Eckpunkte eines rechtwinkligen Dreiecks sind, und berechnen Sie die Größen seiner beiden spitzen Innenwinkel.

6
a) Bestimmen Sie jeweils einen Vektor, der zum vorgegebenen Vektor senkrecht ist, und beschreiben Sie Ihr Vorgehen.
  1 $\vec{a} = \begin{pmatrix} 1 \\ 5 \\ -2 \end{pmatrix}$ **2** $\vec{b} = \begin{pmatrix} -3 \\ 0 \\ 8 \end{pmatrix}$
b) Bestimmen Sie einen Vektor, der auf beiden Vektoren aus Teilaufgabe a) senkrecht steht.

7 Ein Kunstwerk wurde aus einem Würfel (Kantenlänge 8 dm) gearbeitet, dessen Eckpunkte neben den Würfelecken A, B, C, D, E und K im Modell die Punkte F (4|0|8),
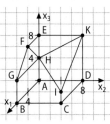
G (8|0|4), H (8|4|8) und I (8|8|2) sind.
a) Die durch die Dreiecke FGH und HIK beschriebenen Flächen sollen mit einer metallischen Schicht überzogen werden. Bestimmen Sie die Größe der metallischen Fläche.
b) Bestimmen Sie das Volumen des Kunstwerks.

8 Ein Pflanzkübel hat die Form eines geraden quadratischen Pyramidenstumpfs. In einem Koordinatensystem wird er symmetrisch zur x_3-Achse durch
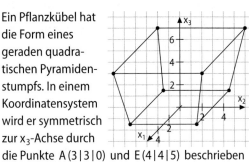
die Punkte A (3|3|0) und E (4|4|5) beschrieben (1 LE $\cong$ 1 dm).
a) Weisen Sie nach, dass die Pyramidenspitze im Modell der Punkt S (0|0|−15) ist.
b) Ermitteln Sie, ob ein 50-ℓ-Sack Erde genügt, um den Kübel zu füllen.

Aufgaben für Lernpartner

1 Bearbeiten Sie diese Aufgaben zuerst alleine.

2 Suchen Sie sich einen Partner oder eine Partnerin und arbeiten Sie zusammen weiter: Erklären Sie sich gegenseitig Ihre Lösungen. Korrigieren Sie fehlerhafte Antworten.

Sind folgende Behauptungen richtig oder falsch? Begründen Sie.

A Das dreidimensionale kartesische Koordinatensystem ist eine Möglichkeit, die Lage von Punkten im Raum eindeutig zu beschreiben.

B Das Ablesen eines Punkts aus einem gezeichneten Koordinatensystem ist nicht eindeutig.

C Spiegelt man einen Punkt P an der x_3-Achse, so hat der Spiegelpunkt P' dieselbe x_3-Koordinate wie P.

D Ein Vektor kann nicht Ortsvektor eines Punkts P und zugleich Verbindungsvektor zweier Punkte A und B sein.

E Multipliziert man einen Vektor mit einer positiven Zahl $\frac{1}{k}$, so erhält man einen parallelen, gleich gerichteten Vektor, wobei der Betrag des Ausgangsvektors durch k dividiert wird.

F Für jeden nichtnegativen Wert a kann man bei

$$\vec{v} = \begin{pmatrix} 3 \\ 4 \\ k \end{pmatrix}$$ den Parameter $k \in \mathbb{R}$ so bestimmen,

dass der Vektor den Betrag a hat.

G Die Summe zweier Vektoren ist wieder ein Vektor.

H Ein Vektor und sein Gegenvektor haben stets denselben Betrag.

I Für den Ortsvektor $\overrightarrow{OM}$ des Mittelpunkts der Strecke $\overrightarrow{AB}$ gilt $\overrightarrow{OM} = \frac{1}{2} \cdot \left(\overrightarrow{OB} - \overrightarrow{OA} \right)$.

J Verdoppelt man bei einem Vektor alle Koordinaten, so verdoppelt sich auch sein Betrag.

K Verkleinert man alle Koordinaten eines Vektors, so verkleinert sich auch sein Betrag.

L Das Volumen von Prismen kann mithilfe von Vektor- und Skalarprodukt bestimmt werden.

M Das Skalarprodukt eines Vektors mit sich selbst ist sein Betrag.

N Sind die Vektoren $\vec{a}$ und $\vec{b}$ Vielfache voneinander, so kann ihr Vektorprodukt nicht bestimmt werden.

O Für ein Parallelogramm ABCD gibt es unendlich viele Punkte S, so dass die Pyramide ABCDS ein vorgegebenes Volumen hat.

P Der Term $\left[\left(\vec{a} \circ \vec{b} \right) + 3 \right] \cdot \left(\vec{a} \times \vec{b} \right)$ ist für beliebige Vektoren $\vec{a}$ und $\vec{b}$ definiert.

Q Für den Flächeninhalt eines Dreiecks PQR gilt: $A_{PQR} = \frac{1}{3} \cdot \left| \overrightarrow{PQ} \times \overrightarrow{PR} \right|$.

Ich kann ...	Aufgaben	Hilfe
... Punkte und Figuren im dreidimensionalen Koordinatensystem darstellen und ihre besondere Lage sowie Symmetrien zum Koordinatensystem beschreiben.	1, 2, A, B, C	S. 150, 154
... rechnerisch und grafisch Summen, Differenzen und skalare Vielfache von Vektoren bestimmen.	3, 4, D, G, I	S. 160
... mithilfe des Skalarprodukts Längen von Vektoren sowie Größen von Winkeln bestimmen.	5, E, F, H, J, L, K	S. 166
... mithilfe des Vektorprodukts Flächeninhalte und Volumina bestimmen.	6, 7, 8, M, N, O, P, Q	S. 172

Auch für mündliche Prüfungen geeignet.

 1 Gegeben sind die Punkte P(−2|3|0), R(2|−1|2) und Q(q|1|5) mit der reellen Zahl q, wobei Q von P genauso weit entfernt ist wie von R.

a) Bestimmen Sie q und beschreiben Sie Ihr Vorgehen.

b) Ermitteln Sie die Koordinaten des Eckpunkts S der Raute PQRS. Zeigen Sie, dass PQRS kein Quadrat ist.

 2 Gegeben sind die Punkte A(0|1|2) und B(2|5|6).

a) Zeigen Sie, dass die beiden Punkte den Abstand 6 haben.

b) Die Punkte C und D liegen auf der Geraden AB und haben von A den Abstand 12. Bestimmen Sie die Koordinaten von C und D.

c) Bestimmen Sie die Mittelpunkte der Strecken $\overline{AB}$, $\overline{AC}$ und $\overline{AD}$.

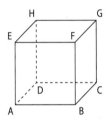 **3** Betrachtet wird der abgebildete Würfel ABCDEFGH. Die Eckpunkte D, E, F und H dieses Würfels besitzen in einem kartesischen Koordinatensystem die folgenden Koordinaten: D(0|0|−2), E(2|0|0), F(2|2|0) und H(0|0|0).

a) Übertragen Sie das Schrägbild des Würfels in Ihr Heft, zeichnen Sie die Koordinatenachsen ein und bezeichnen Sie diese. Geben Sie die Koordinaten des Punkts A an.

b) Der Punkt P liegt auf der Kante $\overline{FB}$ des Würfels und hat vom Punkt H den Abstand 3. Berechnen Sie die Koordinaten des Punkts P.

4 Die Punkte A(6|4|5), B(4|4|3), C(3|4|4) und D(3|0|4) bilden eine dreiseitige Pyramide ABCD mit der Spitze in D.

a) Zeigen Sie, dass die Grundfläche ABC dieser Pyramide ein rechtwinkliges Dreieck ist, und tragen Sie die Pyramide in ein Koordinatensystem ein.

b) Berechnen Sie das Volumen der Pyramide.

c) Ein Schatten der Pyramide in der x_1x_2-Ebene entsteht durch Parallelprojektion in Richtung des Vektors $\begin{pmatrix} 0 \\ 0 \\ -1 \end{pmatrix}$. Zeichnen Sie diesen Schatten in das Koordinatensystem ein.

d) Durch Verschieben der Pyramidenspitze entlang einer Geraden g entstehen weitere Pyramiden mit der Grundfläche ABC. Für eine bestimmte Lage der Gerade g erhält man dabei Pyramiden, die bei der genannten Projektion denselben Schatten wie die ursprüngliche Pyramide ABCD werfen. Beschreiben Sie die Lage dieser Gerade g im Koordinatensystem. Begründen Sie, dass jede dieser Pyramiden das gleiche Volumen besitzt.

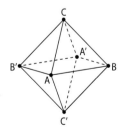 **5** In einem kartesischen Koordinatensystem legen die Punkte A(6|3|3), B(3|6|3) und C(3|3|6) das Dreieck ABC fest.

a) Weisen Sie nach, dass das Dreieck ABC gleichseitig ist.

b) Spiegelt man die Punkte A, B und C am Symmetriezentrum Z(3|3|3), so erhält man die Punkte A′, B′ und C′. Geben Sie deren Koordinaten an und beschreiben Sie die besondere Lage des Dreiecks ABZ im Koordinatensystem.

c) Begründen Sie, dass das Viereck ABA′B′ ein Quadrat mit Seitenlänge $3\sqrt{2}$ ist.

d) Der Körper ABA′B′CC′ ist ein sogenanntes Oktaeder. Es besteht aus zwei Pyramiden mit dem Quadrat ABA′B′ als gemeinsamer Grundfläche und den Pyramidenspitzen C bzw. C′. Zeigen Sie, dass das Oktaeder ein Volumen von 36 VE besitzt.

6 Die Punkte $A(5|1|-1)$, $B(5|2|-4)$ und $C(5|6|-1)$ legen das Dreieck ABC fest.

a) Geben Sie die besondere Lage des Dreiecks ABC im Koordinatensystem an.

b) Weisen Sie nach, dass das Dreieck ABC gleichschenklig, aber nicht gleichseitig ist, und bestimmen Sie die Größen seiner Innenwinkel.

c) Berechnen Sie den Flächeninhalt des Dreiecks ABC auf zwei Arten und vergleichen Sie die Lösungswege.

d) Der Punkt D ergänzt das Dreieck zu einem Parallelogramm ABCD. Ermitteln Sie die Koordinaten des Punkts D und geben Sie die Koordinaten des Symmetriezentrums Z des Parallelogramms an.

e) Für jedes $k \in \mathbb{R} \backslash \{5\}$ ist der Punkt $S_k(k|2|4)$ gegeben. Berechnen Sie das Volumen V_k der Pyramide $ABCDS_k$ in Abhängigkeit von k und bestimmen Sie, für welche(s) k die Pyramide ein Volumen von 15 VE besitzt.

f) Erläutern Sie, warum der Punkt $S_5(5|2|4)$ von der Betrachtung in Teilaufgabe e) ausgeschlossen ist.

7 Die Abbildung zeigt modellhaft Elemente einer Kletteranlage: zwei horizontale Plattformen, die jeweils um einen vertikal stehenden Pfahl gebaut sind, sowie eine Kletterwand, die an einer der beiden Plattformen angebracht ist. Im verwendeten Koordinatensystem beschreibt die x_1x_2-Ebene den horizontalen Untergrund. Die

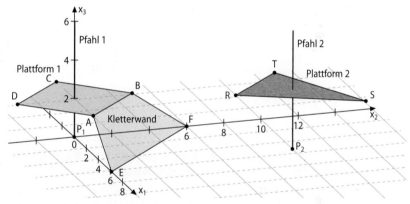

Plattformen und die Kletterwand werden als ebene Vielecke betrachtet. Eine Längeneinheit entspricht 1 m in der Wirklichkeit. Die Punkte, in denen die Pfähle aus dem Untergrund austreten, werden durch $P_1(0|0|0)$ und $P_2(5|10|0)$ dargestellt. Außerdem sind die Eckpunkte $A(3|0|2)$, $B(0|3|2)$, $E(6|0|0)$, $F(0|6|0)$, $R(5|7|3)$ und $T(2|10|3)$ gegeben. Die Materialstärke aller Bauteile der Anlage soll vernachlässigt werden.

a) In den Mittelpunkten der oberen und unteren Kanten der Kletterwand sind die Enden eines Seils befestigt, das 20 % länger ist als der Abstand der genannten Mittelpunkte. Berechnen Sie die Länge des Seils.

b) Zeigen Sie, dass die Kletterwand die Form eines Trapezes hat.

c) Über ein Kletternetz kann man von einer Plattform zur anderen gelangen. Die vier Eckpunkte des Netzes sind an den beiden Pfählen befestigt. Einer der beiden unteren Eckpunkte befindet sich an Pfahl 1 auf der Höhe der zugehörigen Plattform, der andere untere Eckpunkt an Pfahl 2 oberhalb der Plattform 2. An jedem Pfahl beträgt der Abstand der beiden dort befestigten Eckpunkte des Netzes 1,80 m. Das Netz ist so gespannt, dass davon ausgegangen werden kann, dass es die Form eines ebenen Vierecks hat.

Berechnen Sie den Flächeninhalt des Netzes und erläutern Sie Ihren Ansatz.

Lösungen

Mediencode 63032-14

Startklar – Seite 8

1 Die Bedingung $f'(x_0) = 0$ ist notwendig: Wenn die Bedingung nicht erfüllt ist, dann gilt $f'(x_0) < 0$ oder $f'(x_0) > 0$, d.h. der Graph von f ist dann streng monoton fallend bzw. steigend. Dann ist aber x_0 keine lokale Extremstelle.

Die Bedingung $f(x_0) = 0$ ist nicht hinreichend:

Beispiel: Für die Funktion f mit $f(x) = x^3$, $D_f = \mathbb{R}$, gilt $f'(x) = 3x^2$ und damit $f'(0) = 0$. Der Graph von f hat aber an der Stelle $x_0 = 0$ keinen Extrempunkt, sondern einen Terrassenpunkt.

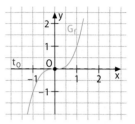

2 **a)** **Ableitungen:** $f'(x) = 2x^3 + 2x^2 - 4x$; $f''(x) = 6x^2 + 4x - 4$

Monotonie und Extremstellen:

$f'(x) = 0 \Leftrightarrow 2x^3 + 2x^2 - 4x = 0 \Leftrightarrow 2x(x^2 + x - 2) = 0 \Rightarrow x_0 = 0$

$x_{1/2} = \dfrac{-1 \pm \sqrt{1^2 - 4 \cdot 1 \cdot (-2)}}{2} = \dfrac{-1 \pm 3}{2} \Rightarrow x_1 = -2;\ x_2 = 1$

Monotonietabelle:

x	$x < -2$	$x_1 = -2$	$-2 < x < 0$	$x_0 = 0$	$x > 2$	$x_2 = 1$	$x > 1$
f'(x)	$f'(-3) = -24 < 0$ –	0 VZW von – nach +	$f'(-1) = 4 > 0$ +	0 VZW von + nach –	$f\left(\frac{1}{2}\right) = -\frac{5}{4} < 0$ –	0 VZW von – nach +	$f'(2) = 16 > 0$ +
G_f	↘	$T_1(-2 \mid f(-2))$	↗	$H(0 \mid f(0))$	↘	$T_2(1 \mid f(1))$	↗

Wendestellen:

$f''(x) = 0 \Leftrightarrow 6x^2 + 4x - 4 = 0 \Leftrightarrow 2(3x^2 + 2x - 2) = 0 \Rightarrow x_{1/2} = \dfrac{-2 \pm \sqrt{2^2 - 4 \cdot 3 \cdot (-2)}}{2 \cdot 3} = \dfrac{-2 \pm 2\sqrt{7}}{6} = \dfrac{-1 \pm \sqrt{7}}{3}$ ist jeweils einfache Nullstelle von f'' und damit Wendestelle von G_f.

Krümmungsverhalten:

x	$x < \frac{-1 - \sqrt{7}}{3}$	$x_1 = \frac{-1 - \sqrt{7}}{3}$	$\frac{-1 - \sqrt{7}}{3} < x < \frac{-1 + \sqrt{7}}{3}$	$x_2 = \frac{-1 + \sqrt{7}}{3}$	$x > \frac{-1 + \sqrt{7}}{3}$
f''(x)	$f''(-2) = 12 > 0$ +	0 VZW von + nach –	$f''(0) = -4 < 0$ –	0 VZW von – nach +	$f''(1) = 6 > 0$ +
G_f	linksgekrümmt	W_1	rechtsgekrümmt	W_2	linksgekrümmt

Zeichnung:

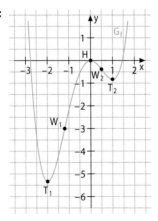

b) **Ableitungen:** $f'(x) = 3x^3 - 6x^2$; $f''(x) = 9x^2 - 12x$

Monotonie und Extremstellen:

$f'(x) = 0 \Leftrightarrow 3x^3 - 6x^2 = 0 \Leftrightarrow 3x^2(x-2) = 0 \Rightarrow x_1 = 0$; $x_2 = 2$

Monotonietabelle:

x	x < 0	$x_1 = 0$	0 < x < 2	$x_2 = 2$	x > 2
f'(x)	$f'(-1) = -9 < 0$ –	0 kein VZW	$f'(1) = -3 < 0$ –	0 VZW von – nach +	$f'(3) = 27 > 0$ +
G_f	↘	Terrassenpunkt	↘	$T(2\,|\,f(2))$	↗

Wendestellen:

$f''(x) = 0 \Leftrightarrow 9x^2 - 12x = 0 \Leftrightarrow 3x(3x-4) = 0 \Rightarrow x_1 = 0$; $x_2 = \frac{4}{3}$ ist jeweils einfache Nullstelle von f'' und damit Wendestelle von G_f.

Krümmungsverhalten:

x	x < 0	$x_1 = 0$	$0 < x < \frac{4}{3}$	$x_2 = \frac{4}{3}$	$x > \frac{4}{3}$
f''(x)	$f''(-1) = 21 > 0$ +	0 VZW von + nach –	$f''(1) = -3 < 0$ –	0 VZW von – nach +	$f''(2) = 12 > 0$ +
G_f	linksgekrümmt	W_1 Terassenpunkt	rechtsgekrümmt	W_2	linksgekrümmt

Zeichnung:

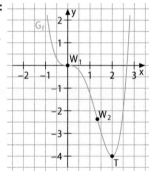

c) **Ableitungen:** $f'(x) = \frac{1}{3}x^3 - \frac{2}{3}x^2 - x$; $f''(x) = x^2 - \frac{4}{3}x - 1$

Monotonie und Extremstellen:

$f'(x) = 0 \Leftrightarrow \frac{1}{3}x^3 - \frac{2}{3}x^2 - x = 0 \Leftrightarrow \frac{1}{3}x(x^2 - 2x - 3) = 0 \Leftrightarrow \frac{1}{3}x(x-3)(x+1) = 0 \Rightarrow x_1 = -1$; $x_2 = 0$; $x_3 = 3$

Monotonietabelle:

x	x < –1	$x_1 = -1$	–1 < x < 0	$x_2 = 0$	0 < x < 3	$x_3 = 3$	x > 3
f'(x)	$f'(-2) = -\frac{11}{12} < 0$ –	0 VZW von – nach +	$f'\left(-\frac{1}{2}\right) = \frac{7}{24} > 0$ +	0 VZW von + nach –	$f'(1) = -\frac{4}{3} < 0$ –	0 VZW von – nach +	$f'(4) = \frac{20}{3} > 0$ +
G_f	↘	$T_1(-1\,|\,f(-1))$	↗	$H(0\,|\,f(0))$	↘	$T_2(3\,|\,f(3))$	↗

Wendestellen:

$f''(x) = 0 \Leftrightarrow x^2 - \frac{4}{3}x - 1 = 0 \Rightarrow x_{1/2} = \frac{\frac{4}{3} \pm \sqrt{\left(\frac{4}{3}\right)^2 - 4 \cdot 1 \cdot (-1)}}{2} = \frac{\frac{4}{3} \pm \frac{2}{3}\sqrt{13}}{2} = \frac{1}{3}(2 \pm \sqrt{13})$;

$x_1 = \frac{1}{3}(2 - \sqrt{13})$; $x_2 = \frac{1}{3}(2 + \sqrt{13})$ ist jeweils einfache Nullstelle von f'' und damit Wendestelle von G_f.

Krümmungsverhalten:

x	$x < \frac{1}{3}(2-\sqrt{13})$	$x_1 = \frac{1}{3}(2-\sqrt{13})$	$x_1 < x < x_2$	$x_2 = \frac{1}{3}(2+\sqrt{13})$	$x > \frac{1}{3}(2+\sqrt{13})$
$f''(x)$	$f''(-1) = \frac{4}{3} > 0$ +	0 VZW von + nach −	$f''(1) = -\frac{4}{3} < 0$ −	0 VZW von − nach +	$f''(2) = \frac{5}{3} > 0$ +
G_f	linksgekrümmt	W_1	rechtsgekrümmt	W_2	linksgekrümmt

Zeichnung:

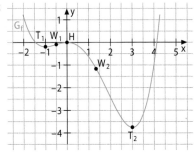

d) **Ableitungen:** $f'(x) = x^2 - 6x + 8$; $f''(x) = 2x - 6$

Monotonie und Extremstellen:

$f'(x) = 0 \Leftrightarrow x^2 - 6x + 8 = 0 \Leftrightarrow (x-2)(x-4) = 0 \Rightarrow x_1 = 2$; $x_2 = 4$

Monotonietabelle:

x	$x < 2$	$x_1 = 2$	$2 < x < 4$	$x_2 = 4$	$x > 4$
$f'(x)$	$f'(1) = 3 > 0$ +	0 VZW von + nach −	$f'(3) = -1 < 0$ −	0 VZW von − nach +	$f'(5) = 3 > 0$ +
G_f	↗	$H(2\,|\,f(2))$	↘	$T(4\,|\,f(4))$	↗

Wendestellen:

$f''(x) = 0 \Leftrightarrow 2x - 6 = 0 \Rightarrow x_1 = 3$ ist einfache Nullstelle von f'' und damit Wendestelle von G_f.

Krümmungsverhalten:

x	$x < 3$	$x_1 = 3$	$x > 3$
$f''(x)$	$f''(2) = -2 < 0$ −	0 VZW von − nach +	$f''(4) = 2 > 0$ +
G_f	rechtsgekrümmt	$W(3\,|\,f(3))$	linksgekrümmt

Zeichnung:

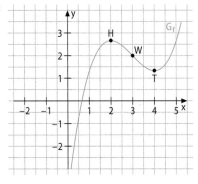

3 **a)** Die Aussage ist wahr, da G_f (mindestens) drei Stellen mit waagrechter Tangente besitzt.

b) Die Aussage ist für $x \to +\infty$ wahr, da sich G_f an die x-Achse anschmiegt und damit auch die Steigung von G_f für $x \to +\infty$ gegen null konvergiert.

c) Die Aussage ist wahr, da G_f an der Stelle $x_0 = 0$ eine waagrechte Tangente besitzt.

d) Die Aussage ist wahr. Im Hochpunkt bei $x_0 = 2$ ist der Graph rechtsgekrümmt. Da er sich für $x \to +\infty$ an die x-Achse anschmiegt, ist er dann linksgekrümmt. Somit muss es im Intervall $]2; +\infty[$ eine Stelle x_1 geben, für die $f''(x_1) = 0$ gilt.

4 **a)** $P(-1|1{,}5) \in G_f \Rightarrow f_{a,b}(-1) = 1{,}5$
$\Rightarrow$ (I) $b \cdot a^{-1} = 1{,}5$
$Q(3|24) \in G_f \Rightarrow f_{a,b}(3) = 24 \Rightarrow$ (II) $b \cdot a^3 = 24$
(II):(I) $a^4 = 16 \Rightarrow a = \sqrt[4]{16} = 2$
Einsetzen in (I): $b = 1{,}5 \cdot 2 = 3$
$f_{2,3}(x) = 3 \cdot 2^x$
Der Graph $G_{f_{2,3}}$ ist streng monoton steigend auf $\mathbb{R}$ und es gilt $\lim\limits_{x \to -\infty} f_{2,3}(x) = 0$ sowie $\lim\limits_{x \to +\infty} f_{2,3}(x) = +\infty$.

b) $P\left(-2\left|\frac{1}{3}\right.\right) \in G_f \Rightarrow f_{a,b}(-2) = \frac{1}{3} \Rightarrow$ (I) $b \cdot a^{-2} = \frac{1}{3}$
$Q(2|27) \in G_f \Rightarrow f_{a,b}(2) = 27 \Rightarrow$ (II) $b \cdot a^2 = 27$
(II):(I) $a^4 = 81 \Rightarrow a = \sqrt[4]{81} = 3$
Einsetzen in (I): $b = \frac{1}{3} \cdot 3^2 = 3$
$f_{3,3}(x) = 3 \cdot 3^x$
Der Graph $G_{f_{3,3}}$ ist streng monoton steigend auf $\mathbb{R}$ und es gilt $\lim\limits_{x \to -\infty} f_{3,3}(x) = 0$ sowie $\lim\limits_{x \to +\infty} f_{3,3}(x) = +\infty$.

c) $P\left(-3\left|-\frac{1}{2}\right.\right) \in G_f \Rightarrow f_{a,b}(-3) = -\frac{1}{2}$
$\Rightarrow$ (I) $b \cdot a^{-3} = -\frac{1}{2}$
$Q(1|-8) \in G_f \Rightarrow f_{a,b}(1) = -8 \Rightarrow$ (II) $b \cdot a^1 = -8$
(II):(I) $a^4 = 16 \Rightarrow a = \sqrt[4]{16} = 2$
Einsetzen in (I): $b = -\frac{1}{2} \cdot 2^3 = -4$
$f_{2,-4}(x) = -4 \cdot 2^x$
Der Graph $G_{f_{2,-4}}$ ist streng monoton fallend auf $\mathbb{R}$ und es gilt $\lim\limits_{x \to -\infty} f_{2,-4}(x) = 0$ sowie $\lim\limits_{x \to +\infty} f_{2,-4}(x) = -\infty$.

d) $P(-4|4) \in G_f \Rightarrow f_{a,b}(-4) = 4 \Rightarrow$ (I) $b \cdot a^{-4} = 4$
$Q\left(-1\left|\frac{1}{2}\right.\right) \in G_f \Rightarrow f_{a,b}(-1) = \frac{1}{2} \Rightarrow$ (II) $b \cdot a^{-1} = \frac{1}{2}$
(II):(I) $a^3 = \frac{1}{8} \Rightarrow a = \frac{1}{2}$

Einsetzen in (I): $b = 4 \cdot \left(\frac{1}{2}\right)^4 = \frac{1}{4}$
$f_{0{,}5; 0{,}25}(x) = \frac{1}{4} \cdot \left(\frac{1}{2}\right)^x$
Der Graph $G_{f_{0{,}5; 0{,}25}}$ ist streng monoton fallend auf $\mathbb{R}$ und es gilt $\lim\limits_{x \to -\infty} f_{0{,}5; 0{,}25}(x) = +\infty$ sowie $\lim\limits_{x \to +\infty} f_{0{,}5; 0{,}25}(x) = 0$.

5 **a)** $\log_5 125 = x \Leftrightarrow x = \log_5 5^3 = 3$

b) $\log_x 512 = 3 \Leftrightarrow x^3 = 512 \Leftrightarrow x = \sqrt[3]{512} = 8$

c) $3 \cdot 2^{x+1} = 48 \Leftrightarrow 2^{x+1} = 16 \Leftrightarrow 2^{x+1} = 2^4$
$\Rightarrow x + 1 = 4 \Rightarrow x = 3$

d) $5^{2x} - 4 \cdot 5^x = 0 \Leftrightarrow 5^x \cdot (5^x - 4) = 0$

1 $5^x = 0$: Diese Gleichung hat keine Lösung.

2 $5^x - 4 = 0 \Leftrightarrow 5^x = 4 \Leftrightarrow x = \log_5 4$

6 **a)** Möglicher Funktionsterm: $f(x) = 100\,\% \cdot 0{,}6^x$ bzw. $f(x) = 0{,}6^x$

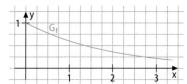

b) **1** $0{,}6^x = 0{,}5 \Leftrightarrow x_1 = \log_{0{,}6} 0{,}5 \approx 1{,}36$

2 $0{,}6^x = 0{,}25 \Leftrightarrow x_2 = \log_{0{,}6} 0{,}25 \approx 2{,}71$

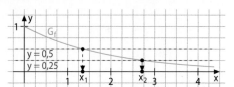

7 **a)** Mit $f(x) = a \cdot \sin[b(x - c)] + d$ gilt $c = -\frac{\pi}{3}$:
Verschiebung um $\frac{\pi}{3}$ Längeneinheiten in negative x-Richtung

$a = -2$: Streckung in y-Richtung mit dem Faktor 2 und Spiegelung an der x-Achse

$d = 1$: Verschiebung um 1 Längeneinheit in positive y-Richtung

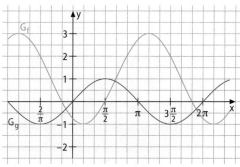

b) Mit $f(x) = a \cdot \sin[b(x-c)] + d$ gilt:
$f(x) = 3\cos x - 2 = 3\sin\left(x + \frac{\pi}{2}\right) - 2$

$c = -\frac{\pi}{2}$: Verschiebung um $\frac{\pi}{2}$ Längeneinheiten in negative x-Richtung

$a = 3$: Streckung in y-Richtung mit dem Faktor 3

$d = -2$: Verschiebung um 2 Längeneinheiten in negative y-Richtung

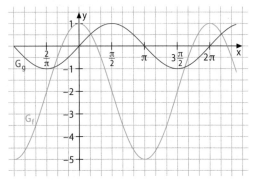

c) Streckung in x-Richtung mit dem Faktor $\frac{1}{2}$; Spiegelung an der y-Achse

Streckung in y-Richtung mit dem Faktor 4

Verschiebung um 1 Längeneinheit in positive y-Richtung

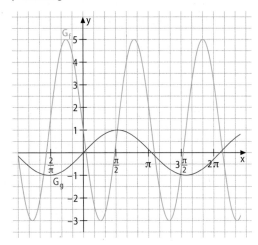

Am Ziel – Seiten 54 und 55

1 **a)** Ableitungen: $f_a'(x) = 2ax$; $f_a''(x) = 2a$

Extremstelle: $f_a'(x) = 0 \Leftrightarrow 2ax = 0 \Rightarrow x_0 = 0$;

Hinreichende Bedingung: $f_a''(0) = 2a \begin{cases} < 0 \text{ für } a < 0 \\ > 0 \text{ für } a > 0 \end{cases}$

Der Graph G_{f_a} besitzt für $a < 0$ einen Hochpunkt $H_a\left(0 \middle| \frac{1}{a}\right)$ und für $a > 0$ einen Tiefpunkt $T_a\left(0 \middle| \frac{1}{a}\right)$.

b) Stammfunktion: $F_{a,c}(x) = a \cdot \frac{1}{3}x^3 + \frac{1}{a}x + c$, $c \in \mathbb{R}$

Da die Wendestelle von $F_{a,c}$ genau die Extremstelle von f ist, gilt $F_{a,c}(0) = 0$, d.h. $c = 0$.

Also: $F_{a,0}(x) = \frac{1}{3}ax^3 + \frac{1}{a}x$

2 Es gilt $G_A = G_f$ und $G_B = G_F$.

Begründung: G_B kann nicht der Graph von f sein, da z. B. in der Umgebung von $x_0 = -3$ der Graph G_A sehr flach verläuft, seine Ableitung müsste also kleine (positive) Werte besitzen. Allerdings gilt ungefähr $B(-3) \approx 2$. Somit folgt die Behauptung.

3 **a)** Mit $f(x) = a \cdot e^{b \cdot (x-c)} + d$ gilt:
Verschiebung um 2 Längeneinheiten in positive x-Richtung
Streckung in y-Richtung mit dem Faktor 3;
Spiegelung an der x-Achse

b) Mit $f(x) = a \cdot e^{b \cdot (x-c)} + d$ gilt:
Streckung in x-Richtung mit dem Faktor $\frac{1}{2}$;
Spiegelung an der y-Achse
Verschiebung um 4 Längeneinheiten in negative y-Richtung

4 **a)** $f(1) = (1-1) \cdot e^1 = 0$; $P(1|0)$

Ableitung: $f'(x) = (-1) \cdot e^x + (1-x) \cdot e^x$
$ = e^x \cdot (-1 + 1 - x) = -x \cdot e^x$

$f'(1) = -1 \cdot e^1 = -e = m_{t_p}$

Tangente: $t_P: y = mx + t \Rightarrow 0 = -e \cdot 1 + t$
$ \Rightarrow t = e$

Tangentengleichung $t_P: y = -ex + e$

b) $f(1) = 1^2 \cdot e^1 = e$; $P(1|e)$

Ableitung: $f'(x) = 2x \cdot e^x + x^2 \cdot e^x = (2x + x^2) \cdot e^x$

$f'(1) = (2 \cdot 1 + 1^2) \cdot e^1 = 3e = m_{t_p}$

Tangente: $t_P: y = mx + t \Rightarrow e = 3e \cdot 1 + t$
$ \Rightarrow t = -2e$

Tangentengleichung: $t_P: y = 3e \cdot x - 2e$

5

1	A	$F'(x) = 2(e^x + e^{-x}) \cdot (e^x + e^{-x} \cdot (-1))$ $= 2(e^x + e^{-x}) \cdot (e^x - e^{-x}) = 2\left((e^x)^2 - (e^{-x})^2\right)$ $= 2e^{2x} - 2e^{-2x}$
2	D	$F'(x) = 1 + e^{-x} \cdot (-1) = 1 - e^{-x} = 1 - \frac{1}{e^x}$
3	B	$F'(x) = e^{x+2} \cdot 1 = e^x \cdot e^2 = e^2 \cdot e^x$
4	C	$F'(x) = 3x^2 + \frac{1}{3} \cdot e^{3x} \cdot 3 = 3x^2 + e^{3x}$

6 **a)** $\ln \underbrace{(\ln e)}_{1} = \ln 1 = 0$

b) $[\ln (e^2)]^2 + 2 \underbrace{\ln e}_{1} = \left[2 \underbrace{\ln e}_{1} \right]^2 + 2 = 2^2 + 2 = 6$

c) $\ln (e^2) + \ln \frac{1}{e^2} - e^{\ln 2} = 2 \underbrace{\ln e}_{1} + \ln e^{-2} - 2$

$\qquad\qquad = 2 - 2 \underbrace{\ln e}_{1} - 2 = -2$

d) $\ln \frac{1}{3} - \ln e^3 - \ln 3 = \underbrace{\ln 1}_{0} - \ln 3 - 3 \underbrace{\ln e}_{1} - \ln 3$

$\qquad\qquad = -2 \ln 3 - 3$

7 **a)** **Symmetrie:** $f(-x) = (-x) \cdot e^{-(-x)^2} = -xe^{-x^2} = -f(x)$;
G_f ist punktsymmetrisch bezüglich des Koordinatenursprungs.

Schnittpunkt mit der y-Achse:
$f(0) = 0 \cdot e^{-0^2} = 0$; $S_y(0|0)$

Nullstelle: $f(x) = 0 \Leftrightarrow x \cdot \underbrace{e^{-x^2}}_{\neq 0} = 0 \Rightarrow x_0 = 0$;
$N(0|0) = S_y$

Verhalten für $x \to +\infty$: Es gilt
$\lim\limits_{x \to +\infty} (xe^{-x^2}) = \lim\limits_{x \to +\infty} \left(\frac{x}{e^{x^2}} \right) = 0$, da die e-Funktion
schneller wächst als jede Potenzfunktion.

b) **Ableitungen:**
$f'(x) = 1 \cdot e^{-x^2} + x \cdot e^{-x^2} \cdot (-2x) = (1 - 2x^2) \cdot e^{-x^2}$;
$f''(x) = (-4x) \cdot e^{-x^2} + (1 - 2x^2) \cdot e^{-x^2} \cdot (-2x)$
$\qquad = (-6x + 4x^3) \cdot e^{-x^2} = 2x \cdot (2x^2 - 3) e^{-x^2}$

Extrempunkte:
$f'(x) = 0 \Leftrightarrow (1 - 2x^2) \cdot \underbrace{e^{-x^2}}_{\neq 0} = 0$

$\Rightarrow 1 - 2x^2 = 0 \Leftrightarrow x^2 = \frac{1}{2} \Rightarrow x_{1/2} = \pm \frac{1}{2} \sqrt{2}$
Hinreichende Bedingung:
$f'' \left(\frac{1}{2} \sqrt{2} \right) = 2 \cdot \frac{1}{2} \sqrt{2} \cdot \left(2 \cdot \frac{1}{2} - 3 \right) \cdot e^{-0,5}$

$\qquad\qquad = -2 \sqrt{2} \cdot e^{-0,5} < 0$

$\Rightarrow G_f$ hat an der Stelle $x_1 = \frac{1}{2} \sqrt{2}$ einen Hoch-

punkt $H \left(\frac{1}{2} \sqrt{2} \Big| \frac{1}{2} \sqrt{2} \cdot e^{-0,5} \right)$. Wegen der Punkt-
symmetrie von G_f bezüglich des Koordinatenur-
sprungs ist dann $T \left(-\frac{1}{2} \sqrt{2} \Big| -\frac{1}{2} \sqrt{2} \cdot e^{-0,5} \right)$ der Tief-
punkt von G_f.

Wendepunkte:
$f''(x) = 0 \Leftrightarrow 2x \cdot (2x^2 - 3) \underbrace{e^{-x^2}}_{\neq 0} = 0 \Rightarrow x_1 = 0$;

$2x^2 - 3 = 0 \Leftrightarrow x^2 = \frac{3}{2} \Rightarrow x_{2/3} = \pm \frac{1}{2} \sqrt{6}$ sind
jeweils einfache Nullstellen von f'' und damit Wen-
destellen von G_f.
$f \left(\frac{1}{2} \sqrt{6} \right) = \frac{1}{2} \sqrt{6} \cdot e^{-\left(\frac{1}{2} \sqrt{6} \right)^2} = \frac{1}{2} \sqrt{6} \cdot e^{-\frac{3}{2}}$

Aufgrund der Punktsymmetrie bezüglich des Koor-
dinatenursprungs folgt $f \left(-\frac{1}{2} \sqrt{6} \right) = -\frac{1}{2} \sqrt{6} \cdot e^{-\frac{3}{2}}$.
$W_1(0|0)$, $W_2 \left(-\frac{1}{2} \sqrt{6} \Big| -\frac{1}{2} \sqrt{6} \cdot e^{-\frac{3}{2}} \right)$ und
$W_3 \left(\frac{1}{2} \sqrt{6} \Big| \frac{1}{2} \sqrt{6} \cdot e^{-\frac{3}{2}} \right)$ sind Wendepunkte.

8 **a)** $f(t) = a \cdot e^{kt}$ mit t: Zeit in Stunden seit Beobachtungsbeginn; $f(t)$: Menge des Jod 133 in mg
$f(0) = 10 \Rightarrow a \cdot e^{k \cdot 0} = 10 \Rightarrow a = 10$
$f(20,8) = 5 \Leftrightarrow 10 \cdot e^{k \cdot 20,8} = 5$
$\Leftrightarrow e^{k \cdot 20,8} = \frac{1}{2} \Leftrightarrow k \cdot 20,8 = \ln \frac{1}{2}$
$\Leftrightarrow k \cdot 20,8 = -\ln 2 \Leftrightarrow k = -\frac{\ln 2}{20,8} \approx -0,033$
Also: $f(t) = 10 \cdot e^{\frac{-\ln 2}{20,8} t}$

b) $f(t) < \frac{10 \, \text{mg}}{1000} = 0,01 \, \text{mg}$

$\Rightarrow 10 \, \text{mg} \cdot e^{-0,033 \, t} < 0,01 \, \text{mg}$

$e^{-0,033 \, t} < \frac{0,01 \, \text{mg}}{10 \, \text{mg}} = 0,001$

$\Leftrightarrow -0,033t < \ln 0,001 = -\ln 1000$

$\Rightarrow t > \frac{\ln 1000}{0,033} \approx 209 \, [\text{h}] \approx 8 \, \text{Tage} \, 17 \, \text{h}$

9 **a)** **Ableitungen:**
$f'(t)$
$= -(2t + 20) e^{-0,1t} - (t^2 + 20t + 200) e^{-0,1t} \cdot (-0,1)$
$= -e^{-0,1t} \cdot (2t + 20 - 0,1t^2 - 2t - 20)$
$= 0,1t^2 e^{-0,1t}$
$f''(t) = 0,1 \cdot 2t \cdot e^{-0,1t} + 0,1t^2 e^{-0,1t} \cdot (-0,1)$
$\qquad = 0,1t \cdot (-0,1t + 2) e^{-0,1t}$

Wendestelle:
$f''(t) = 0 \Leftrightarrow 0,1t \cdot (-0,1t + 2) \cdot \underbrace{e^{-0,1t}}_{\neq 0} = 0$

$\Rightarrow t_1 = 0; \; -0,1t + 2 = 0 \Rightarrow t_2 = 20 \, [\text{Tage}]$
$f'(0) = 0$ kein Wachstum
$f'(20) = 0,1 \cdot 20^2 \cdot e^{-0,1 \cdot 20} = 40 e^{-2} \approx 5,41 > 0$
Nach 20 Tagen hat die Pflanze den größten Wachs-
tumsschub.

b) Gesucht ist das Verhalten der Funktion f für große
Werte von t.
Es gilt $\lim\limits_{t \to +\infty} \left[-(t^2 + 20t + 200) \cdot e^{-0,1t} + 200 \right] = 200$,
da gilt $\lim\limits_{t \to +\infty} \left(t^n \cdot e^{-0,1t} \right) = 0$ für alle $n \in \mathbb{N}$.
Die Pflanze kann höchstens 200 cm, also 2 m hoch
werden.

10 a) Zunächst bildet man die Ableitung der Funktion f:
$$f'(x) = 3(-\sin x) = -3\sin x.$$

Dann bestimmt man die y-Koordinate von P:
$$f\left(\frac{\pi}{2}\right) = 2 + 3\underbrace{\cos\frac{\pi}{2}}_{0} = 2; \; P\left(\frac{\pi}{2}\bigg|2\right).$$

Des Weiteren bestimmt man die Steigung der Tangente: $m_{tp} = f'\left(\frac{\pi}{2}\right) = -3 \cdot \sin\frac{\pi}{2} = -3.$

In die allgemeine Geradengleichung setzt man die Koordinaten von P sowie die Steigung ein:
$$t_P: y = mx + t \Rightarrow 2 = -3 \cdot \frac{\pi}{2} + t.$$

Durch Auflösen der Gleichung erhält man $t = 2 + \frac{3\pi}{2}$ und notiert die Tangentengleichung:
$$t_P: y = -3x + 2 + \frac{3}{2}\pi.$$

b) $W_f = [-1; 5]$

11 Da die Exponentialfunktion streng monoton zunehmend ist, wird der kleinste (größte) Wert angenommen, wenn der Exponent am kleinsten (größten) ist.

a) Der kleinste Wert, den die Kosinusfunktion annehmen kann, ist −1, somit ist der kleinste Wert des Exponenten 0. Damit ist $e^0 = 1$ der kleinste Wert der Funktion.

Der größte Wert, den die Kosinusfunktion annehmen kann, ist 1, somit ist der größte Wert des Exponenten 2. Damit ist e^2 der größte Wert der Funktion.

Insgesamt gilt also: $W_f = [1; e^2]$

b) Der kleinste Wert, den die Sinusfunktion annehmen kann, ist −1, somit ist der kleinste Wert des Exponenten $2 \cdot (-1) - 1 = -3$. Damit ist e^{-3} der kleinste Wert der Funktion.

Der größte Wert, den die Sinusfunktion annehmen kann, ist 1, somit ist der größte Wert des Exponenten $2 \cdot 1 - 1 = 1$. Damit ist e der größte Wert der Funktion.

Insgesamt gilt also: $W_f = [e^{-3}; e]$

Aufgaben für Lernpartner

A Die Aussage ist falsch. Gegenbeispiel:
$f_a: x \mapsto ax^2$, $D_{f_a} = \mathbb{R}$, $a \in \mathbb{R}^+$
Die zu verschiedenen Parameterwerten gehörenden Graphen sind nicht kongruent zueinander.

B Die Aussage ist falsch, da $f_k(0) = 0^3 + k = k$, also hat jeder Graph G_{f_k} einen anderen Schnittpunkt $P_k(0|k)$ mit der y-Achse.

C Die Aussage ist richtig. Da zu einer Stammfunktion beliebige Konstanten addiert werden können, lässt sich der Graph einer Stammfunktion so in y-Richtung verschieben, dass der verschobene Graph die x-Achse schneidet.

D Die Aussage ist falsch, da für alle $n \in \mathbb{N}\backslash\{0\}$ gilt:
$$\lim_{x \to +\infty} \frac{x^n}{e^x} = 0.$$

E Die Aussage ist richtig, da gilt: $\ln e^x = x$ für alle $x \in \mathbb{R}$.

F Die Aussage ist falsch. Gegenbeispiel: Der Funktionsterm von $f: x \mapsto e^{2x}$, $D_f = \mathbb{R}$, enthält eine Potenz zur Basis e. Aber es gilt: $f'(x) = e^{2x} \cdot 2 = 2e^{2x} \neq f(x)$.

G Die Aussage ist falsch, da e^a ein konstanter Summand ist. Richtig ist: $f_a'(x) = e^x$.

H Die Aussage ist richtig, da e^a ein konstanter Faktor ist.

I Beide Aussagen sind falsch. Richtig ist:
$$k_1(x) = f(g(x)) = f(e^x - 1) = (e^x - 1)^2 + 1$$
$$= e^{2x} - 2e^x + 2$$
$$k_2(x) = g(f(x)) = g(x^2 + 1) = e^{x^2 + 1} - 1$$

J Die Aussage ist richtig. Es gilt für jede positive Basis b:
$b = e^{\ln b}$ und damit $b^x = (e^{\ln b})^x = e^{x \cdot \ln b}$.

K Die Aussage ist falsch. Gegenbeispiel: $f: x \mapsto -e^x$, $D_f = \mathbb{R}$. Es gilt $\lim\limits_{x \to +\infty}(-e^x) = -\lim\limits_{x \to +\infty} e^x = -\infty$.

L Die Aussage ist falsch. Die Anzahl der Individuen zur Zeit $t = 0$ berechnet sich mit
$f_a(0) = a \cdot e^{0+3} = a \cdot e^3 \neq a$.

M Die Aussage ist falsch. Durch Logarithmieren erhält man: $\ln(x \cdot e^x) = \ln 4 \Rightarrow \ln(x) + x = \ln 4$, was mit Schulmathematik nicht gelöst werden kann.

N Die Aussage ist falsch. Gegenbeispiel:
$e^x = e^2 \Rightarrow x = 2 \in \mathbb{Z}$

O Die Aussage ist falsch. Richtig ist nach der Produktregel:
$f'(x) = \cos x \cdot \cos x + \sin x \cdot (-\sin x) = (\cos x)^2 - (\sin x)^2$.

P Die Aussage ist falsch. Richtig ist: $f'(x) = \cos x$; $f''(x) = -\sin x = -f(x)$.

Startklar – Seite 58

1 T: „Abigail trifft."

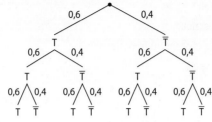

P („Abigail trifft mindestens zweimal.") $= 3 \cdot 0{,}6^2 \cdot 0{,}4 + 0{,}6^3 = 0{,}648 = 64{,}8\,\%$

2 **a)** P („Matteo hat mindestens zwei richtige Antworten.") $= 1 - $ P („Matteo hat höchstens eine richtige Antwort.")

$= 1 - (0{,}5^4 + 4 \cdot 0{,}5^4) = 1 - 5 \cdot \frac{1}{16} = \frac{11}{16} = 68{,}75\,\%$

b) P („Matteo hat mindestens eine richtige Antwort.") $= 1 - $ P („Matteo hat keine richtige Antwort.")

$= 1 - 0{,}75^2 = \frac{7}{16} = 43{,}75\,\%$

3 **a)** **1** $P_K(T)$ ist die Wahrscheinlichkeit dafür, dass eine zufällig ausgewählte kranke Person ein positives Testergebnis hat.

2 $P_{\overline{K}}(T)$ ist die Wahrscheinlichkeit dafür, dass eine zufällig ausgewählte nicht kranke Person ein positives Testergebnis hat.

3 $P_T(\overline{K})$ ist die Wahrscheinlichkeit dafür, dass eine zufällig ausgewählte positiv getestete Person nicht krank ist.

4 $P(K)$ ist die Wahrscheinlichkeit dafür, dass eine zufällig ausgewählte Person krank ist.

b) **1** Möglichst kleine Werte sind erwünscht für $P_{\overline{K}}(T)$, $P_T(\overline{K})$ und $P(K)$.

2 Fehlentscheidungen beschreiben die Wahrscheinlichkeiten $P_{\overline{K}}(T)$ und $P_T(\overline{K})$.

4 B: „Eine zufällig ausgewählte Person der Belegschaft ist blond."; R: „Eine zufällig ausgewählte Person der Belegschaft raucht."

$P(B) = 0{,}6$; $P(R) = 0{,}3$; $P_{\overline{B}}(R) = 0{,}5$

	R	$\overline{R}$	gesamt
B	0,1	0,5	0,6
$\overline{B}$	0,2*	0,2	0,4
gesamt	0,3	0,7	1

$* \; P_{\overline{B}}(R) = \frac{P(\overline{B} \cap R)}{P(\overline{B})} \Rightarrow P(\overline{B} \cap R) = P_{\overline{B}}(R) \cdot P(\overline{B})$

$= 0{,}5 \cdot 0{,}4 = 0{,}2$

$P_R(B) = \frac{P(R \cap B)}{P(R)} = \frac{0{,}1}{0{,}3} = \frac{1}{3}$

5 **a)** $3 \cdot 2 \cdot 1 = 6$

b) Da benachbarte Streifen nicht die gleiche Farbe besitzen dürfen und die Randfarben nicht Weiß sein dürfen, kann z. B. mithilfe eines Baumdiagramms bestimmt werden, dass es 52 Möglichkeiten gibt.

6 Das Ereignis E_1 beinhaltet im Gegensatz zum Ereignis E_2 nicht die Schnittmenge der Ereignisse A und B.

$E_1 = (\overline{A} \cap B) \cup (A \cap \overline{B})$ $\qquad E_2 = A \cup B$

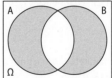 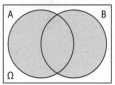

7 **a)** $E_1 = \{1; 3; 5; 7; 9\}$; $E_2 = \{3; 6; 9\}$;

$E_1 \cup E_2 = \{1; 3; 5; 6; 7; 9\}$

$\Rightarrow P(E_1) = \frac{5}{10} = \frac{1}{2}$; $P(E_2) = \frac{3}{10}$;

$P(E_1 \cup E_2) = \frac{6}{10} = \frac{3}{5}$

Die Ereignisse E_1 und E_2 erfüllen die Gleichung nicht, denn $P(E_1) + P(E_2) = \frac{8}{10} = \frac{4}{5} \neq \frac{3}{5}$.

b) mögliche Lösung: E_3: „Die Zahl ist durch 5 teilbar."

$E_3 = \{5; 10\} \Rightarrow P(E_3) = \frac{2}{10} = \frac{1}{5}$;

$P(E_2) + P(E_3) = \frac{3}{10} + \frac{2}{10} = \frac{5}{10} = \frac{1}{2}$

$E_2 \cup E_3 = \{3; 5; 6; 9; 10\}$

$\Rightarrow P(E_2 \cup E_3) = \frac{5}{10} = \frac{1}{2} = P(E_2) + P(E_3)$

Am Ziel – Seiten 106 und 107

1 a) A: „Es werden genau 17 Treffer erzielt."

b) B: „Es werden höchstens 17 Treffer erzielt."

c) C: „Es werden mindestens 10 und höchstens 20 Treffer erzielt."

d) D: „Es werden mehr als 17 Treffer erzielt."

2 a) $\binom{5}{3} = \frac{5!}{3! \cdot 2!} = \frac{5 \cdot 4 \cdot 3 \cdot 2 \cdot 1}{3 \cdot 2 \cdot 1 \cdot 2 \cdot 1} = \frac{5 \cdot 4}{2} = 10$

$\binom{101}{99} = \frac{101!}{99! \cdot 2!} = \frac{101 \cdot 100 \cdot 99 \cdot \ldots \cdot 1}{99 \cdot \ldots \cdot 1 \cdot 2 \cdot 1} = \frac{101 \cdot 100}{2} = 101 \cdot 50 = 5050$

$\binom{16}{2} = \frac{16!}{2! \cdot 14!} = \frac{16 \cdot 15}{2} = 8 \cdot 15 = 120$

$\binom{5}{2} = \frac{5!}{2! \cdot 3!} = \frac{5 \cdot 4}{2} = 5 \cdot 2 = 10$

b) Nutzen Sie die Funktion [nCr] Ihres Taschenrechners.

3 **1** $P(\Omega) = 0,6 + 0,3 + 0,1 = 1$

Außerdem liegen alle Werte $P(X = x_i)$ zwischen 0 und 1. Somit liegt eine Wahrscheinlichkeitsverteilung vor.

$E(X) = -2 \cdot 0,6 + 1 \cdot 0,3 + 2 \cdot 0,1 = -0,7$

$\sigma = \sqrt{\text{Var}(X)}$

$= \sqrt{(-2-(-0,7))^2 \cdot 0,6 + (1-(-0,7))^2 \cdot 0,3 + (2-(-0,7))^2 \cdot 0,1} = \sqrt{2,61}$

$= \frac{3}{10}\sqrt{29} \approx 1,62$

2 $P(\Omega) = 0,05 + 0,3 + 0,25 + 0,2 + 0,2 = 1$

Außerdem liegen alle Werte $P(X = x_i)$ zwischen 0 und 1. Somit liegt eine Wahrscheinlichkeitsverteilung vor.

$E(X) = -1 \cdot 0,05 + 0 \cdot 0,3 + 1 \cdot 0,25 + 2 \cdot 0,2 + 3 \cdot 0,2 = 1,2$

$\sigma = \sqrt{\text{Var}(X)} = \sqrt{(-1-1,2)^2 \cdot 0,05 + (0-1,2)^2 \cdot 0,3 + (1-1,2)^2 \cdot 0,25 + (2-1,2)^2 \cdot 0,2 + (3-1,2)^2 \cdot 0,2} = \sqrt{\frac{73}{50}}$

$= \frac{1}{10}\sqrt{146} \approx 1,21$

4 Das Histogramm einer Binomialverteilung ist nur symmetrisch zum Erwartungswert für $p = 0,5$. Somit zeigt die Abbildung das Histogramm zu $B(13; 0,5)$.

Für $B(13; 0,4)$ gilt $\mu = 13 \cdot 0,4 = 5,2$ und $\sigma = \sqrt{13 \cdot 0,4 \cdot 0,6} = \frac{1}{5}\sqrt{78} \approx 1,77$.

Für $B(13; 0,5)$ gilt $\mu = 13 \cdot 0,5 = 6,5$ und $\sigma = \sqrt{13 \cdot 0,5 \cdot 0,5} = \frac{1}{2}\sqrt{13} \approx 1,80$.

Für $B(13; 0,8)$ gilt $\mu = 13 \cdot 0,8 = 10,4$ und $\sigma = \sqrt{13 \cdot 0,8 \cdot 0,2} = \frac{2}{5}\sqrt{13} \approx 1,44$.

5 a) $P(\text{„Man wirft mindestens fünfmal eine 4."}) = 1 - P(\text{„Man wirft höchstens viermal eine 4."}) = 1 - F(20; 0,25; 4)$

$\approx 1 - 0,4148415 \approx 58,52\%$

b) Es gibt $\frac{20!}{6! \cdot 7! \cdot 3! \cdot 4!} = 4\,655\,851\,200$ Möglichkeiten.

c) $P(\text{„Es wird mindestens eine 4 gewürfelt."}) \geq 0,99$

$\Leftrightarrow 1 - P(\text{„Es wird keine 4 gewürfelt."}) \geq 0,99$

$\Leftrightarrow 1 - 0,75^n \geq 0,99 \Leftrightarrow 0,01 \geq 0,75^n \Leftrightarrow \ln 0,01 \geq n \cdot \ln 0,75 \Rightarrow n \geq \frac{\ln 0,01}{\ln 0,75} \Rightarrow n \geq 16,01$

Sie muss den Tetraeder mindestens 17-mal werfen, um mit einer Wahrscheinlichkeit von mindestens 99 % mindestens eine Vier zu werfen.

6 Das Pokerblatt besteht aus jeweils 13 Karten in den Farben Kreuz, Pik, Herz und Karo.

1 P („Es werden nur Kreuzkarten gezogen.")

$$= \frac{\binom{13}{8} \cdot \binom{39}{0}}{\binom{52}{8}} = \frac{1287}{752\,538\,150} \approx 0,0002\,\%$$

2 P („Es werden mindestens 2 Herzkarten gezogen.")
   = 1 − P („Man zieht höchstens eine Herzkarte.")

$$= 1 - \frac{\binom{13}{0} \cdot \binom{39}{8} + \binom{13}{1} \cdot \binom{39}{7}}{\binom{52}{8}}$$

$$= 1 - \frac{261\,475\,929}{752\,538\,150} \approx 65,25\,\%$$

7 a) $H_0: p \leq 0,15; \ \alpha = 0,01$
$\overline{A} = \{k + 1; \ldots; 20\}$
$P_{0,15}(X > k) < 0,01 \Leftrightarrow 1 - P_{0,15}(X \leq k) < 0,01$
$\Leftrightarrow 1 - F(20; 0,15; k) < 0,01$
$0,99 < F(20; 0,15; k) \Rightarrow k = 6$
Es gilt somit $\overline{A} = \{7; \ldots; 20\}$.
Man kann somit auf einem Signifikanzniveau von 1 % sagen, dass die Wahrscheinlichkeit für überlaufende Milch durch die Wartung verringert wurde.

b) $H_0: p \leq 0,15; \ \alpha = 0,1$
$\overline{A} = \{k + 1; \ldots; 20\}$
$P_{0,15}(X > k) < 0,1$
$\Leftrightarrow 1 - P_{0,15}(X \leq k) < 0,1$
$\Leftrightarrow 1 - F(20; 0,15; k) < 0,1$
$0,9 < F(20; 0,15; k) \Rightarrow k = 4$
Es gilt somit $\overline{A} = \{5; \ldots; 20\}$.

8 Gemäß Axiom 2 (Normiertheit) muss $P(\Omega) = 1$ gelten. Dies ist jedoch nicht der Fall, denn
$$\frac{1}{8} + \frac{1}{3} + \frac{1}{4} + \frac{3}{8} = \frac{13}{12} > 1.$$

Aufgaben für Lernpartner

A Die Aussage ist richtig. Der Erwartungswert beschreibt bei einer hinreichend großen Zahl an Wiederholungen des Zufallsexperiments den gewichteten Mittelwert.

B Die Aussage ist falsch. Gegenbeispiel: Für $B(10; 0,5)$ gilt wegen der Symmetrie der Binomialverteilung für $p = 0,5$: $B(10; 0,5; 2) = B(10; 0,5; 8)$.

C Die Aussage ist falsch. Gegenbeispiel: $n = 2$:
$$\sum_{i=0}^{2} i^2 = 0^2 + 1^2 + 2^2 = 5 \text{ und}$$
$$\left(\sum_{i=0}^{2} i\right)^2 = (0 + 1 + 2)^2 = 3^2 = 9 \neq \sum_{i=0}^{2} i^2.$$

D Die Aussage ist falsch. Hat man H_0 abgelehnt, so kann man dennoch keine Aussage über die Wahrscheinlichkeit treffen, mit der diese Entscheidung richtig war.

E Die Aussage ist richtig. Sie beschreibt das 2. Axiom von Kolmogorov (Normiertheit).

F Die Aussage ist falsch. Ein Zufallsexperiment heißt Bernoulli-Experiment, wenn es genau zwei mögliche Ergebnisse, z. B. Treffer/Niete gibt. Die Sektoren für einen Treffer bzw. eine Niete können dabei durchaus unterschiedlich groß sein.

G Die Aussage ist gemäß der Definition einer Zufallsgröße richtig (vgl. S. 64).

H Die Aussage ist falsch, denn es gilt
$$\frac{n!}{(n - 8!)} = \frac{n \cdot \ldots \cdot (n - 7) \cdot (n - 8) \cdot \ldots \cdot 1}{(n - 8) \cdot \ldots \cdot 1}$$
$$= n \cdot (n - 1) \cdot \ldots \cdot (n - 7).$$

I Die Aussage ist falsch, denn es gilt zwar
$E(X) = n \cdot p = 10 \cdot 0,5 = 5$, aber
$\sigma = \sqrt{\text{Var}(X)} = \sqrt{n \cdot p \cdot (1 - p)} = \sqrt{10 \cdot 0,5 \cdot 0,5}.$

J Die Aussage ist falsch. Gegenbeispiel: Beim Werfen eines Laplace-Würfels gilt
$$E(X) = 1 \cdot \frac{1}{6} + 2 \cdot \frac{2}{6} + 3 \cdot \frac{1}{6} + 4 \cdot \frac{1}{6} + 5 \cdot \frac{1}{6} + 6 \cdot \frac{1}{6} = 3,5.$$

K Die Aussage ist falsch. Gegenbeispiel:

x_i	−4	0	1	2
$P(X = x_i)$	$\frac{1}{5}$	$\frac{1}{5}$	$\frac{2}{5}$	$\frac{1}{5}$

Es gilt $E(X) = (-4) \cdot \frac{1}{5} + 0 \cdot \frac{1}{5} + 1 \cdot \frac{2}{5} + 2 \cdot \frac{1}{5} = 0.$

L Die Aussage ist falsch. Gegenbeispiel: Werfen einer Laplace-Münze, wobei das Werfen von Zahl einen Treffer beschreibt.

M Die Aussage ist richtig. Es gilt
$F(n; p; n) = P(X \leq n) = P(\Omega) = 1$ gemäß der Normiertheit einer Zufallsgröße.

N Die Aussage ist falsch, denn es gilt
$$B(n; p; 0) = \binom{n}{0} \cdot p^0 \cdot (1 - p)^{n - 0}$$
$$= 1 \cdot 1 \cdot (1 - p)^n \neq 0 \text{ für } p \neq 1.$$

O Die Aussage ist richtig, denn für das Ziehen ohne Zurücklegen unter Beachtung der Reihenfolge gibt es $\frac{n!}{(n-k)!}$ Möglichkeiten, während es ohne Beachtung der Reihenfolge nur $\frac{n!}{(n-k)! \cdot k!}$ Möglichkeiten gibt.

P Die Aussage ist falsch. Es kann keine Aussage über die Gültigkeit der Hypothese erfolgen. Durch den Ablehnungsbereich wird lediglich festgelegt, für welche Stichprobenergebnisse man die Nullhypothese ablehnt, also vermutet, dass diese basierend auf den Stichprobenergebnissen nicht zutrifft.

Q Die Aussage ist falsch. Es kann keine Aussage über die Richtigkeit der Alternativhypothese getroffen werden, sondern nur darüber, wie wahrscheinlich ein vorliegendes Testergebnis unter der Bedingung, dass eine Hypothese zutrifft, ist. Um eine solche Schlussfolgerung ziehen zu können, müsste man z. B. die Wahrscheinlichkeit $P_{X \leq k}(H_0)$ betrachten.

Startklar – Seite 110

1 a) $D_f = \mathbb{R}\backslash\{-2\}$
Nullstelle: $x = 0$
Polstelle: $x + 2 = 0 \Rightarrow x = -2$
Verhalten an der Polstelle: Es gilt $\lim\limits_{x \to -2^-} f(x) = +\infty$ und $\lim\limits_{x \to -2^+} f(x) = -\infty$.
senkrechte Asymptote: $x = -2$
Verhalten im Unendlichen: Es gilt $\lim\limits_{x \to \pm\infty} f(x) = 1$ (Zählergrad gleich Nennergrad).
waagrechte Asymptote: $y = 1$

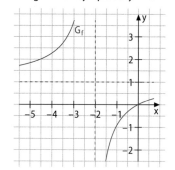

b) $D_f = \mathbb{R}\backslash\{0\}$
Nullstellen: $\frac{1}{x^2} - 4 = 0 \Rightarrow x^2 = \frac{1}{4} \Rightarrow x_{1/2} = \pm\frac{1}{2}$
Polstelle: $x = 0$
Verhalten an der Polstelle: Es gilt $\lim\limits_{x \to 0} f(x) = +\infty$.
senkrechte Asymptote: $x = 0$
Verhalten im Unendlichen: Es gilt $\lim\limits_{x \to \pm\infty} f(x) = -4$, da $\lim\limits_{x \to \pm\infty} \frac{1}{x^2} = 0$.
waagrechte Asymptote: $y = -4$

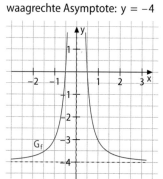

c) $D_f = \mathbb{R}$
Nullstelle: $x = 0$ (doppelte Nullstelle)
Es gibt keine Polstelle, da $D_f = \mathbb{R}$ gilt.
Verhalten im Unendlichen: Es gilt $\lim\limits_{x \to \pm\infty} f(x) = -1$ (Zählergrad gleich Nennergrad).
waagrechte Asymptote: $y = -1$

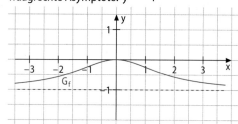

d) $D_f = \mathbb{R}\backslash\{1\}$
Nullstelle: $x = 0$
Polstelle: $x = 1$
Verhalten an der Polstelle: Es gilt $\lim\limits_{x \to 1} f(x) = +\infty$.
senkrechte Asymptote: $x = 1$
Verhalten im Unendlichen: Es gilt $\lim\limits_{x \to \pm\infty} f(x) = 0$ (Zählergrad kleiner Nennergrad).
waagrechte Asymptote: $y = 0$

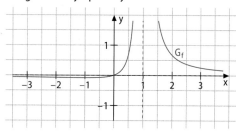

e) $f(x) = \dfrac{2}{x^2 - 6x + 9} = \dfrac{2}{(x-3)^2}$, $D_f = \mathbb{R}\backslash\{3\}$

Es gibt keine Nullstelle.

Polstelle: $x = 3$

Verhalten an der Polstelle: Es gilt $\lim\limits_{x \to 3} f(x) = +\infty$.

senkrechte Asymptote: $x = 3$

Verhalten im Unendlichen: Es gilt $\lim\limits_{x \to \pm\infty} f(x) = 0$ (Zählergrad kleiner Nennergrad).

waagrechte Asymptote: $y = 0$

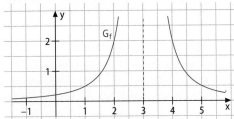

f) $D_f = \mathbb{R}\backslash\{-1; 1\}$

Nullstelle: $x^2 + 1 = 0$ hat keine Lösung. Die Funktion f hat keine Nullstelle.

Polstellen: $x_1 = -1$ und $x_2 = 1$

Verhalten an den Polstellen:

Es gilt $\lim\limits_{x \to -1^-} f(x) = +\infty$ und $\lim\limits_{x \to -1^+} f(x) = -\infty$

sowie $\lim\limits_{x \to 1^-} f(x) = -\infty$ und $\lim\limits_{x \to 1^+} f(x) = +\infty$.

senkrechte Asymptoten: $x = -1$ und $x = 1$

Verhalten im Unendlichen: Es gilt $\lim\limits_{x \to \pm\infty} f(x) = 1$ (Zählergrad gleich Nennergrad).

waagrechte Asymptote: $y = 1$

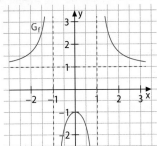

g) $f(x) = \dfrac{x(x+2)}{4x^2 + 16x + 12} = \dfrac{x(x+2)}{4(x^2 + 4x + 3)} = \dfrac{x(x+2)}{4(x+3)(x+1)}$,

$D_f = \mathbb{R}\backslash\{-3; -1\}$

Nullstellen: $x(x+2) = 0 \Rightarrow x_1 = -2$ und $x_2 = 0$

Polstellen: $x_1 = -3$ und $x_2 = -1$

Verhalten an den Polstellen:

Es gilt $\lim\limits_{x \to -3^-} f(x) = +\infty$ und $\lim\limits_{x \to -3^+} f(x) = -\infty$

sowie $\lim\limits_{x \to -1^-} f(x) = +\infty$ und $\lim\limits_{x \to -1^+} f(x) = -\infty$.

senkrechte Asymptoten: $x = -3$ und $x = -1$

Verhalten im Unendlichen: Es gilt $\lim\limits_{x \to \pm\infty} f(x) = \dfrac{1}{4}$ (Zählergrad gleich Nennergrad).

waagrechte Asymptote: $y = \dfrac{1}{4}$

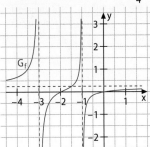

h) $f(x) = -\dfrac{x^2 - 4}{x^2 - 5x} = -\dfrac{x^2 - 4}{x(x-5)}$, $D_f = \mathbb{R}\backslash\{0; 5\}$

Nullstellen: $x^2 - 4 = 0 \Rightarrow x^2 = 4 \Rightarrow x_{1/2} = \pm 2$

Polstellen: $x_1 = 0$ und $x_2 = 5$

Verhalten an den Polstellen: Es gilt $\lim\limits_{x \to 0^-} f(x) = +\infty$

und $\lim\limits_{x \to 0^+} f(x) = -\infty$ sowie $\lim\limits_{x \to 5^-} f(x) = +\infty$ und $\lim\limits_{x \to 5^+} f(x) = -\infty$.

senkrechte Asymptoten: $x = 0$ und $x = 5$

Verhalten im Unendlichen: Es gilt $\lim\limits_{x \to \pm\infty} f(x) = -1$ (Zählergrad gleich Nennergrad).

waagrechte Asymptote: $y = -1$

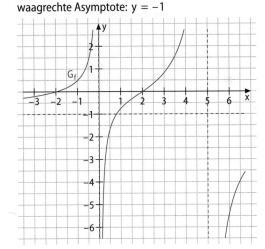

2 a) mögliche Lösung:

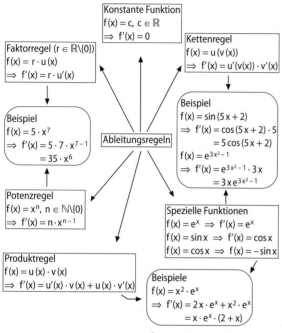

2 $f(x) = \sin(2x)$

Der Term ist eine Verkettung, daher wird zunächst nach der Kettenregel abgeleitet. Beim Nachdifferenzieren verwendet man die Faktorregel.

$f'(x) = \cos(2x) \cdot 2 \cdot x^{1-1} = 2\cos(2x)$

3 $f(x) = x \cdot e^{0,5x}$

Zunächst wird nach der Produktregel abgeleitet. Der zweite Faktor wird nach der Kettenregel abgeleitet.

$f'(x) = 1 \cdot e^{0,5x} + x \cdot e^{0,5x} \cdot 0,5 = e^{0,5x} \cdot (1 + 0,5x)$

4 $f(x) = -x^2 \cdot \cos(\pi x)$

Zunächst wird nach der Produktregel abgeleitet. Der erste Faktor wird nach der Potenzregel, der zweite Faktor wird nach der Kettenregel abgeleitet.

$f'(x) = -2x \cdot \cos(\pi x) - x^2 \cdot [-\sin(\pi x)] \cdot \pi$
$\quad\;\; = -2x \cdot \cos(\pi x) + \pi x^2 \cdot \sin(\pi x)$

5 $f(x) = e^{-x^2}$

Der Term ist eine Verkettung, daher wird zunächst nach der Kettenregel abgeleitet. Beim Nachdifferenzieren verwendet man die Potenzregel.

$f'(x) = e^{-x^2} \cdot (-2x) = -2x\,e^{-x^2}$

6 $f(x) = (x + e^x)^2$

Der Term ist eine Verkettung, daher wird zunächst nach der Kettenregel abgeleitet. Beim Nachdifferenzieren verwendet man die Summen- und die Potenzregel.

$f'(x) = 2(x + e^x)^{2-1} \cdot (1 + e^x) = 2(x + e^x)(1 + e^x)$

b) 1 $f(x) = 2x^4 - 4x^3 + \frac{1}{3}x^2 - 7$

Die einzelnen Summanden werden getrennt nach der Summenregel abgeleitet. Dies erfolgt nach der Faktor- und Potenzregel.

$f'(x) = 2 \cdot 4x^{4-1} - 4 \cdot 3x^{3-1} + \frac{1}{3} \cdot 2x^{2-1}$
$\quad\;\; = 8x^3 - 12x^2 + \frac{2}{3}x$

3 a) Für eine streng monoton abnehmende Funktion f muss gelten: Aus $x_1 < x_2$ folgt $f(x_1) > f(x_2)$. Dies ist nicht erfüllt, da $f(-1) = -1 < f(1) = 1$ ist.

b) 1 $f(x) = 3 - x^2 \Rightarrow f'(x) = -2x$

Es ist $f'(x) > 0$ für $x \in \,]-\infty\,;\,0[$. Daher ist G_f streng monoton steigend im Intervall $]-\infty;\,0]$.

Es ist $f'(x) < 0$ für $x \in \,]0;\,+\infty[$. Daher ist G_f streng monoton fallend im Intervall $[0;\,+\infty[$.

2 $f(x) = \frac{1}{e^x} = e^{-x} \Rightarrow f'(x) = -e^{-x}$

Es ist $f'(x) < 0$ für alle $x \in \mathbb{R}$. Daher ist G_f streng monoton fallend in $\mathbb{R}$.

3 $f(x) = x^3 - 4x \Rightarrow f'(x) = 3x^2 - 4$

$f'(x) = 0 \Leftrightarrow 3x^2 - 4 = 0 \Leftrightarrow x^2 = \frac{4}{3} \Rightarrow x_1 = -\frac{2}{3}\sqrt{3};\; x_2 = \frac{2}{3}\sqrt{3}$

x	$x < -\frac{2}{3}\sqrt{3}$	$x_1 = -\frac{2}{3}\sqrt{3}$	$-\frac{2}{3}\sqrt{3} < x < \frac{2}{3}\sqrt{3}$	$x_2 = \frac{2}{3}\sqrt{3}$	$x > \frac{2}{3}\sqrt{3}$
$f'(x)$	$f'(-2) = 8 > 0$ +	0 VZW von + nach −	$f'(0) = -4 < 0$ −	0 VZW von − nach +	$f'(2) = 8 > 0$ +
G_f	↗	H	↘	T	↗

G_f ist streng monoton steigend in $\left]-\infty;-\frac{2}{3}\sqrt{3}\right]$ sowie in $\left[\frac{2}{3}\sqrt{3};+\infty\right[$ und streng monoton fallend in $\left[-\frac{2}{3}\sqrt{3};\frac{2}{3}\sqrt{3}\right]$.

4 $f(x)=2-e^x \Rightarrow f'(x)=-e^x$ Es ist $f'(x)<0$ für alle $x\in\mathbb{R}$. Daher ist G_f streng monoton fallend in $\mathbb{R}$.

4 **a)** **Extremstellen:** Man bildet die erste Ableitung der Funktion und setzt diese gleich null. Jede Lösung x_0 ist eine mögliche lokale Extremstelle.
Zur Überprüfung der hinreichenden Bedingung untersucht man, …

1 ob f' an der Stelle x_0 einen Vorzeichenwechsel hat: Wechselt das Vorzeichen von f' an der Stelle x_0 von + nach – (von – nach +), dann besitzt G_f einen Hochpunkt $H(x_0|f(x_0))$ (einen Tiefpunkt $T(x_0|f(x_0))$).

2 ob die zweite Ableitung nicht null ist. Gilt $f''(x_0)<0$ ($f''(x_0)>0$), dann besitzt G_f einen Hochpunkt $H(x_0|f(x_0))$ (einen Tiefpunkt $T(x_0|f(x_0))$).

Wendestellen: Man bildet die zweite Ableitung der Funktion und setzt diese gleich null. Jede Lösung x_0 ist eine mögliche Wendestelle.
Zur Überprüfung der hinreichenden Bedingung untersucht man, …

1 ob f'' an der Stelle x_0 einen Vorzeichenwechsel hat: Wechselt das Vorzeichen von f'' an der Stelle x_0, dann besitzt G_f einen Wendepunkt $W(x_0|f(x_0))$.

2 ob die dritte Ableitung nicht null ist. Gilt $f'''(x_0)\neq 0$, dann besitzt G_f einen Wendepunkt $W(x_0|f(x_0))$.

b) **1** $f(x)=0{,}5x\cdot e^x$
Symmetrie: $f(-x)=-0{,}5x\cdot e^{-x}\neq \begin{cases} f(x) \\ -f(x) \end{cases}$
G_f ist nicht symmetrisch bezüglich des Koordinatensystems.
Ableitungen:
$f'(x)=0{,}5\cdot e^x+0{,}5x\cdot e^x=0{,}5\,e^x\cdot(1+x)$
$f''(x)=0{,}5\,e^x\cdot(1+x)+0{,}5\,e^x\cdot 1$
$\quad\quad=0{,}5\,e^x\cdot(1+x+1)=0{,}5\,e^x\cdot(2+x)$
Extrempunkte: $f'(x)=0$
$\Leftrightarrow 0{,}5\,e^x\cdot(1+x)=0$
$\Rightarrow x=-1$, da $e^x>0$ für alle $x\in\mathbb{R}$
$f''(-1)=0{,}5\cdot e^{-1}\cdot(2+(-1))=0{,}5\cdot e^{-1}=\frac{1}{2e}>0$
G_f hat einen Tiefpunkt $T(-1|f(-1))$
mit $f(-1)=-0{,}5\cdot e^{-1}=-\frac{1}{2e}$.
Wendepunkte: $f''(x)=0$
$\Leftrightarrow 0{,}5\,e^x\cdot(2+x)=0$
$\Rightarrow x=-2$, da $e^x>0$ für alle $x\in\mathbb{R}$
f'' hat an der Stelle -2 einen VZW, da dies eine ein-

fache Nullstelle von f'' ist.
G_f hat einen Wendepunkt $W(-2|f(-2))$ mit
$f(-2)=0{,}5\cdot(-2)\cdot e^{-2}=-\frac{1}{e^2}$.
Verhalten an den Rändern von D_f:
Es gilt $\lim\limits_{x\to +\infty} f(x)=+\infty$ und $\lim\limits_{x\to -\infty} f(x)=0$.
Die x-Achse ist waagrechte Asymptote für $x\to -\infty$.

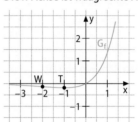

2 $f(x)=e^{-0{,}5x^2}$
Symmetrie: $f(-x)=e^{-0{,}5(-x)^2}=e^{-0{,}5x^2}=f(x)$ für alle $x\in\mathbb{R}$
G_f ist achsensymmetrisch bezüglich der y-Achse.
Ableitungen: $f'(x)=e^{-0{,}5x^2}\cdot(-x)=-xe^{-0{,}5x^2}$
$f''(x)=-1\cdot e^{-0{,}5x^2}-x\cdot e^{-0{,}5x^2}\cdot(-x)$
$\quad\quad=e^{-0{,}5x^2}\cdot(x^2-1)$
Extrempunkte: $f'(x)=0$
$\Leftrightarrow -xe^{-0{,}5x^2}=0$
$\Rightarrow x=0$, da $e^{-0{,}5x^2}>0$ für alle $x\in\mathbb{R}$
$f''(0)=e^0\cdot(0-1)=-1<0$
G_f hat einen Hochpunkt $H(0|1)$.
Wendepunkte: $f''(x)=0$
$\Leftrightarrow e^{-0{,}5x^2}\cdot(x^2-1)=0$
$\Rightarrow x_1=-1;\ x_2=1$, da $e^{-0{,}5x^2}>0$ für alle $x\in\mathbb{R}$
f'' hat an den Stellen -1 und 1 jeweils einen VZW, da dies einfache Nullstellen von f'' sind.
G_f hat die Wendepunkte $W_1(-1|f(-1))$ und $W_2(1|f(1))$ mit $f(-1)=f(1)=e^{-0{,}5}=\frac{1}{e^{0{,}5}}=\frac{1}{\sqrt{e}}$
Verhalten an den Rändern von D_f:
Es gilt $\lim\limits_{x\to \pm\infty} f(x)=0$. Die x-Achse ist waagrechte Asymptote für $x\to \pm\infty$.

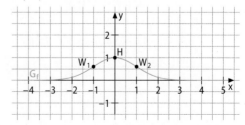

3 $f(x) = x + e^{-x}$

Symmetrie: $f(-x) = -x + e^x \neq \begin{cases} f(x) \\ -f(x) \end{cases}$

G_f ist nicht symmetrisch bezüglich des Koordinatensystems.

Ableitungen: $f'(x) = 1 + e^{-x} \cdot (-1) = 1 - e^{-x}$

$f''(x) = -e^{-x} \cdot (-1) = e^{-x}$

Extrempunkte: $f'(x) = 0$

$\Leftrightarrow 1 - e^{-x} = 0 \Leftrightarrow e^{-x} = 1 \Rightarrow x = 0$

$f''(0) = e^0 = 1 > 0$

G_f hat einen Tiefpunkt $T(0 \mid 1)$.

Wendepunkte: $f''(x) = 0 \Leftrightarrow e^{-x} = 0$ hat keine Lösung, da $e^{-x} > 0$ für alle $x \in \mathbb{R}$; G_f hat keine Wendepunkte.

Verhalten an den Rändern von D_f:

Es gilt $\lim\limits_{x \to \pm\infty} f(x) = +\infty$.

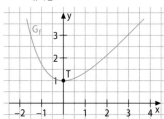

4 $f(x) = \dfrac{x^2}{e^x} = x^2 \cdot e^{-x}$

Symmetrie: $f(-x) = \dfrac{(-x)^2}{e^{-x}} = x^2 \cdot e^x \neq \begin{cases} f(x) \\ -f(x) \end{cases}$

G_f ist nicht symmetrisch bezüglich des Koordinatensystems.

Ableitungen:

$f'(x) = 2x \cdot e^{-x} + x^2 \cdot e^{-x} \cdot (-1)$
$\quad = x e^{-x} \cdot (2 - x) = e^{-x} \cdot (2x - x^2)$

$f''(x) = e^{-x} \cdot (-1) \cdot (2x - x^2) + e^{-x} \cdot (2 - 2x)$
$\quad = e^{-x} \cdot (-2x + x^2 + 2 - 2x)$
$\quad = e^{-x} \cdot (x^2 - 4x + 2)$

Extrempunkte: $f'(x) = 0$

$\Leftrightarrow x e^{-x} \cdot (2 - x) = 0$

$\Rightarrow x_1 = 0; \ x_2 = 2$, da $e^{-x} > 0$ für alle $x \in \mathbb{R}$

$f''(0) = e^0 \cdot 2 = 2 > 0$

G_f hat einen Tiefpunkt $T(0 \mid 0)$.

$f''(2) = e^{-2} \cdot (4 - 4 \cdot 2 + 2) = -2e^{-2} < 0$

G_f hat einen Hochpunkt $H\left(2 \mid \dfrac{4}{e^2}\right)$.

Wendepunkte: $f''(x) = 0$

$\Leftrightarrow e^{-x} \cdot (x^2 - 4x + 2) = 0 \Rightarrow x^2 - 4x + 2 = 0$

$\Rightarrow x_{1/2} = \dfrac{4 \pm \sqrt{4^2 - 8}}{2} = 2 \pm \sqrt{4 - 2} = 2 \pm \sqrt{2}$

$f''(x)$ hat an den Stellen $2 - \sqrt{2}$ und $2 + \sqrt{2}$ jeweils einen Vorzeichenwechsel, da dies jeweils einfache Nullstellen von f'' sind.

G_f hat die Wendepunkte $W_1\left(2 - \sqrt{2} \mid f(2 - \sqrt{2})\right)$

mit $f(2 - \sqrt{2}) = (2 - \sqrt{2})^2 \cdot e^{-(2 - \sqrt{2})} = \dfrac{6 - 4\sqrt{2}}{e^{2 - \sqrt{2}}}$

und $W_2\left(2 + \sqrt{2} \mid f(2 + \sqrt{2})\right)$ mit

$f(2 + \sqrt{2}) = (2 + \sqrt{2})^2 \cdot e^{(-2 + \sqrt{2})} = \dfrac{6 + 4\sqrt{2}}{e^{2 + \sqrt{2}}}$

Verhalten an den Rändern von D_f:

Es gilt $\lim\limits_{x \to -\infty} f(x) = +\infty$ und $\lim\limits_{x \to +\infty} f(x) = 0$.

Die x-Achse ist waagrechte Asymptote für $x \to +\infty$.

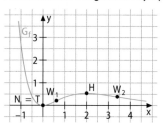

5 Für das Rechnen mit Logarithmen gilt ($a \in \mathbb{R}^+, r \in \mathbb{R}$):

A $\ln a^r = r \cdot \ln a$ **B** $e^{\ln a} = a$

C $\ln e^r = r$ **D** $\ln 1 = 0$ **E** $\ln e = 1$

1 $e^{\ln 2} \overset{(B)}{=} 2$ **2** $\ln 1 - e \overset{(D)}{=} -e$

3 $\ln \dfrac{1}{e} = \ln e^{-1} \overset{(A)}{=} (-1) \cdot \ln e \overset{(E)}{=} -1$

4 $e^{2\ln 3} \overset{(A)}{=} e^{\ln 2^3} \overset{(C)}{=} 2^3 = 8$

5 $\ln e^4 \overset{(A)}{=} 4 \cdot \ln e \overset{(E)}{=} 4$ **6** $\ln(\ln e) \overset{(E)}{=} \ln 1 \overset{(D)}{=} 0$

6 Gesucht ist der Tiefpunkt der Funktion f. Dafür wird die Gleichung $f'(x) = 0$ näherungsweise gelöst.

Newtonverfahren: Startwert: $x_0 = 7$

Iterationsverfahren: $x_{n+1} = x_n - \dfrac{h(x_n)}{h'(x_n)}$

$h(x) = f'(x) = \dfrac{1}{10}x - \dfrac{2}{5} + e^{2 - 0,5x} \cdot (-0,5)$
$\quad = \dfrac{1}{10}x - \dfrac{2}{5} - \dfrac{1}{2}e^{2 - 0,5x}$

$h'(x) = \dfrac{1}{10} - \dfrac{1}{2}e^{2 - 0,5x} \cdot (-0,5) = \dfrac{1}{10} + \dfrac{1}{4}e^{2 - 0,5x}$

Iterationswerte: $x_1 = x_0 - \dfrac{h(x_0)}{h'(x_0)} = 5,7903\ldots$

$\quad\quad\quad\quad x_2 = x_1 - \dfrac{h(x_1)}{h'(x_1)} = 5,9151\ldots$

$\quad\quad\quad\quad x_3 = x_2 - \dfrac{h(x_2)}{h'(x_2)} = 5,9171\ldots$

$\quad\quad\quad\quad x_4 = x_3 - \dfrac{h(x_3)}{h'(x_3)} = 5,9171\ldots$

Für die Näherungslösung gilt: $x^* \approx 5,92$; $f(x^*) \approx 1,57$.

Der tiefste Punkt der Bahn befindet sich also etwa 1,5 m über dem Erdboden.

7 **a)** Am Graphen G_f kann man $f'(0) = 1$ ablesen. Dies ist die Steigung der Tangente an G_f im Punkt P.

b) Es gilt $g(x) = b \cdot f(x)$, $P(0 | 2{,}5b)$,
$g'(0) = b \cdot 1 = b$.
Damit ergibt sich für die Gleichung der Tangente an G_g im Punkt P: t_P: $y = b \cdot x + 2{,}5b$.
Bestimmung der x-Koordinate von N:
$bx + 2{,}5b = 0 \Leftrightarrow b \cdot (x + 2{,}5) = 0 \Rightarrow x = -2{,}5$.

Am Ziel – Seiten 144 und 145

1 **a)** $f'(x) = \dfrac{(x^2 - 1) \cdot 1 - (x + 5) \cdot 2x}{(x^2 - 1)^2}$

$= \dfrac{x^2 - 1 - 2x^2 - 10x}{(x^2 - 1)^2} = \dfrac{-x^2 - 10x - 1}{(x^2 - 1)^2}$

$f'(-5) = \dfrac{-(-5)^2 - 10 \cdot (-5) - 1}{((-5)^2 - 1)^2} = \dfrac{-25 + 50 - 1}{24^2} = \dfrac{1}{24}$

b) $f(x) = \dfrac{x}{3} + \dfrac{4}{3x} = \dfrac{1}{3}x + \dfrac{4}{3}x^{-1}$

$f'(x) = \dfrac{1}{3} + \dfrac{4}{3} \cdot (-1) \cdot x^{-2} = \dfrac{1}{3} - \dfrac{4}{3x^2}$

$f'(3) = \dfrac{1}{3} - \dfrac{4}{3 \cdot 3^2} = \dfrac{1}{3} - \dfrac{4}{27} = \dfrac{5}{27}$

c) $f'(x) = \dfrac{(1 + x^2) \cdot e^x - e^x \cdot 2x}{(1 + x^2)^2} = \dfrac{e^x \cdot (1 + x^2 - 2x)}{(1 + x^2)^2}$

$= \dfrac{e^x \cdot (x - 1)^2}{(1 + x^2)^2}$

$f'(1) = \dfrac{e^1 \cdot (1 - 1)^2}{(1 + 1^2)^2} = 0$

d) $f'(x) = \dfrac{(1 + e^x) \cdot e^{2x} \cdot 2 - e^{2x} \cdot e^x}{(1 + e^x)^2}$

$= \dfrac{e^{2x} \cdot (2 + 2e^x - e^x)}{(1 + e^x)^2} = \dfrac{e^{2x} \cdot (2 + e^x)}{(1 + e^x)^2}$

$f'(0) = \dfrac{e^0 \cdot (2 + e^0)}{(1 + e^0)^2} = \dfrac{1 \cdot 3}{2^2} = \dfrac{3}{4}$

2 **a)** $f(-x) = \dfrac{4 \cdot (-x)^2}{(-x)^2 + 3} = \dfrac{4x^2}{x^2 + 3} = f(x)$
G_f ist achsensymmetrisch bezüglich der y-Achse.

b) **Ableitungen:**
$f'(x) = \dfrac{(x^2 + 3) \cdot 8x - 4x^2 \cdot 2x}{(x^2 + 3)^2} = \dfrac{2x \cdot (4x^2 + 12 - 4x^2)}{(x^2 + 3)^2}$

$= \dfrac{24x}{(x^2 + 3)^2}$

$f''(x) = \dfrac{(x^2 + 3)^2 \cdot 24 - 24x \cdot 2 \cdot (x^2 + 3) \cdot 2x}{(x^2 + 3)^4}$

$= \dfrac{24 (x^2 + 3) \cdot [x^2 + 3 - 4x^2]}{(x^2 + 3)^4} = \dfrac{24 (3 - 3x^2)}{(x^2 + 3)^3}$

$= \dfrac{72 (1 - x^2)}{(x^2 + 3)^3}$

Extremstellen: $f'(x) = 0 \Rightarrow 24x = 0 \Rightarrow x = 0$
$f''(0) = \dfrac{72 \cdot (1 - 0)^2}{(0^2 + 3)^3} = \dfrac{72}{27} > 0$

G_f hat einen Tiefpunkt $T(0 | 0)$.

Wendestellen: $f''(x) = 0$
$\Rightarrow 1 - x^2 = 0 \Leftrightarrow x^2 = 1 \Rightarrow x_1 = -1; x_2 = 1$
Beide Stellen sind einfache Nullstellen von f'', also hat G_f die Wendepunkte $W_1(-1 | 1)$ und $W_2(1 | 1)$.

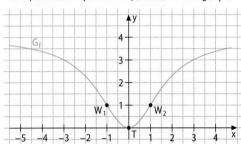

3 **a)** $f(x) = (x - 2)^2 \Rightarrow f'(x) = 2(x - 2) > 0$ im Intervall $]2; +\infty[$. G_f ist also streng monoton steigend im Intervall $[2; +\infty[$ und daher in $[2; +\infty[$ umkehrbar.
Term der Umkehrfunktion:
$y = (x - 2)^2 \Rightarrow x - 2 = \sqrt{y}$, da $x \in [2; +\infty[$ gilt.
Damit folgt $x = 2 + \sqrt{y}$. Nach dem Variablentausch erhält man $g(x) = 2 + \sqrt{x}$.

b) Es gilt $f(1) = f(-1) = 1$. Daher ist die Funktion f nicht umkehrbar.

c) $f(x) = 1 - \sqrt{x + 3} \Rightarrow f'(x) = -\dfrac{1}{2\sqrt{x + 3}} < 0$ im Intervall $]-3; +\infty[$. G_f ist also streng monoton fallend im Intervall $]-3; +\infty[$ und daher in $[-3; +\infty[$ umkehrbar.
Term der Umkehrfunktion:
$y = 1 - \sqrt{x + 3} \Rightarrow \sqrt{x + 3} = 1 - y$
$\Rightarrow x + 3 = (1 - y)^2 \Rightarrow x = (1 - y)^2 - 3$
Nach dem Variablentausch erhält man
$g(x) = (1 - x)^2 - 3$.

d) $f(x) = 2 + e^{0{,}5x} \Rightarrow f'(x) = 0{,}5 \cdot e^{0{,}5x} > 0$ in ganz $\mathbb{R}$. G_f ist also streng monoton steigend und daher umkehrbar in ganz $\mathbb{R}$.
Term der Umkehrfunktion:
$y = 2 + e^{0{,}5x} \Rightarrow e^{0{,}5x} = y - 2$
$\Rightarrow 0{,}5x = \ln(y - 2) \Rightarrow x = 2\ln(y - 2)$
Nach dem Variablentausch erhält man
$g(x) = 2\ln(x - 2)$.

e) $f(x) = \ln(1 - x^2)$

$\Rightarrow f'(x) = \frac{1}{1 - x^2} \cdot (-2x) = -\frac{2x}{(1 - x^2)} < 0$ im Intervall

$]0; 1[$. G_f ist also streng monoton fallend und daher

umkehrbar im Intervall $[0; 1[$.

Term der Umkehrfunktion:

$y = \ln(1 - x^2) \Rightarrow e^y = 1 - x^2$

$\Rightarrow x^2 = 1 - e^y \Rightarrow x = \sqrt{1 - e^y}$, da $x \geq 0$ gilt.

Nach dem Variablentausch erhält man

$g(x) = \sqrt{1 - e^x}$.

4 $f(t) = 5 - 5\cos t \Rightarrow f'(t) = 5\sin t > 0$ für $t \in]0; 3]$.

G_f ist also streng monoton steigend und daher

umkehrbar im Intervall $[0; 3]$.

Die Umkehrfunktion ordnet einer möglichen Regen-

menge den zugehörigen Zeitpunkt (nach Beginn des

Schauers) zu, zu dem diese Regenmenge gefallen ist.

5 Der Funktionsterm wird als Potenz zur Basis x geschrie-

ben: $f(x) = x^r$ mit $r \in \mathbb{Q}$. Dann gilt für die Ableitung:

$f'(x) = r \cdot x^{r-1}$. Diese Potenz schreibt man dann wieder

als Wurzelterm.

a) $f(x) = \sqrt[3]{x^2} = x^{\frac{2}{3}}$

$\Rightarrow f'(x) = \frac{2}{3} \cdot x^{\frac{2}{3} - 1} = \frac{2}{3} \cdot x^{-\frac{1}{3}} = \frac{2}{3 \cdot \sqrt[3]{x}}$

b) $f(x) = \sqrt{\sqrt{x}} = \left(x^{\frac{1}{2}}\right)^{\frac{1}{2}} = x^{\frac{1}{4}}$

$\Rightarrow f'(x) = \frac{1}{4} \cdot x^{\frac{1}{4} - 1} = \frac{1}{4} \cdot x^{-\frac{3}{4}} = \frac{1}{4 \cdot \sqrt[4]{x^3}}$

c) $f(x) = x \cdot \sqrt[4]{x} = x \cdot x^{\frac{1}{4}} = x^{1 + \frac{1}{4}} = x^{\frac{5}{4}}$

$\Rightarrow f'(x) = \frac{5}{4} \cdot x^{\frac{5}{4} - 1} = \frac{5}{4} \cdot x^{\frac{1}{4}} = \frac{5}{4} \cdot \sqrt[4]{x}$

d) $f(x) = \ln\sqrt{x} = \ln x^{\frac{1}{2}} = \frac{1}{2} \cdot \ln x \Rightarrow f'(x) = \frac{1}{2} \cdot \frac{1}{x} = \frac{1}{2x}$

In Teilaufgabe d) wendet man zusätzlich noch das

Rechengesetz für Logarithmen an.

6

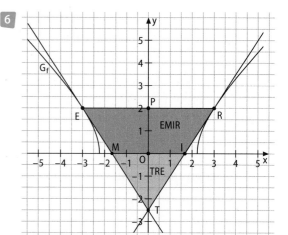

Ableitung: $f'(x) = \frac{1}{2} \cdot (x^2 - 5)^{-\frac{1}{2}} \cdot 2x = \frac{x}{\sqrt{x^2 - 5}}$

Tangente t_R an G_f im Punkt $R(3 \mid 2)$:

$m_{t_R} = f'(3) = \frac{3}{\sqrt{3^2 - 5}} = \frac{3}{2}$

Ansatz: $y = \frac{3}{2}x + t$;

Einsetzen der Koordinaten von R:

$2 = \frac{3}{2} \cdot 3 + t \Rightarrow t = -\frac{5}{2}$; $T\left(0 \mid -\frac{5}{2}\right)$

t_R: $y = \frac{3}{2}x - \frac{5}{2}$

Nullstelle von t_R: $\frac{3}{2}x - \frac{5}{2} = 0 \Rightarrow x_I = \frac{5}{3}$; $I\left(\frac{5}{3} \mid 0\right)$

Wegen der Achsensymmetrie von G_f bezüglich der

y-Achse gilt: $M\left(-\frac{5}{3} \mid 0\right)$.

Flächeninhalte: $A_{TRE} = \frac{1}{2} \cdot \overline{ER} \cdot \overline{PT} = \frac{1}{2} \cdot 6 \cdot \frac{9}{2} = \frac{27}{2}$ [FE]

$A_{EMIR} = \frac{1}{2} \cdot \left(\overline{ER} + \overline{MI}\right) \cdot \overline{PO} = \frac{1}{2} \cdot \left(6 + \frac{10}{3}\right) \cdot 2$

$= \frac{28}{3}$ [FE]

Anteil: $\frac{A_{EMIR}}{A_{TRE}} = \frac{\frac{28}{3}}{\frac{27}{2}} = \frac{28 \cdot 2}{3 \cdot 27} = \frac{56}{81} \approx 69,1\%$

Die Fläche A_{EMIR} nimmt ca. 69 % von A_{TRE} ein.

7 a) Der Graph G_f ist achsensymmetrisch bezüglich der

y-Achse, da $f(-x) = f(x)$ für alle $x \in D_f$ gilt.

Damit folgt aus $\overline{AB} = 4$, dass $|x_A| = |x_B| = 2$

und damit $p = f(x_A) = f(x_B) = \frac{32}{2^2} = 8$.

b) Das Dreieck ist genau dann gleichschenklig, wenn

gilt $m_{t_A} = f'(x_A) = -1$.

Ableitung: $f'(x) = 32 \cdot (-2) \cdot x^{-3} = -\frac{64}{x^3}$

$f'(x) = -1 \Leftrightarrow -\frac{64}{x^3} = -1 \Rightarrow x^3 = 64$

$\Rightarrow x_A = \sqrt[3]{64} = 4$; $f(4) = \frac{32}{4^2} = 2$; $A(4 \mid 2)$

8 **a)** $f'(x) = 2 \cdot \ln x \cdot \frac{1}{x} = \frac{2}{x} \cdot \ln x$

$f''(x) = -\frac{2}{x^2} \cdot \ln x + \frac{2}{x} \cdot \frac{1}{x} = \frac{2}{x^2} \cdot (1 - \ln x)$

Extremstellen: $f'(x) = 0$

$\Leftrightarrow \frac{2}{x} \cdot \ln x = 0 \Rightarrow \ln x = 0 \Rightarrow x = 1$

$f''(1) = \frac{2}{1^2} \cdot (1 - \ln 1) = 2 > 0$

G_f hat einen Tiefpunkt $T(1 \,|\, 0)$.

b) $f'(x) = \frac{1}{5+x} - \frac{1}{5-x} \cdot (-1)$

$= \frac{1}{5+x} + \frac{1}{5-x} = \frac{5-x+5+x}{25-x^2} = \frac{10}{25-x^2} \neq 0$

für alle $x \in D_f$

G_f hat keinen Extrempunkt.

c) $f'(x) = \frac{\ln x \cdot 1 - x \cdot \frac{1}{x}}{(\ln x)^2} = \frac{\ln x - 1}{(\ln x)^2}$;

$f''(x) = \frac{(\ln x)^2 \cdot \frac{1}{x} - (\ln x - 1) \cdot 2 \ln x \cdot \frac{1}{x}}{(\ln x)^4}$

$= \frac{\frac{1}{x} \cdot \ln x \cdot (\ln x - 2 \ln x + 2)}{(\ln x)^4} = \frac{2 - \ln x}{x (\ln x)^3}$

Extremstellen: $f'(x) = 0$

$\Rightarrow \ln x - 1 = 0 \Rightarrow \ln x = 1 \Rightarrow x = e$;

$f''(e) = \frac{2 - \ln e}{e \cdot (\ln e)^3} = \frac{1}{e} > 0$

G_f hat einen Tiefpunkt $T(e \,|\, e)$.

d) $f'(x) = \frac{1}{\frac{4}{x} - 1} \cdot \left(-\frac{4}{x^2}\right) = -\frac{4}{4x - x^2} \neq 0$ für alle $x \in D_f$

G_f hat keinen Extrempunkt.

e) $f'(x) = \frac{x \cdot \frac{4}{x} - 4 \ln x \cdot 1}{x^2} = \frac{4 - 4 \ln x}{x^2} = \frac{4(1 - \ln x)}{x^2}$;

$f''(x) = \frac{x^2 \cdot 4 \cdot \left(-\frac{1}{x}\right) - 4(1 - \ln x) \cdot 2x}{x^4} = \frac{(-4x)(1 + 2 - 2 \ln x)}{x^4}$

$= \frac{(-4)(3 - 2 \ln x)}{x^3}$

Extremstellen: $f'(x) = 0$

$\Rightarrow 1 - \ln x = 0 \Rightarrow \ln x = 1 \Rightarrow x = e$

$f''(e) = \frac{(-4)(3 - 2 \ln e)}{e^3} = -\frac{4}{e^3} < 0$

G_f hat einen Hochpunkt $H\left(e \,\middle|\, \frac{4}{e}\right)$.

f) $f'(x) = \frac{1}{\sin x} \cdot \cos x = \frac{\cos x}{\sin x}$;

$f''(x) = \frac{\sin x \cdot (-\sin x) - \cos x \cdot \cos x}{(\sin x)^2}$

$= \frac{-(\sin x)^2 - (\cos x)^2}{(\sin x)^2} = -\frac{1}{(\sin x)^2}$

Extremstellen: $f'(x) = 0$

$\Rightarrow \cos x = 0 \Rightarrow x = \frac{\pi}{2}$;

$f''\left(\frac{\pi}{2}\right) = -\frac{1}{\left(\sin \frac{\pi}{2}\right)^2} = -1 < 0$

G_f hat einen Hochpunkt $H\left(\frac{\pi}{2} \,\middle|\, 0\right)$.

9 **a)** $D_f = \,]{-\infty} \,;\, e^2[$

senkrechte Asymptote: $y = e^2$

Nullstelle:

$f(x) = 0 \Leftrightarrow \ln(e^2 - x) = 0 \Rightarrow e^2 - x = 1$

$\Rightarrow x = e^2 - 1 \approx 6{,}39$

b) Ableitung: $f'(x) = \frac{1}{e^2 - x} \cdot (-1) = \frac{1}{x - e^2}$; $f'(0) = -\frac{1}{e^2}$

$f(0) = \ln(e^2) = 2$

Tangentengleichung: $y = -\frac{1}{e^2} x + 2$

c) Es gilt $f'(x) = \frac{1}{x - e^2} < 0$ für alle $x \in \,]{-\infty} \,;\, e^2[$. G_f ist also streng monoton fallend auf ganz D_f. Daher ist f umkehrbar.

Term der Umkehrfunktion:

$y = \ln(e^2 - x) \Rightarrow e^y = e^2 - x$

$\Rightarrow x = e^2 - e^y$

Nach Variablentausch gilt für die Umkehrfunktion

$g(x) = e^2 - e^x$.

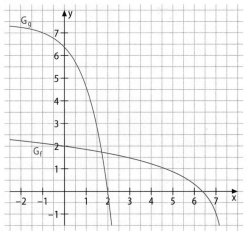

Aufgaben für Lernpartner

A Die Aussage ist falsch. Es gilt nach der Quotientenregel

$f'(x) = \frac{(x^2 + 1) \cdot 3 - 3x \cdot 2x}{(x^2 + 1)^2} = \frac{3x^2 + 3 - 6x^2}{(x^2 + 1)^2} = \frac{3 - 3x^2}{(x^2 + 1)^2}$.

B Die Aussage ist falsch. Die Quotientenregel wird angewendet, wenn der Funktionsterm sich als Quotient zweier nicht konstanter Funktionen, die nicht unbedingt ganzrational sein müssen, schreiben lässt, z. B. auch bei $f(x) = \frac{e^x}{x + 1}$.

C Die Aussage ist richtig.

Es gilt $f'(x) = \dfrac{(x^2+1)\cdot 1 - x\cdot 2x}{(x^2+1)^2} = \dfrac{1-x^2}{(x^2+1)^2}$ und

$$f''(x) = \frac{(x^2+1)^2\cdot(-2x)-(1-x^2)\cdot 2(x^2+1)\cdot 2x}{(x^2+1)^4}$$

$$= \frac{(x^2+1)\cdot(-2x)-(1-x^2)\cdot 4x}{(x^2+1)^3}$$

$$= \frac{(-2x)\cdot(x^2+1+2-2x^2)}{(x^2+1)^3}$$

$$= \frac{(-2x)\cdot(3-x^2)}{(x^2+1)^3}.$$

Aus $f''(x)=0$ folgt $x_1 = 0$, $x_{2/3} = \pm\frac{1}{3}\sqrt{3}$ (jeweils einfache Nullstelle). Daher hat die Funktion f genau drei Wendestellen.

D Die Aussage ist richtig. Es gilt

$$f'(x) = \frac{e^x\cdot 1 - x\cdot e^x}{e^{2x}} = \frac{e^x\cdot(1-x)}{e^{2x}} = \frac{1-x}{e^x}.$$

Aus $f'(x)=0$ folgt $x_0 = 1$. Für $x<1$ gilt $f'(x)>0$ und für $x>1$ gilt $f'(x)<0$. Die Ableitung f' hat somit an der Stelle $x_0 = 1$ einen VZW von + nach −, der Graph von f hat daher einen Hochpunkt $H(1\,|\,f(1))$.

E Die Aussage ist richtig.

Es gilt $f(0) = g(0) = 0$, d. h. die Graphen der beiden Funktionen verlaufen durch den Ursprung.
Für die Ableitungen gilt $f'(x) = 4x - 2$ mit

$f'(0) = -2$ und $g'(x) = \dfrac{(x-1)\cdot 2 - 2x\cdot 1}{(x-1)^2} = \dfrac{-2}{(x-1)^2}$ mit

$g'(0) = -2 = f'(0)$.

Die Graphen berühren sich daher im Ursprung.

F Die Aussage ist richtig. Der Graph von $f_{a,d,e}$ ist eine quadratische Parabel mit Scheitel $S(d\,|\,e)$, die für $x \geq d$ streng monoton ist. Daher ist die Funktion $f_{a,d,e}$ für $x \geq d$ umkehrbar.

G Die Aussage ist falsch. Ist der Graph einer Funktion f achsensymmetrisch bezüglich der y-Achse, so ist f nicht umkehrbar auf D_f.

H Die Aussage ist richtig. Da der Graph einer Funktion und der ihrer Umkehrfunktion achsensymmetrisch zueinander bezüglich der Winkelhalbierenden des I. und III. Quadranten sind, liegen ihre Schnittpunkte genau auf dieser Winkelhalbierenden. Die Schnittpunkte der beiden Graphen haben daher dieselbe x- und y-Koordinate. Der Punkt $S(1\,|\,2)$ kann somit kein solcher Schnittpunkt sein.

I Die Aussage ist richtig. Es gilt $f'(x) = -\dfrac{n}{x^{n+1}} < 0$ für alle $x \in {]0;+\infty[}$. Der Graph G_f ist somit streng monoton fallend im Intervall $]0;+\infty[$.

J Die Aussage ist richtig. Es gilt nach den Rechenregeln für Logarithmen $g(x) = \ln(x^3) = 3\cdot\ln x$. Der Graph von g geht also aus dem Graphen von f durch Streckung mit dem Faktor 3 hervor.

K Die Aussage ist richtig. Es gilt nach den Rechenregeln für Logarithmen
$g(x) = \ln(e\cdot x) = \ln e + \ln x = 1 + \ln x$. Der Graph von g entsteht also aus dem der natürlichen Logarithmusfunktion durch Verschiebung um eine Einheit in positive y-Richtung.

L Die Aussage ist falsch. Es gilt $\lim\limits_{x\to+\infty} f(x) = 0$, d. h. die x-Achse ist waagrechte Asymptote.

M Die Aussage ist falsch. Es gilt $F'(x) = \dfrac{1}{3x}\cdot 3 = \dfrac{1}{x} \neq f(x)$.

N Die Aussage ist richtig. Für die Umkehrfunktion der Funktion f gilt: $y = \dfrac{6}{x^2+3} \Rightarrow x^2 y + 3y = 6$

$$\Leftrightarrow y(x^2+3) = 6 \Leftrightarrow x^2 + 3 = \frac{6}{y}$$

$$\Rightarrow x^2 = \frac{6-3y}{y} \Rightarrow x = -\sqrt{\frac{6-3y}{y}} \text{ wegen } D_f = \mathbb{R}^-.$$

Nach dem Variablentausch erhält man die Funktion g als Umkehrfunktion von f. Die Graphen sind somit achsensymmetrisch zueinander bezüglich der Winkelhalbierenden des I. und III. Quadranten.

O Die Aussage ist richtig. Es gilt

$$f'(x) = \frac{2-x}{2x+1}\cdot\frac{(2-x)\cdot 2 - (2x+1)\cdot(-1)}{(2-x)^2} = \frac{4-2x+2x+1}{(2x+1)(2-x)}$$

$$= \frac{5}{(2x+1)(2-x)} > 0 \text{ für } x \in D_f.$$

Die Funktion ist somit umkehrbar.

Es gilt $\lim\limits_{x\to-0{,}5^+} f(x) = \lim\limits_{x\to-0{,}5^+}\left(\ln\dfrac{\overset{\to 0}{2x+1}}{2-x}\right) = -\infty$

und $\lim\limits_{x\to 2^-} f(x) = \lim\limits_{x\to 2^-}\left(\ln\dfrac{2x+1}{\underset{\to 0}{2-x}}\right) = +\infty$. Somit gilt für

die Wertemenge $W_f = \mathbb{R} = D_g$.

Startklar – Seite 148

1 a) Satz des Pythagoras: Wenn ein Dreieck rechtwinklig ist, dann hat das Quadrat über der Hypotenuse denselben Flächeninhalt wie die beiden Quadrate über den Katheten zusammen: $a^2 + b^2 = c^2$.

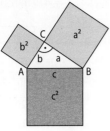

Umgekehrt gilt: Wenn für die Längen a, b und c der Seiten eines Dreiecks die Beziehung $a^2 + b^2 = c^2$ gilt, dann hat das Dreieck bei C einen rechten Winkel.

b) $d = \sqrt{(3\,\text{cm})^2 + (4\,\text{cm})^2 + (5\,\text{cm})^2} = \sqrt{50\,\text{cm}^2}$
$= 5\sqrt{2}\,\text{cm}$

c) Allgemein gilt: $d = \sqrt{a^2 + b^2 + c^2}$.

2 Die Punkte A und B (mit $x_A \neq x_B$) bilden zusammen mit dem Punkt $C(x_A | y_B)$ ein rechtwinkliges Dreieck, dessen Hypotenuse die Strecke $\overline{AB}$ ist. Daher gilt:

$|\overline{AB}| = \sqrt{|\overline{AC}|^2 + |\overline{CB}|^2} = \sqrt{(y_A - y_B)^2 + (x_A - x_B)^2}$.

a) $|\overline{AB}| = \sqrt{(y_A - y_B)^2 + (x_A - x_B)^2}$
$= \sqrt{(1 - 0)^2 + (2 - (-3))^2} = \sqrt{1^2 + 5^2} = \sqrt{26}$

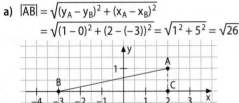

b) $|\overline{AB}| = \sqrt{(y_A - y_B)^2 + (x_A - x_B)^2}$
$= \sqrt{(4 - (-5))^2 + (-1 - (-2))^2}$
$= \sqrt{9^2 + 1^2} = \sqrt{82}$

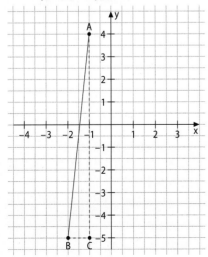

c) $|\overline{AB}| = \sqrt{(y_A - y_B)^2 + (x_A - x_B)^2}$
$= \sqrt{(-0,5 - 0)^2 + (0 - (-2))^2}$
$= \sqrt{(-0,5)^2 + 2^2} = \sqrt{4,25}$

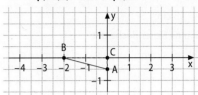

d) $|\overline{AB}| = \sqrt{(y_A - y_B)^2 + (x_A - x_B)^2}$
$= \sqrt{((-4) - (-1))^2 + (-3 - 2)^2}$
$= \sqrt{(-3)^2 + (-5)^2} = \sqrt{34}$

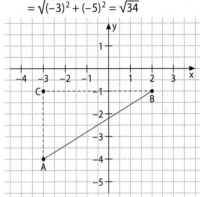

3 1

a) Aufgrund der Symmetrie der Pyramide gilt
$|\overline{AS}| = s = 10\,\text{cm}$.
$s^2 = h^2 + \left(\frac{1}{2}|\overline{AC}|\right)^2 \Leftrightarrow h^2 = s^2 - \left(\frac{1}{2}|\overline{AC}|\right)^2$
$\Rightarrow h = \sqrt{(10\,\text{cm})^2 - (4\,\text{cm})^2} = 2\sqrt{21}\,\text{cm}$
$\tan\alpha = \frac{h}{\frac{1}{2}|\overline{AC}|} = \frac{2\sqrt{21}}{4} = \frac{\sqrt{21}}{2} \Rightarrow \alpha = \beta \approx 66,4°$
$\gamma = 180° - 2\alpha \approx 47,2°$

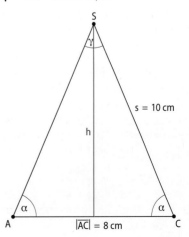

b) Für die Grundfläche gilt:

$G = |\overline{AB}|^2 = \frac{1}{2}|\overline{AC}|^2 = \frac{1}{2}\cdot(8\,\text{cm})^2 = 32\,\text{cm}^2.$

$V = \frac{1}{3}Gh = \frac{1}{3}\cdot 32\,\text{cm}^2\cdot 2\sqrt{21}\,\text{cm} = \frac{64}{3}\sqrt{21}\,\text{cm}^3$

$\approx 98\,\text{cm}^3$

Für eine Seitenfläche gilt:

$|\overline{AB}|^2 = 32\,\text{cm}^2 \Rightarrow |\overline{AB}| = \sqrt{32}\,\text{cm} = 4\sqrt{2}\,\text{cm}.$

$h_\Delta = \sqrt{s^2 - \left(\frac{1}{2}|\overline{AB}|\right)^2} = \sqrt{(10\,\text{cm})^2 - \left(2\sqrt{2}\,\text{cm}\right)^2}$

$= \sqrt{92}\,\text{cm}$

$O = 32\,\text{cm}^2 + 4\cdot\frac{1}{2}\cdot 4\sqrt{2}\,\text{cm}\cdot\sqrt{92}\,\text{cm}$

$= \left(32 + 16\sqrt{46}\right)\text{cm}^2 \approx 140,5\,\text{cm}^2$

2

a) Diagonale in der Grundebene:

$d = \sqrt{(6\,\text{cm})^2 + (4\,\text{cm})^2} = 2\sqrt{13}\,\text{cm}$

Diagonale in der Seitenebene:

$f = \sqrt{(4\,\text{cm})^2 + (3\,\text{cm})^2} = 5\,\text{cm}$

Diagonale in der hinteren Ebene:

$e = \sqrt{(6\,\text{cm})^2 + (3\,\text{cm})^2} = 3\sqrt{5}\,\text{cm}$

Mithilfe des Kosinussatzes gilt:

$\left(3\sqrt{5}\,\text{cm}\right)^2 = \left(2\sqrt{13}\,\text{cm}\right)^2 + (5\,\text{cm})^2$

$\qquad\qquad - 2\cdot 5\,\text{cm}\cdot 2\sqrt{13}\,\text{cm}\cdot\cos\alpha$

$\Rightarrow \alpha \approx 63,7°.$

Analog (oder mit Sinussatz): $\beta \approx 41,9°$

Aufgrund der Innenwinkelsumme im Dreieck gilt dann: $\gamma \approx 74,4°.$

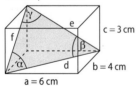

b) $V = 6\,\text{cm}\cdot 3\,\text{cm}\cdot 4\,\text{cm} = 72\,\text{cm}^3$

$O = 2\cdot(6\,\text{cm}\cdot 3\,\text{cm} + 6\,\text{cm}\cdot 4\,\text{cm} + 3\,\text{cm}\cdot 4\,\text{cm})$

$= 108\,\text{cm}^2$

3

a) $s^2 = (12\,\text{mm})^2 + (5\,\text{mm})^2 \Rightarrow s = 13\,\text{mm}$

Es gilt $\gamma = 90°$. $\sin\alpha = \frac{5}{13} \Rightarrow \alpha \approx 22,6°$

$\beta = 90° - \alpha \approx 67,4°.$

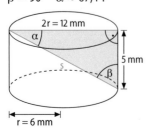

b) $V = \pi\cdot\left(\frac{d}{2}\right)^2\cdot 5\,\text{mm} = 180\,\pi\,\text{mm}^3 \approx 565\,\text{mm}^3$

$O = 2\pi\left(\frac{d}{2}\right)^2 + 2\pi\cdot\left(\frac{d}{2}\right)\cdot 5\,\text{mm} = 132\,\pi\,\text{mm}^2$

$\approx 415\,\text{mm}^2$

4

a) $|\overline{BF}| = \sqrt{|\overline{AB}|^2 - \left(\frac{1}{2}|\overline{AC}|\right)^2} = \sqrt{(17\,\text{cm})^2 - (15\,\text{cm})^2}$

$= 8\,\text{cm}$

$|\overline{FS}| = \sqrt{|\overline{SB}|^2 - |\overline{BF}|^2} = \sqrt{(30\,\text{cm})^2 - (8\,\text{cm})^2}$

$= 2\sqrt{209}\,\text{cm} \approx 28,9\,\text{cm}$

Der Winkel bei F ist 90° groß.

Für den Winkel β bei B gilt:

$\sin\beta = \frac{|\overline{FS}|}{|\overline{SB}|} = \frac{2\sqrt{209}}{30} \Rightarrow \beta \approx 74,5°.$

Daher gilt für den Winkel bei S: $90° - \beta \approx 15,5°.$

b) $V = \frac{1}{3}\cdot G\cdot|\overline{FS}| = \frac{1}{3}\cdot\frac{1}{2}\cdot|\overline{AC}|\cdot|\overline{BF}|\cdot|\overline{FS}|$

$= \frac{1}{6}\cdot 30\,\text{cm}\cdot 8\,\text{cm}\cdot 2\sqrt{209}\,\text{cm} = 80\sqrt{209}\,\text{cm}^3$

$\approx 1157\,\text{cm}^3$

Im rechtwinkligen Dreieck AFS gilt:

$|\overline{AF}|^2 + |\overline{FS}|^2 = |\overline{AS}|^2$

$\Rightarrow |\overline{AS}| = \sqrt{|\overline{AF}|^2 + |\overline{FS}|^2}$

$= \sqrt{(15\,\text{cm})^2 + \left(2\sqrt{209}\,\text{cm}\right)^2}$

$= \sqrt{1061}\,\text{cm} = |\overline{CS}|$

Im Dreieck ABS gilt für den Winkel α bei A mithilfe des Kosinussatzes:

$|\overline{BS}|^2 = |\overline{AB}|^2 + |\overline{AS}|^2 - 2\cdot|\overline{AB}|\cdot|\overline{AS}|\cdot\cos\alpha$

$\Rightarrow \cos\alpha = \frac{|\overline{AB}|^2 + |\overline{AS}|^2 - |\overline{BS}|^2}{2\cdot|\overline{AB}|\cdot|\overline{AS}|}$

$= \frac{(17\,\text{cm})^2 + 1061\,\text{cm}^2 - (30\,\text{cm})^2}{2\cdot 17\,\text{cm}\cdot\sqrt{1061}\,\text{cm}}$

$\Rightarrow \alpha \approx 66,0°$

Damit gilt für die Höhe h im Dreieck ABS auf die Seite $|\overline{AB}|$:

$\sin\alpha = \frac{h}{|\overline{AS}|} \Rightarrow h = |\overline{AS}|\cdot\sin\alpha \approx 29,8\,\text{cm}$

$O = O_{ABC} + O_{ABS} + O_{ACS} + O_{BCS}$, wobei die Dreiecke ABS und BCS kongruent sind.

$O \approx \frac{1}{2}\cdot 8\,\text{cm}\cdot 30\,\text{cm} + 2\cdot\frac{1}{2}\cdot 17\,\text{cm}\cdot 29,76\,\text{cm}$

$+ \frac{1}{2}\cdot 30\,\text{cm}\cdot 2\sqrt{209}\,\text{cm} \approx 1056,5\,\text{cm}^2$

4 **a)** **1** $c^2 = a^2 + b^2 - 2ab\cdot\cos\gamma$

$\cos\gamma = \frac{a^2 + b^2 - c^2}{2ab} = \frac{4,2^2 + 3,8^2 - 6,9^2}{2\cdot 4,2\cdot 3,8} = -\frac{1553}{3192}$

$\Rightarrow \gamma \approx 119,1°$

$\cos\beta = \frac{a^2 + c^2 - b^2}{2ac} = \frac{4,2^2 + 6,9^2 - 3,8^2}{2\cdot 4,2\cdot 6,9} = \frac{5081}{5796}$

$\Rightarrow \beta \approx 28,8°$

$\alpha = 180° - \beta - \gamma \approx 32,1°$

2 $c^2 = a^2 + b^2 - 2ab \cdot \cos\gamma \Rightarrow c =$

$\sqrt{(15\,\text{dm})^2 + (13\,\text{dm})^2 - 2 \cdot 15\,\text{dm} \cdot 13\,\text{dm} \cdot \cos 63°}$

$\approx 14{,}7\,\text{dm}$

$a^2 = b^2 + c^2 - 2bc \cdot \cos\alpha$

$\Rightarrow \cos\alpha = \dfrac{b^2 + c^2 - a^2}{2bc} \approx \dfrac{13^2 + 15^2 - 14{,}7^2}{2 \cdot 13 \cdot 14{,}7}$

$\Rightarrow \alpha \approx 65{,}2°$

$\beta = 180° - \alpha - \gamma \approx 51{,}8°$

b) **1** $\gamma = 180° - \alpha - \beta = 62°$ (Innenwinkelsumme im Dreieck)

$\dfrac{a}{c} = \dfrac{\sin\alpha}{\sin\gamma}$

$\Rightarrow a = c \cdot \dfrac{\sin\alpha}{\sin\gamma} = 6{,}1\,\text{cm} \cdot \dfrac{\sin 45°}{\sin 62°} \approx 4{,}9\,\text{cm}$

$\dfrac{b}{c} = \dfrac{\sin\beta}{\sin\gamma}$

$\Rightarrow b = c \cdot \dfrac{\sin\beta}{\sin\gamma} = 6{,}1\,\text{cm} \cdot \dfrac{\sin 73°}{\sin 62°} \approx 6{,}6\,\text{cm}$

2 $\dfrac{c}{a} = \dfrac{\sin\gamma}{\sin\alpha}$

$\Rightarrow \sin\gamma = \dfrac{c}{a} \cdot \sin\alpha = \dfrac{5{,}5\,\text{mm}}{2{,}8\,\text{mm}} \cdot \sin 12°$

$\Rightarrow \gamma \approx 24{,}1°$

$\beta = 180° - \alpha - \gamma \approx 143{,}9°$

$\dfrac{b}{c} = \dfrac{\sin\beta}{\sin\gamma}$

$\Rightarrow b = c \cdot \dfrac{\sin\beta}{\sin\gamma} = 5{,}5\,\text{mm} \cdot \dfrac{\sin 143{,}9°}{\sin 24{,}1°} \approx 7{,}9\,\text{mm}$

5 **a)** Mögliche Lösungen:

Trapez: Viereck mit zwei parallelen Seiten; $A = \dfrac{a+c}{2} \cdot h$

Gleichschenkliges (achsensymmetrisches Trapez): Die beiden Schenkel sind gleich lang. Die Winkel an jedem Schenkel ergänzen sich zu 180° und sind bei beiden Schenkeln gleich groß.

Drachenviereck: achsensymmetrisches Viereck, bei dem an zwei Punkten zwei gleich lange Seiten aufeinandertreffen; $A = \dfrac{1}{2}e \cdot f$

Parallelogramm: Je zwei gegenüberliegende Seiten sind gleich lang und parallel. Das Viereck ist punktsymmetrisch bezüglich des Diagonalenschnittpunkts. Die Diagonalen halbieren einander; $A = a \cdot h_a$.

Raute: Viereck mit vier gleich langen Seiten; zwei gegenüberliegende Seiten sind parallel; die Diagonalen halbieren einander, sind rechtwinklig zueinander und sind Symmetrieachsen des Vierecks; es liegt Punktsymmetrie bezüglich des Diagonalenschnittpunkts vor; $A = \dfrac{1}{2}e \cdot f$

Rechteck: Viereck mit vier rechten Winkeln; gegenüberliegende Seiten sind gleich lang und parallel; Diagonalen halbieren einander; zwei Symmetrieachsen und ein Symmetriezentrum; $A = l \cdot b$

Quadrat: Viereck mit vier rechten Winkeln und vier

gleich langen Seiten; gegenüberliegende Seiten sind parallel; Diagonalen halbieren einander senkrecht und sind Symmetrieachsen; zwei weitere Symmetrieachsen; außerdem Punktsymmetrie bezüglich des Diagonalenschnittpunkts; $A = s^2$

b) Mögliche Lösungen:
Jedes Rechteck ist ein Parallelogramm, da ein Rechteck zwei Paare paralleler Seiten besitzt. Jede Raute ist ein Parallelogramm, da eine Raute zwei Paare paralleler Seiten besitzt.

6 **a)** Maßstab: 1 cm $\stackrel{\wedge}{=}$ 10 m

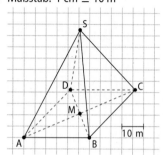

b) $V = \dfrac{1}{3} \cdot (29{,}5\,\text{m})^2 \cdot 36{,}4\,\text{m} \approx 10\,559\,\text{m}^3$

$O = (29{,}5\,\text{m})^2 + 4 \cdot \dfrac{1}{2} \cdot 29{,}5\,\text{m}$

$\cdot \sqrt{\left(\dfrac{1}{2} \cdot \sqrt{2} \cdot 29{,}5\,\text{m}\right)^2 - \left(\dfrac{1}{2} \cdot 29{,}5\,\text{m}\right)^2}$

$\approx 117{,}0\,\text{m}^2$

Am Ziel – Seiten 184 und 185

1 **a)** Der Mittelpunkt der Strecke $\overline{AB}$ ist $D\left(\dfrac{2+3}{2}\middle|\dfrac{5+1}{2}\middle|\dfrac{4+2}{2}\right)$, also $D(2{,}5\,|\,3\,|\,3)$.
Der Mittelpunkt der Strecke $\overline{AC}$ ist $E\left(\dfrac{2+4}{2}\middle|\dfrac{5+3}{2}\middle|\dfrac{4+0}{2}\right)$, also $E(3\,|\,4\,|\,2)$.

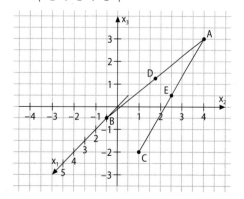

b)

	Bildpunkt von A	Bildpunkt von B	Bildpunkt von C
1	$(-2\,|\,5\,|-4)$	$(-3\,|\,1\,|-2)$	$(-4\,|\,3\,|\,0)$
2	$(-2\,|\,5\,|\,4)$	$(-3\,|\,1\,|\,2)$	$(-4\,|\,3\,|\,0)$
3	$(-2\,|-5\,|-4)$	$(-3\,|-1\,|-2)$	$(-4\,|-3\,|\,0)$

2 a)

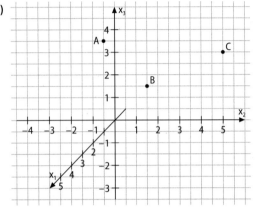

b) Aus dem Dreieck ABC können drei verschiedene Parallelogramme gebildet werden:

Der Eckpunkt D_1 des Parallelogramms $ABCD_1$ hat den Ortsvektor

$$\overrightarrow{OD_1} = \overrightarrow{OC} + \overrightarrow{BA} = \begin{pmatrix} 0 \\ 5 \\ 3 \end{pmatrix} + \begin{pmatrix} -4 \\ -4 \\ 0 \end{pmatrix} = \begin{pmatrix} -4 \\ 1 \\ 3 \end{pmatrix},\ \text{also}$$

$D_1(-4\,|\,1\,|\,3)$.

Der Eckpunkt D_2 des Parallelogramms $BCAD_2$ hat den Ortsvektor

$$\overrightarrow{OD_2} = \overrightarrow{OA} + \overrightarrow{CB} = \begin{pmatrix} 1 \\ 0 \\ 4 \end{pmatrix} + \begin{pmatrix} 5 \\ -1 \\ 1 \end{pmatrix} = \begin{pmatrix} 6 \\ -1 \\ 5 \end{pmatrix},\ \text{also}$$

$D_2(6\,|-1\,|\,5)$.

Der Eckpunkt D_3 des Parallelogramms $CABD_3$ hat den Ortsvektor

$$\overrightarrow{OD_3} = \overrightarrow{OB} + \overrightarrow{AC} = \begin{pmatrix} 5 \\ 4 \\ 4 \end{pmatrix} + \begin{pmatrix} -1 \\ 5 \\ -1 \end{pmatrix} = \begin{pmatrix} 4 \\ 9 \\ 3 \end{pmatrix},\ \text{also}$$

$D_3(4\,|\,9\,|\,3)$.

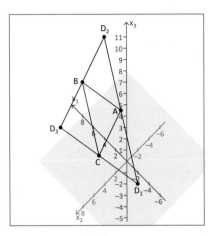

3 Verknüpft man je einen Repräsentanten von $\vec{a}$ bzw. $\vec{b}$ so, dass die Spitze des ersten Vektors der Fußpunkt des zweiten Vektors ist, so ergibt der Vektor zwischen Fußpunkt des ersten und Spitze des zweiten Vektors einen Repräsentanten von $\vec{c}$, der Summe von $\vec{a}$ bzw. $\vec{b}$.

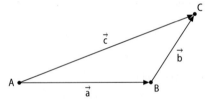

4 $\overrightarrow{AB} = \begin{pmatrix} 2 \\ 33 \\ 24 \end{pmatrix} - \begin{pmatrix} 1 \\ 3 \\ 22 \end{pmatrix} = \begin{pmatrix} 1 \\ 30 \\ 2 \end{pmatrix}$

$\overrightarrow{PQ} = \begin{pmatrix} 2 \\ 30 \\ 17 \end{pmatrix} - \begin{pmatrix} 1 \\ 6 \\ 15 \end{pmatrix} = \begin{pmatrix} 1 \\ 24 \\ 2 \end{pmatrix}$

Die Vektoren sind keine Vielfachen voneinander und daher nicht parallel.

$$\cos\alpha = \frac{\overrightarrow{AB} \circ \overrightarrow{PQ}}{|\overrightarrow{AB}| \cdot |\overrightarrow{PQ}|} = \frac{\begin{pmatrix} 1 \\ 30 \\ 2 \end{pmatrix} \circ \begin{pmatrix} 1 \\ 24 \\ 2 \end{pmatrix}}{|\overrightarrow{AB}| \cdot |\overrightarrow{PQ}|} = \frac{725}{\sqrt{905} \cdot \sqrt{581}}$$

$\Rightarrow \alpha \approx 1{,}06°$

5 $\overrightarrow{AB} \circ \overrightarrow{AC} = \begin{pmatrix} -3 \\ 1 \\ 2 \end{pmatrix} \circ \begin{pmatrix} 1 \\ -1 \\ 2 \end{pmatrix} = 0.$ Daher liegt bei A ein

rechter Winkel vor.

Für den Winkel bei B gilt:

$$\cos \beta = \frac{\overrightarrow{BA} \circ \overrightarrow{BC}}{|\overrightarrow{BA}| \cdot |\overrightarrow{BC}|} = \frac{\begin{pmatrix} 3 \\ -1 \\ -2 \end{pmatrix} \circ \begin{pmatrix} 4 \\ -2 \\ 0 \end{pmatrix}}{|\overrightarrow{BA}| \cdot |\overrightarrow{BC}|} = \frac{14}{\sqrt{14} \cdot 2\sqrt{5}}$$

$\Rightarrow \beta \approx 33{,}2°$

Wegen der Innenwinkelsumme im Dreieck gilt für den Winkel bei C: $\gamma = 90° - \beta \approx 56{,}8°$.

6 **a)** Gesucht ist ein Vektor $\vec{n}$, dessen Skalarprodukt mit dem gegebenen Vektor null ergibt. Einen solchen Vektor $\vec{n}$ erhält man z. B., wenn man eine seiner Koordinaten gleich null setzt. Für die beiden anderen Koordinaten nimmt man die entsprechenden Koordinaten des vorgegebenen Vektors, vertauscht diese und ändert eines der Vorzeichen. Entsteht dabei der Nullvektor, so muss man das Verfahren wiederholen, indem man eine andere Koordinate von $\vec{n}$ gleich null setzt. Mögliche Lösungen:

1 $\vec{n} = \begin{pmatrix} 0 \\ 2 \\ 5 \end{pmatrix}$ **2** $\vec{n} = \begin{pmatrix} 0 \\ -8 \\ 0 \end{pmatrix}$

b) Mögliche Lösung:

$$\vec{n} = \vec{a} \times \vec{b} = \begin{pmatrix} 1 \\ 5 \\ -2 \end{pmatrix} \times \begin{pmatrix} -3 \\ 0 \\ 8 \end{pmatrix} = \begin{pmatrix} 40 \\ -2 \\ 15 \end{pmatrix}$$

7 **a)** $A_{FGH} = \frac{1}{2} \cdot |\overrightarrow{FG} \times \overrightarrow{FH}| = \frac{1}{2} \cdot \left| \begin{pmatrix} 4 \\ 0 \\ -4 \end{pmatrix} \times \begin{pmatrix} 4 \\ 4 \\ 0 \end{pmatrix} \right|$

$= \frac{1}{2} \cdot \left| \begin{pmatrix} 16 \\ -16 \\ 16 \end{pmatrix} \right| = 8\sqrt{3}$ [dm²]

$A_{HIK} = \frac{1}{2} \cdot |\overrightarrow{HI} \times \overrightarrow{HK}| = \frac{1}{2} \cdot \left| \begin{pmatrix} 0 \\ 4 \\ -6 \end{pmatrix} \times \begin{pmatrix} -8 \\ 4 \\ 0 \end{pmatrix} \right|$

$= \frac{1}{2} \cdot \left| \begin{pmatrix} 24 \\ 48 \\ 32 \end{pmatrix} \right| = 4\sqrt{61}$ [dm²]

$A_{ges} = A_{FGH} + A_{HIK} \approx 45{,}1$ [dm²]

b) Das Volumen des Kunstwerks ergibt sich aus der Differenz des Volumens des Würfels mit Kantenlänge 8 dm sowie den Volumina der beiden Pyramiden FGHS$_1$ und HIKS$_2$ mit $S_1(8|0|8)$ und $S_2(8|8|8)$.

$V = 8^3 - \frac{1}{6} \cdot |(\overrightarrow{FG} \times \overrightarrow{FH}) \circ \overrightarrow{FS_1}| - \frac{1}{6} \cdot |(\overrightarrow{HI} \times \overrightarrow{HK}) \circ \overrightarrow{HS_2}|$

$= 512 - \frac{1}{6} \cdot \left| \begin{pmatrix} 16 \\ -16 \\ 16 \end{pmatrix} \circ \begin{pmatrix} 4 \\ 0 \\ 0 \end{pmatrix} \right| - \frac{1}{6} \cdot \left| \begin{pmatrix} 24 \\ 48 \\ 32 \end{pmatrix} \circ \begin{pmatrix} 0 \\ 4 \\ 0 \end{pmatrix} \right|$

$= 512 - \frac{1}{6} \cdot 64 - \frac{1}{6} \cdot 192 = \frac{1408}{3} \approx 469{,}3$ [dm³]

8 **a)** Wegen der Symmetrie des Kübels bezüglich des Koordinatensystems muss die Pyramidenspitze auf der x_3-Achse liegen, was für den Punkt S gegeben ist.

Des Weiteren gilt: $\overrightarrow{SA} = \begin{pmatrix} -3 \\ -3 \\ -15 \end{pmatrix}$ ist ein Vielfaches

von $\overrightarrow{AE} = \begin{pmatrix} 1 \\ 1 \\ 5 \end{pmatrix}$. Also ist der Punkt S die Spitze der Pyramide.

b) Das Volumen V des Pyramidenstumpfs ergibt sich als Differenz der Volumina der Pyramiden EFGHS und ABCDS mit $F(-4|4|5)$, $G(-4|-4|5)$ und $H(4|-4|5)$ sowie $B(-3|3|0)$, $C(-3|-3|0)$ und $D(3|-3|0)$.

$V_1 = \frac{1}{3} G_{EFGH} \cdot h_1 = \frac{1}{3} \cdot 4^2 \cdot 20 = \frac{320}{3}$ [dm³]

$V_2 = \frac{1}{3} G_{ABCD} \cdot h_2 = \frac{1}{3} \cdot 3^2 \cdot 15 = 45$ [dm³]

$V = \frac{320}{3} - 45 = \frac{185}{3} \approx 61{,}7$ [dm³]

$= 61{,}7$ [ℓ] > 50 [ℓ]

Ein 50-ℓ-Sack genügt demnach nicht.

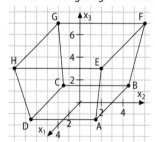

Aufgaben für Lernpartner

A Die Aussage ist richtig. Jeder Punkt im Raum ist eindeutig durch seine Koordinaten im Koordinatensystem festgelegt.

B Die Aussage ist richtig. Da die Darstellung in der Zeichnung zweidimensional erfolgt, sind die Koordinaten von Punkten nicht eindeutig ablesbar. In der üblichen Koordinatensystemdarstellung kommen z. B. die Punkte $A(0\,|\,3\,|\,0)$ und $B(2\,|\,4\,|\,1)$ an derselben Stelle der Zeichnung aufeinander zu liegen.

C Die Aussage ist richtig, da nur die beiden anderen Koordinaten ihr Vorzeichen ändern.

D Die Aussage ist falsch. Der Ortsvektor eines Punktes P ist gleichzeitig der Verbindungsvektor des Punktes P und des Koordinatenursprungs.

E Die Aussage ist richtig. Die beiden Vektoren sind Vielfache voneinander, also parallel. Da der Faktor $\frac{1}{k}$ positiv ist, sind sie auch gleich gerichtet.

Für den Betrag gilt: $\left|\frac{1}{k}\cdot\vec{v}\right| = \left|\begin{pmatrix}\frac{v_1}{k}\\\frac{v_2}{k}\\\frac{v_3}{k}\end{pmatrix}\right| = \frac{1}{k}\cdot|\vec{v}|$

F Die Aussage ist falsch: $|\vec{v}| = \sqrt{3^2+4^2+k^2} \geq \sqrt{25} = 5$. Folglich ist die Aufgabe für $0 < a < 5$ nicht lösbar.

G Die Aussage ist richtig nach der Definition der Summe von Vektoren.

H Die Aussage ist richtig. Für jeden Vektor $\vec{a}$ und seinen Gegenvektor $-\vec{a}$ gilt: $|-\vec{a}| = |-1|\cdot|\vec{a}| = |\vec{a}|$.

I Die Aussage ist falsch. Vielmehr gilt:
$\overrightarrow{OM} = \frac{1}{2}\left(\overrightarrow{OA} + \overrightarrow{OB}\right)$.

J Die Aussage ist richtig. Für einen Vektor
$\vec{v} = \begin{pmatrix}v_1\\v_2\\v_3\end{pmatrix}$ gilt: $\left|\begin{pmatrix}2v_1\\2v_2\\2v_3\end{pmatrix}\right| = \left|2\cdot\begin{pmatrix}v_1\\v_2\\v_3\end{pmatrix}\right| = |2\cdot\vec{v}| = 2\cdot|\vec{v}|$.

K Die Aussage ist falsch. Gegenbeispiel:

Es gilt: $\left|\begin{pmatrix}0\\0\\0\end{pmatrix}\right| = 0$.

Die Koordinaten des Vektors $\begin{pmatrix}-1\\-1\\-1\end{pmatrix}$ sind jeweils kleiner als die des Vektors $\begin{pmatrix}0\\0\\0\end{pmatrix}$, aber es ist

$\left|\begin{pmatrix}-1\\-1\\-1\end{pmatrix}\right| = \sqrt{3} > 0$.

L Die Aussage ist richtig, da jedes Prisma ggf. in Spate zerlegt werden kann oder durch Verdopplung zu einem ergänzt werden kann.

M Die Aussage ist falsch. Für jeden Vektor
$\vec{v} = \begin{pmatrix}v_1\\v_2\\v_3\end{pmatrix}$ gilt: $|\vec{v}|^2 = v_1^2+v_2^2+v_3^2 = \vec{v}\circ\vec{v}$.

N Die Aussage ist falsch. Das Vektorprodukt kann bestimmt werden. Es ist der Nullvektor.

O Die Aussage ist richtig. Das Volumen hängt (bei gleicher Grundfläche ABCD) nur von der Höhe der Spitze über der Grundfläche ab. Alle Punkte, die in einer Ebene parallel zur Grundfläche in einer bestimmten Höhe „oberhalb" oder „unterhalb" der Grundfläche liegen, führen zum gleichen Volumen.

P Die Aussage ist richtig. Das Skalarprodukt liefert eine Zahl, zu der man 3 addieren kann. Das Produkt aus Zahl und Vektor (Vektorprodukt ergibt einen Vektor) ist ebenfalls definiert.

Q Die Aussage ist falsch. Richtig ist: $A_{PQR} = \frac{1}{2}\cdot\left|\overrightarrow{PQ}\times\overrightarrow{PR}\right|$.

Strategiewissen

4 Grundlagen der Koordinatengeometrie

Stichwortverzeichnis

$\mathbb{N}$	Menge der natürlichen Zahlen
$\mathbb{Z}$	Menge der ganzen Zahlen
$\mathbb{Q}$	Menge der rationalen Zahlen
$\mathbb{R}$	Menge der reellen Zahlen
$=$	gleich
$\approx$	ungefähr gleich
$>$	größer als
$<$	kleiner als
$\widehat{=}$	entspricht
$+$	plus
$-$	minus
$\cdot$	mal, multipliziert mit
$:$	geteilt durch, dividiert durch
$\in$	Element von
$\notin$	nicht Element von
a^n	Potenz: „a hoch n"
$\sqrt{a}$	Quadratwurzel aus a
$\sqrt[n]{a}$	n-te Wurzel aus a
$|a|$	Betrag von a
$\dfrac{a}{b}$	Bruch mit Zähler a und Nenner b
$\%$	Prozent
$\log_a p$	Logarithmus von p zur Basis a
$E(X)$	Erwartungswert der Zufallsgröße X
$\text{Var}(X)$	Varianz der Zufallsgröße X
σ	Standardabweichung
$\binom{n}{k}$	Binomialkoeffizient
$B(n; p)$	Binomialverteilung
$B(n; p; k)$	$P(X = k)$ bei einer Binomialverteilung
$F(n; p; k)$	$P(X \leq k)$ bei einer Binomialverteilung
P, A, …	Punkte
$P(x\,|\,y)$	Punkt P mit den Koordinaten x und y
g, h, …	Geraden, Halbgeraden (Strahlen)
$\overline{AB}$	Strecke mit den Endpunkten A und B
$|\overline{AB}|$	Länge der Strecke $\overline{AB}$
[AB	Halbgerade mit Anfangspunkt A
AB]	Halbgerade mit Endpunkt B
AB	Gerade AB

$\llcorner$	Lot
m	Mittelsenkrechte; Steigung einer Funktion
w	Winkelhalbierende
$\angle\,ABC$	Winkel mit dem 1. Schenkel AB], dem Scheitel B und dem 2. Schenkel [BC
$k(A; r)$	Kreis mit Mittelpunkt A und Radius r
d	Durchmesser des Kreises
r	Radius des Kreises
U	Umfang
A	Flächeninhalt
M	Mantelflächeninhalt
O	Oberflächeninhalt
V	Volumen
$\perp$	senkrecht auf
$\parallel$	parallel zu
$A \cong B$	A kongruent zu B
$A \sim B$	A ähnlich zu B
$\sin\alpha$	Sinus von α
$\cos\alpha$	Kosinus von α
$\tan\alpha$	Tangens von α
p	Periodenlänge
$\vec{v} = \begin{pmatrix} v_1 \\ v_2 \\ v_3 \end{pmatrix}$	Vektor mit Koordinaten v_1, v_2, v_3
$\overrightarrow{AB}$	Vektor mit Anfangspunkt A und Endpunkt B
$\overrightarrow{OP}$	Ortsvektor des Punkts P (O: Ursprung)
$|\vec{a}|$	Betrag des Vektors $\vec{a}$
$\vec{a} \circ \vec{b}$	Skalarprodukt der Vektoren $\vec{a}$ und $\vec{b}$
$\vec{a} \times \vec{b}$	Vektorprodukt der Vektoren $\vec{a}$ und $\vec{b}$
H	absolute Häufigkeit
h	relative Häufigkeit
$\overline{x}$	arithmetisches Mittel
Ω	Ergebnismenge
$\overline{E}$	Gegenereignis zu Ereignis E
$A \cap B$	A geschnitten B
$A \cup B$	A vereinigt B
$P(E)$	Wahrscheinlichkeit des Ereignisses E

$P_B(A)$ bedingte Wahrscheinlichkeit des

$\ln a$ natürlicher Logarithmus von a

$\lim\limits_{x \to \pm\infty} f(x)$ Grenzwert der Funktion f für $x \to \pm\infty$

$f'(x_0)$ (erste) Ableitung der Funktion f an der Stelle x_0

$f''(x_0)$ zweite Ableitung der Funktion f an der Stelle x_0

f' Ableitungsfunktion der Funktion f

Bildnachweis

Quellenverzeichnis

- S. 56 Aufgabe 3: nach Abitur Bayern 2021 Teil B Aufgabengruppe 2 Aufgabe 1
- S. 57 Aufgabe 4: nach Abitur Bayern 2020 Aufgabengruppe II Teil B
- S. 57 Aufgabe 5: nach Abitur Bayern 2015 Teil B Aufgabengruppe 2 Aufgabe 3
- S. 67 Aufgabe 5: Abitur Bayern 2016, Stochastik A1 Teil A2
- S. 68 Aufgabe 11: Abitur Bayern 2022 Stochastik A1 Teil A
- S. 69 Aufgabe 14: Abitur Bayern 2014 Teil A Stochastik Aufgabengruppe 1 Aufgabe 3
- S. 72 Aufgabe 8: Abitur Bayern 2011 GK Stochastik Aufgabengruppe III
- S. 73 Aufgabe 15: Abitur Bayern 2010 GK Stochastik III Aufgabe 1
- S. 74 Aufgabe 19: Beispiel-Abiturprüfung Bayern Stochastik Aufagbegruppe 1 Aufgabe 3
- S. 74 Aufgabe 23: Abitur Bayern 2008 GK Stochastik Aufgabengruppe III Aufgabe 1 a)
- S. 75 Aufgabe 24: Abitur Bayern 2021 Teil B Stochastik Aufgabengruppe 1 Aufgabe 1
- S. 78 Aufgabe 9: Abitur Bayern 2020 Teil A Stochastik Aufgabengruppe 2
- S. 78 Aufgabe 10: Abitur Bayern 2014 Teil A Stochastik Aufgabengruppe 1 Aufgabe 2
- S. 84 Aufgabe 12: Abitur Bayern 2019 Teil A Stochastik Aufgabengruppe 2 Aufgabe 2
- S. 84 Aufgabe 13: Abitur Bayern 2021 Teil B Stochastik Aufgabengruppe 1 Aufgabe 2
- S. 86 Aufgabe 21: Abitur Bayern 2005 Grundkurs Stochastik Aufgabengruppe III Aufgabe 3
- S. 86 Aufgabe 22: Abitur Bayern 2017 Teil A Stochastik Aufgabengruppe 1 Aufgabe 2
- S. 87 Aufgabe 27: Abitur Bayern 2022 Teil B Stochastik Aufgabengruppe 2 Aufgabe 3
- S. 92 Aufgabe 11: Abitur Bayern 2004 Grundkurs III Aufgabe 2
- S. 93 Aufgabe 14: Musterabitur Bayern 2012 Stochastik A
- S. 97 Aufgabe 8: Abitur Bayern 2015 Teil B Stochastik Aufgabengruppe 1 Aufgabe 2
- S. 98 Aufgabe 10: Abitur Bayern 2018 Teil B Stochastik Aufgabengruppe 2 Aufgabe 1
- S. 98 Aufgabe 11: Abitur Bayern 2019 Teil B Stochastik Aufgabengruppe 2 Aufgabe 3
- S. 99 Aufgabe 12: Abitur Bayern 2019 Teil B Stochastik Aufgabengruppe 1 Aufgabe 2
- S. 101 Aufgabe 9: nach Abitur Bayern Stochastik GK 2003
- S. 103 Aufgabe 16: Abitur Bayern 2018 Teil B Stochastik Aufgabengruppe 1 Aufgaben 1 und 2
- S. 108 Aufgabe 1: Abitur 2021 Aufgabengruppe I Teil A
- S. 108 Aufgabe 2: nach Abitur Bayern 2019 III Teil A Aufgabe 2
- S. 108 Aufgabe 3: nach Abitur Bayern 2016
- S. 108 Aufgabe 4: nach Abitur Bayern 2020
- S. 109 Aufgabe 5: aus Abitur Bayern 2019
- S. 115 Aufgabe 11: nach Abitur Bayern 2007 GK
- S. 127 Aufgabe 13: nach Abitur Bayern LK 2009
- S. 128 Aufgabe 14: nach Abitur Bayern LK 2001
- S. 132 Aufgabe 8: nach FOS-BOS fachgebundene Hochschulreife 2016 NT A I 3
- S. 133 Aufgabe 11: nach Abitur Bayern 2011 LK Analysis II
- S. 134 Aufgabe 16: nach Abitur Bayern 2019 Analysis I Teil B
- S. 140 Aufgabe 19: Abitur Bayern 2021 Teilgruppe I Teil A Aufgabe 2
- S. 146 Aufgabe 2: nach Abitur Bayern 2019 CAS Analysis II Teil B
- S. 163 Aufgabe 14: Abitur Bayern 2019 Prüfungsteil A Geometrie Aufgabengruppe 1 Aufgabe 1
- S. 169 Aufgabe 15: Abitur Bayern 2014 Teil A Geometrie Aufgabengruppe 1 Aufgabe 1
- S. 170 Aufgabe 19: Abitur Bayern 2020 Teil A Geometrie Aufgabengruppe 1
- S. 174 Aufgabe 7: Abitur Bayern 2018 Teil B Geometrie Aufgabengruppe 1
- S. 176 Aufgabe 14: Abitur Bayern 2014 Teil A Geometrie Aufgabengruppe 2 Aufgabe 1
- S. 180 Aufgabe 15: Abitur Bayern 2011 Grundkurs Geometrie IV
- S. 186 Aufgabe 1: Abitur Bayern 2020 Teil A Geometrie Aufgabengruppe 2 Aufgabe 1
- S. 186 Aufgabe 2: Abitur Bayern 2015 Teil A Geometrie Aufgabengruppe 2 Aufgabe 1
- S. 186 Aufgabe 3: Abitur Bayern 2016 Teil A Geometrie Aufgabengruppe 1 Aufgabe 1
- S. 186 Aufgabe 4: Abitur Bayern 2005 Grundkurs Geometrie V
- S. 186 Aufgabe 5: Abitur Bayern 2016 Teil B Geometrie Aufgabengruppe 1
- S. 186 Aufgabe 7: Abitur Bayern 2018 Teil B Geometrie Aufgabengruppe 2